최신 소음·진동

-이론과 실무-

정일록·김재용·윤세철·이태호

신광문화사

머·리·말

오늘날 환경오염은 생활의 편이를 위한 문명의 부산물로 지구촌 곳곳에서 주민의 생활 질을 저해하는 요인으로 등장하여 심대한 사회문제를 야기시키고 있는 바이다.

특히 소음 · 진동공해는 일상 생활 중에 가장 빈번히 접하는 오염으로 도시인의 심리적 · 정신적 · 신체적 등의 피로와 스트레스를 가중시켜 그 피해와 장해에 대한 진정이 가속화되고 있다. 따라서 정온한 생활환경 유지는 우리 모두가 해결해야 할 지상과제로 대두되고 있으며 또한 부가가치가 큰 고도 정밀산업의 발전에 따라 자사제품의 품질관리 측면상 장애요인이 되고 있는 생산시설의 소음 · 진동을 저감시키고자 하는 인식이 날로 팽배해 지고 있다. 이러한 추세에 따라 소음 · 진동분야에 대한 관심과 기대의 증가는 필연적으로 관련기술인을 가속적으로 요구하게 될 것이다.

이에 저자는 주위로부터의 권고와 긴 세월의 실무 및 강단에서의 경험을 통하여 얻은 지식으로 감히 본서를 내게 되었다.

본서는 대학에서 소음 · 진동을 공부하는 학생이나 비전공 학생의 부교재로 활용될 수 있도록 하였고, 일선에서 근무하는 관련기술자 제현의 설계지침서로, 특히 기사 및 기술사 시험의 수험을 준비하는 공학도들의 참고서가 되게끔 소음개론, 소음방지기술, 진동개론 및 방지기술, 소음 · 진동공정시험법 및 법규의 순으로 수록하였고 용어의 통일을 기함가 더불어 내용과 이론은 독학도 가능하도록 가급적 쉽게 전개하였다.

또한 부록에는 방음설계시에 활용할 수 있도록 일반건축자재류의 투과손실과 흡음율 등을 수록하였고 소음 · 진동 기술사 기출문제를 수록하여 제일선 기술인들에게 도움이 되고자 하였다.

본래 미숙한 저자가 바쁜 공무의 틈을 타서 지어낸 것이기 때문에 다방면에 걸쳐 소루한 점이 많을 것으로 생각하나 본서가 우리나라의 소음 · 진동의 방지기술 발전에 다소나마 기여할 수 있다면 저자로서는 다행으로 생각하며 선배 · 동료 여러분의 아낌과 지도 편달을 바라는 바이다.

목 차

NOISE & OSCILLATION NOISE & OSCILLATION NOISE & OSCI

Chapter 1 소음개론

Chapter 2 소음방지기술

Chapter 3 진동개론 및 방지기술

Chapter 4 소음진동측정기술

Chapter 5 소음진동환경오염공정시험기준

Chapter 6 소음진동규제법

부 록

Chapter 1

소음개론

1.1 기초의 복습

소음을 이해하기 위해서는 먼저 역학에 사용되는 용어와 단위의 이해가 필요하다.

(1) **힘**(force)

Newton의 제2법칙으로부터 어떤 물체의 질량(mass)에 가속도가 작용하면 힘이 발생한다.

$$F = m \times a \quad [\mathrm{N}] \tag{1.1}$$

여기서, F는 힘, m은 물체의 질량(kg), a는 가속도($\mathrm{m/s^2}$)이다.

(2) **무게**(weight)

어떤 물체가 지구(地球)의 중력에 의해 끌리는 힘을 말한다.

$$W = m \times \mathrm{g} \quad [\mathrm{N}\ 혹은\ \mathrm{kg_f}] \tag{1.2}$$

여기서, W는 무게 또는 중량, g는 중력의 가속도 $(= 9.8\mathrm{m/s^2})$이다.

(3) **압력**(pressure)

단위면적당 작용하는 힘을 말한다.

$$P = \frac{F}{A} \quad [\mathrm{N/m^2}] \tag{1.3}$$

여기서, P는 압력, A는 힘이 작용한 단면적($\mathrm{m^2}$)이다.

(4) **밀도**(density)

단위부피당의 질량을 말한다.

$$\rho = \frac{m}{V} \quad [\mathrm{kg/m^3}] \tag{1.4}$$

여기서, ρ는 밀도, V는 부피($\mathrm{m^3}$)이다.

(5) **일(또는** energy)

어떤 물체가 힘 F에 의해 거리 l만큼 이동하면 그 물체는 일을 받아 에너지를 갖게 된다. 즉, 일과 에너지는 가역적이다.

$$E = F \times l \quad [\mathrm{N \cdot m} \text{ 또는 Joule, J}] \tag{1.5}$$

여기서, E는 일 또는 에너지, l은 이동거리(m)이다.

(6) **동력 또는 출력**(power)

단위시간동안 한 일을 말한다.

$$W = \frac{E}{t} \quad [\mathrm{watt,\ W}] \tag{1.6}$$

여기서, W는 동력, t는 시간(sec)이다.

(7) **라디안**(radian)

$\overset{\frown}{\mathrm{AB}} = r$인 중심각의 크기($\angle \mathrm{AOB}$)를 각의 단위로 1radian이라 한다.

여기서, r은 원의 반경이다. 즉, θ rad인 호의 길이를 l이라 하면 $l = r\theta$가 된다.

(한편 $360° = 2\pi$ rad)

$\therefore\ 1\,\mathrm{rad} = \dfrac{360°}{2\pi} \fallingdotseq 57°$이며, 단위 rad는 보통 생략한다.

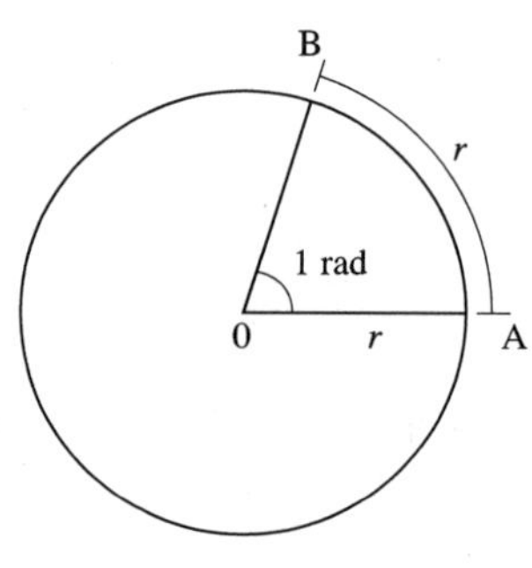

1.2 소음의 물리적 성질

음(Sound)이란 인간의 청력기관을 통해 느낄 수 있는 물리적 현상으로서 물리학 측면에서는 음파라고 하며 이는 탄성체를 통해 전달되는 밀도변화의 파이다.

소음(noise)이란 듣기 싫은 소리(unwanted sound or undesired sound)를 총칭하며, 그 물리적 성질은 음(sound)과 동일한 것이지만, 듣기 싫고, 일상생활을 방해하고, 인간의 생리적 기능에 변화를 주고, 청력을 저해하는 음을 지칭한다. 즉, 발생원이 무엇이든지 간에 불쾌감을 주고 작업상 능률을 저하시키는 소리를 말한다.

1.2.1 음의 용어 및 성질

(1) **파동**(wave motion)

음에너지의 전달은 매질의 운동에너지와 위치에너지의 교번작용으로 이루어진다. 즉, 매질 자체가 이동하는 것이 아니라 매질의 변형운동으로 이루어지는 에너지 전달을 파동이라 한다.

(2) **파면**(wavefront)

파동의 위상이 같은 점들을 연결한 면이다.

(3) **음선**(soundray)

음의 진행방향을 나타내는 선으로 파면에 수직한다.

(4) **음파**(sound wave)

공기 등의 매질을 통하여 전파하는 소밀파(압력파)로 순음(pure tone)의 경우, 그 음압은 [그림 1-1]과 같이 정현파적으로 변화하며, 그것에 대응하는 공기분자들은 진자처럼 자신의 평형위치에서 반복적으로 미소하게 변위한다. 음파는 매질 개개의 입자가 파동이 진행하는 방향의 앞뒤로 진동하는 종파(longitudinal wave)이다.

이러한 음파의 종류는 다음과 같다.

① 평면파(plane wave) : 음파의 파면들이 서로 평행한 파, 예를 들면 긴 실린더의 피스톤 운동에 의해 발생하는 파.

② 발산파(diverging wave) : 음원으로부터 거리가 멀어질수록 더욱 넓은 면적으로 퍼져나가는 파, 즉, 음의 세기가 음원으로부터의 거리에 따라 감소하는 파.

③ 구면(형)파(spherical wave) : 음원에서 모든 방향으로 동일한 에너지를 방출할 때 발생하는 파, 예를 들면 공중에 있는 점음원.

④ 진행파(progressive wave) : 음파의 진행방향으로 에너지를 전송하는 파.

⑤ 정재파(standing wave) : 둘 또는 그 이상의 음파의 구조적 간섭에 의해 시간적으로 일정하게 음압의 최고와 최저가 반복되는 패턴의 파, 예를 들면, 튜브, 악기, 파이프 오르간, 실내 등에서 발생한다.

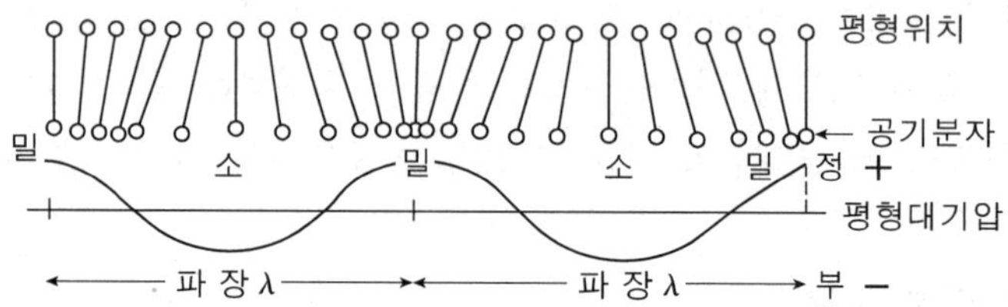

그림 1-1 공기입자와 정현음파

(5) 음의 회절(diffraction of sound wave)

장애물 뒤쪽으로 음이 전파되는 현상이다. 음의 회절은 파장과 장애물의 크기에 따라 다르며, 파장이 크고, 장애물이 작을수록(물체의 틈구멍에 있어서는 그 틈구멍이 작을수록) 회절은 잘 된다.

(6) 음의 굴절(refraction of sound wave)

음파가 한 매질에서 타 매질로 통과할 때 구부러지는 현상이다. [그림 1-2]와 같이 한 매질(媒質)에서 타 매질로 음파가 전파될 때 그 매질 중의 음속은 서로 다르다. 입사각을 θ_1, 굴절각을 θ_2라 하면 그 때의 음속비 c_1/c_2은 식 (1.7)과 같다.

$$\frac{c_1}{c_2} = \frac{\sin\theta_1}{\sin\theta_2} \quad \text{(Snell의 법칙)} \tag{1.7}$$

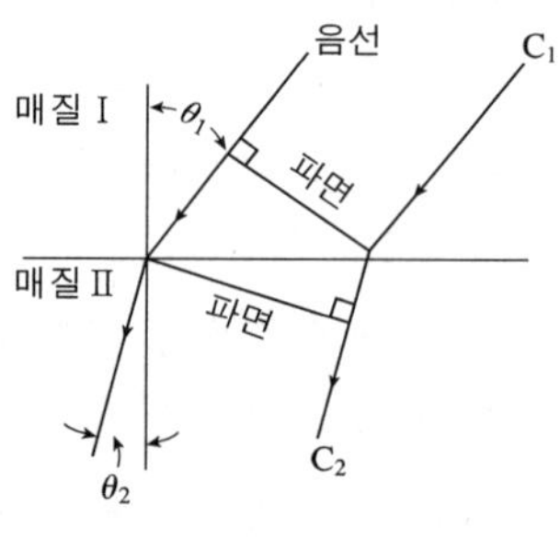

그림 1-2 음파의 굴절

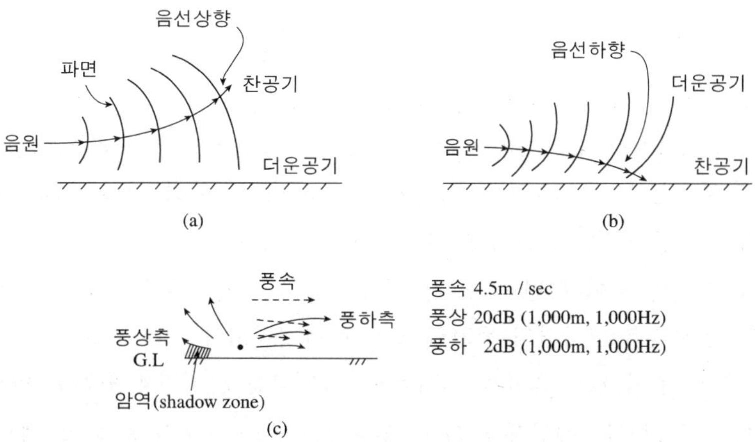

그림 1-3 대기중 온도 및 풍향·풍속에 따른 음의 굴절

식 (1.7)로부터 굴절 전과 후의 음속차가 크면 굴절도 커짐을 알 수 있다.

① 온도차에 의한 굴절 : 대기의 온도 차에 의한 굴절로 온도가 낮은 쪽으로 굴절한다. 즉, 낮(지표부근의 온도가 상공보다 고온)에는 상공쪽으로 굴절하며, 밤(지표부근의 온도가 상공보다 저온)에는 지표쪽으로 굴절한다. 따라서 낮에 거리감쇠가 커짐을 알 수 있다([그림 1-3] (a), (b) 참조).

② 풍속차에 의한 굴절 : 음원보다 상공의 풍속이 클 때 풍상측에서는 상공으로, 풍하측에서는 지면쪽으로 굴절하므로 풍상측에서 감쇠가 크다([그림 1-3] (c)참조).

(7) 음의 간섭(interference of sound wave)

서로 다른 파동 사이의 상호작용으로 나타나는 현상이다.

(8) 중첩의 원리

둘 또는 그 이상의 같은 성질의 파동이 동시에 어느 한 점을 통과할 때 그 점에서의 진폭은 개개의 파동의 진폭을 합한 것과 같다.

① 보강간섭 : 여러 파동이 마루는 마루끼리, 골은 골끼리 만나면서 엇갈려 지나갈 때 그 합성파의 진폭은 개개의 어느 파의 진폭보다 크게 된다.

② 소멸간섭 : 여러 파동이 마루는 골과, 골은 마루와 만나면서 엇갈려 지나갈 때 그 합성파의 진폭은 개개의 어느 파의 진폭보다 작게 된다.

③ 맥놀이 : 주파수가 약간 다른 두 개의 음원으로부터 나오는 음은 보강간섭과 소멸간섭을 교대로 이루어 어느 순간에 큰 소리가 들리면 다음 순간에는 조용한 소리로

들리는 현상으로, 맥놀이 수는 두 음원의 주파수 차와 같다 (beat라고도 함).

(9) **음의 반사**(reflection) · **투과**(transmission) · **흡수**(absorption)

음파가 장애물에 입사되면 일부는 반사되고, 일부는 장애물을 통과하면서 흡수(장애물의 섬유소 등에 진동을 야기시켜 이들의 마찰작용에 의해 열에너지로 변환)되고, 나머지는 장애물을 투과하게 된다.

[그림 1-4]와 같이 평탄한 장애물이 있을 경우 입사파와 반사파는 동일 매질 내에 있고, 입사각과 반사각이 동일한 것을 반사법칙이라 한다. [그림 1-4]의 법선 방향으로 수직 입사하는 음압을 P_i(음의 세기로는 I_i), 경계면에서 반사되는 음압을 $P_r(I_r)$, 투과하는 음압을 $P_t(I_t)$, 흡수되는 음의 세기를 I_a라 할 때,

① 반사율 α_r : 입사음 세기에 대한 반사음 세기의 비로, 경계면에서는 경계조건(음압 동일, 입자속도 동일)이 만족되므로,

$$P_i + P_r = P_t \tag{1.8}$$

$$v_i + v_r = v_t \tag{1.9}$$

여기서, 입자 속도 $v_i = \dfrac{P_i}{\rho_1 c_1}$, $v_r = -\dfrac{P_r}{\rho_1 c_1}$, $v_t = \dfrac{P_t}{\rho_2 c_2}$

$$\frac{P_i}{\rho_1 c_1} - \frac{P_r}{\rho_1 c_1} = \frac{P_t}{\rho_2 c_2} \tag{1.10}$$

$$\rho_2 c_2 (P_i - P_r) = \rho_1 c_1 P_t \tag{1.11}$$

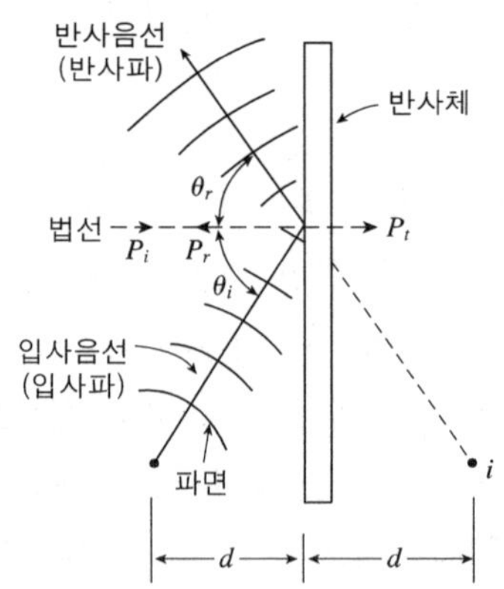

그림 1-4 점음원 음파의 반사법칙

(1.8)식을 (1.11)식에 대입하여 정리하면,

$$P_i(\rho_2 c_2 - \rho_1 c_1) = P_r(\rho_2 c_2 + \rho_1 c_1) \tag{1.12}$$

$$\therefore \frac{P_r}{P_i} = \frac{\rho_2 c_2 - \rho_1 c_1}{\rho_2 c_2 + \rho_1 c_1} \tag{1.13}$$

한편, $I = \dfrac{P^2}{\rho c}$의 관계로부터,

$$\text{반사율 } \alpha_r = \frac{I_r}{I_i} = \left(\frac{\rho_2 c_2 - \rho_1 c_1}{\rho_2 c_2 + \rho_1 c_1}\right)^2 \tag{1.14}$$

이 된다. 여기서, $\rho_1 c_1$은 입사측 매질, $\rho_2 c_2$는 타 매질의 고유 음향임피던스 specific acoustic impedance)로 이 임피던스의 차가 크면 반사율도 커진다.

② 투과율 τ : 입사음 세기에 대한 투과음 세기의 비로

$$\tau = \frac{I_t}{I_i} \tag{1.15}$$

한편, 투과손실(transmission loss) TL은

$$\mathrm{TL} = 10\log\left(\frac{1}{\tau}\right) \ [\mathrm{dB}] \tag{1.16}$$

③ 흡음율(흡수율) α : 입사음 세기에 대한 입사음 세기와 반사음 세기의 차의 비로

$$\alpha = \frac{I_a + I_t}{I_i} = \frac{I_i - I_r}{I_i} = 1 - \alpha_r = \frac{4(\rho_2 c_2 \times \rho_1 c_1)}{(\rho_2 c_2 + \rho_1 c_1)^2} \tag{1.17}$$

로 나타낸다. 경계면에서 음이 흡수되지 않는다는 가정하에서, 즉 $I_a = 0$일 때, 또한 공기에서 물로 소리가 투과할 때의 투과율 $\tau = \dfrac{4(\rho_2 c_2 \times \rho_1 c_1)}{(\rho_2 c_2 + \rho_1 c_1)^2}$로 흡음율 α와 같다.

Example 공기의 고유 음향 임피던스는 20℃에서 428 rayls이고 물의 고유음향 임피던스는 20℃에서 1.48×10^6 rayls이다. 공기에서 물로 소리가 투과할 때의 투과율은 얼마인가?

$$\text{투과율 } \tau = \frac{I_t}{I_i} = \frac{4(\rho_2 c_2 \times \rho_1 c_1)}{(\rho_2 c_2 + \rho_1 c_1)^2} = \frac{4(1.48 \times 10^6 \times 428)}{(1.48 \times 10^6 + 428)^2} = 1.156 \times 10^{-3}$$

(10) Huyghens 원리

하나의 파면상의 모든 점이 파원이 되어 각각 2차적인 구면파를 사출하여 그 파면들을 둘러싸는 면이 새로운 파면을 만드는 현상이다.

(11) Doppler 효과

발음원(또는 수음자)이 이동할 때 그 진행 방향쪽에서는 원래 발음원의 음보다 고음(고주파음)으로, 진행 반대쪽에서는 저음(저주파음)으로 되는 현상이다.

(12) 마스킹(masking) 효과

크고 작은 두 소리를 동시에 들을 때 큰 소리만 듣고 작은 소리는 듣지 못하는 현상으로 음파의 간섭에 의해 일어난다.

① 마스킹의 특징

㉠ 저음이 고음을 잘 마스킹한다.

㉡ 두 음의 주파수가 비슷할 때는 마스킹 효과가 대단히 커진다.

㉢ 두 음의 주파수가 거의 같을 때는 맥동이 생겨 마스킹 효과가 감소한다.

② 마스킹의 이용

㉠ 작업장 안에서의 배경음악

㉡ 자동차 안의 스테레오 음악 등

1.2.2 음의 제량 및 단위

(1) 파장(wavelength)

[그림 1-5]에서 압력이 제일 높은 곳(마루)과 다음의 제일 높은 곳(마루)간의 거리 또는 위상의 차이가 360°가 되는 거리를 말하며, 그 표시 기호는 λ, 단위는 m이다.

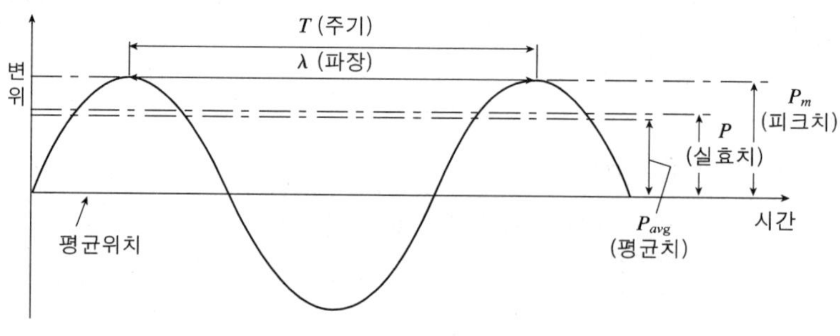

그림 1-5 정현파의 파동

$$\lambda = \frac{c}{f} \quad [\mathrm{m}] \tag{1.18}$$

Example 주파수가 150 Hz이고, 전파속도가 60 m/s인 파동의 파장은 얼마인가?

주파수 $f = 150\mathrm{Hz}$, 전파속도 $c = 60\ \mathrm{m/s}$

파장 $\lambda = \frac{c}{f} = \frac{60}{150} = 0.4\mathrm{m}$

(2) **주파수**(frequency)

[그림 1-6]처럼 한 고정점을 1초 동안에 통과하는 마루(산) 또는 골(곡)의 평균 수, 또는 1초 동안의 cycle 수를 말하며, 그 표시 기호는 f, 단위는 Hz(cycle/s)이다.

$$f = \frac{c}{\lambda}\ [\mathrm{Hz}] \quad \text{또는} \quad f = \frac{1}{T}\ [\mathrm{Hz}] \tag{1.19}$$

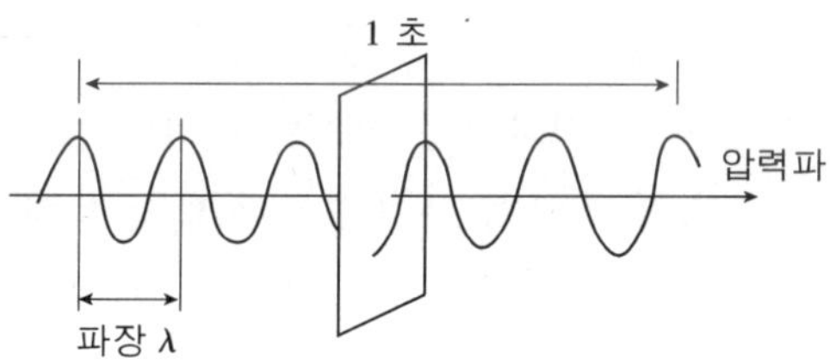

그림 1-6 정현파의 주파수

(3) **주기**(period)

한 파장이 전파되는 데 소요되는 시간을 말하며, 그 표시 기호는 T, 단위는 초(sec)이다([그림 1-5] 참조).

$$T = \frac{1}{f} \quad [\mathrm{sec}] \tag{1.20}$$

(4) **변위**(displacement)

진동하는 입자(공기)의 어떤 순간의 위치와 그것의 평균위치와의 거리로, 입자변위라고도 하며, 그 표시 기호는 D, 단위는 m이다.

(5) 진폭(amplitude)

진동의 진폭과 같이 진동하는 입자에 의해 발생하는 최대변위치를 말하며, 그 표시 기호는 A(소음에서는 P_m), 단위는 m이다([그림 1-5] 참조).

음파에 의한 공기 입자의 진동 진폭은 실제로 매우 적어 10^{-7}mm~수mm 정도이다.

(6) 입자속도(particle velocity)

시간에 대한 입자변위의 미분 값으로 그 표시 기호는 v, 단위는 m/sec이다.

(7) 고유 음향임피던스(specific acoustic impedance)

주어진 매질에서 입자속도(v)에 대한 음압(P)의 비를 말하며, 매질의 밀도 ρ에 그 매질에서의 음의 전파속도 c를 곱한 값이다. 그 표시 기호는 $z(\rho c)$, 단위는 rayls (kg/m^2·s)이다.

정상상태(20℃, 10^5 Pa, $\rho=1.205\text{kg/m}^3$)와 표준상태(0℃, 1.013×10^5 Pa$=1$기압, $\rho=1.293\,\text{kg/m}^3$)의 대기 중에서 ρc는 각각 413.8 및 428.6(rayls)이다.

$$z(\rho c)=\frac{P}{v}\quad[\text{rayls}] \tag{1.21}$$

(8) 음의 전파속도(speed of sound)

음속은 음파가 1초 동안에 전파하는 거리를 말하며 그 표시 기호는 c, 단위는 m/s이다. 공기 중에서 음속은 기압의 공기 밀도에 따라 변하지만 지상 부근에서의 속도는 다음 식 (1.22)으로 계산한다. 공기 중(또는 기체)에서,

$$c=\sqrt{\frac{kp}{\rho}}\quad[\text{m/s}] \tag{1.22}$$

여기서, k는 비열비$\left(\frac{C_p}{C_v}\fallingdotseq 1.402\right)$, p는 대기압(N/m^2), ρ는 공기밀도(kg/m^3)이다. 대기압이고 0℃일 때의 체적을 V_0, t℃일 때의 체적을 V라 하면,

$$V=V_0(1+at) \tag{1.23}$$

여기서, a는 팽창계수(1/273)이다. (1.23) 식을 밀도로 표시하면,

$$\frac{1}{\rho}=\frac{1}{\rho_0}(1+at) \tag{1.24}$$

$$\rho=\frac{\rho_0}{1+at} \tag{1.25}$$

(1.25)식을 (1.22)식에 대입하면,

$$c=\sqrt{\frac{kp}{\rho_0}}\cdot\sqrt{1+at}\ \fallingdotseq\ c_0\left(1+\frac{1}{2}at\right) \tag{1.26}$$

여기서, c_0는 온도 0℃일 때의 음속, ρ_0는 온도 0℃일 때의 밀도이다.

$$\rho_0 \fallingdotseq 1.293\ \ [\mathrm{kg/m^3}]$$

$p=1{,}013(\mathrm{mbar})=1.013\times10^3(\mathrm{dyne/cm^2})=1.013\times10^5(\mathrm{N/m^2})$이므로

$$c_0=\sqrt{\frac{1.402\times101300}{1.293}}\ \fallingdotseq\ 331.42\ \ [\mathrm{m/s}]$$

따라서 t℃일 때는 식 (1.26)에서

$$c=331.42\left(1+\frac{1}{2}\cdot\frac{t}{273}\right)\fallingdotseq\ 331.42+0.6t\ \ [\mathrm{m/s}] \tag{1.27}$$

또는

$$c=331.42(1+at)^{1/2}=331.42\left(\frac{273+t}{273}\right)^{1/2} \tag{1.28}$$

$$=331.42\frac{\sqrt{T}}{\sqrt{273}}\ \fallingdotseq\ 20.06\sqrt{T}\ \ \ [\mathrm{m/s}]$$

여기서, T는 절대온도(°K = 273 + t°)이다. 앞의 식으로부터 음속은 절대온도의 제곱근에 비례함을 알 수 있다.

한편, 고체 및 액체 중에서의 음속 c는

$$c=\sqrt{\frac{E}{\rho}}\ \ \ [\mathrm{m/s}] \tag{1.29}$$

여기서, E는 young율$(\mathrm{N/m^2})$, ρ는 매질의 밀도$(\mathrm{kg/m^3})$이다.

표 1-1 액체와 고체에서의 음속

매 질	음속(m/s)	공기 중의 음속과의 비
납	1,220	1 : 3.5
물	1,370	1 : 4
나 무	3,350～4,000	1 : 10
알루미늄	4,880	1 : 14
철	5,000	1 : 15

Example 20℃ 공기 중에서 500 Hz 음의 음속 및 파장은 얼마인가?

음속 $c = 331.42 + 0.6\,t = 331.42 + 0.6 \times 20 = 343.42$ m/s

파장 $\lambda = \dfrac{c}{f} = \dfrac{343.42}{500} = 0.69$ m

(9) **음압**(sound pressure)

음에너지에 의해 매질에는 미세한 압력변화가 생기며 이 압력변화 부분을 음압이라 하고 그 표시 기호는 P, 단위는 $N/m^2(=Pa)$이다.

[그림 1-5]와 같은 정현파에서 음압진폭 P_m(피-크치)과 음압실효치(rms 값) P와의 관계는 다음과 같다.

$$P = P_m / \sqrt{2} \quad [N/m^2] \tag{1.30}$$

(10) **음의 세기**(sound intensity)

음의 전파는 매질의 진동 에너지가 전달되는 것이므로 음의 진행방향에 수직하는 단위면적을 단위시간에 통과하는 음에너지를 음의 세기라하며, 그 표시 기호는 I, 단위는 W/m^2이다. 음의 세기 I와 음압실효치(통상 음압이라 함) P와는 식 (1.31)과 같은 관계가 있다.

$$I = P \times v = \frac{P^2}{\rho c} \quad [W/m^2] \tag{1.31}$$

Example 15℃ 공기중에서 음압진폭이 20 N/m^2일 때, 음의 세기와 입자속도는 얼마인가?

공기밀도 $\rho = 1.293 \times \dfrac{273}{(273+t)} = 1.293 \times \dfrac{273}{(273+15)} = 1.226\ kg/m^3$

음속 $c = 331.42 + 0.6t = 331.42 + 0.6 \times 15 = 340.42$ m/s

따라서 음의세기 $I = \dfrac{\left(P_m/\sqrt{2}\right)^2}{\rho c} = \dfrac{\left(20/\sqrt{2}\right)^2}{1.226 \times 340.42} = 0.48\ W/m^2$

입자속도 $v = \dfrac{\left(P_m/\sqrt{2}\right)}{\rho c} = \dfrac{\left(20/\sqrt{2}\right)}{1.226 \times 340.42} = 0.034$ m/s

(11) **음향출력**(acoustic power)

음원으로부터 단위 시간당 방출되는 총 음에너지를 말하며, 그 표시 기호는 W, 단위는 W(watt)이다. 음향출력 W의 무지향성 음원으로부터 r(m) 떨어진 점에서의 음의 세기를 I라 하면,

$$W = I \times S \quad [\mathrm{W}] \tag{1.32}$$

여기서, S는 표면적(m^2)이다.

① 음원이 점음원(point source)인 경우

㉠ 음원이 자유공간(공중, 혹은 구면파라고도 함)에 있을 때,

$$W = I \times 4\pi r^2 \quad [\mathrm{W}] \tag{1.33}$$

㉡ 음원이 반자유공간(반사율 1인 바닥 위, 혹은 반구면파라고도 함)에 있을 때,

$$W = I \times 2\pi r^2 \quad [\mathrm{W}] \tag{1.34}$$

② 음원이 선음원(line source)인 경우

㉠ 음원이 자유공간에 있을 때,

$$W = I \times 2\pi r \quad [\mathrm{W}] \tag{1.35}$$

㉡ 음원이 반자유공간에 있을 때,

$$W = I \times \pi r \quad [\mathrm{W}] \tag{1.36}$$

Example 음향출력 100 W인 점음원이 지상에 있을 때 10 m 떨어진 지점에서의 음의 세기는 얼마인가?

음의세기 $I = \dfrac{W}{S} = \dfrac{W}{2\pi r^2} = \dfrac{100}{2\pi \times 10^2} = 0.16\ \mathrm{W/m^2}$

1.2.3 소음의 단위 및 제량

(1) dB(deciBel)

소음의 크기 등을 나타내는데 사용되는 단위이다.

Weber-Fether의 법칙에 의해 사람의 감각량은 자극량에 대수적(對數的)으로 변한다.

$$\Delta S \propto \frac{\Delta I}{I} \tag{1.37}$$

여기서, ΔS는 감각량의 변화량, ΔI는 자극량인 음의 세기의 변화량이다.
(1.37)식을 적분하면,

$$S = K \log I \tag{1.38}$$

만약 최소가청음의 세기를 I_0라 하고, 그때의 레벨을 SIL_0라 하면(단, S를 SIL이라 함)

$$SIL - SIL_0 = K \log\left(\frac{I}{I_0}\right) \tag{1.39}$$

여기서, SIL_0은 0이 되고, K는 비례상수이므로,

$$SIL = K \log\left(\frac{I}{I_0}\right) \tag{1.40}$$

$K = 1$일 때의 단위는 B(bell)로 사람이 가청할 수 있는 최소가청음의 세기 $10^{-12}(W/m^2)$부터 최대가청음의 세기 $10(W/m^2)$까지를 B의 단위를 사용하여 나타내면 단지 0～13까지 14단계에 지나지 않는다. 따라서 이를 좀 더 세분하여 나타내기 위하여 $K = 10$으로 한 dB(deciBel) 단위를 쓰면 0～130까지 140단계로 표시할 수 있으므로 이 단위를 쓴다.

(2) 음의 세기레벨(sound intensity level : SIL)

$$SIL = 10 \log\left(\frac{I}{I_0}\right) \ [dB] \tag{1.41}$$

여기서, I_0는 정상청력을 가진 사람의 최소 가청음의 세기($10^{-12}\ W/m^2$), I는 대상음의 세기이다.

Example 음의 세기레벨이 90dB에서 93dB로 변한다면 음의 세기는 몇 배 증가되는가?

$SIL = 10\log\frac{I}{I_0}$로부터 $\frac{I}{I_0} = 10^{\left(\frac{SIL}{10}\right)}$; $\frac{I_1}{I_0} = 10^9$, $\frac{I_2}{I_0} = 10^{9.3}$

따라서, $\Delta I = \frac{I_2 - I_1}{I_1} = \frac{10^{9.3} - 10^9}{10^9} = 0.995 ≒ 1$배 증가한다.

(3) 음압레벨(음압도, sound pressure level : SPL)

(1.31)식에 의해 (1.41)식을 변형하면,

$$\text{SIL} = 10\log\left(\frac{I}{I_0}\right) = 10\log\left(\frac{P^2/\rho c}{P_0^2/\rho c}\right) = 20\log\left(\frac{P}{P_0}\right)\ [\text{dB}]$$

즉,

$$\text{SPL} = 20\log\left(\frac{P}{P_0}\right)\ [\text{dB}] \qquad (1.42)$$

여기서, P_0는 정상청력을 가진 사람이 1,000(Hz)에서 가청할 수 있는 최소 음압실효치($2\times10^{-5}\text{N/m}^2$), P는 대상음의 음압실효치이다. 가청 최대 한계는 $60[\text{N/m}^2]$로 130 dB 정도이다.

Example 인간이 최대로 가청할 수 있는 소리의 크기가 10 W/m^2 및 60 N/m^{2}이라 할 때 음의 세기레벨과 음압 레벨은 몇 dB인가?

$$\text{SIL} = 10\log\left(\frac{I}{I_0}\right) = 10\log\left(\frac{10}{10^{-12}}\right) = 130\ \text{dB}$$

또한 $\text{SPL} = 20\log\left(\frac{P}{P_0}\right) = 20\log\left(\frac{60}{2\times10^{-5}}\right) = 130\ \text{dB}$

표 1-2 여러 음원에 대한 음압레벨

음압(N/m^2)	SPL(dB)	음 원	음압(N/m^2)	SPL(dB)	음 원
2×10^4	180	로켓 엔진	6.3×10^{-1}	90	트럭
6.3×10^3	170		2×10^{-1}	80	실내음악
2×10^3	160	제트 엔진	6.3×10^{-2}	70	혼잡한 거리
6.3×10^2	150		2×10^{-2}	60	보통 대화
2×10^2	140		6.3×10^{-3}	50	사무실
6.3×10^1	130	록밴드	2×10^{-3}	40	낮은 목소리 대화
2×10^1	120		6.3×10^{-4}	30	조용한 사무실
6.3	110		2×10^{-4}	20	녹음실
2	100	지하철	6.3×10^{-5}	10	
			2.8×10^{-5}	3	
			2×10^{-5}	0	

Example 자동차 경적음의 음압이 31.7 Pa 일 때, 음압레벨은 몇 dB인가?

$$\mathrm{SPL} = 20\log\frac{31.7}{2\times 10^{-5}} = 124\ \mathrm{dB}$$

(4) **음향 파워레벨(sound power level : PWL)**

$$\mathrm{PWL} = 10\log\left(\frac{W}{W_0}\right)\ [\mathrm{dB}] \tag{1.43}$$

여기서, W_0는 기준음향파워(10^{-12}W), W는 대상음원의 음향파워이다.

Example 음향파워가 0.1watt이면 PWL은 얼마인가?

$$\mathrm{PWL} = 10\log\left(\frac{W}{W_0}\right) = 10\log\left(\frac{0.1}{10^{-12}}\right) = 110\ \mathrm{dB}$$

(5) **SIL과 SPL의 관계**

(1.41)식의 I에 (1.31)식을 대입하면,

$$\mathrm{SIL} = 10\log\left(\frac{P^2/\rho c}{I_0}\right)\ [\mathrm{dB}] \tag{1.44}$$

$\rho c \fallingdotseq 400$(rayls), $I_0 = 10^{-12}(\mathrm{W/m^2})$을 대입하여 풀면,

$$\mathrm{SIL} = 10\log\left(\frac{P^2}{4\times 10^{-10}}\right) = 10\log\left(\frac{P}{2\times 10^{-5}}\right)^2 = \mathrm{SPL}$$

Example 면적 5 $\mathrm{m^2}$의 창을 음압레벨 100 dB인 음파가 통과할 때, 이창을 통과한 음파의 음향 파워는 얼마인가?

$\mathrm{SPL} = \mathrm{SIL} = 10\log\left(\frac{I}{10^{-12}}\right)$ 로부터

$I = 10^{-12}\times 10^{\frac{\mathrm{SIL}}{10}} = 10^{-12}\times 10^{10} = 0.01\ \mathrm{W/m^2}$

따라서, 음향파워 $W = I\cdot S = 0.01\times 5 = 0.05$ W

즉, 음의 세기레벨과 음압레벨은 서로 같으며, 이 음압레벨은 대부분의 소음계에서 청감보정회로를 통하지 않고, 다시 말해서 소음계의 청감보정회로를 F(혹은 Flat)에 놓고 측정한 값이다.

(6) SPL과 PWL의 관계

(1.43)식에 (1.32)식을 대입하면,

$$\mathrm{PWL} = 10\log\left(\frac{W}{W_0}\right) = 10\log\left(\frac{I\cdot S}{10^{-12}}\right) = 10\log\left(\frac{I}{10^{-12}}\right) + 10\log S$$

$$= \mathrm{SIL}(\text{혹은 SPL}) + 10\log S \tag{1.45}$$

따라서,

$$\mathrm{SPL} = \mathrm{PWL} - 10\log S \tag{1.46}$$

1) 무지향성 점음원인 경우

㉠ 자유공간에 있을 때,

$$\mathrm{SPL} = \mathrm{PWL} - 10\log(4\pi r^2) \tag{1.47}$$

$$= \mathrm{PWL} - (20\log r + 10\log 4\pi)$$

$$= \mathrm{PWL} - 20\log r - 11\ \ [\mathrm{dB}]$$

㉡ 반자유공간에 있을 때

$$\mathrm{SPL} = \mathrm{PWL} - 10\log(2\pi r^2) \tag{1.48}$$

$$= \mathrm{PWL} - (20\log r + 10\log 2\pi)$$

$$= \mathrm{PWL} - 20\log r - 8\ \ [\mathrm{dB}]$$

2) 무지향성 선음원인 경우

㉠ 자유공간에 있을 때,

$$\mathrm{SPL} = \mathrm{PWL} - 10\log(2\pi r) \tag{1.49}$$

$$= \mathrm{PWL} - 10\log r - 8\ \ [\mathrm{dB}]$$

㉡ 반자유공간에 있을 때,

$$\mathrm{SPL} = \mathrm{PWL} - 10\log(\pi r) \tag{1.50}$$

$$= \mathrm{PWL} - 10\log r - 5\ \ [\mathrm{dB}]$$

음향 파워레벨은 직접 측정되지 않으므로 SPL을 측정하여 위의 식들에 의해 계산하여 구한다.

Example 음향출력 50 W의 점음원으로부터 구형파가 전파될 때 이음원으로부터 3 m 지점의 음의 세기레벨은 몇 dB인가 ?

$$PWL = 10\log\frac{W}{W_0} = 10\log\frac{50}{10^{-12}} = 136.99(dB)$$

$$SPL = SIL = PWL - 20\log r - 11$$

$$\therefore SIL = 136.99 - 20\log 3 - 11 = 116.45(dB)$$

(7) 음의 크기레벨(loudness level : LL)

감각적인 음의 크기를 나타내는 양으로 같은 음압 레벨이라도 주파수가 다르면 같은 크기로 감각되지 않는다. 따라서, 임의의 음에 대한 음의 크기 레벨 phon이란, 그 음을 귀로 들어 1,000 Hz 순음의 크기와 평균적으로 같은 크기로 느껴질 때 그음의 크기를 1,000 Hz 순음의 음세기레벨로 나타낸 것이 음의 크기레벨이다. 1,000 Hz 순음의 음세기레벨(또는 음압레벨)은 phon 값과 같으며, 그 표시 기호는 LL, 단위는 phon이다([그림 1-7] 참조, 그림에서 실선은 주파수별로 같은 크기로 느껴지는 음의 크기레벨을 나타낸 것이다).

(8) 음의 크기(loudness : S)

1,000 Hz 순음의 음세기레벨 40 dB의 음크기를 1sone, 즉, 1,000 Hz 순음 40 phon을 1 sone으로 정의하며, 그 표시 기호는 S, 단위는 sone이다.

$$S = 2^{(LL-40)/10} \quad [sones] \tag{1.51}$$

$$LL = 33.3\log S + 40 \quad [phons]$$

S의 값이 2배 · 3배 등으로 증가하면 감각량의 크기도 2배 · 3배 등으로 증가한다.

Example 100 sones인 음은 몇 phons인가?

$$LL = 33.3\log S + 40 = 33.3\log 100 + 40 = 106.6(phons)$$

(9) **소음레벨(소음도, sound level : SL)**

소음계의 청감보정회로 A · B · C 등을 통하여 측정한 값을 소음레벨이라 말하며, 그 표시 기호는 SL, 단위는 dB(A) · dB(B) · dB(C) 등으로 한다. 귀로 느끼는 감각량을 계측기로 측정한 값으로 SL은

$$\mathrm{SL} = \mathrm{SPL} + L_R \quad [\mathrm{dB(A)}] \tag{1.52}$$

여기서, L_R는 청감보정회로에 의한 주파대역별 보정치이다([그림 1-8] 참조).

(10) **등청감곡선(equal loudness contours)**

음의 물리적 강약은 음압에 따라 변화하지만 사람이 귀로 듣는 음의 감각적 강약은 음압 뿐만아니라 주파수에 따라 변한다. 따라서 같은 크기로 느끼는 순음을 주파수별로 구하여 [그림 1-7]과 같이 작성한 것을 말한다. 이 그림에서 1,000 Hz 순음의 음압도 20 dB은 20 phon으로 느끼지만, 100 Hz 순음의 음압도 20 dB은 귀로 들을 수 없으며, 그 음압도가 36 dB일 때 20 phon으로 느낀다. 사람의 귀로는 주파수 범위 20～20,000(Hz)의 음압레벨 0～130(dB) 정도를 가청할 수 있고, 이 청감은 4,000(Hz) 주위의 음에서 가장 예민하며 100(Hz) 이하의 저주파음에서는 둔하다.

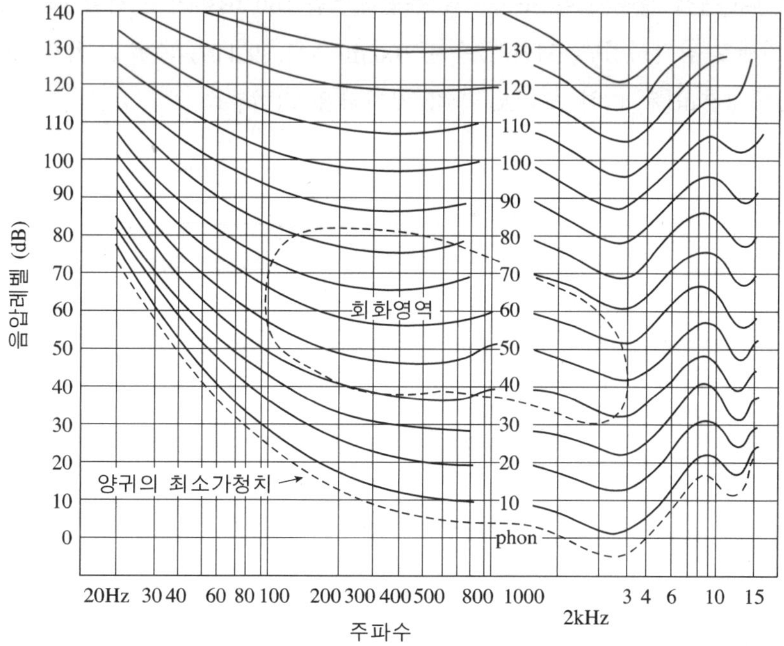

그림 1-7 등청감곡선

(11) **청감보정회로**(weighting network)

어떤 음의 감각적인 크기레벨을 측정하기 위해 등청감곡선을 역으로 한 보정회로를 소음계에 내장하여 근사적인 음의 크기레벨을 측정한다. 종래에 소음계에는 40,70,85 (phon)의 등청감곡선에 유사한 감도를 갖도록 주파수별 보정치가 실린 보정회로가 등청감곡선을 뒤집어 놓은 상태로 내장시켜 이를 순차적으로 A · B · C 청감보정회로라 하여 소음수준에 따라 사용하였다. 그 후 많은 연구결과 A특성 측정치가 감각과 가장 잘 대응한다는 인식하에 현재는 국제적으로 거의 A특성만이 사용되고 있다.

A특성은 청감이 둔하여 느끼지 못하는 음압레벨 만큼을 전기적으로 소거하는데, 이 양은 [그림 1-7]의 40폰 곡선이 지나는 음압레벨과 음압레벨 40 dB 횡선사이의 차로 정의된다. 이를 A특성 청감보정량이라 하며, 그 양은 [표 1-3]과 같다.

표 1-3 A특성 청감보정량(1/1 Octave Band)

중심주파수(Hz)	31.5	63	125	250	500	1k	2k	4k	8k
보정량(dB)	−39.4	−26.2	−16.1	−8.6	−3.2	0	+1.2	+1.0	−1.1

[표 1-3]에서 보듯이 각 주파수의 음압레벨을 100 dB이라 가정할 때에 1 kHz음은 그 크기대로 감각하지만, 31.5 Hz음은 100 dB에서 39.4 dB을 뺀 크기로, 2 kHz음은 100 dB에 1.2 dB을 더한 크기로 각각 감각함을 의미한다.

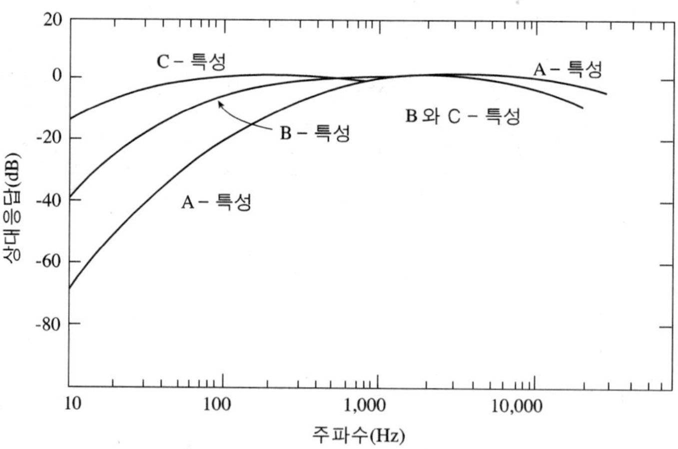

그림 1-8 청감보정회로의 상대응답

표 1-4 청감보정특성

청감보정회로 \ 내 용	신호보정	용 도
A 특성	저음역대	일반적으로 많이 이용
B 특성	중음역대	거의 사용 않음
C 특성	고음역대	소음등급평가, 물리적 특성 파악시 이용
D 특성	고음역대	항공기 소음평가시 사용
Linear(L 혹은 F 특성)	없 음	물리적 특성 파악

Example 공장 부지경계선에서 측정한 음압레벨이 250 Hz에서 86 dB, 2 kHz에서 68 dB일 때 소음레벨은 각각 몇 dB(A)인가?

$\mathrm{SL} = \mathrm{SPL} + L_R$

$\mathrm{SL}_{250} = 86 - 8.6 = 77.4\ \mathrm{dB(A)}$

$\mathrm{SL}_{2000} = 68 + 1.2 = 69.2\ \mathrm{dB(A)}$

(12) 주파수 분석기(filter)

주파수 분석기는 소음의 특성(스펙트라)을 분석하여 방지기술에 활용하는 필수적인 장비로 정비형과 정폭형이 있다.

① 정비형 : 대역(band)의 하한 및 상한주파수를 f_l 및 f_u라 할 때, 어떤 대역에서도 $\frac{f_u}{f_l}$의 比가 일정한 필터

$$\frac{f_u}{f_l} = 2^n$$

여기서, n은 1/1 혹은 1/3

② 정폭형 : 각 대역의 주파수 폭(밴드폭) bw $(f_u - f_l)$가 일정한 필터

③ 1/1옥타브 및 1/3옥타브밴드 분석기 : 정비형 필터로서

㉠ 1/1옥타브밴드 분석기는

$$\frac{f_u}{f_l} = 2, \quad f_u = 2f_l \tag{1.53}$$

중심주파수 $f_c = \sqrt{f_l \times f_u} = \sqrt{f_l \times 2f_l} = \sqrt{2}\, f_l$

밴드폭 $$\text{bw} = f_c\left(2^{\frac{n}{2}} - 2^{-\frac{n}{2}}\right) = f_c\left(2^{\frac{1}{2}} - 2^{-\frac{1}{2}}\right) = 0.707\ f_c \tag{1.54}$$

or $$\text{bw} = f_u - f_l = 2f_l - f_l = f_l \tag{1.55}$$

% 밴드폭 $$\%\text{bw} = \frac{\text{bw}}{f_c} \times 100\% \tag{1.56}$$

㉡ 1/3옥타브밴드 분석기

$$\frac{f_u}{f_l} = \sqrt[3]{2} = 2^{1/3},\ f_u = 1.26 f_l \tag{1.57}$$

중심주파수 $$f_c = \sqrt{f_l \times f_u} = \sqrt{f_l \times 1.26 f_l} = \sqrt{1.26}\, f_l$$

$$\text{bw} = f_c\left(2^{\frac{1}{6}} - 2^{-\frac{1}{6}}\right) = 0.232 f_c \tag{1.58}$$

또는 $$\text{bw} = f_u - f_l = 1.26 f_l - f_l = 0.26 f_l \tag{1.59}$$

$$\%\text{bw} = \frac{\text{bw}}{f_c} \times 100\% \tag{1.60}$$

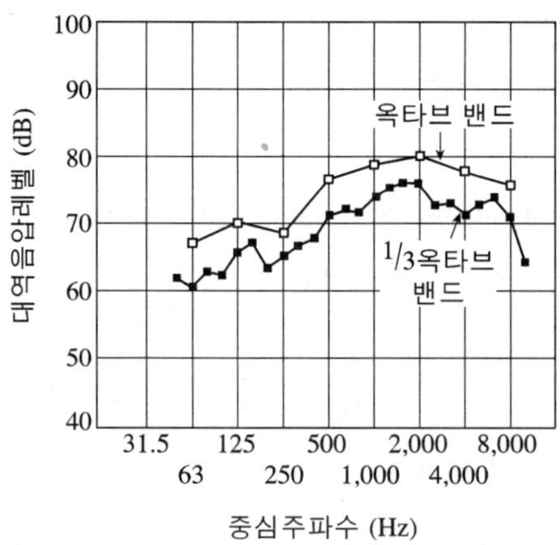

그림 1-9 옥타브 대역 음압레벨

[그림 1-9]의 옥타브 및 1/3옥타브 대역 별 음압레벨을 각각 dB 합산하면 그 값은 서로 같다.

표 1-5 1옥타브와 1/3옥타브 중심 주파수와 대역 하한·상한 주파수

하 한 주파수 f_l	옥타브 중심주파수 f_c	상 한 주파수 f_u	하 한 주파수 f_l	1/3옥타브 중심주파수 f_c	상 한 주파수 f_u
			18	20	22
			22	25	28
23	31.5	45	28	31.5	35
			35	40	45
			45	50	56
45	63	90	56	63	71
			71	80	90
			90	100	112
90	125	180	112	125	141
			141	160	178
			178	200	225
180	250	355	225	250	282
			282	315	355
			355	400	450
355	500	710	450	500	560
			560	630	710
			710	800	890
710	1,000	1,400	890	1,000	1,120
			1,120	1,250	1,400
			1,400	1,600	1,780
1,400	2,000	2,800	1,780	2,000	2,240
			2,240	2,500	2,800
			2,800	3,150	3,550
2,800	4,000	5,600	3,550	4,000	4,470
			4,470	5,000	5,600
			5,600	6,300	7,080
5,600	8,000	11,200	7,080	8,000	8,900
			8,900	10,000	11,200
			11,200	12,500	14,130
11,200	16,000	22,400	14,130	16,000	17,780
			17,780	20,000	22,400
			22,400	25,000	28,260
22,400	32,000	45,200	28,260	32,000	35,560

Example 중심주파수가 1,000 Hz 일 때 1/1 및 1/3 옥타브 밴드분석기의 밴드폭 (bw) 및 %밴드폭을 각각 구하라.

① 1/1 옥타브밴드 분석기

$$\text{bw} = 0.707 f_c = 0.707 \times 1{,}000 = 707\text{Hz}$$

$$\%\text{bw} = \frac{\text{bw}}{f_c} \times 100 = \frac{707}{1000} \times 100 = 70.7\%$$

② 1/3 옥타브밴드 분석기

$$\text{bw} = 0.232 f_c = 0.232 \times 1000 = 232\text{Hz}$$

$$\%\text{bw} = \frac{232}{1000} \times 100 = 23.2\%$$

Example 백색잡음을 옥타브 필터 및 1/3 옥타브 필터로 주파수분석을 할 경우 중심 주파수가 1000 Hz인 옥타브밴드 음압레벨은 중심 주파수가 500 Hz인 1/3 옥타브 밴드 음압 레벨보다 몇 dB 높겠는가?

백색 잡음(White Noise)은 모든 주파수의 음압레벨이 일정한음을 말하며 Pink Noise는 옥타브밴드 중심주파수별 음압레벨이 일정한 음을 말한다.

① 옥타브 밴드

$$\text{bw} = 0.707 f_c = 0.707 \times 1000 = 707\text{Hz}$$

$$\text{SIL}_1 = 10\log\left(\frac{I_1}{I_0}\right) = 10\log\left(\frac{707I}{I_0}\right)$$

② 1/3 옥타브밴드

$$\text{bw} = 0.232 f_c = 0.232 \times 500 = 116\text{Hz}$$

$$\text{SIL}_2 = 10\log\left(\frac{I_2}{I_0}\right) = 10\log\left(\frac{116I}{I_0}\right)$$

$$\therefore \Delta L = \text{SPL}_1 - \text{SPL}_2 = 10\log\left(\frac{707I}{I_0}\right) - 10\log\left(\frac{116I}{I_0}\right)$$

$$= 10\log\left(\frac{707}{116}\right) = 7.8\,\text{dB}$$

1.3 음(소음)의 발생과 특성

(1) 음의 발생

1) 고체음 : 물체의 진동에 의한 기계적인 원인으로 발생한다. 예를 들면, 북 등의 타악기, 스피커, 기계의 충격・마찰・타격 등에 의한 소리 등이다.
   ① 일차고체음 : 기계의 진동이 지반진동을 수반하여 발생하는 소리
   ② 이차고체음 : 기계 본체의 진동에 의한 소리
2) 기류음 : 직접적인 공기의 압력변화에 의한 유체역학적 원인에 의해 발생한다. 예를 들면, 나팔 등의 관악기, 폭발음, 음성 등이다.
   ① 난류음 : 선풍기・송풍기 등의 소리
   ② 맥동음 : 압축기・진공펌프・엔진의 배기음

(2) 공명(resonance)

2개의 진동체(말굽쇠 등)의 고유 진동수가 같을 때 한쪽을 울리면 다른 쪽도 울리는 현상이다. [표 1-6]은 간단한 구조의 진동체의 공명음 주파수(기본음)를 구하는 식으로 진동체의 길이와 두께 등이 변화하면 그 주파수도 변화함을 알 수 있다.

표 1-6 진동체의 기본(공명음) 주파수 산출식

진동체	기본음의 주파수	기호설명
봉의 종진동	$\frac{1}{2l}\sqrt{\frac{E}{\rho}}$	l : 길이 E : 영률
봉의 횡진동	$\frac{k_1 d}{l^2}\sqrt{\frac{E}{\rho}}$	ρ : 재료의 밀도 k_1 : 상수
일단개구관	$\frac{c}{4l}$	d : 각봉의 1변 또는 원봉의 직경 c : 공기 중의 음속
양단개구관	$\frac{c}{2l}$	h : 판의 두께 a : 원판 반경
주변고정원판	$\frac{3.2^2 h}{4\pi a^2}\sqrt{\frac{E}{3\rho(1-\sigma^2)}}$	σ : 포아숀비

Example 25℃ 공기중에서 길이가 1m인 양단개구관의 공명기본음 주파수는 얼마인가?

25℃ 공기중의 음속 $c=331.42+0.6t=331.42+0.6\times 25=346.42\text{m/s}$

따라서 공명 기본음 주파수 $f=\dfrac{c}{2l}=\dfrac{346.42}{2\times 1}=173.2\text{ Hz}$

(3) 진동에 의한 고체음 방사

진동하는 원판[반경 r(m)]으로부터 l(cm) 떨어진 점에서 대략적인 SPL은

$$\text{SPL} \fallingdotseq \text{VAL}+20\log\left(\frac{r^2}{l}\right)+50 \quad [\text{dB}] \tag{1.61}$$

여기서, VAL(vibration acceleration level)은 진동가속도레벨($\text{VAL}=20\log\dfrac{a}{1\text{gal}}$, $1\text{ gal}=1\text{ cm/s}^2=10^{-2}\text{m/s}^2$이며, a는 진동판의 가속도 실효치)이다.

한편, 진동판의 면적 $S(\text{m}^2)$의 전(全)음향 파워레벨 PWL은 근사적으로 $l \gg r$일 때, 식 (1.62)가 된다.

$$\text{PWL} \fallingdotseq \text{SPL}+10\log S-20\log\left(\frac{r}{l}\right)+3 \quad [\text{dB}] \tag{1.62}$$

(4) 기류에 의한 공기음 방사

1) 개구부로부터의 방사음

흡입구 또는 토출구 등으로부터 방사되는 음의 방사 파워 W는

$$W=U^2\cdot R \quad [\text{W}] \tag{1.63}$$

여기서, U는 체적속도($U=v\times S$), v는 진동속도 실효치(m/s^2)이며, S는 방사면의 면적(m^2), R는 방사저항이다.

한편, 개구부의 음압 P는

$$P=U\cdot|Z| \quad [\text{N/m}^2] \tag{1.64}$$

여기서, $|Z|$는 $\sqrt{R^2+X^2}$, X는 피상저항이다.

만약 개구부의 반경을 a, 면적을 S, 파수(wave number)를 $k\left(=\dfrac{2\pi f}{c},\ \text{rad/m}\right)$라 할 때 R과 X는 다음과 같다.

㉠ 원통이 공간에 돌출되어 있을 때 $ka \ll 1\,\text{rad}$의 경우,

$$R = \omega^2 \frac{\rho}{4\pi c} \tag{1.65}$$

$ka \gg 1\,\text{rad}$의 경우

$$R = \frac{\rho c}{S} \tag{1.66}$$

$$X = \omega \left(0.6 \frac{a \cdot \rho}{S}\right) \tag{1.67}$$

㉡ 원통이 벽면에서 개구되어 있을 때,

$ka \ll 1\,\text{rad}$의 경우

$$R = \omega^2 \frac{\rho}{2\pi c} \tag{1.68}$$

$ka \gg 1\,\text{rad}$의 경우

$$R = \frac{\rho c}{S} \tag{1.69}$$

$$X = \omega \left(0.85a \frac{\rho}{S}\right) \tag{1.70}$$

여기서, ω는 각주파수($= 2\pi f$), ρ는 기체의 밀도(kg/m^3)이다.

2) 개구부의 기류음

개구부에서 고속으로 분출될 때 발생하는 기류음의 방사파워(W)는

$$W = \eta R w^n S \quad [\text{W}] \tag{1.71}$$

여기서, η는 방사계수(보일러 증기의 분출음의 경우 η는 $3\times10^{-5} \sim 3\times10^{-4}$), R은 방사저항(ρc^{-5}), w는 분출속도, n은 일반적으로 3~8(음속정도인 경우 8)이다. 분출음의 주파수 f는

$$f = \text{St} \cdot \frac{w}{d} \quad [\text{Hz}] \tag{1.72}$$

여기서, St는 Strouhal수로 0.1~0.2, d는 개구부의 직경(m)이다.

분출구로부터 분출방향으로의 거리를 r(m)라 할 때, $r < 4d$는 혼합역으로 고주파 성분이 많고, $5d < r < 10d$는 난류역으로 저주파 성분이 많다.

(5) 음의 지향성

1) 지향계수(directivity factor : Q)

특정 방향에 대한 음의 지향도를 나타낸 것으로, 음원에서 방출되는 음의 강도가 방향(혹은 방출공간)에 따라 변화하는 상태를 지향성이라 하며 특정방향의 에너지와 평균에너지의 비를 지향계수라 한다. 예를 들어 스피커에서 나오는 소리는 스피커 앞쪽이 뒤쪽보다 크므로 지향성은 스피커 앞이 크게 된다. 지향계수 Q는

$$Q = \log^{-1}\left(\frac{\mathrm{SPL}_\theta - \overline{\mathrm{SPL}}}{10}\right) \tag{1.73}$$

여기서, $\overline{\mathrm{SPL}}$는 음원에서 반경 $r\,(\mathrm{m})$ 떨어진 구형면 상의 여러 지점에서 측정한 SPL의 평균치, SPL_θ는 동거리에서 어떤 특정방향의 SPL이다.

2) 지향지수(directivity index : DI)

$$\mathrm{DI} = \mathrm{SPL}_\theta - \overline{\mathrm{SPL}} \quad [\mathrm{dB}] \tag{1.74}$$

$$\mathrm{DI} = 10\log Q \quad [\mathrm{dB}] \tag{1.75}$$

무지향성 점음원이라고도 [그림 1-10]과 같이 음원의 위치에 따라 지향성을 갖게 된다.

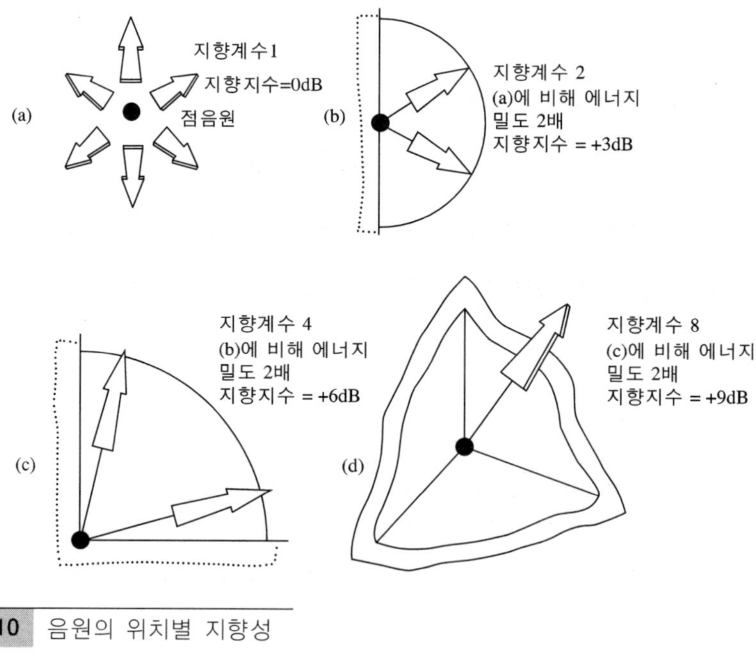

그림 1-10 음원의 위치별 지향성

① [그림 1-10]의 (a)와 같이 음원이 자유공간에 있을 때 $Q=2^n$(n : 반사면의 수)로부터 Q는 1, DI는 0이다.

② [그림 1-10]의 (b)와 같이 반자유공간(바닥 위)에 음원이 있을 때 Q는 2, DI는 +3 dB

③ [그림 1-10]의 (c)와 같이 두 면이 접하는 구석에 음원이 있을 때, Q는 4, DI는 +6 dB

④ [그림 1-10]의 (d)와 같이 세 면이 접하는 구석에 음원이 있을 때, Q는 8, DI는 +9 dB이다.

Example 평균 음압이 3,450 N/m^{2}이고, 특정지향 음압이 5,450 N/m^2 일 때 지향지수는 얼마인가?

$$\mathrm{DI}=\mathrm{SPL}_\theta-\overline{\mathrm{SPL}}$$

$$\mathrm{SPL}_\theta=20\log\frac{5{,}450}{2\times10^{-5}}=168.707\mathrm{dB}$$

$$\overline{\mathrm{SPL}}=20\log\frac{3{,}450}{2\times10^{-5}}=164.736\mathrm{dB}$$

따라서 $\mathrm{DI}=168.707-164.736=3.97\mathrm{dB}$

1.4 소음의 거리감쇠

기상조건 · 반사 · 지면 및 수목의 흡음 등을 배제한 이상적인 상태에서 소음의 거리감쇠를 살펴보기로 한다.

(1) 점음원의 경우

전파거리에 비해 크기가 아주 작은 음원은 점음원으로 볼 수 있으며 자유공간 내의 모든 방향으로 일정한 음을 방사하는 점음원이 있을 경우, 음원으로부터 거리 r(m) 떨어진 점의 음의 세기 I는 반경 r의 구면 전체를 1초 동안 통과한 음에너지와 음원의 음향파워 W가 서로 같으므로 음의 세기는 다음과 같다.

$$I=\frac{QW}{4\pi r^2}\quad[\mathrm{W/m^2}] \tag{1.76}$$

여기서, $Q=1$이므로

$$I=\frac{W}{4\pi r^2}$$

위 식을 레벨로 나타내면

$$\begin{aligned}\mathrm{SPL}&=\mathrm{PWL}+10\log\left(\frac{Q}{4\pi r^2}\right)\\&=\mathrm{PWL}-20\log r-11+10\log Q\\&=\mathrm{PWL}-20\log r-11+\mathrm{DI}\end{aligned} \tag{1.77}$$

여기서, $\mathrm{DI}=0\mathrm{dB}$이므로 $\mathrm{SPL}=\mathrm{PWL}-20\log r-11$

한편, 반사가 큰 지면 위에 점음원이 있는 경우

$$\begin{aligned}\mathrm{SPL}&=\mathrm{PWL}-10\log r^2-11+10\log 2\\&=\mathrm{PWL}-20\log r-8\end{aligned} \tag{1.78}$$

음원으로부터 r_1(m) 떨어진 지점의 음압레벨을 SPL_1, $r_2(r_2>r_1)$ 지점의 음압레벨을 SPL_2라 하면 두 지점 사이의 거리에 따른 거리감쇠치 L_a는 (1.46)식으로부터,

$$\begin{aligned}L_a&=\mathrm{SPL}_1-\mathrm{SPL}_2\\&=(\mathrm{PWL}-10\log S_1)-(\mathrm{PWL}-10\log S_2)\end{aligned}$$

여기서, S_1 및 S_2는 거리 r_1 및 r_2를 반경으로 한 음선에 수직하는 구의 표면적으로 $4\pi r_1^2$(혹은 $2\pi r_1^2$) 및 $4\pi r_2^2$(혹은 $2\pi r_2^2$)이므로

$$\begin{aligned}L_a&=10\log\left(\frac{S_2}{S_1}\right)\\&=10\log\left(\frac{r_2}{r_1}\right)^2=20\log\left(\frac{r_2}{r_1}\right)\quad[\mathrm{dB}]\end{aligned} \tag{1.79}$$

Example 점음원의 파워레벨이 100 dB이고 그 점음원이 모퉁이에 놓여 있을 때 10m 되는 지점에서의 음압레벨은 얼마인가?

$\mathrm{SPL}=\mathrm{PWL}-20\log r-11+10\log Q$

$Q=8$, $r=10\mathrm{m}$, $\mathrm{PWL}=100\mathrm{dB}$ 이므로

$\mathrm{SPL}=100-20\log 10-11+10\log 8=78.03(\mathrm{dB})$

(2) 선음원의 경우

$$L_a = 10\log\left(\frac{S_2}{S_1}\right)\ [\text{dB}] \tag{1.80}$$

여기서, S_1 및 S_2는 거리 r_1 및 r_2를 반경으로 한 음선에 수직하는 원통의 표면적으로 $2\pi r_1$(혹은 πr_1) 및 $2\pi r_2$(혹은 πr_2)이므로 (1.80)식은

$$L_a = 10\log\left(\frac{2\pi r_2}{2\pi r_1}\right) = 10\log\left(\frac{r_2}{r_1}\right)\ [\text{dB}] \tag{1.81}$$

즉, 점음원으로부터 거리가 2배 멀어질 때마다 음압레벨이 6 dB(= 20log 2)씩 감쇠되는데 이를 역2승 법칙이라 한다. 또한 선음원에서는 3 dB(= 10log 2)씩 감쇠함을 보여준다([그림 1-11] 참조).

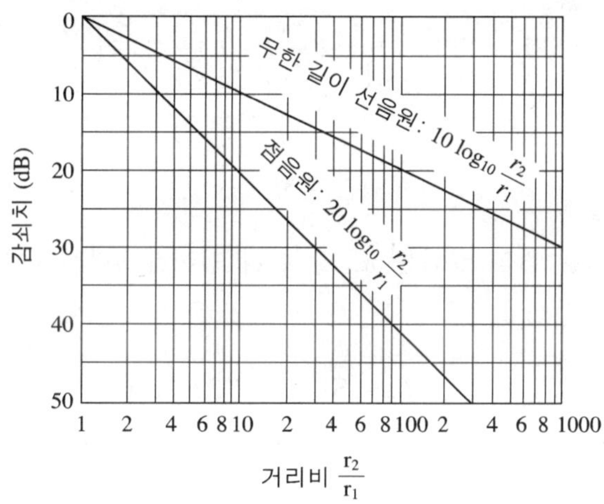

그림 1-11 거리비에 의한 감쇠치

(3) 면음원의 경우

1) 원형 면음원

$$\begin{aligned} \text{SPL} &= \text{PWL} + 10\log\left\{\ln\left|1+\left(\frac{a}{r}\right)^2\right|\right\} - 3\ [\text{dB}] \\ &= \text{PWL} + 10\log\left(\frac{a}{r}\right)^2 - 3\ [\text{dB}] \\ &= \text{PWL} + 20\log\frac{a}{r} - 3\ [\text{dB}] \end{aligned} \tag{1.82}$$

여기서, a는 반경(m), r은 면음원에서 수직하게 떨어진 거리(m)이다.

Example 점음원과 선음원(무한히 긴 경우)이 있다. 각각의 음원으로부터 32 m 되는 거리에서 음압레벨은 100 dB 이었다. 1 m 떨어진 곳에서의 음압 레벨은 각각 얼마인가?

i) 점음원의 경우

$$L_a = \mathrm{SPL}_1 - \mathrm{SPL}_2 = 20\log\left(\frac{r_2}{r_1}\right) \text{ dB에서}$$

$$\mathrm{SPL}_1 = \mathrm{SPL}_2 + 20\log\left(\frac{r_2}{r_1}\right) = 100 + 20\log\left(\frac{32}{1}\right) = 130.10 \text{ dB}$$

ii) 선음원의 경우

$$L_a = \mathrm{SPL}_1 - \mathrm{SPL}_2 = 10\log\left(\frac{r_2}{r_1}\right) \text{ dB 에서}$$

$$\mathrm{SPL}_1 = \mathrm{SPL}_2 + 10\log\left(\frac{r_2}{r_1}\right) = 100 + 10\log\left(\frac{32}{1}\right) = 115.05(\text{dB})$$

2) 장방형 면음원

실용적으로 짧은 변의 길이를 a, 긴 변의 길이를 b라 할 때,

㉠ $r < \frac{a}{3}$인 경우

$$L_a = \mathrm{SPL}_1 - \mathrm{SPL}_2 = 0 \tag{1.83}$$

㉡ $a/3 < r < b/3$인 경우

$$L_a = \mathrm{SPL}_1 - \mathrm{SPL}_2 = 10\log\left(\frac{3r}{a}\right) \ [\text{dB}] \tag{1.84}$$

㉢ $r > b/3$인 경우

$$\begin{aligned} L_a &= \mathrm{SPL}_1 - \mathrm{SPL}_2 \\ &= 20\log\left(\frac{3r}{b}\right) + 10\log\left(\frac{b}{a}\right) \ [\text{dB}] \end{aligned} \tag{1.85}$$

(4) 대기조건에 따른 감쇠

기상조건에서 공기흡음에 의해 일어나는 감쇠치 A_a는 (바람은 무시하고, 기온은 20℃ 임)

$$A_a = 7.4 \times \left(\frac{f^2 \times r}{\phi} \right) \times 10^{-8} \ \ [\text{dB}] \tag{1.86}$$

여기서, f는 옥타브 밴드별 중심 주파수(Hz), r은 음원과 관측점 사이의 거리(m), ϕ는 상대습도(%)이다. 이 식에서 주파수는 클수록, 습도는 낮을수록 감쇠치는 증가함을 알 수 있다. 일반적으로 기온은 낮을수록 감쇠치는 증가한다.

(5) 수목 기타에 의한 감쇠

풀이나 수목의 흡음에 의한 감쇠치는 그들의 상태에 따라 일정하지 않으나 다음 식으로 예측할 수 있다.

① 무성한 잔디나 관목의 흡음에 의한 감쇠치 A_g는

$$A_g = (0.18f - 0.31) \times r \ \ [\text{dB}] \tag{1.87}$$

② 삼림의 흡음에 의한 감쇠치 A_f는

$$A_f = 0.01(f)^{1/3} \times r \ \ [\text{dB}] \tag{1.88}$$

한편, 지면에 의한 흡음은 음원에서 30～70(m) 이내의 거리에서는 무시한다.

1.5 소음의 계산

(1) 순음의 합

순음 발생기에서 다음과 같은 정현파(sinusoidal wave)가 발생하고 있다고 하자.

$$P_1 = P_{m1} \sin(\omega_1 t + \theta_1) \tag{1.89}$$

여기서, P_1는 순시치, P_{m1}는 피-크 음압의 진폭, ω_1는 각주파수($2\pi f_1$, rad/s), t는 시간, θ_1는 위상각이다.

① 두 순음의 각주파수 $\omega_1 = \omega_2$이면,

$P_1 = P_{m1} \sin(\omega t + \theta_1)$, $P_2 = P_{m2} \sin(\omega t + \theta_2)$의 합은

$\sin(a+b) = \sin a \cos b + \cos a \sin b$의 정리에서

$$\begin{aligned} P_1 + P_2 &= P_{m1}(\sin \omega t \cos \theta_1 + \cos \omega t \sin \theta_1) + P_{m2}(\sin \omega t \cos \theta_2 + \cos \omega t \sin \theta_2) \\ &= (P_{m1} \cos\theta_1 + P_{m2} \cos\theta_2) \sin \omega t + (P_{m1} \sin\theta_1 + P_{m2} \sin\theta_2) \cos \omega t \end{aligned}$$

한편, $A\sin\omega t + B\cos\omega t = \sqrt{A^2 + B^2}\sin\omega t + \theta_0$ 정리에서

$$P_1 + P_2 = \sqrt{(P_{m1}\cos\theta_1 + P_{m2}\cos\theta_2)^2 + (P_{m1}\sin\theta_1 + P_{m2}\sin\theta_2)^2}\sin\omega t + \theta_0$$
$$= \sqrt{P_{m1}{}^2\cos^2\theta_1 + P_{m2}{}^2\cos^2\theta_2 + 2P_{m1}\cdot P_{m2}\cos\theta_1\cos\theta_2 + P_{m1}{}^2\sin^2\theta_1 + P_{m2}{}^2\sin^2\theta_2 + 2P_{m1}\cdot P_{m2}\sin\theta_1\sin\theta_2}\sin\omega t + \theta_0$$

한편, $\sin^2\theta + \cos^2\theta = 1$, $\cos(\theta_1 - \theta_2) = \cos\theta_1\cos\theta_2 + \sin\theta_1\sin\theta_2$이므로,

$$P_1 + P_2 = \sqrt{P_{m1}^2 + P_{m2}^2 + 2P_{m1}\cdot P_{m2}\cos(\theta_1 - \theta_2)}\sin\omega t + \theta_0 \quad (1.90)$$

만약 두 순음의 위상과 피-크 진폭의 크기가 같다면 식 (1.89)에 의해,

$$P_1 + P_2 = \sqrt{P_{m1}^2 + P_{m1}^2 + 2P_{m1}^2}\sin\omega t + \theta_0$$
$$= \sqrt{4P_{m1}^2}\sin\omega t + \theta_0 = 2P_{m1}\sin\omega t + \theta_0$$

따라서, 합성음파의 실효치 P_{rms}는

$$P_{rms} = P_{rms1} + P_{rms2} = P_{rms1} + P_{rms1} \quad (1.91)$$
$$= 2P_{rms1} = \frac{2P_{m1}}{\sqrt{2}} = \sqrt{2}P_{m1}$$

한편, 순음 1개가 있을 때보다 음압이 2배로 되므로 음압레벨은 6 dB 증가한다.

② 두 순음의 각주파수 $\omega_1 \neq \omega_2$일 때(대부분의 소음에서는 $\omega_1 \neq \omega_2$임) 합성음파의 실효치 P_{rms}는

$$P_{rms} = \sqrt{(P_{rms1})^2 + (P_{rms2})^2} = \sqrt{\left(\frac{P_{m1}}{\sqrt{2}}\right)^2 + \left(\frac{P_{m2}}{\sqrt{2}}\right)^2}$$

이 되어, $P_{m1} = P_{m2}$라면 그 두 순음의 합성음파의 실효치 $P_{rms} = \sqrt{2}P_{rms1}$이 되어 음압레벨이 한 개의 소음만 있을 때보다 3 dB 증가한다.

한편, 주파수가 다른 여러 개의 순음의 합성음파 실효치 P_{rms}는

$$P_{rms} = \sqrt{\left(\frac{P_{m1}}{\sqrt{2}}\right)^2 + \left(\frac{P_{m2}}{\sqrt{2}}\right)^2 + \left(\frac{P_{m3}}{\sqrt{2}}\right)^2 + \ldots} \quad (1.92)$$

Example 음압 순시치 $P_i = 20\sin(\omega t) + 15\sin(2\omega t) + 10\sin(4\omega t)$ N/m^{2}인 음파의 음압실효치는 얼마인가?

$P_{m1} = 20\text{N/m}^2$, $P_{m2} = 15\text{N/m}^2$, $P_{m3} = 10\text{N/m}^3$으로부터 합성음압의 실효치 P_{rms}는

$$P_{\text{rms}} = \sqrt{\left(\frac{P_{m1}}{\sqrt{2}}\right)^2 + \left(\frac{P_{m2}}{\sqrt{2}}\right)^2 + \left(\frac{P_{m3}}{\sqrt{2}}\right)^2} = \sqrt{\left(\frac{20}{\sqrt{2}}\right)^2 + \left(\frac{15}{\sqrt{2}}\right)^2 + \left(\frac{10}{\sqrt{2}}\right)^2}$$

$$= 19\ \text{N/m}^2$$

(2) dB의 계산

소음원 S_1, S_2, ⋯ S_n의 음향파워레벨의 각각을 L_1, L_2, ⋯ L_n(dB)이라 하고 그 때의 음향 파워의 각각을 W_1, W_2, ⋯ W_n이라 하면,

$$L_1 = 10\log\left(\frac{W_1}{W_0}\right),\ L_2 = 10\log\left(\frac{W_2}{W_0}\right) \cdots\ L_n = 10\log\left(\frac{W_n}{W_0}\right)$$

$$\frac{W_1}{W_0} = 10^{L_1/10},\ \frac{W_2}{W_0} = 10^{L_2/10} \cdots\ \frac{W_n}{W_0} = 10^{L_n/10}$$

① dB의 합(power 합) L은

$$L = 10\log\left(\sum_{i=1}^{n}\frac{W_i}{W_0}\right) = 10\log\left(\frac{W_1 + W_2 + \cdots W_n}{W_0}\right) \tag{1.93}$$

$$= 10\log\left(10^{L_1/10} + 10^{L_2/10} + \cdots 10^{L_n/10}\right)\ \text{[dB]}$$

② dB의 차 L'는

$$L' = 10\log\left(\frac{W_1}{W_0} - \frac{W_2}{W_0}\right)$$

$$= 10\log\left(10^{L_1/10} - 10^{L_2/10}\right)\ \text{[dB]} \tag{1.94}$$

③ dB의 평균(power 평균), $\overline{L}$은

$$\overline{L} = 10\log\left\{\frac{1}{n}(10^{L_1/10} + 10^{L_2/10} + \cdots + 10^{L_n/10})\right\}\ \text{[dB]}$$

$$= L - 10\log n\ \text{[dB]} \tag{1.95}$$

Example 공장내부에 소음을 발생시키는 기계가 존재하는데, PWL=80 dB인 기계 4대, PWL=85 dB인 기계 2대가 동시에 가동할 때 PWL의 합은 얼마인가?

$$PWL = 10\log\left(10^{\frac{PWL_1}{10}} + 10^{\frac{PWL_2}{10}} + \cdots 10^{\frac{PWL_n}{10}}\right)$$

$$= 10\log\left(4\times 10^{\frac{80}{10}} + 2\times 10^{\frac{85}{10}}\right) = 90\ \text{dB}$$

1.6 음의 청취

소리를 듣는다는 것은 음에너지에 의한 공기의 압력변화(음압)가 우리 귀의 고막에 가하여져 이를 진동시킴으로써 감각하는 기능을 말한다.

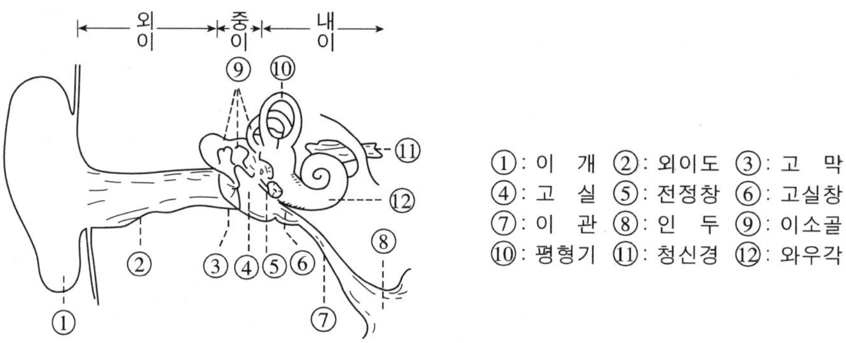

그림 1-12 귀의 구조

1.6.1 청각기구

사람의 귀는 그 기능상 외이, 중이, 내이로 구분되어 [그림 1-12]와 같은 구조와 전달 경로를 통해 음을 듣는다.

(1) **외이**

1) 구성 : ① 귀바퀴(이개), ② 외이도(길이 약 3.5cm), ③ 고막(두께 0.1mm, 직경 약 1cm)

2) 역할 : ① 이개-집음기 역할, ② 외이도-한쪽이 고막으로 막힌 일단 개구관으로

동작되며 일종의 공명기로 음을 증폭, ③ 고막-진동판으로 작동

3) 음의 전달 매질 : 기체(공기)

(2) 중이

1) 구성 : ④ 고실(넓이 1～2cm^2로 망치뼈·다듬이뼈·등자뼈로 구성된 이소골이 있음 : ⑨), ⑦ 이관(유스타키오관)
2) 역할 : ④ 이소골에 의해 고막의 진동을 고체진동으로 변환시켜 진동음압을 20배 정도 증폭, 외이와 내이를 임피던스 매칭(내이중 림프액의 임피던스가 높기 때문에 임피던스 매칭이 안될 경우 30 dB 정도의 음향손실이 발생됨) ⑦ 이관－고막의 진동을 쉽게 하도록 외이와 중이의 기압을 조정
3) 음의 전달매질 : 고체(뼈)

(3) 내이

1) 구성 : ⑤ 난원창(전정창), ⑥ 원형창(고실창), ⑧ 인두, ⑩ 평형기, ⑪ 청신경, ⑫ 와우각
2) 역할 : ⑤ 난원창－이소골의 진동을 와우각 중의 림프액에 전달하는 진동판, ⑫ 와우각(달팽이관)－약 3회권이며 내부에 림프액이 들어 있고 기저막에 의해 상하층으로 구분되며, 상층 기저막을 덮고 있는 섬모(hair cell 약 23,000개, 압전기 역할을 하는 감음기)를 림프액이 자극(진동)하면 청신경이 이를 대뇌에 전달하여 수음한다. 음의 대소는 섬모가 받는 자극의 크기에 따르며, 음의 고저는 자극을 받는 섬모의 위치(와우각 입구인 난원창 부근에서 고주파음을 감지하고 그 정점부근으로 이동하면서 저주파음을 감지)에 따라 결정한다.
3) 음의 전달 매질 : 액체(림프액)

1.6.2 청력

1) 음의 대소(큰 소리, 작은 소리) : 음파의 진폭(음압)의 크기에 따른다.
2) 음의 고저(고주파음, 저주파음) : 음파의 주파수에 따라 구분된다. 20(Hz) 이하는 초저주파음 (infrasound), 20～20,000(Hz) 범위는 가청 주파수음, 20,000(Hz)를 초과하는 것은 초음파(ultrasound)라고 한다.
3) 회화음 : 사람의 목소리는 100～10,000(Hz), 회화의 명료도는 200～6,000(Hz), 회화의 이해를 위해서는 500～2,500(Hz)의 주파수 범위를 각각 갖는다.

4) 청력 손실 : 청력이 정상인 사람의 최소가청치와 피검자의 최소가청치와의 비를 dB로 나타낸 것으로, 다음식에 의한 4분법 청력손실이 옥타브밴드 중심주파수 500～2,000(Hz) 범위에서 25 dB 이상이면 난청이라 한다.

$$\text{평균청력손실} = \frac{a + 2b + c}{4} \ [\text{dB}] \tag{1.96}$$

여기서, a : 옥타브밴드 500 Hz에서의 청력 손실

b : 옥타브밴드 1,000 Hz에서의 청력 손실

c : 옥타브 밴드 2,000 Hz에서의 청력 손실(dB)이다.

1.7 소음공해의 특징과 주발생원

(1) 소음공해의 특징

① 축적성이 없다.

② 감각공해다.

③ 국소적 · 다발적이다.

④ 주위의 민원이 많다.

⑤ 대책 후에 처리할 물질이 발생되지 않는다.

(2) 주발생원

1) 도로교통 소음 : 주 간선도로변 80 dB(A) 내외, 차속이 2배로 되면 약 10 dB(A), 통과대수가 2배로 되면 약 5 dB(A)이 증가한다.
2) 철도 소음 : 평탄지역 주행소음은 레일로부터 10 m 지점에서 90 dB(A) 내외, 포인트 통과시에는 5 dB(A) 정도 증가하고, 철교 및 고가 밑에서는 100 dB(A) 정도이다.
3) 항공기 소음 : 발생 음량이 많고, 금속성 고주파음이다. 간헐적이고 충격음이며, 상공에서 발생하기 때문에 피해면적이 극히 넓다. 활주로에서 1 km 떨어진 곳에서 젯트기가 머리 위로 지나갈 때 100 dB(A), 5 km 지점에서 85 dB(A) 정도이다.
4) 공장 소음 : 다른 소음에 비해 진정이 많다. 이는 공장이 주택과 혼재되어 있고, 중소기업이 많으며, 주택이나 공장건물이 음에 취약한 구조로 되어 있기 때문이다.
5) 건설 소음 : 건설기간에 한정된 소음으로 그 음은 대단히 크다. 기계로부터 30 m 지점에서의 파일햄머는 90 dB(A), 콤푸레셔는 80 dB(A) 정도이다. 충격적이며 지

속기간이 길 때도 있고 강한 진동을 수반한다.

6) 생활 소음 : 확성기 소음, 심야의 영업장 소음, 사업장의 작업소음 등을 말한다.

특히, 약간에 소음이 크게 들리는 것은 전파가 잘되어 음향파워가 커지기 때문이다.

1.8 소음의 영향

1.8.1 소음의 영향에 관한 조건

(1) 소음측 조건(물리적 성상)

① 소음레벨 : 클수록 영향이 크다.
② 주파수의 특성(고음과 저음의 경우) : 고음일수록 영향이 크다.
③ 지속기간, 반복회수 연속음보다 간헐적이며, 충격적인 음이 영향이 크다.
④ 충격성 : 충격성 소음의 영향이 크다.
⑤ 이상의 성상의 시간적 변동 : 낮 시간대보다 밤 시간대에 영향이 크다.

(2) 인간측 조건(감수성)

① 건강도(건강 · 병세 · 임신 · 출산) : 건강한 사람보다 환자나 임산부가 감수성이 크다.
② 성별 · 연령 : 남성보다 여성, 노인보다 젊은 사람이 예민하다.
③ 체질과 기질
④ 심신의 상태(노동 · 휴식 · 수면)

(3) 소음과 인간 간의 조건

① 습관과 경험, 만성 영향
② 이해 등 사회적 관계

1.8.2 소음의 영향

(1) 청력에의 영향

① 일시성 청력손실(일시적 난청, temporary threshold shift, TTS) : 어느 정도 큰 소음을 들은 직후에 일시적으로 일어나는 청력저하로 수초~수일간의 휴식 후에 정상청력으로 돌아오며 영구성 청력손실을 예측하는 근거가 된다.

② 영구성 청력손실(영구적 난청, permanent threshold shift, PTS) : 소음성 난청이라고도 하며, 소음에 폭로된 후 2일~3주 후에도 정상청력으로 회복되지 않는다. 소음이 높은 공장에서 일하는 근로자들에게 나타나는 직업병으로 4,000(Hz) 정도에서부터 난청이 진행된다.

③ 노인성 난청 : 고주파음(6,000 Hz)에서부터 난청이 시작된다.

(2) 정신적 영향

① 정서적 영향

② 작업 · 공부에 대한 방해 : 단순 반복작업에는 영향이 적고, 복잡한 사고, 기억을 필요로 하는 작업에 방해가 된다. 일반사무실 및 교실은 50 dB(A) 이하, 회의실 및 응접실은 40 dB(A) 이하가 바람직하다.

③ 수면방해 : 낮 55 dB(A), 밤 40 dB(A)일 때도 민원이 발생한다. 침실 내는 40 dB(A) 이하가 바람직하다.

(3) 신체적 영향(생리적 영향)

① 순환계 : 혈압상승, 맥박증가, 말초혈관 수축

② 호흡기계 : 호흡회수 증가, 호흡의 깊이 감소

③ 소화기계 : 타액분비량 증가, 위액산도 저하, 위 수축운동의 감퇴

④ 혈액 : 혈당도 상승, 백혈구 수 증가, 혈중 아드레날린 증가

이상의 현상은 자율신경계 기능의 변화 때문이다.

(4) 사회적 영향

지가(地價)하락, 가축에 영향(산란율 · 부화율 · 우유량 등 저하)

1.9 소음의 평가

(1) 회화 방해레벨(speech interference level : SIL)

소음을 600~1,200, 1,200~2,400, 2,400~4,800(Hz)의 3개의 밴드로 분석한 음압레벨의 산술평균한 값이며, 1947년에 Beranek는 명료도 지수를 간이화할 목적으로 회화 방해에 대한 평가 척도인 SIL을 제안하였다.

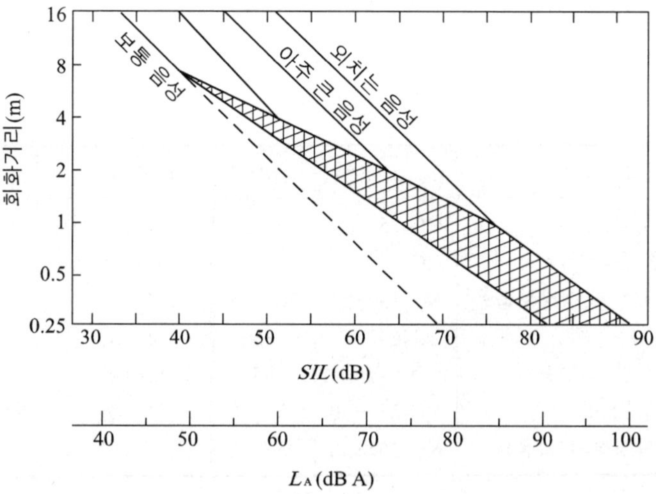

그림 1-13 SIL과 회화가능 거리와의 관계

(2) **우선회화 방해레벨**(preferred speech interference level : PSIL)

회화 방해레벨(SIL)을 개정하여 소음을 1/1 옥타브밴드로 분석한 중심주파수 500, 1,000, 2,000[Hz]의 음압레벨의 산술평균치이다.

표 1-7 PSIL 값에 의한 회화방해의 한계

화자간의 거리(m)	목소리의 크기(PSIL)			
	보 통	약간 크게	아주 크게	외치는 소리
0.15	74	80	86	92
0.3	68	74	80	86
0.6	62	68	74	80
1.2	56	62	68	74
1.8	52	58	64	70
3.7	46	52	58	64

(3) NC(noise criteria)

공조기 소음 등과 같은 실내소음을 평가하기 위한 척도로서 소음을 1/1 옥타브밴드로 분석한 결과에 의해 실내 소음을 평가하는 방법이다. 예를 들어 [그림 1-14]에서 실내소음 권장치가 NC-40이라면 실내 소음의 각 대역별 1/1 옥타브밴드 음압레벨이 NC-40 곡선 이하가 되어야 함을 의미한다.

[표 1-8]은 실 용도별 NC권장치를 나타내고 있다.

표 1-8 실 용도별 NC권장치(Beranek)

실의 종류	NC값	dB(A)	실의 종류	NC값	dB(A)
방송 스튜디오	NC-15~20	25~30	가정(침실)	NC-30	40
콘서트홀(음악당)	NC-15~20	25~30	영화관	NC-30	40
극장(500석, 확성장치없음)	NC-15~20	30~35	병 원	NC-30	40
음악실	NC-25	35	교 회	NC-30	40
교실(확성장치 없음)	NC-25	35	도서관	NC-30	40
집합주택, 호텔	NC-25~30	35~40	상 점	NC-35~40	45~50
회의장(확성장치 없음)	NC-25~30	35~40	식 당	NC-45	55

(4) **PNC(preferred NC)**

NC곡선 중의 저주파부를 더 낮은 값으로 수정한 것이다.

(5) **NR(noise rating number : NRN)**

NR곡선은 NC곡선을 기본으로 하고 음의 스펙트라, 반복성, 계절, 시간대 등을 고려한 것으로 기본적으로 NC와 동일하다. 즉, 소음을 1/1옥타브밴드로 분석한 음압레벨을 NR-chart에 plotting하여 그 중 가장 높은 NR곡선에 접하는 것을 판독한 값이 NR 값이다. 실용도에 따른 NR 권장기준은 [표 1-9]와 같다.

표 1-9 NR 값에 의한 실별 소음권장기준

NRN	실 별
20~30	침실, 병실, 라디오 스튜디오, 거실, 극장, 교회, 콘서트홀, 작은 사무실, 도서실, 강의실, 회의실
30~40	큰 사무실, 상점, 백화점, 조용한 레스토랑, 40 : 지적작업이 요구되는 평균적 한계
40~50	비교적 큰 레스토랑, 타이프가 있는 비서실, 체육관
50~60	비교적 큰 타이프실, 60 : 보통 사무실의 평균적 한계
60~70	작업장

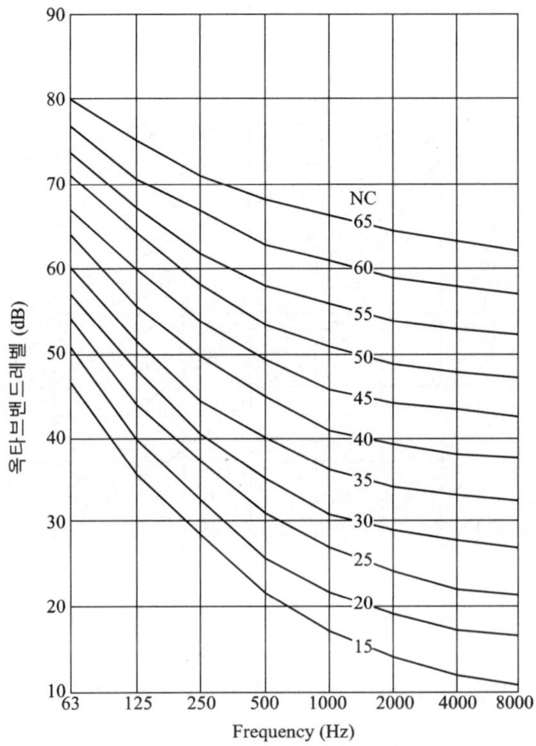

(단위 : dB)

Frequency(Hz)	63	125	250	500	1000	2000	4000	8000
NC65	80	75	71	68	66	64	63	62
NC60	77	71	67	63	61	59	58	57
NC55	74	67	62	58	56	54	53	52
NC50	71	64	58	54	51	49	48	47
NC45	67	60	54	49	46	44	43	42
NC40	64	57	50	45	41	39	38	37
NC35	60	52	45	40	36	34	33	32
NC30	57	48	41	35	31	29	28	27
NC25	54	44	37	31	27	24	22	21
NC20	51	40	33	26	22	19	17	16
NC15	47	36	29	22	17	14	12	11

그림 1-14 NC 곡선

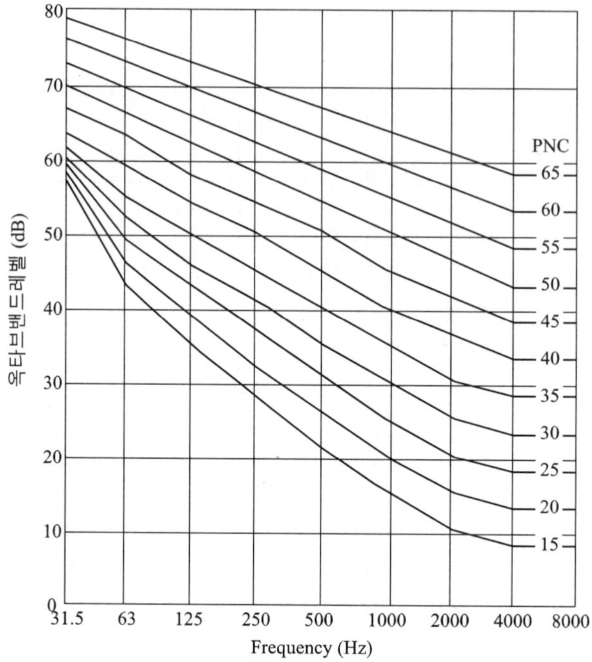

(단위 : dB)

Frequency(Hz)	31.5	63	125	250	500	1000	2000	4000	8000
PNC65	79	76	73	70	67	64	61	58	58
PNC60	76	73	69	66	63	59	56	53	53
PNC55	73	70	66	62	59	55	51	48	48
PNC50	70	66	62	58	54	50	46	43	43
PNC45	67	63	58	54	50	45	41	38	38
PNC40	64	59	54	50	45	40	35	33	33
PNC35	62	55	50	45	40	35	30	28	28
PNC30	61	52	46	41	35	30	25	23	23
PNC25	60	49	43	37	31	25	20	18	18
PNC20	59	46	39	32	26	20	15	13	13
PNC15	58	43	35	28	21	15	10	8	8

그림 1-15 PNC 곡선

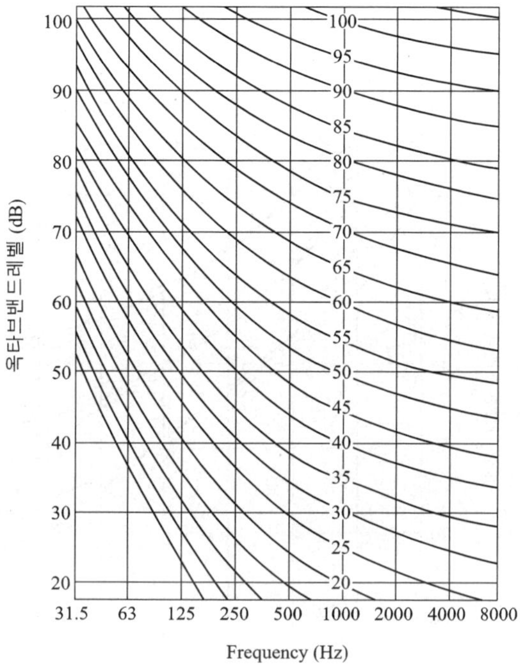

(단위 : dB)

Frequency(Hz)	31.5	63	125	250	500	1000	2000	4000	8000
NR100	123	115	109	105	102	100	98	96	95
NR95	120	111	105	100	97	95	93	91	90
NR90	117	107	100	96	92	90	88	86	85
NR85	113	103	96	91	87	85	83	81	80
NR80	110	99	91	86	82	80	78	76	74
NR75	106	95	87	82	78	75	73	71	69
NR70	103	91	83	77	73	70	68	66	64
NR65	100	87	78	72	68	65	62	61	59
NR60	96	83	74	68	63	60	57	55	54
NR55	93	79	70	63	58	55	52	50	49
NR50	89	75	65	59	53	50	47	45	43
NR45	86	71	61	54	48	45	42	40	38
NR40	83	67	57	49	44	40	37	35	33
NR35	79	63	52	45	39	35	32	30	28
NR30	76	59	48	40	34	30	27	25	23
NR25	72	55	44	35	29	25	22	20	18
NR20	69	51	39	31	24	20	17	14	13
NR15	66	47	35	26	19	15	12	9	7
NR10	62	43	31	21	15	10	7	4	2
NR5	59	39	26	17	10	5	2	-1	-3
NR0	55	35	22	12	5	0	-4	-6	-8

그림 1-16 NR 곡선

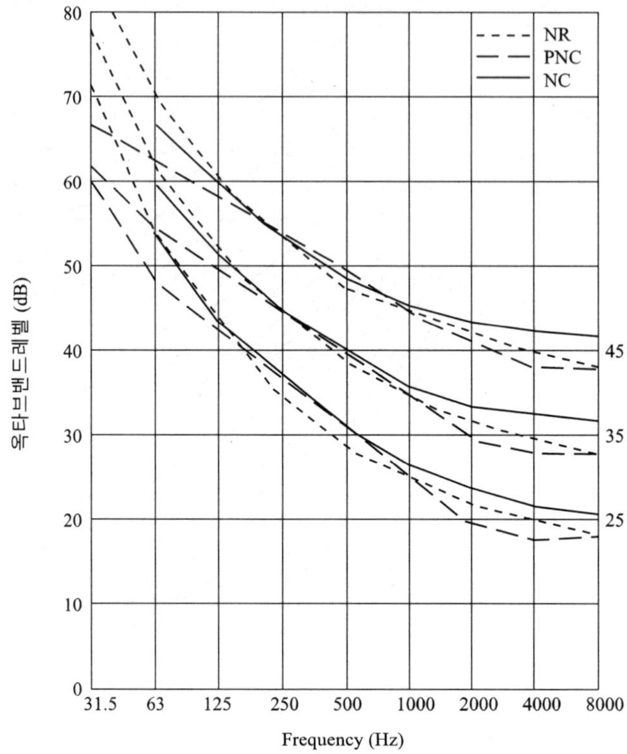

(단위 : dB)

Frequency(Hz)	31.5	63	125	250	500	1000	2000	4000	8000
NC25		54	44	37	31	27	24	22	21
NR25	72	55	44	35	29	25	22	20	18
PNC25	60	49	43	37	31	25	20	18	18
NC35		60	52	45	40	36	34	33	32
NR35	79	63	52	45	39	35	32	30	28
PNC35	62	55	50	45	40	35	30	28	28
NC45		67	60	54	49	46	44	43	42
NR45	86	71	61	54	48	45	42	40	38
PNC45	67	63	58	54	50	45	41	38	38

그림 1-17 NC, PNC, NR 곡선의 비교

(6) 교통소음지수(traffic noise index : TNI)

도로교통소음평가에 이용되며,

$$\text{TNI} = 4(L_{10} - L_{90}) + L_{90} - 30 \qquad (1.97)$$

이 값이 74 이상이면 주민의 50% 이상이 불만을 호소한다.

(7) 등가소음도(energy equivalent sound level : L_{eq})

변동이 심한 소음의 평가방법으로 측정시간 동안의 변동 소음에너지를 시간적으로 평균하여 이를 대수변환시킨 것으로,

$$L_{\text{eq}} = 10 \log \left(\sum_{i=1}^{n} f_i \times 10^{L_i/10} \right) \ \text{dB(A)} \qquad (1.98)$$

여기서, f_i는 일정 소음레벨 L_i의 지속시간율, L_i는 i번째의 소음레벨이다.

Example 소음발생원에서 측정한 결과가 다음과 같을 때 등가소음도를 구하시오.

측정값	시간(분)
65dB(A)	14
70dB(A)	10
75dB(A)	4
85dB(A)	2

$$L_{\text{eq}} = 10 \log \left\{ \frac{1}{30} (14 \times 10^{65/10} + 10 \times 10^{70/10} + 4 \times 10^{75/10} + 2 \times 10^{85/10}) \right\}$$

$$= 71.8\text{dB(A)} \fallingdotseq 72\text{dB(A)}$$

(8) 소음통계레벨(percentage noise level : L_N)

총 측정시간의 N(%)를 초과하는 소음레벨로, L_{10}이란 총 측정시간의 10(%)를 초과하는 소음레벨이다. %가 적을수록 큰 소음레벨을 나타내며, $L_5 > L_{10} > L_{50} > L_{90} > L_{95}$의 관계가 있다.

소음통계레벨 산정예

(50회 소음레벨 측정값)

단위 : dB(A)

70	72	68	82	73	81	72	69	75	77
75	71	70	74	75	76	77	77	78	74
73	72	87	68	67	66	69	67	70	70
71	80	79	76	75	73	72	72	74	75
84	80	85	78	77	76	75	73	68	82

도수 및 누적도수

소음레벨	66	67	68	69	70	71	72	73
도 수	1	2	3	2	4	2	5	4
누적도수	1	3	6	8	12	14	19	23
소음레벨	74	75	76	77	78	79	80	81
도 수	3	6	3	4	2	1	2	1
누적도수	26	32	35	39	41	42	44	45
소음레벨	82	83	84	85	86	87		
도 수	2	0	1	1	0	1		
누적도수	47	47	48	49	49	50		

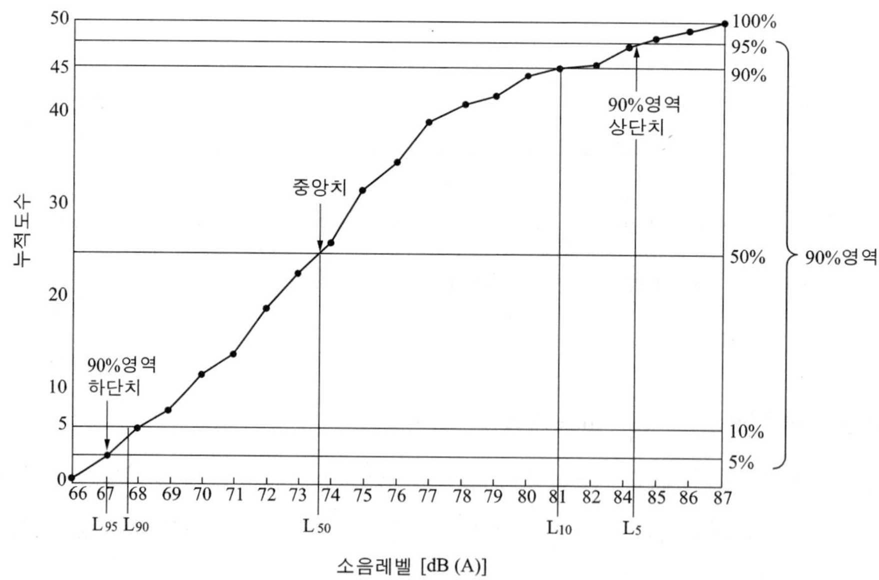

그림 1-18 누적도수곡선에 의한 소음통계레벨

(9) **주야 평균소음레벨**(day-night average sound level : L_{dn})

하루의 매시간당 등가소음도를 측정(24개 data)한 후, 야간(22:00～07:00)의 매시간 측정치에 10 dB의 벌칙레벨을 합산한 후 파워평균(dB합)한 레벨이다.

$$L_{dn} = 10\log\left[\frac{1}{24}\left\{15\times 10^{\frac{L_d}{10}} + 9\times 10^{\frac{L_n+10}{10}}\right\}\right]\ \text{dB(A)} \tag{1.99}$$

여기서, L_d는 07 : 00 ～ 22 : 00 사이의 매시간 L_{eq} 값이고,

L_n은 22 : 00 ～ 07 : 00 사이의 매시간 L_{eq} 값이다.

(10) **소음공해레벨**(noise pollution level : L_{NP})

변동 소음의 에너지와 소란스러움을 동시에 평가하는 방법으로,

$$L_{NP} = L_{eq} + 2.56\sigma\ \ \text{dB(NP)} \tag{1.100}$$

여기서, σ는 측정소음의 표준편차이다.

또는
$$L_{NP} = L_{eq} + (L_{10} - L_{90}) \fallingdotseq L_{50} + \frac{d^2}{60} + d\ \ \text{dB(NP)} \tag{1.101}$$

여기서, d는 $(L_{10} - L_{90})$이다.

(11) **감각소음레벨**(perceived noise level : PNL)

소음을 0.5초 이내의 간격으로 1/1 또는 1/3 옥타브밴드 분석하여 각 대역별 음압레벨을 구한 후, 이 음압레벨에 상당하는 noy값을 [그림 1-19]에서 판독하여 다음 식에 의해 총 noy값 N_t를 구한다.

$$N_t = K_1\sum_{i=1}^{n} N_i + K_2 N_{\max} \tag{1.102}$$

여기서, K_1 및 K_2는 1/1 옥타브밴드 분석시에 0.3 및 0.7, 1/3 옥타브랜드 분석시에 0.15 및 0.85, N_i는 각 대역별 noy 값, $N_{\max}$는 각 대역별 noy값 중 최대치이다.

이 N_t를 다음 식에 넣어 PNL을 산출한다.

$$\text{PNL} = 33.3\log(N_t) + 40\ \text{PN}\ \ [\text{dB}] \tag{1.103}$$

또는 대략적으로,

$$\text{PNL} = \text{dB(A)} + 13\ \text{이나 PNL} \fallingdotseq \text{dB(D)} + 7 \tag{1.104}$$

를 사용하기도 하며, 이 PNL 값은 항공기소음평가의 기본 값으로 많이 사용된다.

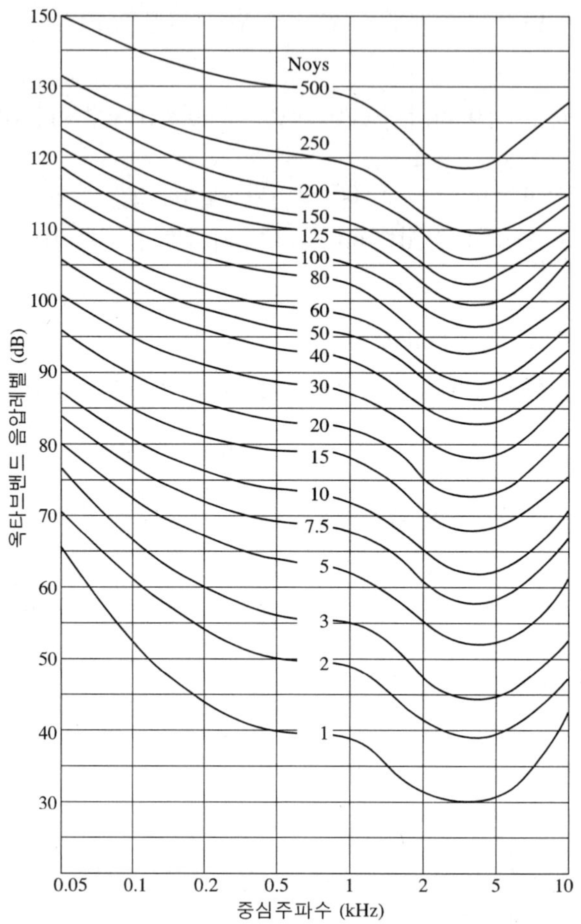

그림 1-19 중심주파수 및 옥타브밴드 음압레벨에 따른 noy 값

(12) **NNI(noise and number index)**

영국에서 사용되는 항공기 소음의 평가방법으로,

$$\mathrm{NNI} = \overline{\mathrm{PNL}} + 15 \log n - 80 \tag{1.105}$$

여기서, $\overline{\mathrm{PNL}}$는 1일 중 총 항공기 통과시의 PNL의 평균치, n는 1일 중 총 항공기 이착륙 회수이다.

(13) **EPNL(effective PNL)**

국제민간항공기구(ICAO)에서 제안한 항공기소음평가치로 항공기 소음 증명제도에 이용되며,

$$\mathrm{EPNL} = 10\log\sum_{i=1}^{n}\frac{\mathrm{TPNL_i}}{10} - 13\,\mathrm{EPN}\ [\mathrm{dB}] \tag{1.106}$$

여기서, $\mathrm{TPNL_i}$은 0.5초마다 산정한 PNL에 특이음을 보정한 값이다.

또는

$$\mathrm{EPNL} \fallingdotseq \mathrm{PNL_{max}} + D + F \tag{1.107}$$

여기서, $\mathrm{PNL_{max}}$는 1일 중 항공기 통과시 PNL 중 최대 PNL 값, D는 $10\log\left(\frac{\Delta t}{20}\right)$, Δt는 최대 PNL보다 10 PNL 낮은 범위에서의 지속시간(초), $F = 3$이다.

(14) **WECPNL(weighted equivalent continuous perceived noise level)**

국제민간항공기구 및 일본에서 채택하고 있는 항공기소음평가량으로,

$$\mathrm{WECPNL} = \overline{\mathrm{EPNL}} + 10\log(N_1 + 3N_2 + 10N_3) - 39.4 \tag{1.108}$$

$$\mathrm{WECPNL} = \overline{\mathrm{dB}}(\mathrm{A}) + 10\log\{N_2 + 3N_3 + 10(N_1 + N_4)\} - 27 \tag{1.109}$$

여기서, $\overline{\mathrm{dB}}(\mathrm{A})$는 1일 중 각 항공기 통과 소음의 피크치의 dB파워평균치이다. N_1은 0시~7시, N_2는 7시~19시, N_3는 19시~22시, N_4는 22시~24시 사이의 비행횟수이다. 우리나라에서는 식 (1.109)를 항공기소음의 평가 방법으로 채용하고 있다.

(15) **NEF(noise exposure forecast)**

미국의 항공기소음평가방법으로,

$$\mathrm{NEF} = \overline{\mathrm{EPNL}} + 10\log n - 83 \tag{1.110}$$

여기서, $\overline{\mathrm{EPNL}}$은 1일 중 각 항공기 통과시의 EPNL의 평균치, n은 1일 중 항공기 통과 대수이다.

1.10 소음의 측정

소음측정 및 분석을 위한 장비구성은 소음계 → 주파수 분석기 → 기록계의 순서이다.

(1) 측정목적

① 실태조사

② 규제기준에 적합한지의 여부

③ 방지대책

④ 민원처리 등을 위한 목적으로 측정한다.

(2) 측정지점 및 내용

① 소음원 : 음향파워레벨, 스펙트라(주파수 특성), 지향성 등

② 전파경로 : 공장 등의 실내의 음향효과, 벽면 등의 차음성, 주위소음(암소음)의 공간적 · 시간적 변화

③ 수음점 : 대상음의 소음레벨, 암소음, 스펙트라, 각 소음원별 기여도

자세한 측정방법은 환경오염공정시험기준 중 소음편을 참조하기 바란다.

(3) 소음계

어떤 소음을 소음계의 청감보정회로의 A 및 C에 놓고 측정한 소음레벨이 dB(A) 및 dB(C)일 때 dB(A) ≪ dB(C)이면 그 소음은 저주파 성분이 많고, dB(A) ≈ dB(C)이면 그 소음은 고주파가 주성분이 된다.

(4) 소음원의 음향파워레벨 측정

1) 자유음장법 : 소음원이 옥외에 있으며 반사물이 없을 때

$$PWL = \overline{SPL} - 10\log\left(\frac{Q}{4\pi r^2}\right) = \overline{SPL} + 20\log r + 11 - 10\log Q$$

① 자유공간(공중)에 음원이 있으면 ($Q = 1$)

$$PWL = \overline{SPL} + 20\log r + 11 \ [dB] \tag{1.111}$$

② 반자유공간(지면 위)에 음원이 있으면($Q = 2$)

$$PWL = \overline{SPL} + 20\log r + 8 \ [dB] \tag{1.112}$$

여기서, $\overline{\text{SPL}}$는 반경 r의 구면상 여러 지점의 음압레벨의 평균치, r은 음원에서 측정점까지의 거리(m)이다.

2) 확산음장법 : 소음원이 잔향실과 같은 반사율이 큰 실내에 있을 때

$$\text{PWL} = \overline{\text{SPL}} - 10\log\left(\frac{4}{R}\right) = \overline{\text{SPL}} + 10\log R - 6 \ \text{[dB]} \tag{1.113}$$

여기서, $\overline{\text{SPL}}$은 실내 여러 지점의 음압레벨의 평균치, R은 실정수 $\left(R = \dfrac{\overline{\alpha}\cdot S}{1-\overline{\alpha}},\ \overline{\alpha}\text{는 실내의 평균흡음율}\right)$, S는 실내의 전 표면적(m^2)이다.

3) 반확산음장법 : 소음원이 공장 내에나 실내 등에 있을 때

$$\text{PWL} = \overline{\text{SPL}} - 10\log\left(\frac{Q}{4\pi r^2} + \frac{4}{R}\right) \ \text{[dB]} \tag{1.114}$$

여기서, Q는 지향계수이다.

4) 치환법 : 기계가 배치된 산업장 내의 유효실정수 R을 구하기는 힘들다. 이때는 이미 알고 있는 기준음원(sound power source)에 의한 치환법에 의해 효과적으로 대상기계의 파워레벨 PWL_m을 구할 수 있다.

$$\text{PWL}_\text{m} = \text{PWL}_\text{s} + (\overline{\text{SPL}}_\text{m} - \overline{\text{SPL}}_\text{s}) \ \text{[dB]} \tag{1.115}$$

여기서, PWL_s는 이미 알고 있는 기준음원의 음향 파워레벨, SPL_m은 기계로부터 r(m) 떨어진 반구면상의 평균음압레벨, SPL_s는 기준음원으로부터 r(m) 떨어진 반구면상(SPL_m 측정시와 동일한 위치)의 평균음압레벨(기준음원은 기계의 위치에 설치함)이다.

(5) 음장의 종류

실내 음원 주위의 음장은 자유음장(free field)과 잔향음장(reverberant field)으로 구성된다. 물론 옥외의 장애물에 의해서도 이런 음장은 존재한다.

이들 음장을 [그림 1-20]을 통해 살펴보면,

1) 근음장(near field) : 음원에서 근접한 거리(관심대상음의 수 파장이내)에서 발생하며 입자속도는 음의 전파방향과 개연성이 없고, 위치에 따라 음압변동이 심하여 음의 세기는 음압의 2승과 비례관계가 거의 없으며, 음원의 크기, 주파수, 방사면의 위상에 크게 영향을 받는 음장이다.

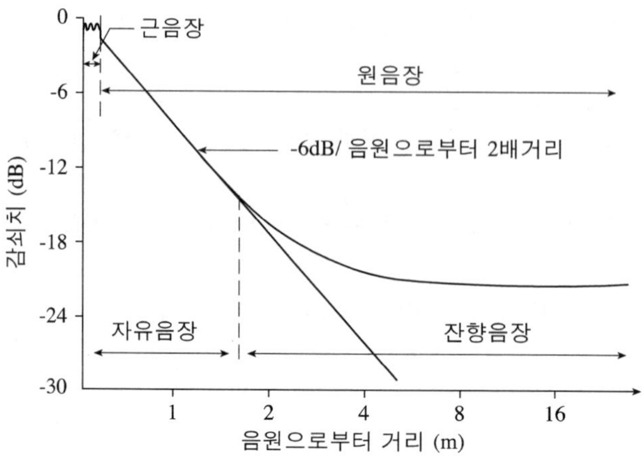

그림 1-20 실내의 음장형성

2) 원음장(far field) : 자유음장과 잔향음장 영역으로 나누어지며, 자유음장에서는 음압레벨이 음원에서 거리가 2배로 되면 6 dB씩 감소(역 2승법칙－inverse square law)하고, 입자속도는 음의 전파방향과 개연성이 있으며, 음의 세기는 음압의 2승에 비례한다.

① 자유음장(free field) : 원음장 중 역 2승법칙이 만족되는 구역

② 잔향음장(reverberant field) : 음원의 직접음과 벽에 의한 반사음이 중첩되는 구역

③ 확산음장(diffuse field) : 잔향음장에 속하며 밀폐된 실내의 모든 표면에서 입사음의 거의 100% 반사된다면 실내의 모든 위치에서 음의 에너지밀도가 일정한 것을 말하며 잔향실이 그 대표적인 예이다. 반면에 실내의 모든 표면에서 입사음의 거의 100%가 흡수되어 자유음장과 같은 조건을 만족할 수 있도록 만들어진 실을 무향실이라 한다.

소음측정시에는 이러한 음장을 각별히 주의하여 측정할 필요가 있다. 한편, 실내음장을 이해하는 수단으로 음향에너지밀도 δ가 사용되며, 1초 동안 단위면적을 통과한 음에너지 I는 거리 r(m) 사이의 공간에 존재하는 상태이므로 그 공간의 음향에너지 밀도 δ는

$$\delta = \frac{I}{c}\ [\mathrm{W \cdot sec/m}](=\mathrm{J/m^3}) \qquad (1.116)$$

여기서, I는 음의 세기($\mathrm{W/m^2}$), c는 음속(m/sec)이며 식 (1.31)의 관계로부터 다음 식이 얻어진다.

$$\delta = \frac{P^2}{\rho c^2} \quad [\mathrm{J/m^3}] \tag{1.117}$$

또한, 직접 음장에서의 음에너지 밀도 δ_d는

$$\delta_d = \frac{I_d}{c} = \frac{QW}{4\pi r^2 c} \tag{1.118}$$

잔향음장 내의 음에너지 밀도 δ_r은

$$\delta_r = \frac{I_r}{c} = \frac{4W}{cR} \tag{1.119}$$

따라서, 실내에서 음원으로부터 r(m) 떨어진 위치의 음에너지 밀도 δ는

$$\delta = \delta_d + \delta_r = \frac{QW}{4\pi r^2 c} + \frac{4W}{cR} \tag{1.120}$$

여기서, R은 실정수 $\left[R = \frac{\bar{\alpha} S}{(1-\bar{\alpha})}\right]$로서 이 값이 클수록 실내의 흡음성이 높음을 의미한다. 지금 직접음장에서의 음의 세기$\left(I = \frac{W}{S}\right)$를

$$I_d = \frac{QW}{4\pi r^2} \tag{1.121}$$

잔향음장에서의 음의 세기를

$$I_r = \frac{4W}{R} \tag{1.122}$$

이라 하면 합성음의 세기 I는

$$I = \frac{QW}{4\pi r^2} + \frac{4W}{R} \tag{1.123}$$

따라서, SPL은

$$\mathrm{SPL} = \mathrm{PWL} + 10\log\left(\frac{Q}{4\pi r^2} + \frac{4}{R}\right) \quad [\mathrm{dB}] \tag{1.124}$$

음원으로부터 어떤 거리 r(m) 떨어진 위치에서 직접음장 및 잔향음장에 의한 음압레벨이 같을 때 이 거리를 실반경(room radius)이라 하고, $\frac{Q}{4\pi r^2} = \frac{4}{R}$로부터,

$$r = \sqrt{\frac{Q \cdot R}{16\pi}} \quad [\mathrm{m}] \tag{1.125}$$

가 된다.

연 습 문 제

문 제

1. 30℃ 공기 중의 반자유공간(반사율이 1인 지면)상에 놓여 있는 무지향성 점음원으로부터 15m 떨어진 점의 음압진폭이 $3\times 10^{-2}(\mathrm{N/m^2})$일 때 이 점에서의 음압도(SPL)와 음의 세기의 실효치, 음원의 음향파워 및 음향파워레벨을 각각 구하라.

2. 중심주파수가 2,000Hz일 때 1/1 및 1/3 옥타브밴드 분석기의 밴드폭(bw) 및 % 밴드폭을 각각 구하라.

3. 10℃의 공기 중에서 직경 5cm, 길이 2m인 일단 및 양단개구의 음향관과 사람의 외이도(外耳道 : 길이 3cm)의 공명 기본음 주파수를 구하라.

4. 작업장 내에서 95dB(A)의 소음을 내는 기계가 3대가 있고, 88dB(A)의 소음을 내는 기계가 2대가 있을 때 소리의 합은 얼마인가?

5. 주파수가 100Hz이고, 음속이 50m/s인 파동의 파장은 얼마인가?

6. (1) $P=1\,\mathrm{Pa}$일 때, 음압 레벨 L_p는 몇 dB인가?

   (2) $P=31.7\,\mathrm{Pa}$일 때, 음압 레벨 L_p는 몇 dB인가?

7. 인간이 공기 중에서 일반적으로 들을 수 있는 음압은 $2\times 10^{-5}\sim 60\,\mathrm{Pa}$이다. 이것을 음압 레벨(dB)로 표시하여라.

8. 60phon의 소리는 50phon의 소리에 비해 몇 배 크게 들리는가?

9. 점음원에서 발생되는 소음이 10m 떨어진 곳에서 음압 레벨이 100dB일 때, 이 음원에서 20m 떨어진 곳의 음압 레벨은 얼마인가?

10. 반구면파로 전파되는 음원으로부터 10m 떨어진 곳에서의 음압레벨이 100dB일 때 음원의 PWL을 구하시오.

11. 출력이 0.1W의 작은 점음원으로부터 100m 떨어진 곳의 SPL을 구하시오.

12. 음원을 무지향성 점음원으로 가정할 때, 다음 각각의 경우에 음압레벨이 어떻게 변화되겠는가?

    (ㄱ) 음의 세기가 2배로 될 때($I_1=2I$)

(ㄴ) 음압이 2배로 될 때($P_1 = 2P$)

(ㄷ) 음원으로부터 거리가 2배로 될 때 ($r_1 = 2r$)

(ㄹ) 동일한 소음원이 2개 더 추가될 때($n = 3$)

13. 공장내 지면에 소형 선풍기가 있다. 여기서 발생하는 소음은 10m 떨어진 곳에서 70dB이다. 이것을 65dB이 되도록 하려면 이선풍기는 얼마나 이동 시켜야 하는가?

14. 도로변에서 측정한 소음도가 $L_{10} = 72.5\text{dB(A)}$, $L_{50} = 61.7\text{dB(A)}$, $L_{90} = 52.5\text{dB(A)}$이라면 소음공해레벨은?

15. 가로 6m, 세로 3m의 벽면 밖에서 SPL은 90dB이었다. 12m 떨어진 지점에서는 몇 dB이가?

16. 실정수 200m^{2}인 실내 중앙의 바닥위에 설치되어 있는 소형기계의 파워레벨이 90dB이다 기계로부터 4m 떨어진 실내 한 점의 음압레벨은?

17. 어떤 시간 동안 암소음이 70dB(A)이고, 그 시간의 10%동안 기계에서 100dB(A)를 발생하였을 때 등가소음도는 ?

18. 24시간 동안 L_{eq} 68dB(A)를 초과하지 않게 하기 위해 95dB(A)의 싸이렌을 몇분간 운전하면 되는가? 단, 싸이렌을 켜지 않을 때의 소음레벨은 55dB(A)이다.

19. 반경 5m의 반구상의 무지향성 음원이 굳고 평탄한 지면 위에 있다. 이음원의 표면으로부터 15m 떨어진 위치에서의 SPL은 76dB이었다. 이음원의 PWL은 ?

20. 에어콘을 가동하기 전의 실내음압 레벨이 65dB이고, 에어콘이 가동될 때의 음압레벨이 72dB이라면 에어콘만의 음압레벨은 ?

21. 딱딱하고 평탄한 두 벽체가 수직으로 교차하는 곳에 0.63W의 소형 점음원이 있다. 이음원으로부터 10m 지점의 음의 세기는 ?

22. 출력 0.1W의 작은 음원으로부터 10m 떨어진 자유공간과 반자유공간에서의 음압도 차는?

23. 낮 시간 동안의 매시간 등가소음도가 60dB(A)이고, 밤시간 동안의 매시간 등가소음도가 50dB(A) 라 할 때 주야간 평균 소음도 (L_{dN})는? 단, 밤시간은 9시간이다.

24. 음원으로부터 10m 지점의 평균 음압도는 102dB이고, 동거리에서 특정지향 음압도가 104dB 일 때 지향계수는?

25. 등가소음도가 62dB(A)이고, 표준편차가 2.5dB(A)일 때 소음공해레벨 (L_{NP})?

26. 각각 소음이 50noys 일 때 감각소음도는?

27. 기계로부터 r(m) 떨어진 곳에서 측정한 음압레벨이 65dB이다. 같은 기계를 동시에 여러대 운전하면서 동일지점에서 측정한 음압레벨이 72dB이라면 기계의 운전대수는 총 몇 대인가?

28. 단단하고 평탄한 지면 위에 소형 음원에서 100m 떨어진 지점의 음압레벨이 60dB이었다. 공기의 흡음 감쇠를 0.3dB/10m라 할 때 음원의 음향 출력은?

29. 자유공간에서 지향성 음원의 지향계수가 2.5이고, 이음원의 음향 파워레벨이 122dB일 때 이 음원으로부터 25m 떨어진 지향점에서의 에너지 밀도는? 단, 음속 $c=344$ m/s 이다

30. 바닥 면적이 25m×25m이고 높이가 2m인 방안에 음향출력 2W의 등방향성 음원이 있다. 이 음원으로부터 15m지점의 에너지밀도는? 단, 평균 흡음율은 0.2, $c=344$m/s이다.

31. 실효압력이 0.1N/m^2 일 때 실내 평균 에너지 밀도는? 단, $\rho c=407$ rayls, $c=344$m/s이다.

32. 10m×6m×4m(높이)인 방이 있다. 벽과 천정 그리고 바닥은 모두 콘크리트로 되어 있다. 실내에 출력이 1mW의 음원이 있을 때 실내의 음압레벨은? 단, 콘크리트면의 흡음율은 0.02이다.

33. 기온이 20℃이고 음압실효치가 0.2N/m^{2}일 때 평균 음에너지 밀도는?

풀 이

1. ① 음압도 $\mathrm{SPL} = 20\log\dfrac{P_m/\sqrt{2}}{P_0} = 20\log\dfrac{3\times10^{-2}/\sqrt{2}}{2\times10^{-5}} \fallingdotseq 61\mathrm{dB}$

② 음의 세기의 실효치 $I = \dfrac{(P_m/\sqrt{2})^2}{\rho c}$ 로부터 공기 중의

밀도 $\rho = 1.293\times\dfrac{273}{303} \fallingdotseq 1.165\mathrm{kg/m^3}$

음속 $c = 20.06\sqrt{303} \fallingdotseq 349.18\mathrm{m/s}$

$I = \dfrac{(3\times10^{-2}/\sqrt{2})^2}{1.165\times349.18} \fallingdotseq 1.11\times10^{-6}\mathrm{W/m^2}$

③ 음향파워 $W = I\cdot S = 1.11\times10^{-6}\times2\pi r^2 = 1.11\times10^{-6}\times2\pi\times15^2 \fallingdotseq 1.57\times10^{-3}\mathrm{watt}$

④ 음향 파워 레벨 $\mathrm{PWL} = 10\log\dfrac{W}{W_o} = 10\log\dfrac{1.57\times10^{-3}}{10^{-12}} \fallingdotseq 92\mathrm{dB}$ or

$\mathrm{PWL} = \mathrm{SPL} + 20\log r + 8 = 61 + 20\log15 + 8 \fallingdotseq 92.5\mathrm{dB}$

2. n옥타브밴드 분석기에서 f_c를 중심주파수라 하면 $bw = f_c[2^{n/2} - 2^{-n/2}]$ Hz 이므로

① 1/1 옥타브밴드 분석기

$$bw = 2{,}000\ [2^{1/2} - 2^{-1/2}] \fallingdotseq 1414\text{Hz}$$

$$\%\text{밴드폭} = \frac{bw}{f_c} \times 100 = \frac{1414}{2{,}000} \times 100 \fallingdotseq 70.7\%$$

② 1/3 옥타브밴드 분석기

$$bw = 2{,}000\,[2^{\frac{1/3}{2}} - 2^{\frac{-1/3}{2}}] \fallingdotseq 464\text{ Hz}$$

$$\%\text{밴드폭} = \frac{464}{2{,}000} \times 100 \fallingdotseq 23.2(\%)$$

3. 관로 중의 음속 $c = 20.06\sqrt{283} \fallingdotseq 337.5\text{m/s}$

① 일단 개구관의 $f_r = \frac{c}{4l} = \frac{337.5}{4 \times 2} \fallingdotseq 42\text{Hz}$

② 양단 개구관의 $f_r = \frac{c}{2l} = \frac{337.5}{2 \times 2} \fallingdotseq 84\text{Hz}$

③ 외이도는 고막에 의해 한쪽이 막혀 있음으로 일단 개구관으로 볼 수 있다.

$$f_r = \frac{337.5}{4 \times 0.03} \fallingdotseq 2812.5\text{ Hz}$$

4. $SPL = 10\log(3 \times 10^{95/10} + 2 \times 10^{88/10}) = 100.3\text{dB(A)} \fallingdotseq 100\text{dB(A)}$

5. 주파수 $f = 100\text{Hz}$ 음속 $c = 50\text{m/s}$

파장 $\lambda = \frac{c}{f} = \frac{50}{100} = 0.5\text{m}$

6. (1) $SPL = L_p = 20\log_{10}\left(\frac{P}{P_o}\right)\text{dB}$

$$= 20\log_{10}[1/(2 \times 10^{-5})] = 20\log 40{,}000 = 94\text{dB}$$

(2) $L_p = 20\log_{10}[31.7/(2 \times 10^{-5})] = 20\log 1.58 \times 10^{-6} = 124\text{dB}$

7.

P		SPL
2×10^{-5} [N/m²]	→	0 dB
60 [N/m²]	→	130 dB

8. 50phon은 $S = 2^{\left(\frac{LL-40}{10}\right)} = 2^{\frac{10}{10}} = 2$

60phon은 $S = 2^{\frac{20}{10}} = 4$

∴ 2배로 크게 들린다.

9. $r_1 = 10\text{m}$, $\text{SPL}_1 = 100\text{dB}$

$r_2 = 20\text{m}$, $\text{SPL}_2 = \ ?$

$\text{SPL}_2 = \text{SPL}_1 - 20\log\frac{r_2}{r_1}\text{dB}$ 로부터

$\text{SPL}_2 = 100 - 20\log\frac{20}{10} = 94\text{dB}$

10. $\text{SPL} = \text{PWL} - 20\log r - 8\text{dB}$ 에서

$\text{PWL} = \text{SPL} + 20\log r + 8$

$= 100 + 20\log 10 + 8$

$= 128\text{dB}$

11. $\text{PWL} = 10\log\frac{W}{10^{-12}}$

$\text{PWL} = 10\log\frac{0.1}{10^{-12}} = 110\text{dB}$

$\therefore\ \text{SPL} = \text{PWL} - 20\log r - 11$

$= 110 - 20\log 100 - 11 = 59\text{dB}$

12. (ㄱ) SPL = SIL 의 관계를 가지므로, 음의 세기가 2배로 되면

$\text{SIL}_1 = 10\log(2I/I_0) = 10\log(I/I_0) + 10\log 2$

$= \text{SIL} + 3\text{dB}$

기존보다 음의 세기가 2배로 되면 3dB 증가한다.

(ㄴ) 음압 레벨 : $\text{SPL} = 20\log(P/P_0)$ 에서 음압이 2배로 되면

$\text{SPL}_1 = 20\log(2P/P_0) = 20\log(P/P_0) + 20\log(2)$

$= \text{SPL} + 6\text{dB}$

기존 보다 음압이 2배로 되면 6dB 증가한다.

(ㄷ) 음압 레벨 : $\text{SPL} = \text{PWL} - 20\log r - 11$ 에서 거리가 2배로 되면,

$\text{SPL}_1 = \text{PWL} - 20\log r - 20\log 2 - 11 = \text{SPL} - 20\log 2$

$= \text{SPL} - 6\text{dB}$

기존보다 거리가 2배로 되면 6dB 감소한다.

(ㄹ) 음원 1개가 있을 때의 음압 레벨을 SPL 이라 하면, 3개가 있을 때의 합성 음압 레벨 :

$\text{SPL}_1 = 10\log\left(10^{\text{SPL}/10} + 10^{\text{SPL}/10} + 10^{\text{SPL}/10}\right)$

$= 10\log\left(3 \times 10^{\frac{\text{SPL}}{10}}\right)$

$= \text{SPL} + 10\log 3$

$= \text{SPL} + 4.8\text{dB}$

기존보다 2개의 소음원을 추가하면 4.8dB 증가한다.

13. $L_a = \text{SPL}_1 - \text{SPL}_2 = 20\log\left(\frac{r_2}{r_1}\right)$ dB에서

$$L_a = 70 - 65 = 20\log\frac{r_2}{10}$$

$$\log\frac{r_2}{10} = \frac{5}{20},\ \log^{-1}\frac{5}{20} = \frac{r_2}{10}$$

$$r_2 = 10\log^{-1}\frac{5}{20} = 17.78(\text{m})$$

$$\therefore r_2 - r_1 = 17.78 - 10 = 7.78(\text{m})$$

14. $L_{NP} = L_{eq} + (L_{10} - L_{90}) = L_{50} + \frac{d^2}{60} + d\,\text{dB(NP)},\ (d = L_{10} - L_{90})$에서

$$d = L_{10} - L_{90} = 72.5 - 52.5 = 20\ \text{dB(A)}$$

$$\therefore L_{NP} = 61.7 + \frac{(20)^2}{60} + 20 = 88.37\ \text{dB(NP)}$$

15. $r > \frac{b}{3}$인 경우

$$L_a = \text{SPL}_1 - \text{SPL}_2 = 20\log\left(\frac{3r}{b}\right) + 10\log\left(\frac{b}{a}\right)\text{에서}$$

$$\text{SPL}_2 = \text{SPL}_1 - 20\log\left(\frac{3r}{b}\right) - 10\log\left(\frac{b}{a}\right)$$

$$= 90 - 20\log\left(\frac{3\times 12}{6}\right) - 10\log\left(\frac{6}{3}\right)$$

$$= 71.43\text{dB}$$

16. $\text{SPL} = \text{PWL} + 10\log\left(\frac{Q}{4\pi r^2} + \frac{4}{R}\right)$ dB에서

$$\text{SPL} = 90 + 10\log\left(\frac{2}{4\pi\times 4^2} + \frac{4}{200}\right) = 74.76\ \text{dB}$$

17. $L_{eq} = 10\log\left(\sum_{i=1}^{n} f_i \times 10^{\frac{Li}{10}}\right)$ dB(A)에서

$f_1 = 0.9$ $\quad L_1 = 70$ dB(A)

$f_2 = 0.1$ $\quad L_2 = 100$ dB(A)

$$\therefore L_{eq} = 10\log\left(0.9\times 10^{\frac{70}{10}} + 0.1\times 10^{\frac{100}{10}}\right) = 90.04\ \text{dB(A)}$$

18. $L_{eq}=10\log\left(\sum_{i=1}^{n} f_i\times 10^{\frac{L_i}{10}}\right)$에서

$$f_1=\frac{24-x}{24},\qquad L_1=55\ \text{dB(A)}$$

$$f_2=\frac{x}{24},\qquad L_2=95\ \text{dB(A)}$$

$$68=10\log\left(\frac{24-x}{24}\times 10^{\frac{55}{10}}+\frac{x}{24}\times 10^{\frac{95}{10}}\right)$$

$$\log^{-1}\frac{68}{10}=\frac{24-x}{24}\times 10^{\frac{55}{10}}+\frac{x}{24}\times 10^{\frac{95}{10}}$$

$$6.3096\times 10^6=3.1623\times 10^5+1.3175\times 10^8 x$$

$$\therefore x=\frac{6.3096\times 10^6-3.1623\times 10^5}{1.3175\times 10^8}=0.0455(\text{hr})$$

$$\therefore t=x\times 60=0.0455\times 60=2.73(\text{분})$$

19. $\text{PWL}=\text{SPL}+20\log r+8=76+20\log 20+8$

$$=110.02\text{dB}$$

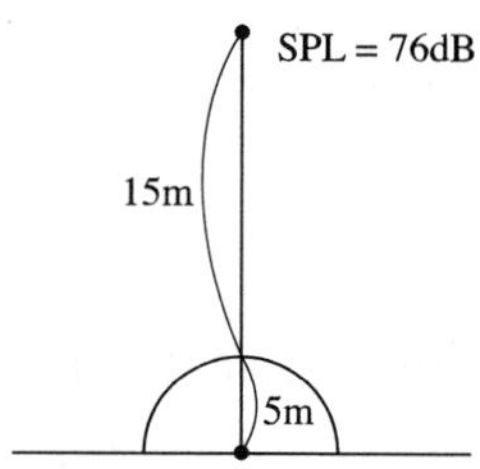

20. $L'=10\log\left(10^{\frac{L_1}{10}}-10^{\frac{L_2}{10}}\right)=10\log\left(10^{\frac{72}{10}}-10^{\frac{65}{10}}\right)=71.03\text{dB}$

21. $I=\dfrac{QW}{4\pi r^2}$에서 $\quad Q=4$

$$I=\frac{4\times 0.63}{4\times \pi\times 10^2}=2.01\times 10^{-3}(\text{W/m}^2)$$

22. ① 자유공간에서의 $\text{SPL}_1=\text{PWL}-20\log r-11=110-20\log 10-11=79\text{dB}$

② 반자유공간에서 $\text{SPL}_2=\text{PWL}-20\log r-8=110-20\log 10-8=82\text{dB}$

$\therefore\ \text{SPL}_2-\text{SPL}_1=82-79=3\text{dB}$

23. $L_{dN}=10\log\left\{\frac{15}{24}\times 10^{\frac{L_d}{10}}+\frac{9}{24}\times 10^{\frac{(L_n+10)}{10}}\right\}$

$$=10\log\left(\frac{15}{24}\times 10^{\frac{60}{10}}+\frac{9}{24}\times 10^{\frac{60}{10}}\right)\fallingdotseq 60\ \text{dB(A)}$$

24. $Q = \log^{-1}\dfrac{\mathrm{DI}}{10} = \log^{-1}\left(\dfrac{\mathrm{SPL}_0 - \mathrm{SPL}}{10}\right) = \log^{-1}\left(\dfrac{104-102}{10}\right) = 1.58$

25. $L_{NP} = L_{eq} + 2.56\sigma = 62 + 2.56 \times 2.5 = 68.4\ \mathrm{dB(NP)}$

26. $\mathrm{PNL} = 33.3\log(N_t) + 40\ \mathrm{PN\ dB}$에서

$\mathrm{PNL} = 33.3\log 50 + 40 = 96.58\ \mathrm{PN\ dB}$

27. $\mathrm{SPL}_1 = 10\log\left(n \times 10^{\frac{\mathrm{SPL}}{10}}\right)$로부터

$72 = 10\log\left(n \times 10^{\frac{65}{10}}\right)$

$\log\left(n \times 10^{\frac{65}{10}}\right) = \dfrac{72}{10}$

$n = \dfrac{10^{7.2}}{10^{6.5}} \fallingdotseq 5$ $\quad\therefore$ 5대

28. $\mathrm{SPL} = \mathrm{PWL} - 20\log r - 8 - A_a$로부터 (여기서, A_a는 공기흡음에 의한 감쇠치)

$\mathrm{PWL} = \mathrm{SPL} + 20\log r + 8 + A_a$

$= 60 + 20\log 100 + 8 + 0.3\mathrm{dB/10m} \times 100\mathrm{m} = 111\mathrm{dB}$

또한, $\mathrm{PWL} = 10\log\dfrac{W}{10^{-12}}$로부터

$111 = 10\log\dfrac{W}{10^{-12}}$

$\log\dfrac{W}{10^{-12}} = \dfrac{111}{10} = 11.1$

$\therefore W = 10^{-12} \times 10^{11.1} = 0.126\mathrm{W}$

29. $\delta_d = \dfrac{QW}{4\pi r^2 c}$에서

$\mathrm{PWL} = 10\log\dfrac{W}{W_0} = 122\ \mathrm{dB}$

$\dfrac{W}{W_0} = \log^{-1}\dfrac{122}{10} = 1.585 \times 10^{12}$

$W = 1.585\mathrm{W}$

$\therefore \delta_d = \dfrac{QW}{4\pi r^2 c} = \dfrac{2.5 \times 1.585}{4 \times \pi \times 25^2 \times 344} = 1.467 \times 10^{-6}\ (\mathrm{J/m^3})$

30. $\delta = \delta_d + \delta_r = \dfrac{QW}{4\pi r^2 c} + \dfrac{4W}{Rc}$ 에서 ($Q=1$)

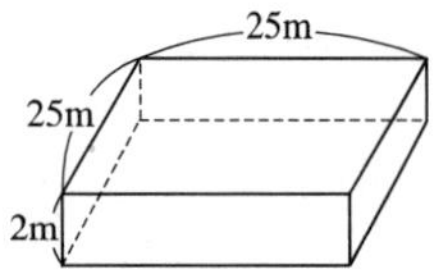

$S = 25 \times 25 \times 2 + 2 \times 25 \times 4 = 1450(\text{m}^2)$

$R = \dfrac{\overline{\alpha}\, S}{1-\overline{\alpha}} = \dfrac{0.2 \times 1450}{1-0.2} = 362.5(\text{m}^2)$

$\therefore\ \delta = \dfrac{2}{4 \times \pi \times 15^2 \times 344} + \dfrac{4 \times 2}{362.5 \times 344} = 6.62 \times 10^{-5}(\text{J/m}^3)$

31. $\delta = \dfrac{P^2}{\rho c^2} = \dfrac{(0.1)^2}{407 \times 344} = 7.14 \times 10^{-8}(\text{J/m}^3)$

32. 잔향실이나 반사율이 큰 실내에서의 음압레벨 SPL은
$\text{SPL} = \text{PWL} - 10\log R + 6$,

$R = \dfrac{\overline{\alpha} S}{1-\overline{\alpha}}$ 로부터

$S = 2(6 \times 10 + 4 \times 6 + 4 \times 10) = 248(\text{m}^2)$

$R = \dfrac{0.02 \times 248}{1-0.02} \fallingdotseq 5.06(\text{m}^2)$

$\text{PWL} = 10\log \dfrac{10^{-3}}{10^{-12}} = 90\text{dB}$

$\therefore \text{SPL} = 90 - 10\log 5.06 + 6 \fallingdotseq 89\text{dB}$

33. $\delta = \dfrac{P^2}{\rho c^2}$ 으로부터

$\rho = 1.293 \times \dfrac{273}{(273+t)} = 1.293 \times \dfrac{273}{(273+20)} = 1.20(\text{kg/m}^3)$

$c = 331.42 + 0.6t = 331.42 + 0.6 \times 20 = 343.42(\text{m/s})$

$\therefore \delta = \dfrac{(0.2)^2}{1.20 \times (343.42)^2} = 2.8 \times 10^{-7}(\text{J/m}^3)$

Chapter 2

소음방지기술

2.1 소음대책

소음대책은 예방에 최선을 두고, 조기에 적극적으로 실시해야 한다.

2.1.1 대책의 순서

① 소음이 문제되는 지점(수음점)의 위치 확인 : 귀로 판단
② 수음점에서 실태조사 : 계기측정(소음계, 주파수 분석기)
③ 수음점에서의 규제기준 확인
④ 계기측정 결과와 규제기준과의 차로부터 대책의 목표레벨 설정 : 어느 주파수 대역(帶域)을 얼마만큼 저감시킬 것인가
⑤ 문제 주파수의 발생원 탐사 : 주파수 대역별 소음 필요량 산정
⑥ 적정 방지기술의 선정 : 차음재 또는 흡음재등 선정
⑦ 시공 및 재평가(재측정)

2.1.2 소음의 탐사 및 공장건설상의 주의

(1) 탐사항목

① 어떤 소음이 문제가 되는가를 확인(부지경계선, 주변 주택)한다.
② 어느 소음이 어느정도 문제되는가의 현황조사
③ 문제되는 소음원(騷音源) 확인
④ 대상 소음원의 방사원 조사(기계 · 장치 등)

(2) 소음방지의 목표

부지경계선에서의 규제기준과 대상소음의 차에 의해 산정한다.

(3) 공장건설상의 주의

1) 공장 설계계획 시의 배려

공장건설에 따른 소음방지의 효과를 얻기 위해서는 건설계획 단계부터 소음문제를 고려하여 사전에 방지할 필요가 있다. 이미 소음문제가 발생하면 그 대책이 곤란한 경우가 많으므로 사전대책을 중요시 할 필요가 있다.

① 부지 선정시 : 부지 선정시에는 지역 구분이 어떻게 되어 있으며 주변 상황은 어떠한가를 미리 확인하고, 그 지역의 장래 전망 등도 배려할 필요가 있다.

② 기계 · 장치의 선정시 : 가능한 한 소음 · 진동의 발생이 적은 기종을 선정하고 음원대책이 가능한 것을 택한다.

2) 공장 설계시의 배려

① 소음원 : 공장에 사용될 기계류 중에서 주 소음원이 될 것으로 예상되는 것은 가급적 부지경계선에서 멀리, 즉 공장 부지의 중앙에 설치하여 거리감쇠를 이용한다.

② 부지경계선의 거리 : 소음방지를 위해서는 거리감쇠를 기대하는 것이 대단히 유리하다. 그러나 일반적으로 큰 거리를 유지하기 어려울 때가 많다. 공장건물은 어떠한 경우라도 부지경계선에 맞닿아 건축하는 것은 바람직하지 않다.

③ 건물구조 : 공장건물의 구조는 공장이 들어설 지역의 규제기준과 공장 내 발생 소음의 크기 및 부지경계선까지의 거리 및 조건 등에 따라 결정된다. 일반적으로 나타내는 건물구조의 차음성(遮音性)은 투과손실(TL)로 표시하지만 이것은 단일 벽체로 볼 경우의 수치이므로 창, 출입문, 환기구 등으로 구성된 벽체는 총합투과손실로 할 필요가 있다.

④ 개구부 : 환기구 등은 흡음 닥트나 사이렌서 등을 부착하여 소음저감을 고려할 필요가 있으며, 주택가와 반대측에 설치하는 것이 바람직하다.

⑤ 타 건물에 의한 차음 : 부지경계선에서 기준치 이하로 저하되지 않을 경우에는 적극적으로 창고, 사무실, 후생시설 등의 건물이나 방음벽을 설치하여 차폐재를 이용하여 저감시킨다.

2.1.3 방음대책의 방법

(1) 음원대책

원인제거, 강제력 저감, 파동의 차단 및 감쇠, 방사율의 저감 등을 들 수 있다.

① 발생원 : 유속 저감, 마찰력 감소, 충돌방지, 공명방지 등
② 소음기(消音器) 설치 : 흡(吸)·배기구에 팽창형 소음기 등의 설치
③ 방음 카버 : 필요 투과손실을 가진 벽체로 음원을 밀폐하고, 내부에는 흡음재를 부착한다.
④ 방진(防振) : 차진(遮振 ; 전달율 감소), 소음 방사면의 제진(制振 ; 15dB 정도 저감)

(2) 전파경로 대책

① 공장건물 내벽의 흡음처리 : 실내 음압레벨의 저감
② 공장 벽체의 차음성(遮音性) 강화 : 투과손실 증가
③ 방음벽 설치 : 부지경계선 부근의 차음 및 흡음
④ 거리감쇠
⑤ 지향성 변환 : 고주파음에 유효(10 dB 정도 저감)

2.1.4 주파수 대역별 소음(消音) 필요량(감음량)을 구하는 방법

(1) 목표레벨(規制値) 설정지점과 측정지점이 같을 때

① 공장이 가동된 상태에서 주파수 대역별 음압레벨 측정
② 공장의 가동을 중지시킨 상태에서 주파수 대역별 음압레벨(暗騷音)측정
③ 전항 ①과 ②로부터 각 주파수대역별로 암소음을 보정하여 대역별 대상음압레벨(시험법이나 dB차를 구하는 공식 이용)을 구한다.
④ 대역별 대상음압레벨에 다음 표의 A특성 청감보정치를 합하여 대역별 대상소음레벨을 구한다.

중심주파수(Hz)	31.5	63	125	250	500	1,000	2,000	4,000	8,000
청감보정치 dB(A)	−39.2	−26.1	−16.1	−8.6	−3.2	0	+1.2	+1.0	−1.1

⑤ 목표레벨로부터 대역별 목표소음레벨을 다음 식으로 구한다.

$$\text{대역별 목표소음레벨} = \text{목표레벨(規制値)} - 10\log n \ \text{dB(A)} \tag{2.1}$$

여기서, n은 주파수 대역수(帶域數)이다.

⑥ 각 주파수 대역별로 ④항에서 ⑤항을 산술적으로 뺀 값이 주파수 대역별 소음(消音) 필요량이 된다.

(2) **목표레벨 설정지점과 측정지점이 다를 때**

앞에서 설명한 (1)의 ①·②항은 같으며, ③항의 측정지점에서의 대역별 대상음압레벨을 음향파워레벨 공식에 의해 목표레벨 설정지점의 대역별 대상음압레벨로 환산한 후, (1)의 ④·⑤·⑥과 같은 방법으로 대역별 소음(消音) 필요량을 구한다.

2.1.5 소음발생원과 그 대책

(1) **발생**

- 기류음
  - 맥동음 : 주기적인 흡입·토출에 의해 발생
    예) 엔진, 압축기 등의 흡·배기음
  - 난류음 : 기체 흐름 중의 와류에 의해 발생
    예) 관의 굴곡부, 빠른 유속, 밸브 등
- 고체음
  - 동적 발음기구 : 베어링, 외륜 등의 마찰·충격 등과 같은 기계의 운동에 의해 발생
  - 정적 발음기구 : 기계 프레임 등의 진동에 의해 발생

(2) **대책**

- 기류음 : 분출유속의 저감, 관의 곡류 완화, 밸브의 다단화 등
- 고체음 : 가진력 억제, 공명 방지, 방사면 축소 및 제진처리, 방진 등

(3) **방음의 이론적 고찰**

음향출력 W(W)인 소음원(騷音源)으로부터 거리 r(m) 떨어진 공간 한 점에서의 음압레벨 SPL은 따라서,

$$\mathrm{PWL} = \mathrm{SPL} - 10\log\left(\frac{Q}{4\pi r^2} + R_i\right)$$

$$\mathrm{SPL} = \mathrm{PWL} + 10\log\left(\frac{Q}{4\pi r^2} + R_i\right)$$

여기서, $\mathrm{PWL} = 10\log W - 10\log W_0$

$$= 10\log W - 10\log(10^{-12}) = 10\log W + 120$$

$$\mathrm{SPL} = 10\log W + 10\log\left(\frac{Q}{4\pi r^2} + R_i\right) + 120\ [\mathrm{dB}] \tag{2.2}$$

여기서, 소음방사부에 소음장치(消音裝置)를 붙여 음향출력이 W에서 W'로 변하고 음압레벨도 SPL에서 SPL′로 변하였다면,

$\mathrm{SPL}' = 10\log W' + 10\log\left(\frac{Q}{4\pi r^2} + R_i\right) + 120\ [\mathrm{dB}]$의 기본식으로부터

$$\mathrm{SPL}' = 10 \log W - 10 \log \left(\frac{W}{W'} \right) + 10 \log \left(\frac{Q}{4\pi r^2} + R_i \right) + 120 \ [\mathrm{dB}] \qquad (2.3)$$

위의 식에서 음압레벨 SPL′로 저감시킬 수 있는 방법은 다음과 같다.

① W를 작게 한다 : 발생원 대책(원인제거, 강제력 저감 등)

② W/W'를 크게 한다 : 소음장치(消音裝置)인 밀폐, 소음기, 흡음닥트 등 시설

③ r을 크게 한다 : 거리감쇠

④ Q를 적게 한다 : 지향성대책(발생원의 방향 변경)

⑤ R_i를 적게 한다 : 환경대책(차음, 흡음 등의 대책)

⑥ 기타 : 수음자(受音者)측 대책(마스킹, 귀마개 등)

(4) **소음대책의 예** : [그림 2-1]은 송풍기의 소음발생원을 보인 것이다.

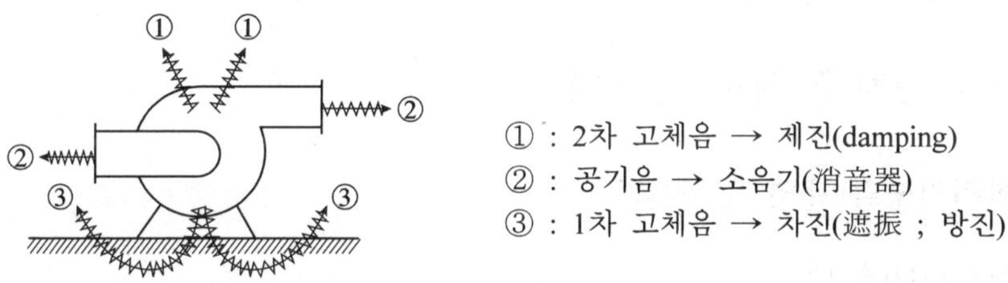

그림 2-1 송풍기 소음 발생원

한편, 소음제어(騷音制御)에 사용되는 자재류의 특성을 보면 [표 2-1]과 같다.

표 2-1 소음제어를 위한 자재류의 특성

자재명	성 상	기 능	사 용	비 고
흡음재	상대적으로 경량 (8.4～335.6kg/m²); 내부통로를 가진 다공성 자재, 차음재로는 불량	음에너지의 전환 ; 음에너지가 적기 때문에 소량의 열에너지로 변환됨	잔향음의 에너지저감 ; 소음기 내음 에너지의 전환	공기에 의해 전파되는 음의 저감
소음기(消音器)	반작용이나 전환요소의 직렬이나 병렬 조합	기체의 정상흐름 상태에서 음에너지의 전환	기체이동기계류의 닥트소음 ; 엔진의 흡배기 · 압축기 · 팬 · 터어빈	공기에 의해 전파되는 음의 저감

자재명	성　상	기　능	사　용	비　고
차음재	상대적으로 고밀도(면밀도 100~400kg/m²) : 기공이 없고 흡음재로는 불량	음에너지 감쇠	음의 억제 ; 음의 투과율 저감	
제진재 (damping)	상대적으로 큰 내부 손실을 가진 신축성이 있는 점탄성 자재	진동 에너지의 전환	진동으로 판넬이 떨려 발생하는 음에너지의 저감	① 공기전파음에 의해 발생하는 공진 진폭의 저감 ② 판넬 가장자리나 구성요소 접속부의 진동 에너지 전달의 저감
차진재 (isolator)	탄성패드나 금속 스프링	구조적 진동과 진동전달력 저감	팬·압축기·엔진·기체류 등에 대한 방진	회전기계류의 진동 전달력 저감

※ 에너지 전환이란 자재의 점성 흐름손실이나 내부마찰에 의해 열에너지로 변환되는 것을 말한다.

2.2 소음방지를 위한 설계지침

2.2.1 방지기술의 내역 및 개요

(1) **소음방지기술 내역**

소음방지를 위한 조사·측정·설계 등의 방지기술 내역은 [표 2-2]와 같다.

표 2-2 방지기술내역

항 목	내 역	비 고
조 사	대상기계, 작업의 조건 및 성질, 기상환경 등의 조사	환경조건, 거리감쇠 등 참조
측 정	음원, 규제위치의 소음레벨 등 측정음원의 주파수 분석, 녹음기에 의한 측정기록	측정법 참조 보정법 참조
해 석	측정결과 및 규제치로부터 감음 목표치 설정, 기계 자체의 개수, 해석, 발생음의 감음 계산	방사면적, 제진재 재료, 지향성·공명·구조·기구·재료의 변경, 작업법의 변경, 흡음재·차음재·거리감쇠 등의 계산
설 계	전항의 결과로부터 설계, 시방서, 재료의 선정, 수량계산, 적산	설계 기본계산법 참조
공 사	전항 설계시방서에 의해 시공, 시공 후에 방음 확인측정	

(2) 설계시의 주의할 점

설계시의 가장 주의를 요하는 점은 규제치가 청감보정을 한 dB(A)로 물리량이 아닌 경우는 설계 계산상 모두 물리량으로 환산할 필요가 있다. 하지만 수음점에서는 각종 음원에 의한 소음이 합성된 합성음으로 되어 있기 때문에 암소음(暗騷音) 측정에 의한 보정에 의해 대상음원의 소음레벨을 환산하여 구해야 한다.

일반적으로 음원의 기계가 단일 기계라 할지라도 그 기계의 소음 발생장소에는 다수의 점·선·면으로부터 발생하는 소음의 합성음으로 되어 있기 때문에 이를 측정하게 된다. 종래와 같이 레벨만을 설계자료로 활용하는 것은 잘못이며, 주파수 분석을 하여 그 결과에 따라 설계를 행하는 것이 당연하고 흡음재나 차음재 등의 방음재(防音材) 선정에 있어서 필수적이다.

기술이 있는 사람이라 할지라도 성실히 조사·측정을 행하여 그 결과에 따라 해석·계산하고 안전 및 공사비를 고려하여 오류를 범하지 않도록 노력하여야 한다.

(3) 방지계획의 개요

소음원의 종류에 따라 계획을 세우고 그에 따라 조사, 설계 및 시공을 진행하여야 한다. 그 개요를 보면 [표 2-3]과 같다.

표 2-3 방지계획의 개요

음원의 종류	내 역	계획의 개요
공장소음 방지계획	공장의 신설 및 증설의 경우	(1) 지역구분에 따른 부지 경계선에서의 소음레벨이 규제기준 이하가 되도록 설계한다. (2) 특정공장인 경우는 방지계획 및 설계도를 첨부한다. (3) 공장건축물·구조물에 의한 방음설계, 기계자체 및 조합에 의한 방음설계의 계획을 세운다.
	기존공장의 경우	(1) 전항(1)과 동일 (2) 전항(3)과 동일 (3) 공장 내에서 기계의 배치를 바꾸든가, 소음레벨이 큰 기계를 부지경계선에서 먼 곳으로 이전 설치한다.
도로교통소음 방지계획	기존도로의 경우	(1) 환경소음레벨을 초과하는 도로는 완전 차폐 또는 방음벽을 계획한다. (2) 노면계획을 충분히 검토하여 설계한다. (3) 특히 문제되는 주거지역의 주거 밀집지대를 통과하는 고속도로 등은 부분적으로 속도제한을 실시할 계획을 세운다.

음원의 종류	내 역	계획의 개요
	신설도로의 경우	(1) 전항 (1)과 동일 (2) 전항 (2) 뿐만 아니라, 특히 고가고속도로의 경우 도로구조 설계를 충분히 검토한다. (3) 노선 설정계획시에 인구 밀집지대를 피하든가, 이와 같은 과밀지대의 경우는 부분적인 지하차도로 한다.
건설작업소음 방지계획	기설구조의 제거작업	(1) 충격파괴형과 같은 작업공정을 다른 공법으로 바꾼다.
	신설작업의 경우	(1) 특히 항타·강철판 등을 직접 박는 공법이 많이 상용되고 있는데 이를 어스드릴로 뚫은 후 항타 작업을 하든가, 진동해머를 사용하는 공법으로 바꾼다. (2) 건설기계에 의한 소음은 차음 box에 의해 방음계획을 하는 등의 방법을 세운다. (3) 특정공사 승인 신청시에 (1),(2)항 외에 작업시간계획을 세울 때는 환경소음도가 높은 시간대(주변 암소음이 클 때)를 택한다.

2.2.2 계획실시의 순서

기본적인 계획실시 순서를 기술하면 다음과 같다.

① 대상환경 및 음원의 조사 : 소음원의 종류, 공장의 경우는 음원기계의 종류·성능·설치조건 및 대상장소의 배치, 주변지역의 건물·구조물의 배치, 발생시간, 빈도, 지속시간 등을 조사한다.

② 소음레벨 측정 : 음원, 규제에 따른 측정위치, 시간별 레벨을 측정한다.

③ 주파수 분석 : 현장에서 주파수 분석기 및 기록계로 실시하든가 불가능할 경우에는 녹음기에 녹음한 후 분석한다.

④ 환경감쇠량의 측정 : 감쇠조건의 조사, 측정, 전파경로의 조사, 1차 고체전파음, 2차 고체전파음, 공기전파음 등을 측정한다.

⑤ 감쇠량의 설정 : 지역구분 및 규제기준치와 전항의 측정결과로부터 감음량을 설정한다.

⑥ 해석검토 : 감음시스템 안(案)에 따라 감음계산을 한다.

- 감음시스템 검토 : 특수한 도로교통, 건설작업 등의 소음방지 시스템의 경우
- 건물의 구조 및 내·외벽의 검토 : 이 경우는 공장소음의 방지대책의 경우로 음원측, 수음자측 쌍방의 조사결과를 기초로 하여 검토한다. 즉, 건물의 구조·내외벽, 공극(空隙) 등의 조사에 힘쓴다.

- 음원대책의 검토 : 이는 공장기계 · 건설작업용 기계 등의 경우로 부품의 교환이나 기구의 개조라든가 소음기 부착, 방음커버 등의 시설하는 것을 검토한다.
- 차음구조물 대책의 검토 : 차음구조물의 설치, 방음터널 구조물의 설치 등을 검토한다.
- 기타의 검토 : 음원 근처 근로자의 귀마개(ear plug) 대책, 음을 음으로 음폐(陰蔽)하는 등의 물리적 · 심리적 대책을 검토한다.

⑦ 방음설계
- 설계계산 : 목표치를 달성하기 위한 감음 계산한다.
- 설계안의 비교검토 : 음원의 차음 · 흡음의 감쇠조합에 기초한 몇 개의 안을 비교한다.
- 최종안의 감음기구, 재질의 선정 등에 따른 시방서 결정 : 결정된 안의 최종 감음기구 설계에 따른 재질의 선정을 결정한다.
- 수량계산 : 시방서에 따라 수량을 계산한다.

⑧ 경제성 검토 : 실시 가능성, 기술평가.

⑨ 시공 : 지체없이 설계 및 시방서에 따라 공사한다.
- 검사 : 필히 목표치가 달성되었는지의 여부를 측정확인하는 외에 제작공사상의 검사를 행한다.

2.2.3 소음방지대책 일람(공장소음의 방지대책)

방지대책중 가장 빈도가 많은 공장소음 방지대책에 대해 상술한다. 전항의 방지계획에 다른 조사결과로부터 불필요한 소음발생을 막든가 전파를 막는 등의 대책을 세우며 [표 2-4]에 이를 기술한다.

표 2-4 음원기계의 소음방지대책 일람

계획순서	작업내용	방 법	비 고
1. 허용치의 설정	· 소음레벨	· 여러 기준 참조	
2. 소음원 조사	· 소음레벨 및 주파수 분석	· 측정법을 참조하여 실시	· 측정조건을 명확히 한다.
3. 전파경로의 조사	· 음원과 수음점과의 모든 조합에 관한 일체의 전파경로를 탐사		· 대략적인 감음량을 상정하고, 취약한 곳에 주의를 기울여 행한다.

계획순서	작업내용	방 법	비 고
4. 계산을 위한 경로의 선정	· 경계선상에서 소음레벨이 최대로 되는 경로 선정	· 음원이 큰 것, 거리가 가까운 부분, 창 등 조사결과에 따라 선정	· 실시 data 및 경험에 따라 행한다.
5. 계산 패턴의 결정	· 전파경로에 대한 각종 패턴을 적용한다.	· 흡음율 및 투과손실에 관한 문헌과 각종 계산 방식 중에서 결정한다.	· 각종 가정을 할 필요가 있고 브록다이아그램을 작성하면 알기 쉽다.
6. 수치의 설정	· 거리, 면적, 투과손실, 흡음력 등 설정한다.	· 참고문헌 및 측정조사 결과로부터 설정	· 실측 data를 참고하여 일반적인 값을 가정한다.
7. 소음레벨의 산정	· 부지경계선의 소음레벨을 산출한다.	· 각종 계산식에 의해 산정	· 소수점 이하는 반올림하고 계산이 쉽고 오차가 적은 식을 사용한다.
8. 부가감음량 산출	· 각 전파경로에 대한 부가감음량을 산출한다.	· 계산한 소음레벨과 허용치와의 차를 구한다.	· 무엇이 약점으로 작용하는가도 생각해 둔다.
9. 부가감음량 할당	· 어느 부분의 감음량을 증대시킬 것인가를 생각한다.	· 차음량의 증가, 거리·흡음력의 증가, 약점의 개선	· 직렬·병렬계를 고려하고 경로변경도 한다.
10. 재점검	· 대책 후의 상태에 대해 다시 계산을 행하고 안전성을 확인한다.	· 순서 3 또는 6으로부터 다시 계산하고 허용치와 비교한다.	· 대책을 실시하지 않고 경로가 약점이 되는 때도 있기 때문에 주의한다.

기계가 작동하는 한 소음은 발생하기 때문에 전파 에너지를 음원 근처에 막든가, 건물의 내·외벽, 천장에 의해서 방지하든가 하는 등의 대책을 건물 설계 때부터 배려한다. 전술한 방지계획을 공장소음에 대해 적용하면 다음과 같다.

(1) 음원대책

정상운전이 될 수 있도록 기계를 정비하고 가능하면 이상음이 발생하지 않도록 하며, 진동을 방지하여 2차소음 발생을 억제하고 공기기계나 그 부대설비 등에서는 산란에 의해 소음이 발생하지 않도록 노력할 필요가 있다. 소음원의 음원대책 시스템은 [표 2-5]와 같다.

① 음원 기계의 밀폐, 음원 에너지의 차단 : 충격에 의한 기계적 에너지로 작동하는 shearing press 기계 등은 기계 전체를 밀폐하여 방음실에 넣고, 조작하는 사람은 밖에서 작업을 행하는 방법을 채용한다.

표 2-5 소음원 대책 시스템

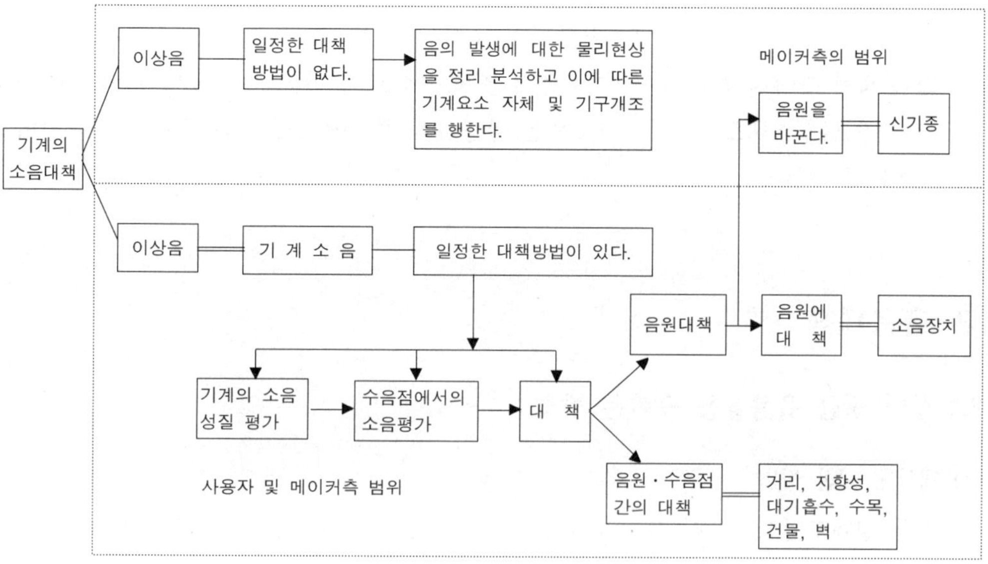

② 소음기 · 흡음닥트 설치 : 흡배기(吸排氣)를 필요로 하는 공조기계 · 내연기관 · 가열로 등과 같이 공기의 압축 및 팽창음을 발생하는 기계는 그 각각에 소음기나 흡음닥트를 설치한다.

③ 음원실 안의 흡음처리 : 압축기실 · 송풍기실 · 가열로실 등의 음원실을 흡음설계하여 흡음처리한다. 닥치는데로 흡음판을 내벽에 부착하는 등의 안이한 공사는 지양하여야 한다.

주파수 분석결과로부터 흡음재의 선정을 충분히 검토할 필요가 있다. 고주파대역의 흡음효과는 제조자 측의 자료에 따라 용이하게 그 효과가 얻어지지만 저주파대역에서는 제조자 측의 자료로도 알 수 있듯이 흡음효율이 좋지 않기 때문에 설계시에 연구가 필요하다.

④ 음원의 차음벽 시공 : 진동을 수반하지 않는 기계에 대해서는 차음벽을 설계 시공하는 것이 매우 효과적이다. 소음뿐 아니라 진동에 의한 2차소음의 발생을 방지하기 위해서는 소음 · 진동 발생을 동시에 감소시키는 것이 사람의 심리적 효과를 증가시킨다.

(2) 공장건물의 방음대책

① 건물 내외벽의 흡음관·차음관 시공 : 내·외벽의 공기 누설극간(漏洩隙間)과 내외벽 전체에 흡음판 및 차음판의 조합에 의한 방음설계와 시공을 행한다.

② 천정에 부착된 환기팬 등의 소음기 및 흡음닥트의 시공 : 옥상 및 지하실의 대형 환기구는 실내소음 및 자체소음을 발생하기 때문에 소음기나 흡음닥트를 설비하여 방음한다.

2.3 흡음대책

2.3.1 실내 평균 흡음율을 구하는 방법

(1) 계산에 의한 방법

건물 설계도면으로부터 사용 재료별 면적 $S_i(\mathrm{m}^2)$와 흡음율 α_i를 구하여 다음 식으로 평균흡음율 $\overline{\alpha}$를 구한다.

$$\overline{\alpha} = \frac{\sum S_i \alpha_i}{\sum S_i} = \frac{S_1\alpha_1 + S_2\alpha_2 + \cdots}{S_1 + S_2 + \cdots} \tag{2.4}$$

한편, 흡음력(sound absorption) A는

$$A = S\,\overline{\alpha} = \sum_{i=1}^{n} S_i \alpha_i \ [\mathrm{m}^2] \tag{2.5}$$

여기서, S는 건물 내부의 전 표면적(m^2)이다.

Example 바닥면적이 4m×5m이고 높이가 2.5m인 방이 있다. 바닥의 흡음율은 0.2이고 벽체 및 천정은 흡음율이 0.6인 흡음재를 취부할 경우 실내의 평균 흡음율은 얼마가 되겠는가?

바닥 및 천정 면적 : $4\mathrm{m} \times 5\mathrm{m} = 20\mathrm{m}^2$

벽체 면적 : $(4\mathrm{m} \times 2.5\mathrm{m} + 5\mathrm{m} \times 2.5\mathrm{m}) \times 2 = 45\mathrm{m}^2$

$$\therefore \overline{\alpha} = \frac{\Sigma S_i \alpha_i}{\Sigma S_i} = \frac{20 \times 0.2 + 65 \times 0.6}{20 + 20 + 45} \fallingdotseq 0.5$$

(2) 잔향시간 측정에 의한 방법

실내의 잔향시간(reverberation time) T를 측정하여 Sabine 식으로 평균흡음율(average absorption coefficient) $\overline{\alpha}$를 구한다.

$$A = \overline{\alpha}\, S = \frac{0.161\,V}{T}\ [\mathrm{m}^2] \tag{2.6}$$

$$\therefore\ \overline{\alpha} = \frac{0.161\,V}{ST} \tag{2.7}$$

여기서 V는 실(室)의 체적(m^3), T는 잔향시간(sec)이다.

잔향시간이란 실내에서 음원을 끈 순간부터 음압레벨이 60 dB(에너지밀도가 10^{-6} 감소) 감쇠되는 데에 소요되는 시간을 말하며 일반적으로 기록지의 레벨 감쇠곡선의 폭이 25 dB(최소 15dB) 이상일 때 이를 산출한다.

Example $8\mathrm{m}^L \times 7\mathrm{m}^W \times 3\mathrm{m}^H$인 실내의 바닥, 천정, 벽의 흡음율이 각각 0.1, 0.3, 0.2일 때, 실내의 흡음력과 잔향시간은?

i) $A = \overline{\alpha} S = \Sigma \alpha_i S_i$

$= 8 \times 7 \times 0.1 + 8 \times 7 \times 0.3 + (8+7) \times 3 \times 2 \times 0.2 = 40.4(\mathrm{m}^2)$

ii) $T = \dfrac{0.161\,V}{A} = \dfrac{0.161 \times 8 \times 7 \times 3}{40.4} \fallingdotseq 0.7\mathrm{sec}$

한편, 큰 실내에서 공기흡음을 고려하고, $\overline{\alpha} > 0.3$ 이상의 큰 흡음율을 가질 경우 정확한 $\overline{\alpha}$를 구하기 위해서는 다음 Eyring식으로부터 $\overline{\alpha}$를 구한다.

$$T = \frac{0.161\,V}{S\,[-\ln(1-\overline{\alpha})]}\ [\mathrm{sec}] \tag{2.8}$$

$$\therefore\ \overline{\alpha} = 1 - \ln^{-1}\left(-\frac{0.161\,V}{ST}\right) \tag{2.9}$$

(3) 이미 알고 있는 표준음원에 의한 방법

표준음원(파워레벨을 알고 있는 음원, sound power source 등)의 음향파워레벨 PWL_0를 사용하여 이 음원에서 충분히 떨어진 거리에서 음압레벨 SPL_0를 측정한 후 다음 식으로 구한다.

$$\begin{aligned}\mathrm{SPL_0} &= \mathrm{PWL_0} + 10\log\frac{4}{R} \\ &= \mathrm{PWL_0} - 10\log R + 10\log 4 \\ &= \mathrm{PWL_0} - 10\log R + 6 \ \ [\mathrm{dB}]\end{aligned} \tag{2.10}$$

여기서, R은 실정수(room constant)로,

$$R = \frac{\bar{\alpha} S}{1-\bar{\alpha}} \quad [\mathrm{m^2}] \tag{2.11}$$

따라서, (2.10) 및 (2.11)식으로부터 $\bar{\alpha}$는

$$\bar{\alpha} = \frac{\log^{-1}\left(\dfrac{PWL_0 - SPL_0 + 6}{10}\right)}{S + \log^{-1}\left(\dfrac{PWL_0 - SPL_0 + 6}{10}\right)} \tag{2.12}$$

2.3.2 자재의 흡음율 측정법

(1) 관내법(정재파법)

수직입사 흡음율 측정방법으로 관의 한쪽 끝에 시료를 충진하고 다른 한쪽 끝에 부착된 스피커에 의해 순음(純音)이 발생하면 관내에 정재파(定在波)가 생겨 $\lambda/4$ 간격으로 음압의 고 · 저가 생긴다. 이 고 · 저의 비를 정재파비 n이라 하면,

$$n = \frac{P_{max}}{P_{min}} \tag{2.13}$$

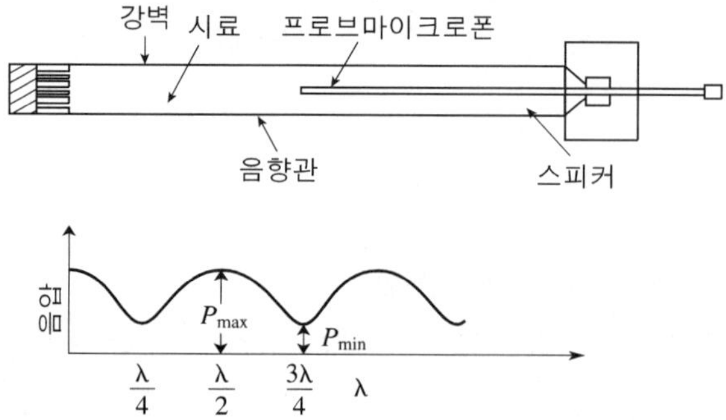

그림 2-2 관내법

흡음율 α_t는

$$\alpha_t = \frac{4}{n + \frac{1}{n} + 2} \tag{2.14}$$

(2) **잔향실법**

난입사 흡음율 측정법으로 실제 이 방법에 의한 흡음율이 현장에 활용된다.

시료 부착 전의 잔향실(reverberation chamber)의 평균흡음율을 $\overline{\alpha}_0$라 하면,

$$\overline{\alpha}_0 = \frac{0.161\,V}{ST_0} \tag{2.15}$$

여기서, T_0는 시료 부착 전의 잔향시간(sec), S는 잔향실 표면적(m^2)이다. 벽면이나 바닥의 일부에 $s\,(m^2)$의 시료를 부착한 후, 측정한 잔향시간을 $T\,(sec)$라 하면 그 시료의 흡음율 α_r은

$$\alpha_r = \frac{0.161\,V}{s}\left(\frac{1}{T} - \frac{1}{T_0}\right) + \overline{\alpha}_0 \tag{2.16}$$

2.3.3 흡음기구의 종류

(1) **다공질형 흡음재**

섬유・발포재료 등의 내부의 기공이 상호연속되는 석면(asbestos), 암면(rock-wool), 유리솜(glass-wool), 세라믹 흡음재 등으로 중・고음역에서 흡음성이 좋다. 즉, 음에너지를 운동에너지로 바뀌어 열에너지로 전환된다.

시공시에는 벽면에 바로 부착하는 것보다 입자속도가 최대로 되는 1/4 파장의 홀수배 즉, 벽면으로부터 $\lambda/4$, $3\lambda/4$ 간격으로 배후 공기층을 두고 설치하면 음파의 운동에너지를 가장 효율적으로 열에너지로 전환시킬 수 있으며 저음역의 흡음율도 개선된다.

흡음재를 벽에 바로 부착시킬 때 흡음효과를 높이기 위해서는 그 두께가 최소한 입사음 파장의 1/10 이상이 되어야 하지만 이렇게 하면 비경제적이므로 벽으로부터 파장의 1/4인 곳에 비교적 얇은 흡음재를 두고 공기층을 만들어 주면 두께 1/4 파장인 흡음재를 바로 부착하였을 때와 거의 같은 효과를 얻을 수 있어 경제적이다.

(2) 판(막)진동 흡음

비닐 시-트, 석고 보드, 석면 스레트 등을 벽체와 공기층 d(m)를 두고 밀폐하면 이들 판은 소음에 의해 진동한다. 이때 흡음주파수 f 는

$$f = \frac{c}{2\pi}\sqrt{\frac{\rho}{m \cdot d}} \fallingdotseq \frac{60}{\sqrt{m \cdot d}}\,[\text{Hz}] \tag{2.17}$$

여기서, c는 공기중의 음속(m/s), ρ는 공기밀도(kg/m^3), m은 판의 단위면적당 질량(kg/m^2)인 면밀도이다.

대개 80～300 Hz 부근에서 최대흡음율 0.2～0.5를 지니며 다른 주파수역에서는 0.1 정도이다. 판이 두껍거나 배후 공기층이 클수록 저음역으로 이동한다.

(3) 공명흡음

[그림 2-3]과 같이 구멍의 크기가 음의 파장에 비해 매우 작을 때는 공명주파수 f_0 부근에서 흡음한다.

$$f_0 = \frac{c}{2\pi}\sqrt{\beta/(h+1.6a)\cdot d}\ \ [\text{Hz}] \tag{2.18}$$

여기서, h는 판의 두께(cm), a는 구멍의 반경(cm), d는 배후 공기층의 두께(cm), c는 음속(cm/s), β는 개공율$\left(\beta = \dfrac{\pi a^2}{B^2}\right)$이다.

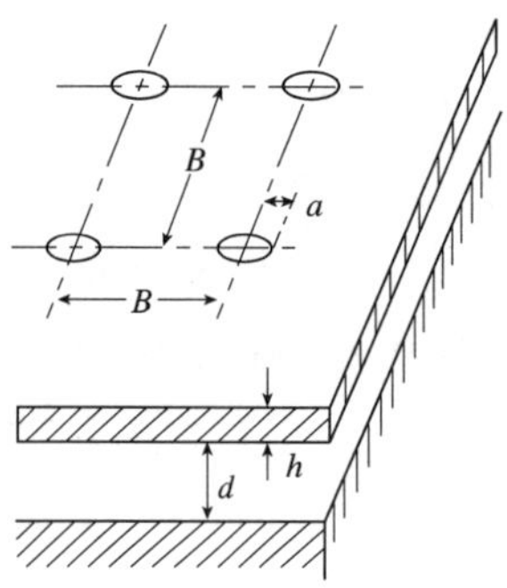

그림 2-3 다공판에 의한 공명흡음

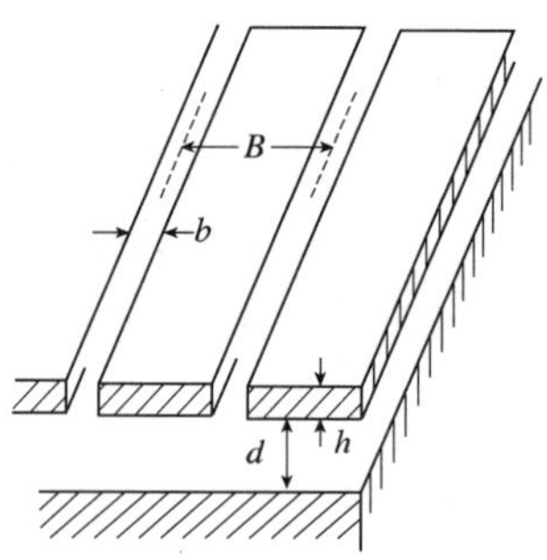

그림 2-4 슬릿에 의한 공명흡음

한편, [그림 2-4]와 같은 슬릿(slit)형의 f_0는 (2.18)식의 $1.6a$ 대신 Δh를 넣어 구하면 된다.

$$\Delta h = \frac{b}{\pi}\left(1 + 2\log\frac{2l}{b}\right) \tag{2.19}$$

여기서, l은 판의 길이다. 공명흡음역도 일반적으로 저음역이다. 만약 배후 공기층에 다공질 흡음재를 충진하면 흡음역이 고주파측으로 이동한다.

2.3.4 감음계수(noise reduction coefficient : NRC)

NRC는 1/3 옥타브 대역으로 측정한 중심주파수 250, 500, 1,000, 2,000 Hz에서의 흡음율의 산술평균치이다.

$$\mathrm{NRC} = \frac{1}{4}(\alpha_{250} + \alpha_{500} + \alpha_{1000} + \alpha_{2000}) \tag{2.20}$$

Example 어떤 흡음자재의 대역흡음율이 125Hz=0.3, 250Hz=0.3, 500Hz=0.4, 1000Hz=0.6, 2000Hz=0.8, 4000Hz=0.9 라면 소음저감계수(NRC)는?

$$\mathrm{NRC} = \frac{1}{4}(\alpha_{250} + \alpha_{500} + \alpha_{1000} + \alpha_{2000}) = \frac{1}{4}(0.3 + 0.4 + 0.6 + 0.8) = 0.525$$

2.3.5 흡음재료 선택 및 사용상의 유의점

① 흡음율은 시공할 때의 배후 공기층 상황에 따라 변화되므로 시공할 때와 동일조건의 흡음율 자료를 이용해야 한다.

② 흡음재료를 벽면에 부착할 때 한 곳에 집중하는 것보다 전체 내벽에 분산하여 부착하는 것이 흡음력을 증가시키고 반사음을 확산시킨다.

③ 실(室)의 모서리나 가장자리 부분에 흡음재를 부착시키면 효과가 좋아진다.

④ 흡음 tex 등은 다공질 재료에 의한 흡음작용 뿐 아니라 판진동에 의한 흡음작용도 발생하므로 진동이 방해되지 않도록 부착시키는 것이 바람직하다. 예를 들어 전면을 접착재로 부착하는 것보다 못으로 시공하는 것이 좋다.

⑤ 다공질 재료는 산란되기 쉬우므로 표면을 얇은 직물로 피복하는 것이 바람직하며, 흡음율에 전혀 영향을 미치지 않아야 한다.

⑥ 비닐 시-트나 캔버스 등으로 피복할 경우에는 수백 Hz 이상의 고음역의 흡음율 저하를 각오하지 않으면 안된다. 그러나 저음역에서는 막진동(膜振動)에 의해 흡

음율이 증가할 때가 많다.

⑦ 다공질 재료의 표면을 도장하면 고음역에서 흡음율이 저하한다.

⑧ 막진동이나 판진동형의 것은 도장해도 차이가 없다.

⑨ 다공질 재료의 표면에 종이를 입히는 것은 피해야 한다.

⑩ 다공질 재료의 표면을 다공판으로 피복할 때는 개공율(開孔率)이 20% 이상(될 수 있으면 30% 이상)으로 하고, 공명흡음의 경우에는 3～20% 범위로 하는 것이 필요하다.

2.4 차음대책

2.4.1 벽의 투과손실

충분히 넓은 벽면에 음파가 입사할 때 입사음의 세기를 I_i, 투과음의 세기를 I_t라 하면 투과율(transmission coefficient) τ는

$$\tau = \frac{I_t}{I_i} \tag{2.21}$$

한편, 투과손실(transmission loss) TL은

$$\mathrm{TL} = 10\log\left(\frac{1}{\tau}\right)\ \ [\mathrm{dB}] \tag{2.22}$$

로 정의된다.

(1) 단일벽의 투과손실

1) 음파가 벽면에 수직입사할 때,

$$\mathrm{TL} = 10\log\left[1+\left(\frac{\omega m}{2}\rho c\right)^2\right]\ \ [\mathrm{dB}] \tag{2.23}$$

$\omega m \gg 2\rho c$ 이면,

$$\mathrm{TL} = 20\log(m\cdot f) - 43\ \ [\mathrm{dB}] \tag{2.24}$$

여기서, m는 벽체의 면밀도($\mathrm{kg/m^2}$), f 는 입사되는 주파수(Hz)이다.

위 식에서 투과손실은 벽체의 면밀도와 주파수 곱의 대수값에 비례하는데 이를 차

음의 질량법칙(mass law)이라 한다.

2) 음파가 벽면에 난입사할 때

벽의 법선(法線)에 대한 음파의 입사각을 θ라 하면,

$$TL_\theta = 10\log\left[1+\left(\frac{\omega m\cos\theta}{2\rho c}\right)^2\right]\ [\text{dB}] \tag{2.25}$$

$\theta = 0 \sim 90°$ 범위에서 TL의 평균치 TL_α는

$$TL_\alpha = TL - 10\log(0.23\,TL)\ [\text{dB}] \tag{2.26}$$

이를 난입사 질량법칙(random incidence mass law)라 하며, $\theta = 0 \sim 75°$일 때 TL_α는

$$TL_\alpha = TL - 5\ [\text{dB}] \tag{2.27}$$

이를 음장입사 질량법칙(field incidence mass law)이라 한다. 한편 실용적으로는

$$TL = 18\log(m\cdot f) - 44\ [\text{dB}] \tag{2.28}$$

이를 주로 사용된다.

3) 일치(coincidence)효과

질량법칙은 벽체가 피스톤 운동한다는 가정하에 성립하는 법칙이지만 실제 벽은 굴곡운동한다 [그림 2-5] 참조.

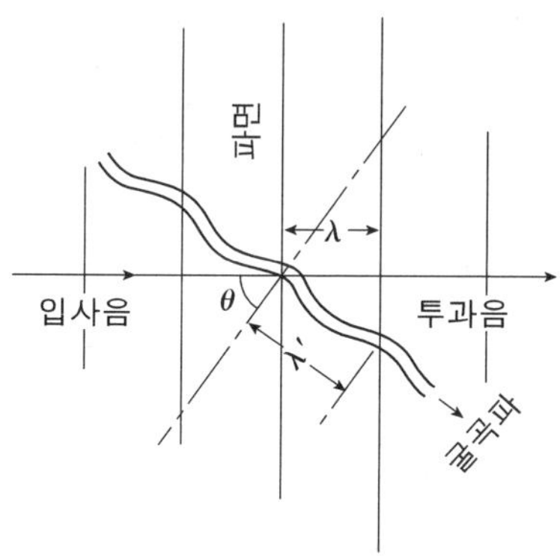

그림 2-5 일치효과

파장 λ의 음파가 벽면에 입사각 θ로 입사될 때 벽체에 전파되는 파장 λ'는

$$\lambda' = \frac{\lambda}{\sin\theta} \tag{2.29}$$

가 되며 이에 의해 음압 강약의 소밀파(疏密波)가 벽체에 발생하며 이파의 전파속도 c'는 공기중이 음속을 c라 하면,

$$c' = \frac{c}{\sin\theta} \tag{2.30}$$

로 되어 이로 인해 벽이 굴곡운동한다. 만약 양파(兩波)의 파장이 일치하면 벽체의 굴곡파 진폭은 입사파의 진폭과 같은 크기로 진동한다. 즉, 일종의 공진상태가 되어 차음성능이 현저하게 저하되는데 이를 일치효과라 한다.
한편, 벽체의 굴곡파 전파속도 c_b는

$$c_b = \left[2\pi f h \sqrt{\frac{E}{12 \cdot \rho(1-\sigma^2)}}\right]^{1/2} \tag{2.31}$$

여기서, h는 벽의 두께, E는 영율, σ는 포아숀 비, ρ는 벽의 밀도이다.
$c' = c_b$의 관계로부터,

$$\frac{c}{\sin\theta} = \left[2\pi f h \sqrt{\frac{E}{12 \cdot \rho(1-\sigma^2)}}\right]^{1/2} \tag{2.32}$$

따라서, 일치주파수 f_c 는

$$f_c = \frac{c^2}{2\pi h \sin^2\theta} \cdot \sqrt{\frac{12 \cdot \rho(1-\sigma^2)}{E}} \quad [\text{Hz}] \tag{2.33}$$

즉, θ가 90°에 가까워질 때(평행입사에 가까워질 때) f_c는 최저로 됨을 알 수 있으며, 입사각이 90°일 때(sin 90°=1)의 주파수를 한계주파수(critical frequency)라 한다.

4) 차음특성

단일벽의 차음특성은 [그림 2-6]에서 보는 바와 같이 주파수에 따라 Ⅰ～Ⅲ까지의 세영역으로 구분된다.
Ⅰ영역은 사용자재의 강성에 지배되는 공진영역으로 차음성능이 저하되며, Ⅱ영역은 질량법칙(mass law)영역으로 투과손실이 옥타브당 6 dB씩 증가된다.
Ⅲ영역은 일치효과(coincidence effect)영역으로 투과손실이 현저히 감소한다.

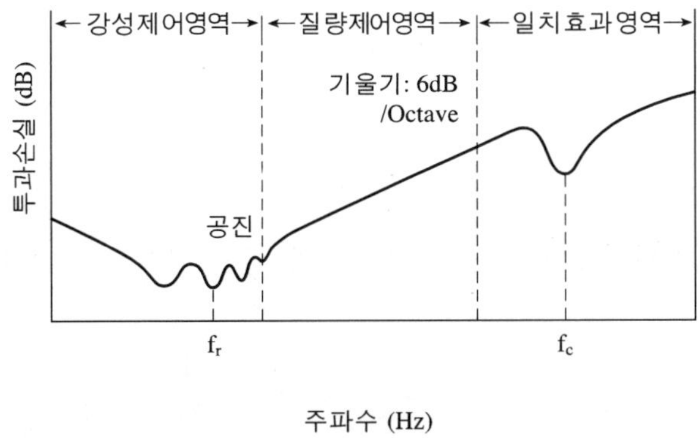

그림 2-6 단일벽의 차음특성

(2) **중공(中空) 이중벽의 투과손실**

질량법칙으로 말하면 벽 두께를 2배로 하여도 투과손실은 5~6 dB 밖에 증가되지 않으며, 두께 증가에 따라 일치주파수는 저음역으로 이동하게 된다. 그러나 두 벽을 독립시킨 중공(中空 ; 空氣層) 이중벽의 구조로 하면 투과손실은 단일벽의 2배에 달하게 된다. 음파가 벽에 수직입사하고 각 벽체의 면밀도 m_1, m_2가 같으면 $(m_1 = m_2)$ 중공 이중벽의 투과손실 TL은

$$\mathrm{TL} = 10\log\left[1+\left(\frac{\omega m}{\rho c}\right)^2\left(\cos kd - \frac{1}{2}\cdot\frac{\omega m}{\rho c}\cdot\sin kd\right)^2\right]\ [\mathrm{dB}] \tag{2.34}$$

여기서, ω는 $2\pi f$, $m = m_1 = m_2$는 벽의 면밀도(kg/m^2), ρ는 공기의 밀도(kg/m^3), c는 공기중의 음속(m/s), d는 공기층의 두께(m), k는 파수(波數 ; $\dfrac{2\pi f}{c}$)이다.

1) 저음역에서 중공 이중벽의 공명주파수(共鳴周波數) : 식 (2.34)에서,

$$\cos kd - \frac{1}{2}\left(\frac{\omega m}{\rho c}\right)\cdot\sin kd = 0 \tag{2.35}$$

즉,

$$\tan kd = \frac{2\rho c}{\omega m} \tag{2.36}$$

일 때 TL은 0이 된다.

저음역에서 파장 λ는 공기층 d보다 아주 크므로,

$$kd = \frac{\omega d}{c} = \frac{2\pi d}{\lambda} \fallingdotseq 0 \tag{2.37}$$

$$\therefore \tan kd \fallingdotseq kd = \frac{\omega \cdot d}{c} \tag{2.38}$$

따라서,

$$\frac{2\rho c}{\omega m} = \frac{\omega \cdot d}{c} \tag{2.39}$$

의 관계가 성립하므로 두 벽의 면밀도가 같을 때의 저음역의 공명주파수 f_{rl}은

$$f_{rl} = \frac{c}{2\pi}\sqrt{\frac{2 \cdot \rho}{m \cdot d}} \ [\mathrm{Hz}] \tag{2.40}$$

만약 두 벽의 면밀도가 다르면 $(m_1 \neq m_2)$ 실용적으로 f_{rl}은

$$f_{rl} \fallingdotseq 60\sqrt{\frac{m_1 + m_2}{m_1 \times m_2} \cdot \frac{1}{d}} \ [\mathrm{Hz}] \tag{2.41}$$

가 된다.

중공 이중벽은 위와 같은 공명주파수 부근에서 투과손실이 현저하게 저하되므로 이를 방지하기 위해 암면 · 유리솜 등을 공기층 내에 충전시키면 3~10 dB 정도 투과손실이 개선된다.

설계시에는 차음 목적 주파수가 이 공명주파수와 일치주파수의 범위 안에 들게 하는 것이 필요하다. 중공 이중벽은 일반적으로 동일 중량의 단일벽에 비해 5~10 dB 정도 투과손실이 증가하며, 공기층은 10 cm 이상으로 하는 것이 바람직하다.

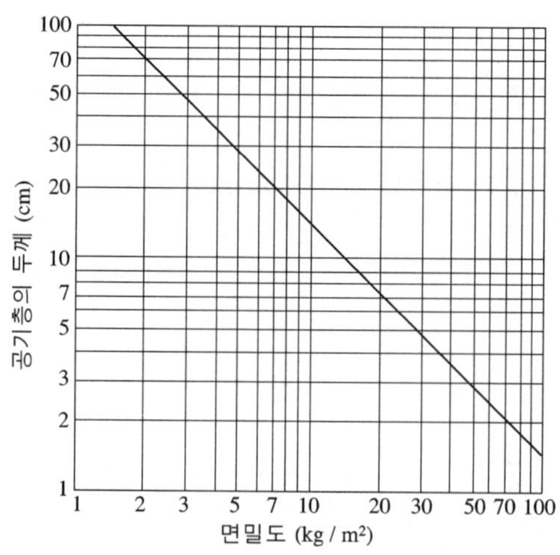

그림 2-7 이중벽(양면동일재료)의 실용적 사용 범위(100Hz 이상)

그리고, $\sqrt{2} f_{rl}$의 주파수에서는 질량법칙과 일치하는 투과손실을 가지며 $m_1 = m_2$의 경우 $\sqrt{2} f_{rl} = 100\text{Hz}$ 이상을 얻기 위한 면밀도별 공기층의 두께는 [그림 2-7]과 같다.

Example 중공이중벽의 공기층 두께가 20 cm이고, 두 벽의 면 밀도가 각각 200 kg/m^2, 300 kg/m^{2}이라 할 때, 저음역에서의 공명주파수는 약 몇 Hz 정도에서 발생되겠는가?

$$f_{rl} = 60\sqrt{\frac{m_1 + m_2}{m_1 \times m_2} \cdot \frac{1}{d}} = 60\sqrt{\frac{200+300}{200 \times 300} \cdot \frac{1}{0.2}} \fallingdotseq 12\ \text{Hz}$$

2) 고음역에서 중공 이중벽의 통과주파수

① 투과손실의 최소 : 투과손실이 최소(고음역에서 중공 이중벽의 통과주파수)로 되기 위해서는 식 (2.37)의 kd가,

$$kd = n\pi \ (n\text{은 정의 정수}) \tag{2.42}$$

일 때로 식 (2.38)에 의해 투과손실은 최소로 된다.
이때 공기층의 두께 d는

$$d = \frac{n\lambda}{2}\ [\text{cm}] \tag{2.43}$$

여기서, λ는 파장(m)이다.
고음역 통과주파수 f_{rh}는

$$f_{rh} = \frac{nc}{2d}\ [\text{Hz}] \tag{2.44}$$

여기서, c는 음속(m/s)이다.
한편 투과손실의 최소치 $\text{TL}_{\min}$은

$$\text{TL}_{\min} = 10\log\left[1 + \left(\frac{\omega \cdot m}{\rho c}\right)^2\right]\ [\text{dB}] \tag{2.45}$$

② 투과손실의 최대 : 투과손실이 최대로 되기 위해서는

$$kd = (2n-1)\frac{\pi}{2} \tag{2.46}$$

일 때로, 이때 d는

$$d = \frac{(2n-1)\cdot\lambda}{4}\ [\text{cm}] \tag{2.47}$$

그 주파수 f는

$$f = \frac{(2n-1)}{4}\cdot\frac{c}{d}\quad [\text{Hz}] \tag{2.48}$$

최대투과손실 $\text{TL}_{\max}$는

$$\text{TL}_{\max} = 10\log\left[1+\frac{1}{4}\left(\frac{\omega\cdot m}{\rho c}\right)^4\right]\ [\text{dB}] \tag{2.49}$$

3) 차음특성

[그림 2-8]은 중공이중벽의 차음특성을 보인 것으로 Ⅰ~Ⅳ의 영역으로 나누어진다. Ⅰ영역은 면 밀도가 (m_1+m_2)인 일중벽의 질량법칙에 대한 TL값에 근사하며 Ⅱ영역은 공진과 같은 현상(저음역에서의 공명투과)이 나타나 차음성능이 저하되며 Ⅲ영역에서는 면밀도가 (m_1+m_2)인 일중벽의 TL보다 크게 된다. Ⅳ영역에서는 중공(中空)내에 정재파가 발생되어 TL 증가가 완만하게 되며, 이 영역에서는 각 벽체에서 일치효과도 나타나므로 TL은 더욱 감소한다.

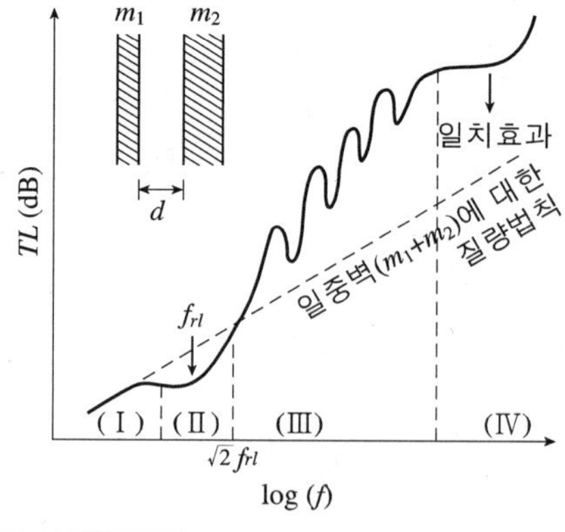

그림 2-8 중공 이중벽의 투과손실

2.4.2 벽의 틈에 의한 누음

벽의 안쪽에 일정한 음압레벨 SPL_1이 분포되어 있을 때 벽체에 틈새가 없으면 벽 외측에서의 음압레벨 SPL_2는 SPL_1에 비해 벽의 투과손실 TL만큼 감소하지만 벽 전체 면적의 $\frac{1}{n}$만큼 틈새가 있으면 SPL_2는

$$SPL_2 = SPL_1 - 10\log n \ [\mathrm{dB}] \tag{2.50}$$

Example 0.9m×2.1m 출입문의 투과손실을 25dB 이상으로 설치하고자 한다면 출입문 주위 틈새의 면적은 몇 m^2 이하로 해야 되는가? 단 틈새 이외의 차음성능은 충분히 크다고 가정한다.

$SPL_1 - SPL_2 = 10\log n$ (dB)

여기서, n은 전체면적의 $\frac{1}{n}$틈새 면적

$\therefore 25 = 10\log n$

$n = 10^{\frac{25}{10}} \fallingdotseq 316$

한편, 출입문의 면적$(S_1) = 0.9 \times 2.1 = 1.89(\mathrm{m}^2)$, 틈새의 면적을 S_2라 하면

$\frac{1}{n} = \frac{1}{316} = \frac{S_2}{S_1 + S_2} = \frac{S_2}{1.89 + S_2}$

$316 S_2 = 1.89 + S_2$

$\therefore S_2 = \frac{1.89}{316} = 6 \times 10^{-3}(\mathrm{m}^2)$

2.4.3 벽의 투과손실(TL)의 측정

(1) **잔향실법**

투과손실 측정은 접해있는 2개의 잔향실(殘響室) 공통벽에 있는 시료 충진부에 시료를 넣고 한쪽을 음원실(音源室), 다른 한쪽을 수음실(受音室)로 하여 시료의 TL을 측정한다. 소음원(騷音源 ; sound power source 등)이 가동될 때의 음원 및 수음실의 평균음압레벨을 $\overline{SPL}_1$ 및 $\overline{SPL}_2$라 할 때 시료의 투과손실 TL은

$$TL = \overline{SPL_1} - \overline{SPL_2} - 10\log\left(\frac{\bar{\alpha} S}{s}\right) \ [\mathrm{dB}] \tag{2.51}$$

여기서, $\bar{\alpha}$는 수음실의 평균흡음율, S는 수음실 전체 표면적(m^2), s는 시료의 면적(m^2)이다.

(2) TL 산출법

현장소음을 이용한 차음도 측정치로부터 산출한다. 실용적으로 많이 사용되는 방법으로,

① 벽체(벽 · 창 · 출입문 등이 개별 또는 복합적으로 구성)의 차음도(noise reduction, NR)는 공시면(供試面) 양측(한쪽은 실내, 다른 한쪽은 실외에 면한 경우) 각각의 면으로부터 1m 정도의 거리에서 평균음압레벨 $\overline{\mathrm{SPL}}_1$ 및 $\overline{\mathrm{SPL}}_2$를 측정하여 그 차로부터 구하고 다음 식으로 대략적인 TL을 산출한다.

$$\mathrm{NR} = \overline{\mathrm{SPL}}_1 - \overline{\mathrm{SPL}}_2 = \mathrm{TL} + 6 \ \ [\mathrm{dB}] \tag{2.52}$$

$$\therefore \mathrm{TL} = \mathrm{NR} - 6 \ \ [\mathrm{dB}] \tag{2.53}$$

여기서, $\overline{\mathrm{SPL}}_1$은 실내측 평균음압레벨(dB), $\overline{\mathrm{SPL}}_2$는 실외측 평균음압레벨(dB)이다.

② 출입문 · 창문 · 환기구 등의 차음도는 수음측(受音側 : 실 외측으로 1m 거리)에 마이크로폰을 고정하고 이들을 개폐할 시에 각각 측정한 음압레벨의 차로부터 구하며 그때 TL은

$$\mathrm{TL} \fallingdotseq \mathrm{NR} \ \ [\mathrm{dB}] \tag{2.54}$$

이 된다.

2.4.4 총합투과손실($\overline{\mathrm{TL}}$)

벽의 전면이 동일 재료로 되어있지 않고 콘크리트 벽 · 유리창 · 출입문 등으로 복합되어 있는 경우에는 총합투과손실 $\overline{\mathrm{TL}}$을 구해야 한다.

벽 전체의 총합투과율을 $\bar{\tau}$라 하면,

$$\overline{\mathrm{TL}} = 10 \log\left(\frac{1}{\bar{\tau}}\right) \ \ [\mathrm{dB}] \tag{2.55}$$

$$\bar{\tau} = \frac{\sum S_i \tau_i}{\sum S_i} = \frac{S_1\tau_1 + S_2\tau_2 + \cdots}{S_1 + S_2 + \cdots} \tag{2.56}$$

여기서, S_i는 벽체 각 구성부의 면적(m^2), τ_i는 당해 벽체의 투과율이다.

따라서 $\overline{\mathrm{TL}}$는

$$\overline{\mathrm{TL}} = 10\log\left(\frac{\sum S_i}{\sum S_i \tau_i}\right)\ [\mathrm{dB}] \tag{2.57}$$

로 표기할 수 있다.

한편, 벽체 각 구성부의 투과손실 $\mathrm{TL_i}$을 알면 투과율 τ_i는

$$\tau_i = 10^{-\mathrm{TL_i}/10} \tag{2.58}$$

가 된다.

벽의 구성재료를 고급품으로 설계하여도 일부에 TL이 적은 재료, 즉 창이나 틈이 있으면 $\overline{\mathrm{TL}}$은 현저하게 적어지며 차음효과(遮音效果)도 나쁘게 되므로 고가의 차음재료로서의 의의를 잃게 되므로 설계시에 식 (2.57)의 분모 $S_i\,\tau_i$의 각치(各値)를 같게 하는 것이 바람직하다.

Example 벽체의 면적 $40\mathrm{m}^2$중 유리창 및 출입문의 면적은 각각 $5\ \mathrm{m}^2$이다. 벽체의 투과손실은 50 dB이고 유리창 및 출입문의 투과손실은 각각 20 dB, 30 dB일 때, 전체 투과손실은 몇 dB인가?

$$\bar{\tau} = \frac{\Sigma S_i \tau_i}{\Sigma S_i} = \frac{30\times 10^{-\frac{50}{10}} + 5\times 10^{-\frac{20}{10}} + 5\times 10^{-\frac{30}{10}}}{40} = 1.38\times 10^{-3}$$

$\overline{\mathrm{TL}} = 10\log\dfrac{1}{\bar{\tau}}$ 에서

$$\therefore\ \overline{\mathrm{TL}} = 10\log\frac{1}{\bar{\tau}} = 10\log\frac{1}{1.38\times 10^{-3}} \fallingdotseq 29\ \ [\mathrm{dB}]$$

2.4.5 건물벽체에 의한 차음

경계벽을 사이에 두고 인접한 두 방중의 Ⅰ실에서 Ⅱ실로 음이 전파한다고 할 때 경계벽에 의한 차음도 NR(noise reduction)은

$$\mathrm{NR} = \mathrm{TL} - 10\log\left(\frac{1}{4} + \frac{S_w}{R_2}\right)\ [\mathrm{dB}] \tag{2.59}$$

여기서, TL은 경계벽의 투과손실(dB), S_w는 경계벽의 면적(m^2), R_2는 Ⅱ실의 실

정수(室定數 : m^2)이다.

(1) 경계벽 근처의 음압레벨

Ⅰ실내 평균 음압레벨에서 경계벽의 NR을 빼면 Ⅱ실내 경계벽 근처의 음압레벨이 얻어진다.

$$\overline{SPL}_2 = \overline{SPL}_1 - NR$$

$$= \overline{SPL}_1 - TL + 10\log\left(\frac{1}{4} + \frac{S_w}{R_2}\right) \text{ [dB]} \tag{2.60}$$

여기서, $\overline{SPL}_1$ 및 $\overline{SPL}_2$는 Ⅰ실 및 Ⅱ실 경계벽 근처의 평균음압레벨(dB)이다.

(2) 경계벽에서 멀리 떨어진 곳의 음압레벨

경계벽에서 멀리 떨어진 Ⅱ실내 한 점의 음압레벨을 $\overline{SPL}_3$라 하면,

$$\overline{SPL}_3 = SPL_1 - TL + 10\log\left(\frac{S_w}{R_2}\right) \text{ [dB]} \tag{2.61}$$

(3) 외부에서 실내로 들어오는 소음

외부소음이 실(室)의 창 등을 통하여 실내로 들어오면 실내에는 산란파(散亂波)가 형성되며 이때 창의 차음도 NR은

$$NR = TL + 10\log\left(\frac{A_2}{s}\right) - 6 \text{ [dB]} \tag{2.62}$$

여기서, A_2는 실내의 흡음력(m^2), s는 차음면(遮音面)인 창 등의 면적(m^2)이다. [그림 2-9]와 같은 상태에서 SPL_1은

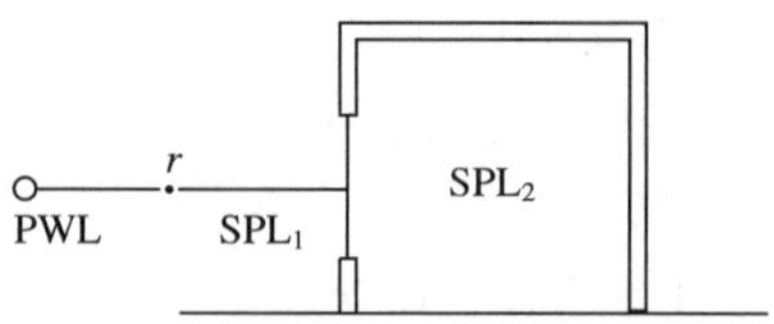

그림 2-9 창으로부터의 음의 입사

$$\mathrm{SPL}_1 = \mathrm{PWL} - 20\log r - 8 \ \ [\mathrm{dB}] \tag{2.63}$$

이므로 실내 음압레벨 SPL_2

$$\begin{aligned}\mathrm{SPL}_2 &= \mathrm{SPL}_1 - \mathrm{NR} \\ &= \mathrm{PWL} - 20\log r - \mathrm{TL} - 10\log\left(\frac{A_2}{s}\right) - 2 \ \ [\mathrm{dB}]\end{aligned} \tag{2.64}$$

Example 외부로부터 면적이 20 m²인 벽을 통하여 100dB의 확산음이 실내로 입사되고 있다. 실내의 흡음력은 25 m²이고, 벽의 투과 손실이 30 dB이라면 실내의 음압레벨은?

$$\mathrm{NR} = \mathrm{SPL}_1 - \mathrm{SPL}_2 = \mathrm{TL} + 10\log\left(\frac{A_2}{s}\right) - 6$$

$$\therefore \mathrm{SPL}_2 = \mathrm{SPL}_1 - \mathrm{TL} - 10\log\left(\frac{A_2}{s}\right) + 6$$

$$= 100 - 30 - 10\log\frac{25}{20} + 6 = 75\ \mathrm{dB}$$

(4) **차음재료 선정 및 사용상 유의할 점**

① 차음에 가장 영향이 큰 것은 틈이므로 틈이나 파손됨이 없도록 하여야 한다.

② 서로 다른 재료로 구성된 벽의 차음효과를 효율적으로 하기 위해서는 식 (2.57)에서 설명되었듯이 $S_i\tau_i$치를 되도록 같게 하는 것이 좋다.

③ 차음벽에서 주의해야 할 것은 면의 진동이 있는 기진력(起振力)이 큰 기계가 있는 공장의 차음벽은 탄성지지(彈性支持), 방진합금 이용이나 제진 처리하여야 한다.

④ 큰 차음효과를 원하는 경우에는 내부에 다공질재료를 삽입한 이중벽 구조로 하고 일치주파수와 공명주파수에 유의하여 설계하여야 한다.

⑤ 콘크리트브럭을 차음벽으로 사용하는 경우에는 표면을 몰타르로 바른다. 한쪽 면만으로 5 dB, 양면 몰타르로 10 dB 정도의 투과손실이 증가한다.

2.4.6 음향투과등급(sound transmission class : STC)

[그림 2-10]은 잔향실에서 1/3옥타브 대역으로 측정(ASTM E 90-70)한 자재의 투과

손실을 보인 것이다.

STC란 그림에서 보는 기준곡선을 상하로 조정하여 결정되고, 기준곡선 밑의 모든 주파수 대역별 투과손실과 기준곡선값의 차의 산술평균이 2 dB 이내여야 한다.

또 단하나의 투과손실 값도 기준곡선 밑으로 8 dB을 초과해서는 안된다는 원칙하에 500 Hz를 지나는 STC곡선의 값을 말한다. 그림에서는 STC가 27이다.

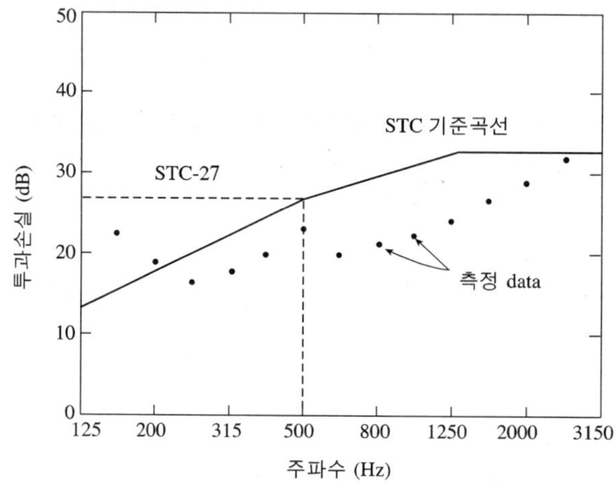

그림 2-10 STC 기준곡선과 재료의 STC평가

2.4.7 방음벽(차음벽)

방음벽의 설계는 소음의 주파수 분석을 통하여 행하는 것이 절대적으로 필요하다.

(1) 음원과 수음점(受音點)이 자유공간에 있을 때의 벽의 설계

[그림 2-11]중의 그림과 같이 음원 · 수음점 및 벽의 정점을 연결한 삼각형이 벽의 유무에 따른 소리의 전파경로가 된다.

벽의 설치에 따른 전파경로의 차 δ에 의한 Fresnel number N은 음속 c를 340(m/s)라 할 때

$$N = \frac{2\delta}{\lambda} \fallingdotseq \frac{\delta \cdot f}{170} \tag{2.65}$$

여기서, $\delta = (A + B) - d$ (m), f는 대상 회절주파수(Hz)이다.

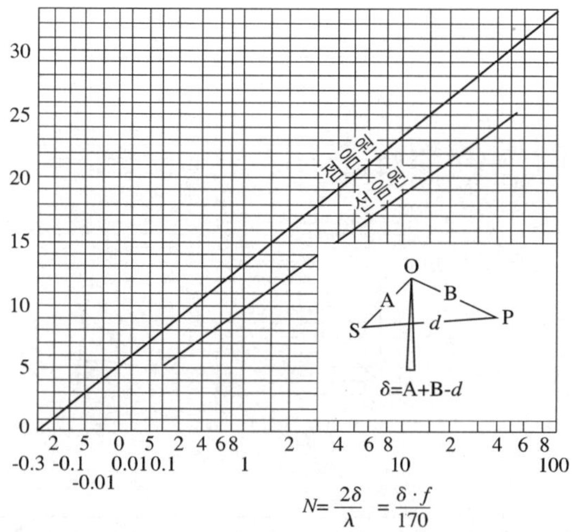

그림 2-11 벽에 의한 회절감쇠치(자유공간 반무한장벽)

Fresnel number N에 따른 점음원 및 선음원의 회절감쇠치는 [그림 2-11]과 같으며, $N>1$인 범위에서 N이 2배로 될 때 감쇠치는 대략 3dB씩 증가하며, N이 0일 때는 5 dB이 감쇠됨을 보여주고 있다.

이 값들은 역이승법칙(逆二乘法則)이 성립하지 않거나, 자유공간이 아닌 경우 및 면음원인 경우에는 성립하지 않는다.

(2) 음원과 수음점이 지상에 있을 경우의 벽의 설계

음원과 수음점이 지상에 있을 경우는 [그림 2-11]의 감쇠치에서 5를 뺀 [그림 2-12]의 감쇠치를 사용하여 설계하여야 한다.

(3) 음원과 수음점이 지상으로부터 약간 높은 위치에 있을 경우 벽의 설계

[그림 2-11] 및 [그림 2-12]의 중간치를 사용하여 설계하는 것이 바람직하다. 만약 계산에 의하고자 할 때는

- 음원 및 수음점의 위치에 따른 직접음의 회절감쇠치 L_d를 [그림 2-11]이나 [그림 2-12]로부터 구한다.
- 음원, 벽의 정점 및 수음점의 경상(鏡像)을 지나는 반사음의 회절감쇠치 L_d'를 위와 같은 방법으로 구한다.

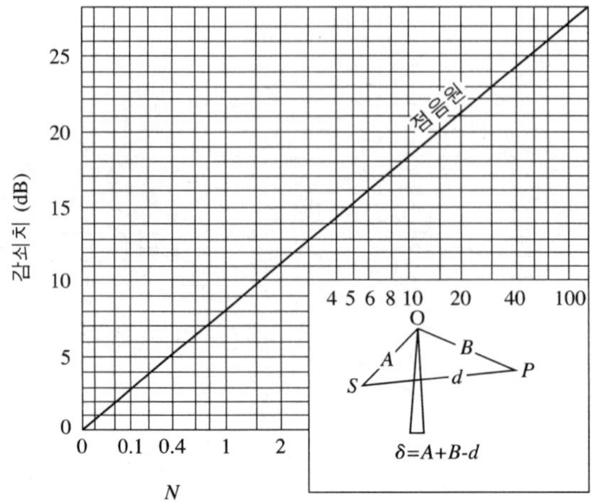

그림 2-12 음원과 수음점이 지상에 있을 때 벽에 의한 점음원의 회절감쇠치

- 방음벽에 의한 회절감쇠치 ΔL_d는 다음 식으로 구한다.

$$\Delta L_d = -10\log\left(10^{-L_d/10} + 10^{-L_d'/10}\right)\ [\mathrm{dB}] \tag{2.66}$$

위의 식은 방음벽의 투과손실이 회절감쇠치보다 10 dB 이상 큰 경우로 이때는 회절감쇠치가 방음벽 설치에 따른 삽입손실치(insertion loss)가 된다. 하지만, 투과손실치 TL이 회절감쇠치보다 10 dB 이내로 클 때나 작을 경우는 다음 식으로 삽입손실치 ΔL_I를 구한다.

$$\Delta L_I = -10\log\left(10^{-\Delta L_d/10} + 10^{-\mathrm{TL}/10}\right)\ [\mathrm{dB}] \tag{2.67}$$

(4) 방음벽 설계시에 유의할 점

- 이상의 방음벽 설계는 무지향성 음원으로 가정한 것이므로 음원의 지향성과 크기에 대한 상세한 조사가 필요하다.
- 음원의 지향성이 수음측 방향으로 클 때에는 벽에 의한 감쇠치가 계산치보다 크게 된다.
- 벽의 투과손실은 회절감쇠치보다 적어도 5 dB 이상 크게 하는 것이 바람직하다.
- 벽의 길이는 점음원일 때 벽 높이의 5배 이상, 선음원일 때 음원과 수음점 간의 직선거리의 2배 이상으로 하는 것이 바람직하다.

- 방음벽에 의한 실용적인 삽입손실치의 한계는 점음원일 때 25 dB, 선음원일 때 21 dB 정도이며, 실제로는 5～15 dB 정도이다.

2.5 실내소음에 대한 대책

2.5.1 실내의 평균음압레벨을 구하는 방법

실의 조건(반확산음장 ; 공장안, 확산음장 ; 잔향실내 등)에 따라 실내 평균음압레벨을 구하는 식은 상이하다.

실정수(室定數) R, 실내 표면적 S인 실내에 음향파워레벨 PWL인 소음원이 있을 때 이 음원으로부터 r(m) 떨어진 벽 근처에서의 평균 음압레벨 $\overline{\mathrm{SPL}}$은

(1) 반확산음장에서

$$\overline{\mathrm{SPL}} = \mathrm{PWL} + 10\log\left(\frac{Q}{4\pi r^2} + \frac{4}{R}\right)\ [\mathrm{dB}] \tag{2.68}$$

여기서, Q는 음원의 지향계수(무지향성 음원이 실내 중앙 공간에 있을 때 1, 바닥 중앙에 있을 때 2)이다.

위 식은 직접음 $\mathrm{SPL_d}$항과 잔향음 $\mathrm{SPL_r}$항으로 나누어지는데,

$$\begin{aligned}\mathrm{SPL_d} &= \mathrm{PWL} + 10\log\left(\frac{Q}{4\pi r^2}\right)\\ &= \mathrm{PWL} - 20\log r - 8\ [\mathrm{dB}]\ (\mathrm{Q} = 2)\end{aligned} \tag{2.69}$$

이며, $\mathrm{SPL_r}$은

$$\begin{aligned}\mathrm{SPL_r} &= \mathrm{PWL} + 10\log\left(\frac{4}{R}\right)\\ &= \mathrm{PWL} - 10\log R + 6\ \ [\mathrm{dB}]\end{aligned} \tag{2.70}$$

이 된다.

여기서, $\mathrm{SPL_d}$는 음원에서 2배의 거리가 되면 6 dB씩 자유음장 감쇠하며, $\mathrm{SPL_r}$은 거리에 관계없이 R값에 따라 주어지는 잔향음장으로 일정하다 [그림 2-13 참조].

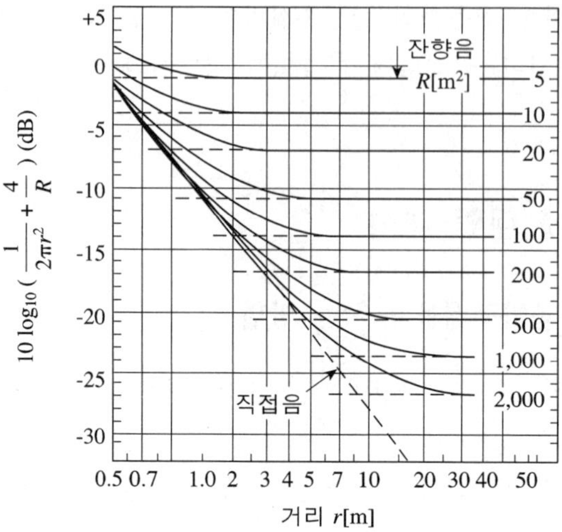

그림 2-13 음원이 실내 바닥중앙에 있을 때의 실내 음압레벨 감음량

한편, 실내에서 직접음과 잔향음의 크기가 같은 음원으로부터의 거리를 실반경(室半徑 : room radius) r_r이라 하는데 식 (2.68)으로부터, $\dfrac{Q}{4\pi r^2}=\dfrac{4}{R}$이 되어야 하므로,

$$r_r = \sqrt{QR/16\pi} \ \ [\text{m}] \tag{2.71}$$

가 된다.

(2) 확산음장에서

실내의 전체 내면의 반사율이 아주 큰 잔향실과 같은 경우로 실내 평균음압레벨 $\overline{\text{SPL}}$은 음원으로부터의 거리에 관계없이 일정하다.

$$\overline{\text{SPL}} = \text{PWL} - 10\log R + 6 \ \ [\text{dB}] \tag{2.72}$$

2.5.2 흡음에 의한 실내소음 저감

실내면에 대한 흡음대책 전후의 실정수를 각각 R_1, R_2라 하면 그 때의 실내 평균음압레벨은 $\overline{\text{SPL}}_1$, $\overline{\text{SPL}}_2$가 된다.

따라서 흡음대책에 따른 실내소음 저감량(감음량) ΔL은

$$\Delta L = \overline{\mathrm{SPL}}_1 - \overline{\mathrm{SPL}}_2 = 10 \log \left(\frac{R_2}{R_1} \right) \text{ [dB]} \tag{2.73}$$

한편, $\overline{\alpha} < 0.3$일 때는 $R \fallingdotseq A$ 이므로 이 때 실내흡음력 A에 의한 ΔL은

$$\Delta L = 10 \log \left(\frac{A_2}{A_1} \right) = 10 \log \left(\frac{A_1 + A_a}{A_1} \right)$$

$$= 10 \log \left(\frac{\overline{\alpha}_2}{\overline{\alpha}_1} \right) \text{ [dB]} \tag{2.74}$$

여기서, A_1 및 A_2는 흡음대책 전후의 흡음력(m^2), A_α는 부가된 흡음력(흡음대책 부위의 흡음대책 후와 전의 흡음율 차×흡음대책부위의 면적), $\overline{\alpha}_1$ 및 $\overline{\alpha}_2$는 흡음대책 전후의 평균흡음율이다.

실내의 흡음대책에 의해 기대할 수 있는 경제적인 감음량의 한계는 5~10 dB 정도이다.

Example 바닥면적이 5m×4m이고, 높이가 3m인 방의 흡음율이 바닥 0.2, 천정 0.1, 벽 0.6이었다. 만약 천정을 흡음율 0.5인 자재로 흡음처리 한다면 실내소음의 저감량은?

$\Delta L = 10 \log \frac{R_2}{R_1} = \frac{\overline{\alpha_2}(1-\overline{\alpha_1})}{\overline{\alpha_1}(1-\overline{\alpha_2})}$ 로부터,

$$\overline{\alpha_1} = \frac{20 \times 0.2 + 20 \times 0.1 + 54 \times 0.6}{94} = 0.409$$

$$\overline{\alpha_2} = \frac{20 \times 0.2 + 20 \times 0.5 + 54 \times 0.6}{94} = 0.494$$

$$\therefore \Delta L = 10 \log \frac{0.494(1-0.409)}{0.409(1-0.494)} \fallingdotseq 1.5 \text{ dB}$$

2.6 소음기

2.6.1 소음기의 성능 표시

소음기는 유체가 흘러가는 배기 경로에 설치하는 것으로 음원자체에 설치하여 소음을 감소시킨다. 일반적으로 소음기의 성능은 다음 중의 하나 이상으로 나타낸다.

(1) **삽입손실치**(insertion loss : IL)

소음원에 소음기를 부착하기 전과 후의 공간상의 어떤 특정위치에서 측정한 음압레벨의 차와 그 측정위치로 정의된다.

(2) **동적 삽입손실치**(dynamic IL : DIL)

정격 유속(rated flow) 조건하에서 측정하는 것을 제외하고는 (1)과 똑같이 정의된다.

(3) **감쇠치**(attenuation : ΔL)

소음기 내의 두 지점 사이의 음향파워의 감쇠치로 정의된다.

(4) **감음량**(noise reduction : NR)

소음기가 있는 그 상태에서 소음기의 입구 및 출구에서 측정된 음압레벨의 차로 정의된다.

(5) **투과손실치**(transmission loss : TL)

소음기를 투과한 음향출력에 대한 소음기에 입사된 음향출력의 비(입사된 음향출력/투과된 음향출력)를 상용대수를 취한 후 10을 곱한 값으로 정의된다.

2.6.2 흡음 닥트형 소음기

[그림 2-14]와 같이 닥트와 내면에 흡음재를 부착하여 흡음에 의해 감음하는 형식을 말한다.

① 감음의 특성은 중・고음역에서 좋다.

② 최대 감음 주파수는 $\frac{\lambda}{2} < D < \lambda$ 범위에 있다.

λ : 대상음의 파장(m), D : 닥트의 내경(m)

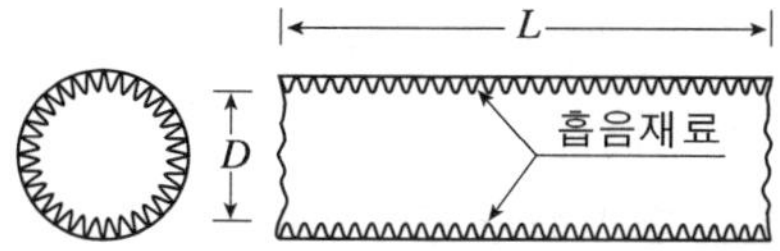

그림 2-14 직관 흡음닥트

③ 닥트의 내경 D가 대상음의 파장보다 아주 작은 경우는 이를 확대하여 ②의 조건이 되게 하고 큰 경우는 닥트를 세분하여 cell형(닥트를 종과 횡으로 분할)이나 splitter형(단책형으로 분할)으로 하여 목적 주파수를 감음시켜야 한다.

④ 감쇠치 ΔL은

$$\Delta L = K \cdot \frac{P \cdot L}{S} \text{ [dB]} \tag{2.75}$$

여기서, $K = 1.05\alpha_r^{1.4}$(혹은 $K = \alpha_r - 0.1$, α_r는 잔향실법에 의한 흡음율), P는 닥트의 내부 주장(周長 : m), S는 닥트의 내부 단면적(m^2), L은 닥트의 길이(m)이다. 위 식은 $f < f_c (\fallingdotseq \frac{c}{D} [\text{Hz}])$범위에서 성립하며 c는 닥트 내 음속이다.

⑤ 각 흐름통로의 길이는 그것의 가장 작은 횡단길이의 2배는 되어야 한다.

⑥ 닥트의 최단 횡단길이는 고주파 beam을 방해하는 크기여야 한다. beam은 가장 작은 횡단길이의 7배 보다 적은 파장의 주파수에서 발생한다.

⑦ 통과유속은 20(m/s) 이하로 하는 것이 좋다.

⑧ [그림 2-15]와 같이 직각으로 구부려진 흡음닥트의 길이 L은 D의 5~10배로 하

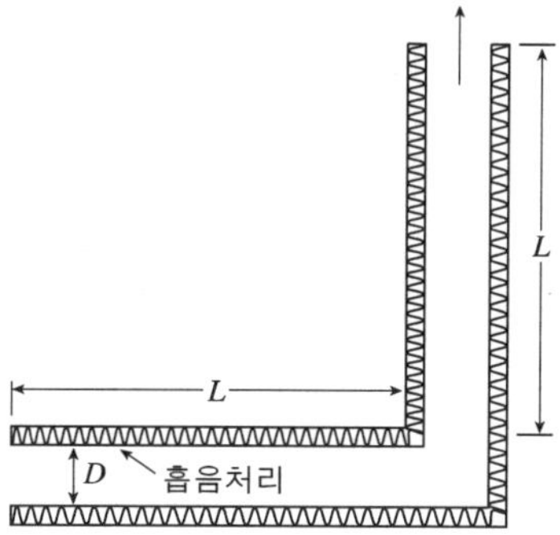

그림 2-15 직각밴드 흡음닥트

는 것이 좋으며, 180° 구부려진 흡음닥트의 $N(=L/D)$과 흡음율에 따른 감쇠치는 [그림 2-16]과 같다.

⑨ 송풍기 소음을 방지하기 위한 흡음닥트 및 흡음 chamber 내의 흡음재 두께는 각각 1″ 및 2～4″ 두께로 부착하는 것이 이상적이다.

⑩ 기류의 영향 : 흡음닥트의 감쇠치가 [그림 2-17]의 점선과 같은 주파수 특성을 가질 경우, 음파와 같은 방향으로 기류가 흐르면 감쇠치의 정점은 고주파측으로 이동하면서 그 크기는 낮아지며, 반대방향으로 기류가 흐를 때는 감쇠치의정점은 저주파측으로 이동하면서 그 크기는 높아진다.

⑪ 용도 : 송풍기 등에 사용

⑫ 기류에 대한 흡음재의 보호

허용풍속(m/s)	6이하	6～10	10～20	20～30	30 이상
표면처리	불필요	천	다공판	천＋다공판	각종조합처리

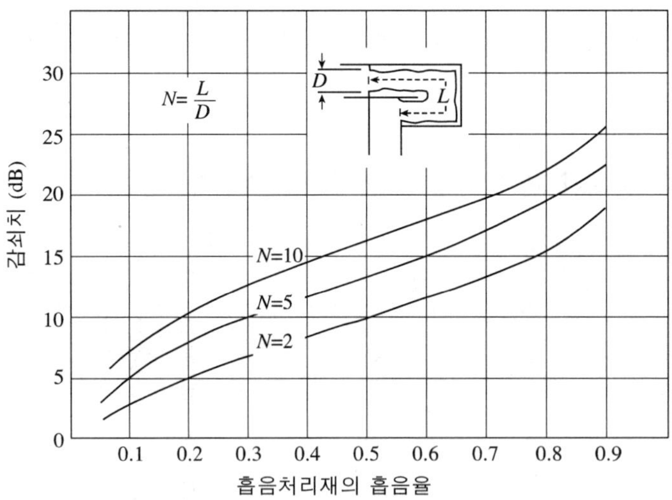

그림 2-16 180°흡음닥트의 감쇠치

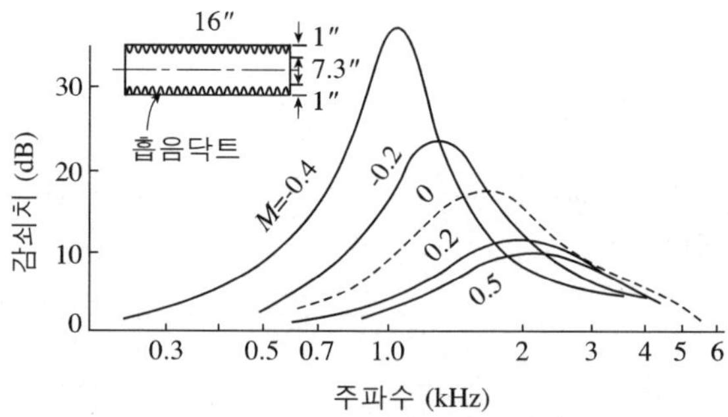

그림 2-17 기류에 의한 흡음닥트 감쇠치의 변화(M은 mach 수)

Example 공조기에서 발생되는 소음을 감쇠시키기 위해 그림과 같은 단면의 소음기를 2 m 길이로 설치할 경우 500 Hz에서의 감음량은 몇 dB인가? 단, 500 Hz에서 흡음재의 흡음율은 0.7이다.

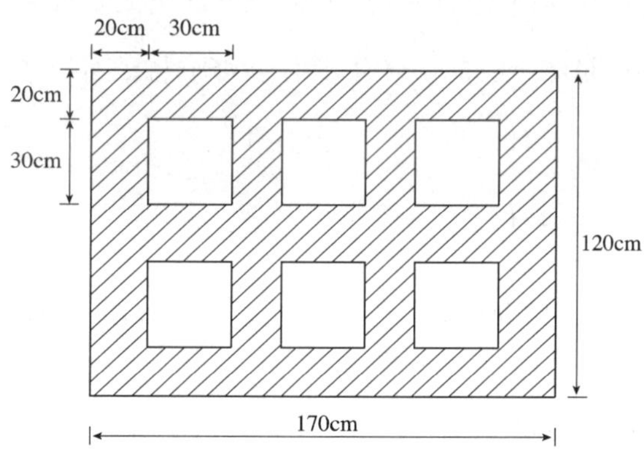

$\Delta L = K \cdot \dfrac{P \cdot L}{S}$ 로부터

$K = \alpha - 0.1 = 0.6$

$P = 1.2\text{m} \times 6 = 7.2\text{m}$

$S = 0.09\text{m}^2 \times 6 = 0.54\text{m}^2$

$L = 2\text{m}$ 이므로 $\Delta L = 0.6 \times \dfrac{7.2 \times 2}{0.54} = 16\text{dB}$

2.6.3 팽창형 소음기

팽창형 소음기는 급격한 관경확대로 유속을 낮추어 소음을 감소시키는 소음기이다. [그림 2-18]과 같은 팽창형 소음기는 단면 불연속부의 음(音)에너지반사에 의해 소음하는 구조이다.

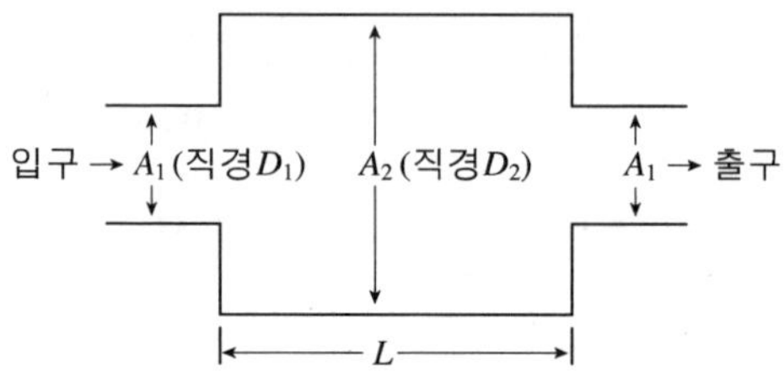

그림 2-18 팽창형 소음기

① 감음의 특성은 저 · 중음역에 유효하고 팽창부에 흡음재를 부착하면 고음역의 감음량도 증가한다.

② 감음주파수는 팽창부의 길이 L에 따라 결정되며 $L=\dfrac{\lambda}{4}$로 하는 것이 좋다.

③ 최대투과손실치 TL은 대략 $\dfrac{D_2}{D_1}$(직경비)×4(dB)이며, 이는 $f < f_c$ (f_c : 한계 주파수 $f_c = 1.22 \cdot \dfrac{c}{D_2}$) Hz 범위에서 성립한다.

④ 일반적으로 투과손실 TL은

$$\mathrm{TL} = 10\log\left[1+\frac{1}{4}\left(m-\frac{1}{m}\right)^2\sin^2 KL\right]\ \text{[dB]} \tag{2.76}$$

여기서, $m=\dfrac{A_2}{A_1}$(단면적의 비), $K=\dfrac{2\pi f}{c}$(f는 대상주파수(Hz), π는 180°, c는 음속(m/s)), L은 팽창부의 길이(m)이다.

TL은 $KL=\dfrac{n\pi}{2}(n=1, 3, 5\cdots)$, 즉 $L=\dfrac{n\lambda}{4}$일 때 최대로 되며 $KL=n\pi$일 때에 최소가 된다(그림 2-19 참조).

⑤ 최대 TL이 발생되는 주파수를 f라 하면 각각 f의 홀수배($3f$, $5f\cdots$)에서는 최대가 되나 짝수배($2f$, $4f\cdots$)에서는 0 dB이 된다.

⑥ 팽창부에 흡음재(흡음율 α_r)를 부착할 경우 TL_α는 대략,

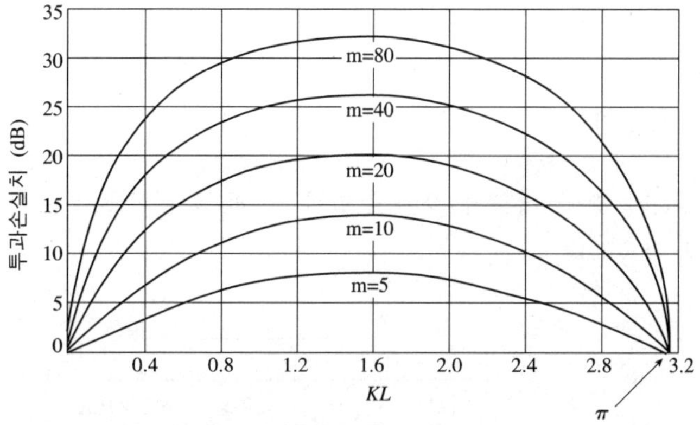

그림 2-19 KL을 함수로 한 팽창형 소음기의 투과손실치

$$\mathrm{TL}_{\alpha} = \mathrm{TL} + \left(\frac{A_2}{A_1} \times \alpha_r \right) \ [\mathrm{dB}] \tag{2.77}$$

⑦ m이 클수록 투과손실치는 커지며 L이 클수록 협대역 감음한다.

⑧ 용도 : 송풍기, 압축기, 디젤기관 등의 흡·배기부의 소음에 사용된다.

2.6.4 간섭형 소음기

[그림 2-20]과 같이 L_1을 L_2보다 대상음 파장의 1/2 정도 길게 하여 두 음의 간섭에 의해 감음하는 방식이다.

① 감음의 특성은 저·중음역의 탁월주파수 성분에 유효하다.

② 감음주파수는 $L_1 - L_2$에 따라 결정되며, $L_1 - L_2 = \frac{\lambda}{2}$로 하는 것이 좋다.

③ 최대 투과손실치는 f(Hz)의 홀수배 주파수에서 일어나 이론적으로 무한대가 되나 실용적으로 20 dB 내외이며, 짝수배 주파수에서는 0 dB이 된다.

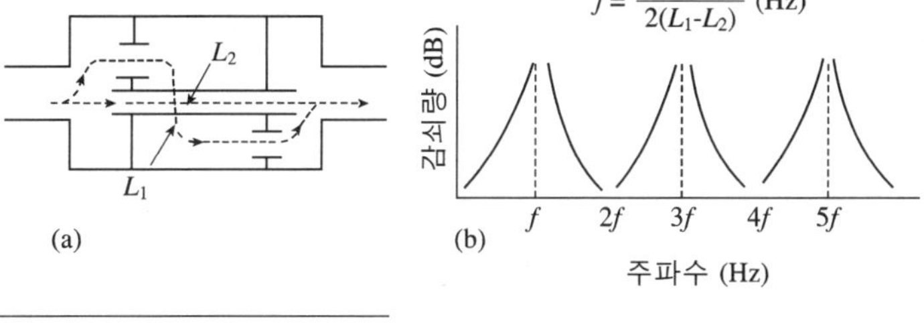

그림 2-20 간섭형 소음기와 감쇠특성

④ 용도 : 압축기, 송풍기, 디젤기관 등의 흡·배기음의 소음에 사용된다.

2.6.5 공명형 소음기

[그림 2-21]과 같이 내관의 작은 구멍과 그 배후 공기층이 공명기를 형성하여 흡음함으로써 감음한다.

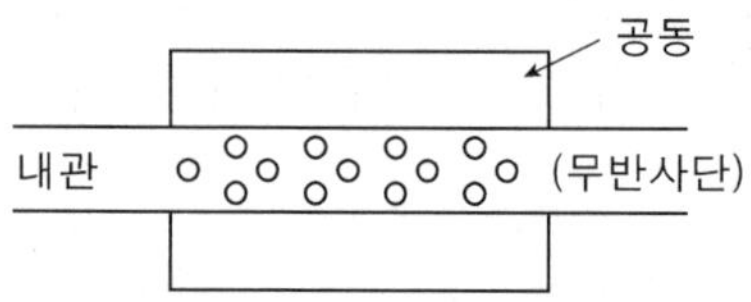

그림 2-21 다공 공명형 소음기

① 감음의 특성은 저·중음역의 탁월주파수 성분에 유효하다.

② 최대 투과손실치 TL은 공명주파수 f_r에서 일어난다.

$$f_r = \frac{c}{2\pi}\sqrt{\frac{n \cdot S_p/l_p}{V}} \ [\mathrm{Hz}] \tag{2.78}$$

여기서, c는 소음기 내의 음속(m/s), n은 내관의 구멍 수, S_p는 내관구멍 한 개의 단면적(m^2), V는 공동의 용적(외관과 내관 사이의 용적, m^3), l_p= 구멍(목)의 길이(내관의 두께, m)$+1.6a$ (a는 구멍의 반경, m)이다.

③ 투과손실치 TL은

$$\mathrm{TL} = 10\log\left|1+\left\{\frac{\dfrac{\sqrt{n\cdot V\cdot S_p/l_p}}{2\cdot S_0}}{\dfrac{f}{f_r}-\dfrac{f_r}{f}}\right\}^2\right| \ \mathrm{dB} \tag{2.79}$$

여기서, S_0는 소음기 출구의 단면적(m^2), f는 감음하고자 하는 주파수(Hz)이다. 한편 [그림 2-22]와 같은 공동공명기(cavity resonator, 일명 Helmholtz resonator)형 소음기는 협대역 저주파 소음방지에 탁월하며 공동(空洞) 내에 흡음재를 충진하면 저주파음 소거의 탁월현상은 완화되지만 고주파까지 거의 평탄한 감음 특성을 보이며 공명주파수 f_r은

$$f_r = \frac{c}{2\pi}\sqrt{\frac{A}{l \cdot V}} \ [\text{Hz}] \tag{2.80}$$

여기서, c는 소음기 내의 음속(m/s), A는 목(구멍)의 단면적(m^2), L은 목의 길이(m), V는 공동의 부피 (m^3), l은 $L+0.8\sqrt{A}$(m)이다.

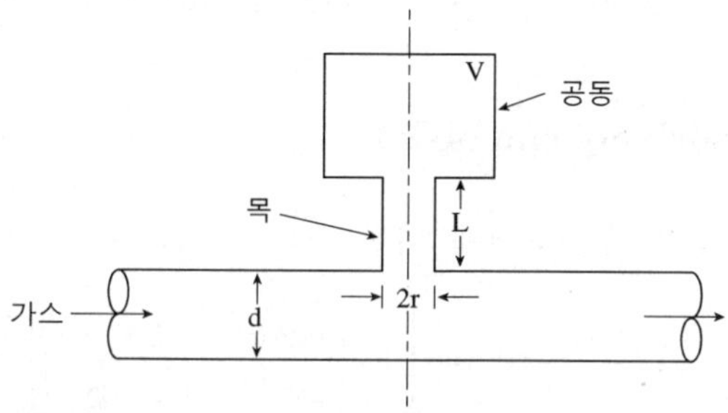

그림 2-22 공동공명기

2.6.6 취출구 소음기

① 압축공기나 보일러의 고압증기의 대기방출 등과 같이 취출유속이 대단히 큰(음속 정도) 경우의 발생소음은 취출구 부근에서는 고주파음이, 좀 떨어진 곳에서는 저주파음이 발생한다. 보통 취출구 직경 D의 15배 정도까지의 하류가 소음원이 된다.

② 발생 소음의 주된 주파수 성분은

$$f \fallingdotseq 0.2\left(\frac{v}{D}\right) \ [\text{Hz}] \tag{2.81}$$

여기서, v는 취출유속(m/s)이다.

③ 이 경우의 방지책은 음원을 취출구 부근에 집중시켜 그 음의 전파를 방해하고 가급적이면 유속을 저하시켜야 한다.

④ 통상적으로 사용되는 소음기는 [그림 2-23]과 같다.

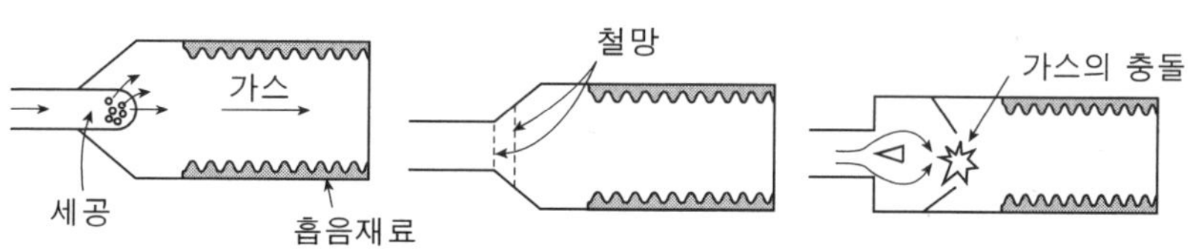

그림 2-23 취출구 소음기의 구조

그림에서 보듯이 취출구(분출구)에 다공관(diffuser) 등을 붙여 그 구멍으로 고속 유체를 취출하면 소음원을 취출구 부근에 모을 수 있으며, 또 취출구에 철망을 붙여 흐름을 세분 혼합하거나 흐름을 두 개로 나누어 충돌시키는 방법 등도 있다. 이렇게 하면 흐름에 의해 발생하는 저주파 성분의 음을 감소시킬 수 있고, 고주파 성분이 약간 증가하지만 이것은 흡음닥트로 흡음하면 된다.

⑤ 소음기의 출구 구경은 유속을 저하시키기 위해 반드시 입구보다 크게 하여야 한다.

2.6.7 흡음챔버(absorbing chamber)

[그림 2-24]와 같은 흡음챔버에 의한 감쇠치 $\varDelta L$은

$$\varDelta L = -10\log\left[S_0\left(\frac{\cos\theta}{2\pi d^2} + \frac{1-\bar{\alpha}}{\bar{\alpha}\cdot S_w}\right)\right]\ [\mathrm{dB}] \tag{2.82}$$

여기서, $\bar{\alpha}$는 챔버 내에 부착한 흡음재의 평균흡음율, S_0는 출구의 단면적(m^2), S_w는 챔버 내의 전체 표면적(m^2), d는 입・출구 사이의 경사 길이(m), $d^2 = (w-l)+h^2(\mathrm{m}^2)$, $\cos\theta = \dfrac{h}{d}$이다.

실용적으로 저주파에서 10 dB, 1 kHz에서 20 dB 정도 감음한다.

한편, [그림 2-25]와 같은 형의 흡음챔버의 $\varDelta L$은

$$\varDelta L = 10\log\left(\frac{\bar{\alpha}\cdot S_\omega}{1-\bar{\alpha}}\right) - 10\log S_0\ [\mathrm{dB}] \tag{2.83}$$

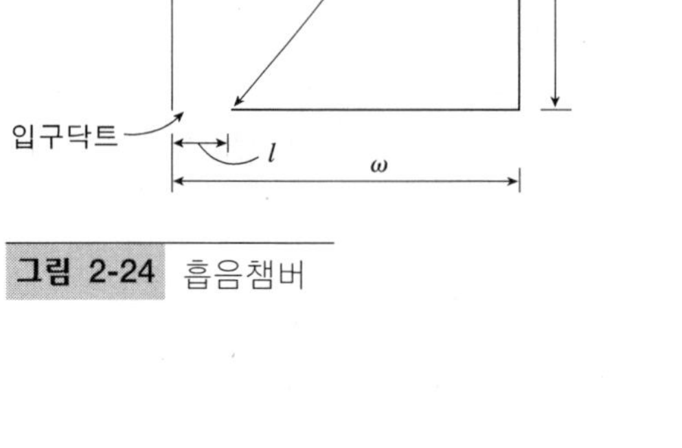

그림 2-24 흡음챔버

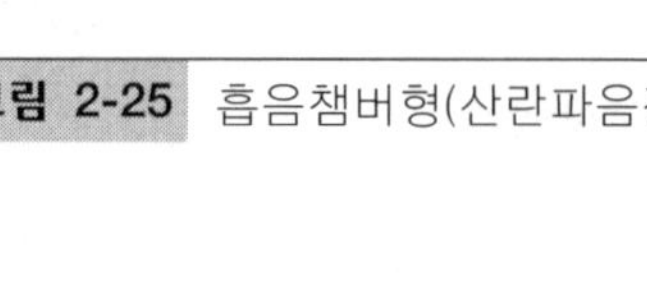

그림 2-25 흡음챔버형(산란파음장)

2.7 음원의 밀폐상(방음상자)

음원을 밀폐할 때 유의할 점은 ① 방진, ② 차음, ③ 흡음, ④ 환기, ⑤ 개구부의 소음 등이다.

2.7.1 밀폐상 내부의 음압레벨

(1) 파장에 비해 작은 밀폐상

[그림 2-26]과 같이 음원을 밀폐상자로 씌우는 구조로 이 때 상자 내의 저주파 음압레벨 SPL_1은

$$SPL_1 = PWL_s - 40 \log f - 20 \log V + 81 \text{ [dB]} \tag{2.84}$$

여기서, PWL_s는 음원의 파워레벨(dB), f는 밀폐상자보다 파장이 큰 저주파(Hz), V는 음원과 상자 간의 공간체적(m^3)이다.

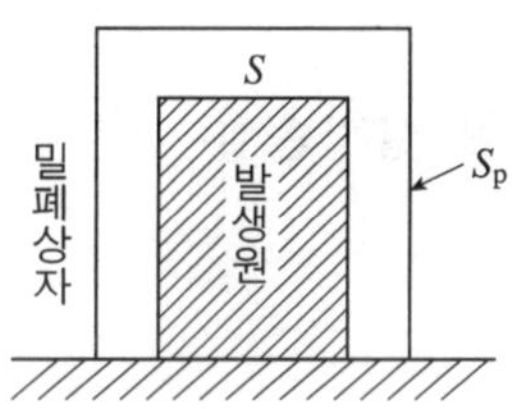

그림 2-26 밀폐상자에 의한 음원의 밀폐

(2) 파장에 비해 큰 밀폐상

밀폐상자보다 작은 고주파 음압레벨 SPL_1은

$$SPL_1 = PWL_s - 10 \log R + 6 \text{ [dB]} \tag{2.85}$$

$$= PWL_s + 10 \log \left(\frac{1 - \bar{\alpha}}{S\bar{\alpha}} \right) + 6 \text{ [dB]}$$

여기서, S는 밀폐상자 내의 전표면적(음원의 표면적 포함, m^2), $\bar{\alpha}$는 밀폐상 내의 평균흡음율이다.

2.7.2 밀폐상 내외부의 파워레벨 차

(1) 파장에 비해 작은 밀폐상

밀폐상자 내외부의 파워레벨 차 ΔPWL은

$$\Delta \mathrm{PWL} = 40 \log f + 20 \log V - 10 \log S_p + \mathrm{TL} - 81 \ \ [\mathrm{dB}] \tag{2.86}$$

여기서, S_p는 밀폐상자 음향투과부의 면적(m^2)이다.

(2) 파장에 비해 큰 밀폐상

밀폐상자 내에 산란파가 형성될 때,

$$\Delta \mathrm{PWL} = \mathrm{TL} - 10 \log \left[\frac{S_p}{S} \cdot \frac{1-\bar{\alpha}}{\bar{\alpha}} \right] \ \ [\mathrm{dB}] \tag{2.87}$$

여기서, TL은 밀폐상자의 투과손실(dB)이다.

2.7.3 밀폐상자에 의한 차음도 및 삽입손실

밀폐상자에 의한 차음도 NR은

$$\mathrm{NR} = \mathrm{SPL}_1 - \mathrm{SPL}_2 = 10 \log \left(\frac{1}{\tau} \right) = \mathrm{TL} \ \ [\mathrm{dB}] \tag{2.88}$$

여기서, SPL_1 및 SPL_2는 밀폐상자(hood)의 내부 및 외부의 음압레벨(dB)이다.

한편, 밀폐상자에 의한 삽입손실치 IL은

$$\mathrm{IL} = \mathrm{SPL}_0 - \mathrm{SPL}_2 \ \ [\mathrm{dB}] \tag{2.89}$$

여기서, SPL_0는 밀폐상자를 씌우기 전의 임의의 지점(밀폐상자 외부)에서의 음압레벨(dB), SPL_2는 밀폐상자를 씌운 후 같은 지점에서 음압레벨(dB)이다.

만약 $\bar{\tau} \leqq \bar{\alpha} \leqq 1$인 조건에서는

$$\mathrm{IL} = 10 \log \left(\frac{\bar{\alpha}}{\bar{\tau}} \right) \ \ [\mathrm{dB}] \tag{2.90}$$

여기서, $\bar{\alpha}$ 및 $\bar{\tau}$는 밀폐상자 내의 평균흡음율 및 밀폐상자의 평균투과율이다. $\bar{\alpha} = 1$이면 IL = TL이 된다.

2.8 방음겉씌우개(lagging)

관이나 판에서 소음이 방사될 때 직접 흡음재를 부착하고, 차음재를 씌우는 것보다 [그림 2-27]과 같이 진동부에 제진(damping)대책(고무, PVC 등)을 한 후 흡음재를 부착하고 그 다음에 차음재(구속층)를 설치하는 것이 효과적이다.

한편, 파이프 소음은 고속기체가 파이프계를 지나갈 때 발생하는 소음으로 파이프의 굴곡부, 밸브 등에서 발생하며, 팬·송풍기·압축기 등에서 발생한 소음도 부분적으로 파이프를 통해 투과된다. 파이프에서 발생하는 링 주파수(ring frequency) f_r은 파이프 횡단면의 최저 공명주파수로

$$f_r = \frac{c_L}{\pi d} \ [\text{Hz}] \tag{2.91}$$

여기서, c_L은 파이프벽에서의 종파의 전파속도(강철의 경우 5,100 m/s), d는 관의 직경(m)이다.

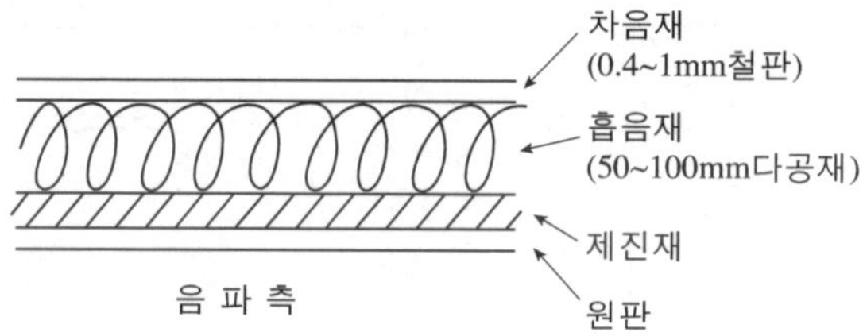

그림 2-27 방음 겉씌우개

2.9 방음대책의 실예

2.9.1 기계의 방음대책 예

[그림 2-28]은 기계의 방음대책에 따른 감음의 실예를 보인 것으로 Ⓜ은 마이크로폰의 위치다. 그림에서 차진에 의해 저주파소음이 저감됨을 보이고 있으며, 차음벽·흡음처리 및 견고한 자재 등에 의한 밀폐상에 의해 주로 고주파음이 감음되고 있음을 보여주고 있다.

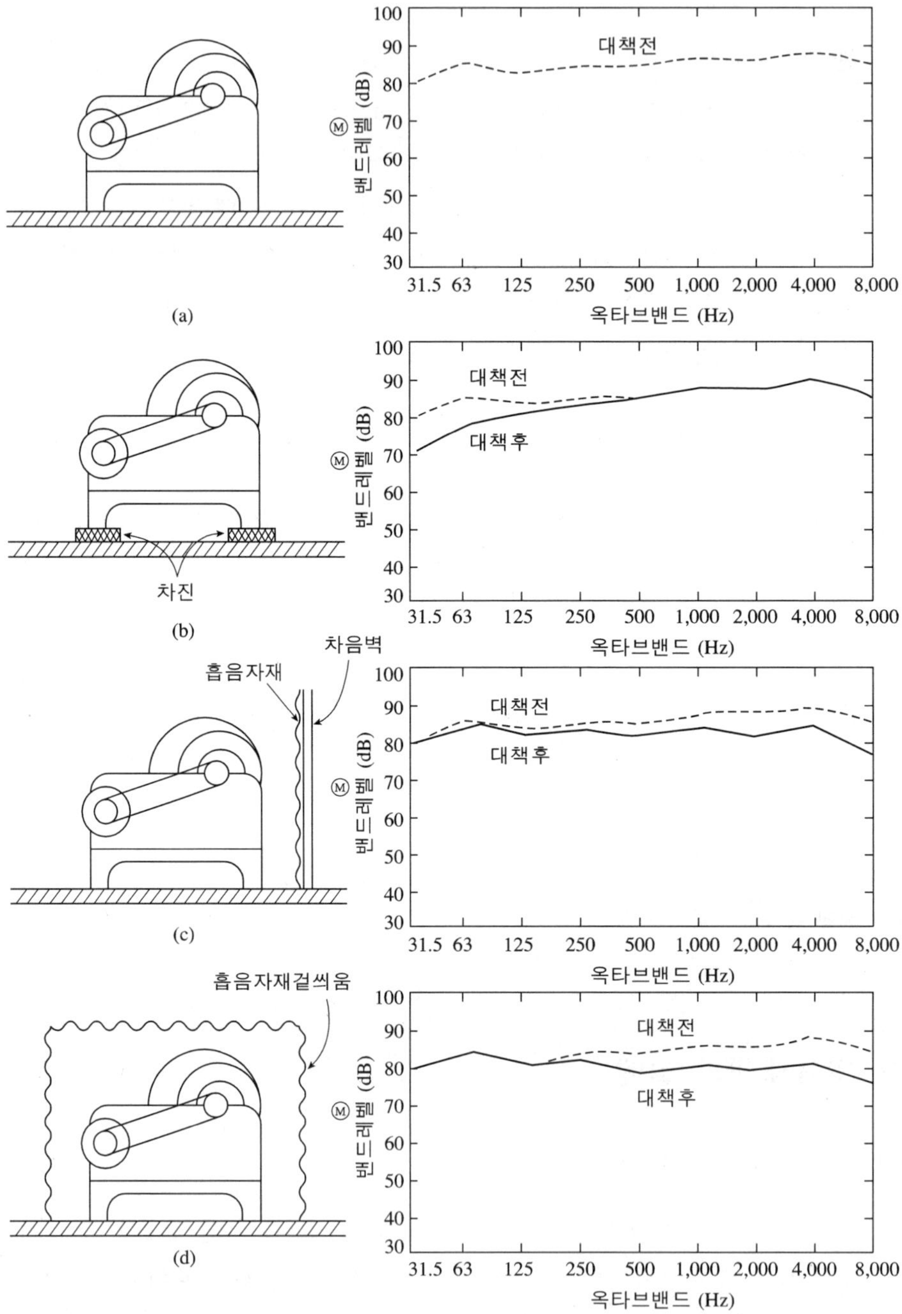

그림 2-28 기계의 방음대책 실예

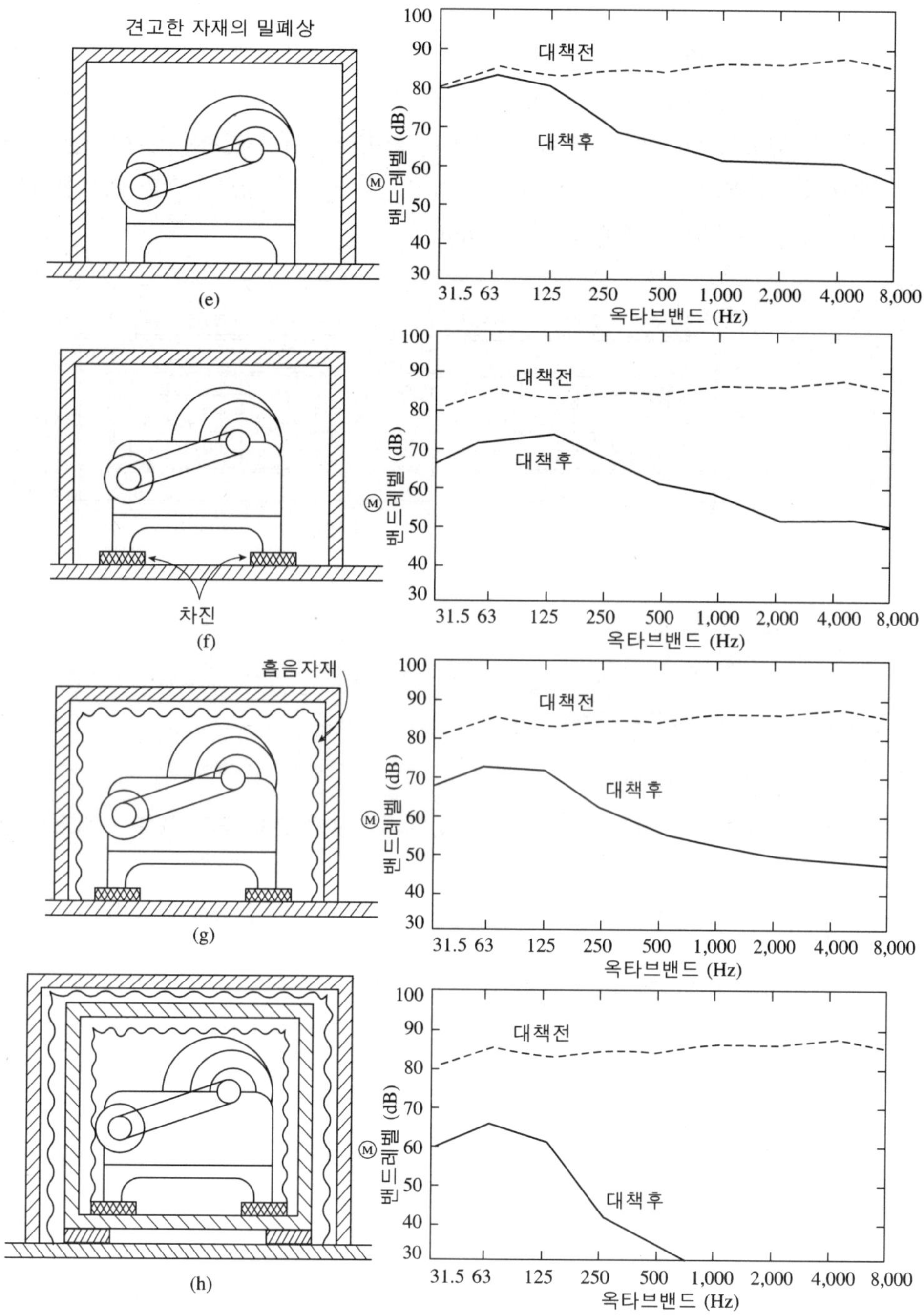

그림 2-28 기계의 방음대책 실예(계속)

2.9.2 방음설계의 계산 예

20(m)×20(m)×5(m) 크기의 공장 건물이 있다. 각 벽은 [그림 2-29]와 같은 크기와 구조로 되어 있으며, 이 건물 바닥 중앙에 음향파워레벨이 120 dB(A)인 소음원이 있다. 이 건물의 한 벽에서 수직으로 20 m 떨어진 곳이 부지경계선이라 할 때 부지(敷地) 경계선에서의 소음도(SL)를 예측하고, 각 단계별 방음효과를 계산한다.

단, 공장 내의 평균 흡음율 $\overline{\alpha}$는 0.06이다.

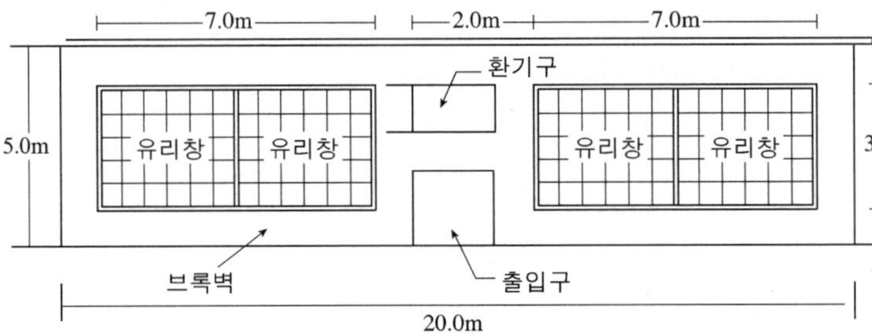

그림 2-29 공장건물벽의 구조

계산의 순서는 다음과 같다.

(1) **음원의 음향파워레벨(PWL)**

여기서, PWL이 주어져 있지만 실제 방지대책시에는 다음과 같은 방법으로 PWL을 구한다. 기존 배출시설 및 기기(機器)는 측정에 의하여 구하고, 신설될 시설 및 기기는 유사한 것을 대상으로 측정하여 구하거나 문헌을 참조하여 구한다.

(2) **공장내 벽 근처의 평균소음도($\overline{\mathrm{SL}}$)**

공장내 벽 근처의 평균소음도는 내벽의 흡음성에 따라 변한다. 일반적으로 공장건물 내에서는 (2.68)식에 의해,

$$\overline{\mathrm{SL}} = \mathrm{PWL} + 10\log\left(\frac{Q}{4\pi r^2} + \frac{4}{R}\right) \text{에서 } Q = 2\text{를 대입하면}$$

$$= \mathrm{PWL} + 10\log\left(\frac{2}{4\pi r^2} + \frac{4}{R}\right)$$

$$\overline{\mathrm{SL}} = \mathrm{PWL} + 10\log\left(\frac{1}{2\pi r^2} + \frac{4}{R}\right)\ \mathrm{dB(A)}$$

여기서, 소음원이 바닥 중앙에 있으므로 Q는 2가 되어 ( )안의 첫 항과 같이 되고,

r은 음원에서 벽 근처까지의 거리로 9m(벽으로부터 음원 쪽으로 1m 떨어진 지점)이며, 공장내 평균흡음율은 식 (2.4), (2.7), (2.12)로부터 구하면 된다. 만약, 흡음대책 전의 공장내 평균 흡음율 $\overline{\alpha}$가 0.06이라 할 때 실정수 R은 식 (2.11)로 구한다.

$$R = \frac{\overline{\alpha} S}{1-\alpha} \ [\mathrm{m}^2]$$

여기서, S는 공장 내부의 표면적으로, $S = 2 \times 20 \times 20 + 20 \times 5 \times 4 = 1{,}200 \ [\mathrm{m}^2]$

$$\therefore R = \frac{0.06 \times 1{,}200}{1-0.06} \fallingdotseq 77 \ [\mathrm{m}^2]$$

한편, 흡음대책 후의 평균 흡음율 $\overline{\alpha}$가 0.4로 되었다면,

$$R = \frac{0.4 \times 1{,}200}{1-0.4} \fallingdotseq 800 \ [\mathrm{m}^2]$$

이 R값을 대입하여 실내 평균소음도 $\overline{\mathrm{SL}}_i$을 구하면,

① $R = 77$일 때,

$$\overline{\mathrm{SL}} = 120 + 10 \log\left(\frac{1}{2\pi 9^2} + \frac{4}{77}\right) = 107.3 \ \mathrm{dB(A)} = 107 \ \mathrm{dB(A)}$$

② $R = 800$일 때,

$$\overline{\mathrm{SL}}_i = 120 + 10 \log\left(\frac{1}{2\pi 9^2} + \frac{4}{800}\right) = 98.4 \ \mathrm{dB(A)} \fallingdotseq 98 \ \mathrm{dB(A)}$$

즉, 흡음처리에 의해 9 dB(A)의 감음을 얻을 수 있음을 볼 수 있다.

(3) 벽체의 총합투과손실($\overline{\mathrm{TL}}$)

[그림 2-29] 벽의 각 구성부 면적 및 투과손실이 [표 2-6]의 ㉠과 같을 때 그 투과율은 식 (2.58)에 의해 구하면 ㉡과 같다.

[표 2-6]으로부터 $\overline{\mathrm{TL}}$을 식 (2.57)에 의해 구한다.

① $$\overline{\mathrm{TL}} = 10 \log \frac{\sum S_i}{\sum S_i \tau_i} \ [\mathrm{dB}]$$

$$= 10 \log\left(\frac{100}{0.1 \times 4 + 1 \times 2 + 0.04 \times 42 + 0.0001 \times 52}\right)$$

$$= 10\log\left(\frac{100}{4.0852}\right) = 13.9\ \mathrm{dB(A)} \fallingdotseq 14\ \mathrm{dB(A)}$$

만약 환기구 대신에 브록 벽을 쌓아 막고, 유리창의 면적을 반으로 줄이면,

② $$\overline{\mathrm{TL}} = 10\log\left(\frac{100}{0.1\times4 + 0.04\times21 + 0.0001\times75}\right)$$

$$= 10\log\left(\frac{100}{1.2475}\right) \fallingdotseq 19\ \mathrm{dB(A)}$$

로 약 5 dB(A)의 총합투과손실 증가를 볼 수 있다.

표 2-6 벽구성부의 음향특성

	㉠		㉡
벽 구 성 부	면 적(S_i, m^2)	투과손실(TL_i, dB)	투 과 율(τ_i)
출 입 문	4	10	0.1
환 기 구	2	0	1.0
유 리 창	42	14	0.04
브 록 벽	52	40	0.0001

(4) 벽의 차음도 (NR)

벽의 차음도 NR은 식 (2.52)에 의해

$$\mathrm{NR} = \overline{\mathrm{TL}} + 6\ \ [\mathrm{dB}]$$

① 원래의 NR은

$$\mathrm{NR} = 13.9 + 6 = 19.9 \fallingdotseq 20\ [\mathrm{dB}]$$

② 환기구 대신 브록 벽을 쌓고, 유리창의 면적을 반으로 줄일 때의 NR는

$$\mathrm{NR} = 19 + 6 = 25\ \ [\mathrm{dB}]$$

이 NR값을 (2)항의 ①·②의 $\overline{\mathrm{SL}}_i$에서 빼면 벽 밖의 벽과 인접한 부분의 외부 평균 소음도 $\overline{\mathrm{SL}}_0$를 얻을 수 있다. $\overline{\mathrm{SL}}_0 = \overline{\mathrm{SL}}_i - \mathrm{NR}\ \ \mathrm{dB(A)}$이므로,

① $\overline{\mathrm{SL}}_0 = 107.3 - 20 = 87.3\ \mathrm{dB(A)} \fallingdotseq 87\ \mathrm{dB(A)}$

② $\overline{\mathrm{SL}}_0 = 98.4 - 25 = 73.4\ \mathrm{dB(A)} \fallingdotseq 73\,\mathrm{dB(A)}$

(5) **면음원(面音源)의 거리감쇠**

[그림 2-29]에서 짧은 변 a가 5m이고, 긴 변 b가 20m이며, 벽으로부터 부지경계선까지의 거리가 20이므로 식 (1.75)을 사용하여 거리감쇠치 L_d를 구하면,

$$L_d = -20\log\left(\frac{3r}{b}\right) - 10\log\left(\frac{b}{a}\right)$$

$$= -20\log\left(\frac{3\times 20}{20}\right) - 10\log\left(\frac{20}{5}\right)$$

$$= 15.6\ \mathrm{dB(A)} \fallingdotseq 16\ \mathrm{dB(A)}$$

이 값을 (4)항의 ①·②에서 빼면 부지경계선에서의 예측소음도 SL이 얻어진다.

① $\mathrm{SL} = 87.3 - 15.6 = 71.7\ \mathrm{dB(A)} \fallingdotseq 72\ \mathrm{dB(A)}$: 대책 전

② $\mathrm{SL} = 73.4 - 15.6 = 57.8\ \mathrm{dB(A)} \fallingdotseq 58\ \mathrm{dB(A)}$: 대책 후

이상의 결과를 평가소음도로 환산한 규제기준치와 비교하여 적합하면 방지기술이 효과적이지만 만약 기준치를 초과하면 음원대책과 더불어 이상의 각 단계별 방음효과를 재검토하여 기준치 이하로 유지되도록 방지대책을 강구하고, 부지경계선에 방음벽이나 부대시설을 설치하여 허용기준치 이하로 되게 하여야 한다.

- 필요감음량 계산예

공장의 부지경계선에서 소음을 주파수 분석한 결과가 다음 표와 같았다.

중심주파수(Hz)	63	125	250	500	1,000	2,000	4,000	8,000
음압도(dB)	81	76	74	61	55	51	47	46

규제기준치는 60 dB(A)이다. 각 주파수대역마다 기준치를 동일 소음레벨로 할 때 대역별 소음필요량을 구하라.

Overall치가 60 dB(A)이고 옥타브대역이 8개이며, 대역별 동일 소음레벨로 하기 때문에 대역당 소음레벨은 $60 - 10\log 8 = 51\mathrm{dB(A)}$가 된다.

한편, 주파수 분석 결과의 dB을 dB(A)로 환산하기 위한 대역별 보정치(IEC 규격)는 다음 표와 같다.

중심주파수(Hz)	63	125	250	500	1,000	2,000	4,000	8,000
보정치(dB)	−26	−16	−9	−3	0	+1	+1	−1

따라서, 이를 주파수 분석결과에 보정하고 각 대역마다 51 dB(A)와의 차를 구하면 소음필요량을 다음 표와 같이 얻을 수 있다.
이 소음필요량에 안전을 5 dB 내외를 가한 후 방음설계에 임해야 한다.

중심주파수(Hz)	63	125	250	500	1,000	2,000	4,000	8,000
대역별 소음레벨dB(A)	55	60	65	58	55	52	48	45
대역별 규제소음레벨dB(A)	51	51	51	51	51	51	51	51
소음필요량(dB)	4	9	14	7	4	1	-3	-6

2.9.3 각종 기계류에 대한 소음대책의 예

기계류에 대한 소음대책의 예를 보면 [표 2-7]과 같다.

표 2-7 각종 기계의 소음대책의 예

소 음		각종 기계의 소음대책 예
송 풍 기	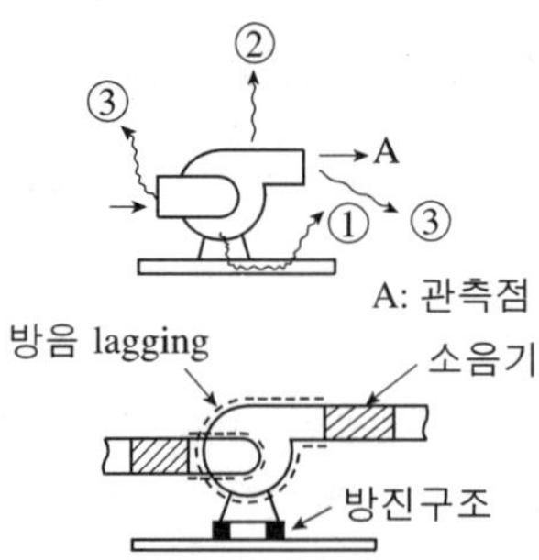	발생소음은 흡·토출구로부터의 공기음③, 바닥 등으로부터의 1차 고체음 ① 및 팬 케이스로부터의 2차 고체음 ② 이 주종이다(이하 1차 고체음 ①, 2차 고체음 ②, 공기음(기류음)은 ③으로 한다). 대책으로는 경우에 따라 다르지만 보통은 ③, ②, ①순으로 행한다. ③에 대한 대책은 흡, 토출구 소음기, ②의 대책은 방음 lagging, ①의 대책은 진동차진구조로하는 것이 일반적이다.

소음		각종 기계의 소음대책 예
공조장치	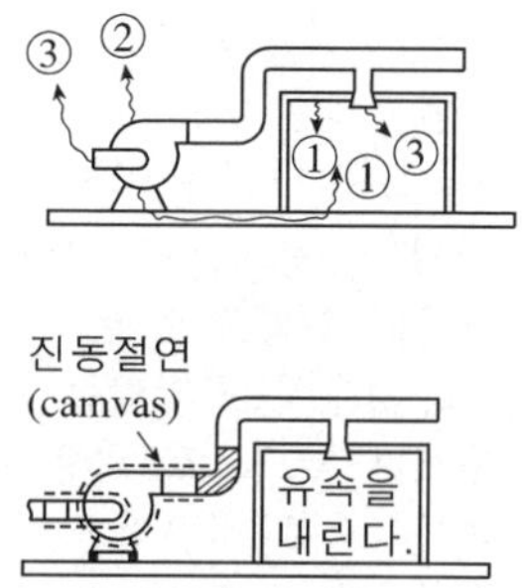	문제되는 실내소음은 송풍기의 진동이 건물의 상등에 전파되어 건물에 방사되는 것 ①, 토출 닥트내를 전파하여 실내에 전달되는 것 ③, 토출 닥트의 건물취부부분 등으로부터 건물에 전달되는 진동이 건물 벽 등에 전파되어 방사되는 것 ①이다. 이의 대책으로는 흡입구로부터의 음이 문제되는 경우에는 흡입구에 소음기를 달고 송풍기를 방진지지하고, 토출닥트에 그 일부를 흡음처리한다. 송풍기 본체와 토출닥트는 canvas 등으로 진동절연하여 닥트벽 진동에 의한 1차 고체음을 저하시킨다. 토출구에서 실내에 방출구 하류에 음이 발생하므로 실내의 허용레벨이 낮은 경우에는 유속을 아주 낮게 할 필요가 있다.
압입 및 유인송풍기	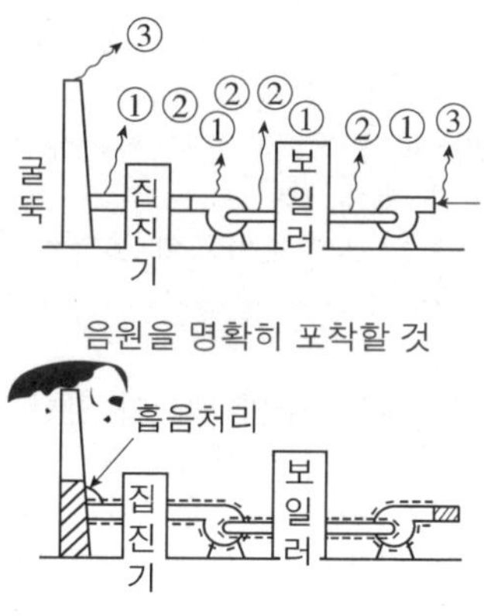	이 경우에는 송풍기 흡입구로부터 ③, 보일러와 압입송풍기간, 유인송풍기간, 혹은 집진기와 굴뚝 사이의 닥트 등으로부터 ② 및 ①, 어떤 경우에는 굴뚝에서 공기중으로 방사되는 것 ③이 문제될 때가 많다. 이 대책을 위해서는 어떤 종류의 음이 어느 정도 방출되고 있는가를 명확히 알아야 한다. 닥트부분에는 lagging, 대기 중으로 개방된 송풍기의 흡입구 등에는 소음기를 굴뚝에서 나오는 음은 닥트와 굴뚝과의 접속부에 흡음처리, 또는 굴뚝 속에 흡음처리하는 경우도 있다.
냉각탑, 공냉열 교환기	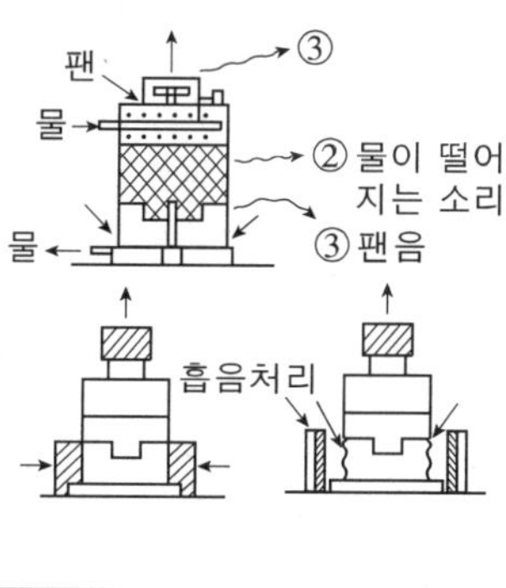	주소음은 팬음의 산포되는 물이 충진물과 충돌로 발생하는 음이다. 이러한 음이 냉각탑의 토출구·흡입구에서 방사된다③, 대책으로는 (1)문제되는 점과 냉각탑의 위치를 될 수록 멀리하고 (2) 문제되는 점과 냉각탑간에 벽을 설치하고 (3) 팬의 속도, 팬의 선단 속도 등의 변경 (4) 토출구 및 흡입구에 소음기를 달거나 토출구 및 흡입구 근처에 벽을 설치한다. 한편, 이상의 팬에 대한 대책은 공냉열교환기의 경우도 동일하다.

<table>
<tr><th colspan="2">소 음</th><th>각종 기계의 소음대책 예</th></tr>
<tr><td>가 열 로</td><td>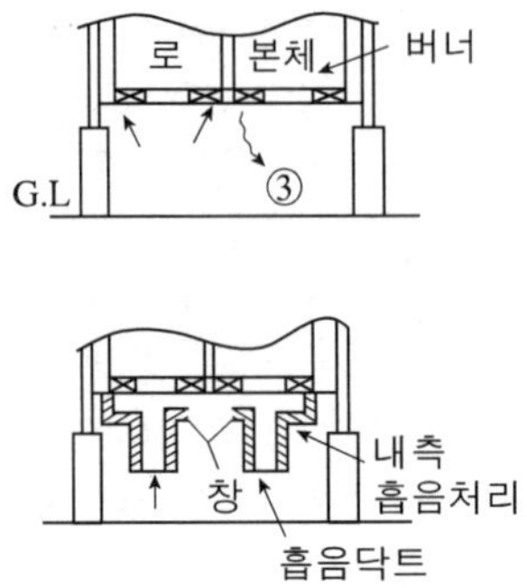
</td><td>자연통풍식의 것에는 로 밑의 공기취입구로부터 가스 또는 기름의 연소음 ③이 방사된다. 이것이 주 소음원이다.
대책으로는 (1) 자연통풍식의 각 버너에 간격을 두고 몇 개를 조합하고 누유 등을 고려에 넣어 방음커버 및 흡음닥트를 시설한다. (2) 공기취입구를 밀폐하여 강제통풍방식으로 한다. (3)로 밑 버너 전체를 둘러싸는 방법도 있다.
강제통풍식의 경우에는 압입송풍기의 흡입구에서 공기음의 문제가 있으므로 송풍기 배치를 충분히 고려하고 음향적으로 바람직한 배치가 되지 않는 경우에는 흡입구에 소음기를 달 필요가 있다.</td></tr>
<tr><td>취 출 구</td><td>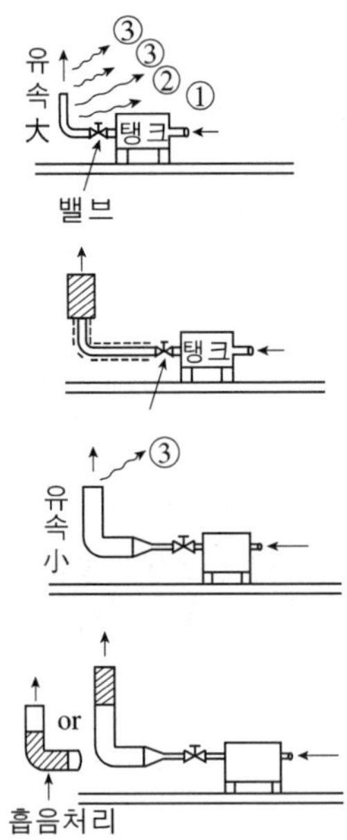
</td><td>취출구로부터 발생하는 소음은 2개로 나누어진다. 하나는 취출구 유속이 대단히 빠른 경우(음속정도)의 소음으로 압축공기의 대기방출시, 안전변, 압력조정변 등에서 대기 중에 유체가 방출 될 때 발생하는 소음이다. 이 경우 소음은 취출구보다도 하류에서 발생한다 ③, 취출구 부근에서는 고주파, 멀리 떨어진 곳에서는 저주파음이 발생하고 취출구 직경의 약 15배 정도가지의 하류가 소음원이 된다. 취출구에서 소음이 발생하지 않으므로 주의할 필요가 있다.
또 하나는 배관도중의 밸브가 닫힌 상태에서 유체가 흐를 때 일어나며 밸브의 출구에서는 유속이 대단히 빠르기 때문에 취출구에서 지연되는 경우에 발생하는 소음이다. 이 경우에는 밸브 출구보다는 하류에서 발생한 음이 배관 중을 전파하여 취출구에서 방사된다③. 그러나 소음원은 밸브 하류의 흐름이 이 난류일 때는 취출구에는 없다. 취출구까지의 도중의 배관으로부터는 이 음이 관벽을 투과하고 또 유체적으로 배관이 가진되는 결과의 음도 방사 ②, ①된다. ③의 대책으로는 취출구유속을 낮게 하는 방법 이외에는 없으며, 종종 다단사출이 강구되고 있다. 밸브 등의 소음의 배관내의 전파를 방지하기 위해 관의 일부 내면을 흡음처리하여 비교적 간단히 해결한다. 실제로는 양자를 동시에 고려하여 소음기를 취출구에 설치하고, 도중의 배관 외벽에 방음 lagging을 한다. 공기 · 중기 등이 대기로 취출될 때 나는 음도 이 방법을 적용한다.</td></tr>
</table>

<table>
<tr><th colspan="2">소 음</th><th>각종 기계의 소음대책 예</th></tr>
<tr><td>공기압축기</td><td>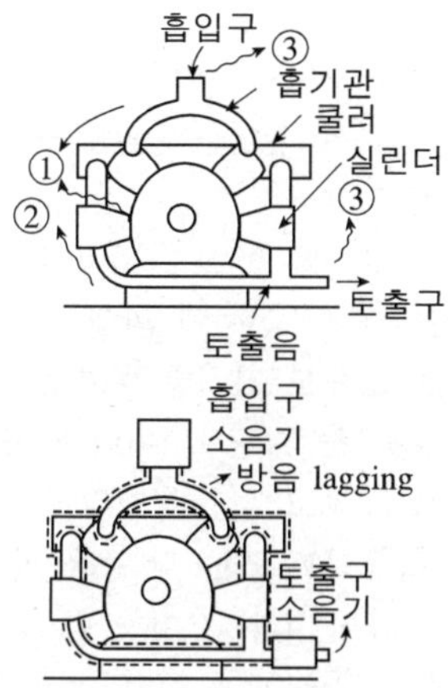
</td><td>왕복식 압출기에서의 소음은 흡입 및 토출구에서 ③, 본체 케이스로부터 ② 및 ①이 주로 발생한다. 대책으로는 소요 TL을 가진 건물중에 넣고, 흡토출구에서는 팽창형과 공명형을 조합한 소음기를 보통 사용한다. 작업자에 대한 대책으로는 이외에 흡토출관의 lagging이나 작업자를 방음실에 근무하게 하는 방법도 있다. 한편, 디젤기관의 경우도 동일하며 흡기구로부터 회전수에 기인한 초저주파음이 발생하여 가마, 로등을 진동하는 문제가 발생할 때는 공명형을 주제로 한 흡기소음기 해결한다.</td></tr>
<tr><td>진동체,
진동필터</td><td>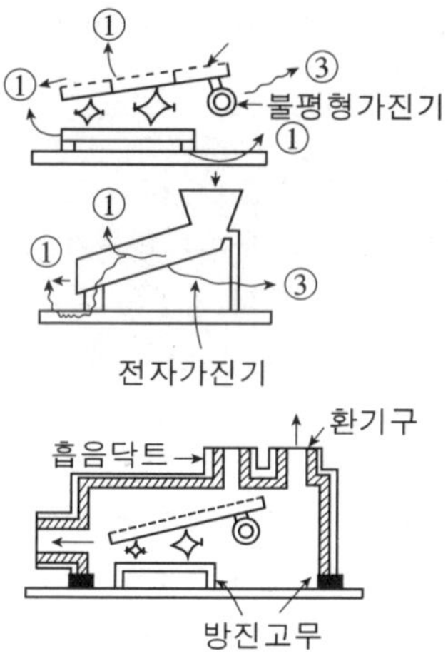
</td><td>이것에서 발생하는 소음은 전자형가진기, 불평형가진기 등의 가진기로부터 직접발생하는 것 ③도 있지만, 이러한 진동에 기초하여 장치 각부의 진도에 의해 방사되는 것 ①이 압도적으로 크다. 그러나 그 취부된 상태에 따라 장치 이외로도 진동이 전파되고 광범위한 소음원이 될 때도 있다. 대책으로는 필요한 곳 이외의 진동을 극력 피하고 최소한 부분에 방음덮게를 설치하거나 한 곳에 집합시켜 방음실을 만든다. 이 경우 덮게는 문제의 정도에 따라 탄성지지 또는 제진 처리하고 원료의 공급구, 출구 및 환기구에는 소음기가 필요하다.</td></tr>
</table>

소	음	각종 기계의 소음대책 예
hopper	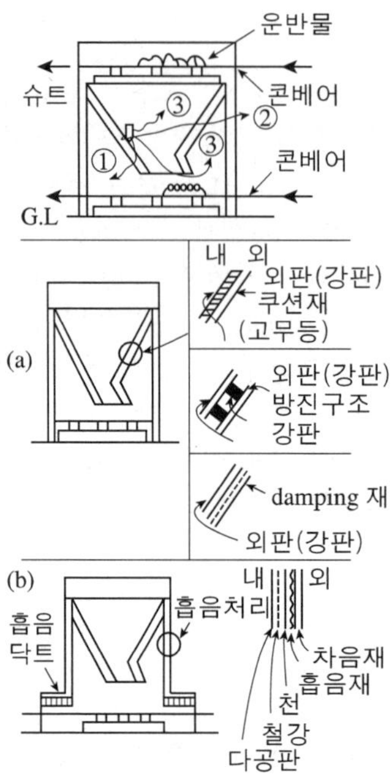	운반물을 hopper(강철제품)에 넣어 콘베어벨트로 운송하는 경우 주위에 방사되는 소음은 운반물이 낙하하여 강철판과 충돌하고 hopper 내에 직접 방사되는 것 ③, 이 음이 hopper 벽을 투과하여 나올 때 ②, 또는 운반물과 충돌시 강판이 가진되어 이 진동에 의해 방사 ①되는 음이 합성되는 경우도 있지만 대부분은 ①의 음이다. 대책의 하나는 그림 (b)처럼 hopper 전체를 공기음원으로 보고 차음벽으로 쌓고 콘베어 출입구에는 흡음닥트 또는 막 등을 설치하는 방법이며, 또 하나는 (a)와 같이 운반물과 강판의 충돌시 발생음 ③을 낮게 하고 동시에 강판의 진도을 줄여 ①을 적게 하는 방법이다. 내면에 고무 · 타일등의 완충물을 부착하는 방법과 damper를 부착하여 ③ 및 ①을 감소시키는 방법도 있다.
가공기계 및 작업음	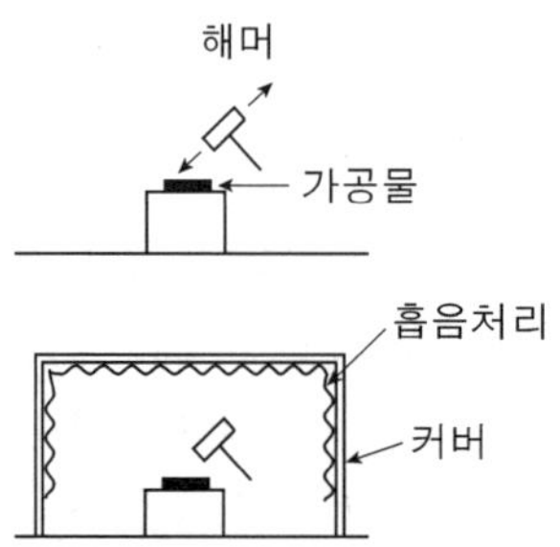	이러한 기계 및 작업은 타격력 및 충격력을 이용하는 것으로 음의 발생을 피하기 위해서는 기계 또는 작업에 큰 영향을 미칠 때가 많고 소음대책도 곤란한 경우가 많다. 일반적으로 지장이 없는 한 충돌부 등에 완충재 등을 넣고 기계는 일부 개조하고 또 작업방법의 변경이나 소음발생부의 커버나 전체를 건물 중에 넣는 등의 상식적인 대책 이외의 방법은 없다.

연 습 문 제

문제

1. 20℃ 공기 중의 음원 S에서 발생한 소리가 콘크리트벽($\rho = 2{,}300\ \mathrm{kg/m^3}$, $E = 2.7 \times 10^{10}\mathrm{N/m^2}$)에 수직입사할 때 이 벽체의 반사율 및 투과손실을 구하라. (단, 콘크리트벽 내부에서는 소리가 흡수되지 않는다고 가정한다.)

2. 가로 20, 세로 15, 높이 5(m)인 방의 바닥 및 천정의 흡음율은 0.1이고 벽의 흡음율은 0.3이다. 이 방의 바닥 중앙에 음향파워레벨 90dB인 무지향성 점음원이 놓여 있을 때 이 방의 평균 흡음율, 실정수, 직접음과 반사음의 크기가 같은 음원으로부터의 거리(실반경)와 각각의 음압도를 구하여라.

3. 어떤 벽체가 콘크리트벽(면적 $100\mathrm{m}^2$, 투과손실 35dB)과 유리창(면적 $50\mathrm{m}^2$, 투과손실 15dB)으로 구성되어 있을 때와, 유리창의 10%가 파손되었을 때의 총합투과손실을 각각 구하라.

4. 그림과 같이 반사율이 1인 지면 위에 500Hz음에 대해 투과손실이 20dB인 반무한 방음벽이 시설되어 있다. 이 주파수 음에 대한 회절감쇠치와 삽입손실치를 구하라. (단, Fresnel 수 N에 따른 회절감쇠치 L_d는 $L_d = 7 + 10\log N$이다).

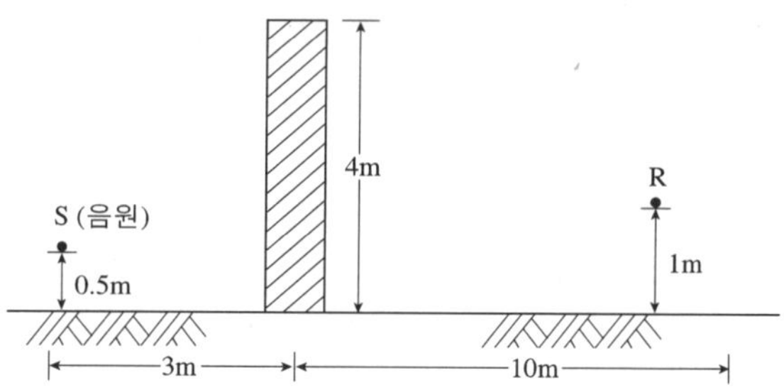

5. 가로 10(m), 세로 7(m), 높이 4(m)인 방의 흡음율이 바닥 0.1, 천정 0.2, 벽 0.15이다. 이 방의 천정 및 벽을 흡음처리하여 그 흡음율을 각각 0.7 및 0.6으로 개선할 때 실내소음의 감음량을 구하여라.

6. 직경 20cm, 길이 2m의 원형닥트 내부에 흡음율이 0.4이고 두께가 2cm인 흡음재를 부착하였다. 이 관로에서 일어나는 소음 감쇠치를 구하라.

7. 날개수 10개의 송풍기가 1,500rpm으로 운전되고 있다. 이 송풍기의 출구에 단순팽창형 소음

기를 부착하여 송풍기에서 발생하는 기본음에 대하여 최대투과손실 20dB를 얻고자 한다. 기본음 주파수와 소음기의 팽창부길이 및 팽창단면비를 구하라(단, 관로 중의 기체온도는 40℃이다).

8. 1/3 옥타브밴드 중심주파수 1000Hz에서 파워레벨이 100dB과 95dB인 2종류의 기계 a, b가 있다. a기계 10대와 b기계 10대가 공장건물 내에서 작동하고 있을 때 공장건물 밖의 1/3옥타브밴드 중심주파수 1000Hz의 음압레벨이 약 59dB이었다. 공장건물 밖에서 음압레벨을 약 55dB로 하기위한 방지방법에 관한 다음 물음에 답하라.
   가) 흡음처리에 의할 경우 1000Hz의 실내평균흡음율을 어느 정도로 하면 되겠는가?(단, 측정시에 건물내의 평균흡음율은 1000Hz에서 0.07 정도였다.)
   나) 벽의 차음성능을 개선할 경우 벽의 두께를 약 몇 배로 하면 되겠는가? (단, 건물 벽은 균일한 일중벽이며, 질량법칙을 만족한다.)

9. 600Hz 소음에 대해 어떤 공장 벽체(면적 60m^2)의 차음효과를 개선코자 한다. 다음 물음에 답하라. (단, 개선 전의 벽체구성은 다음 표와 같다.)

구 분	창문	출입문	콘크리트 벽
$S_i(\mathrm{m}^2)$	10	2	48
$\mathrm{TL_i(dB)}$	20	10	40

   가) 이 벽체를 개선하기 전의 총합투과손실 $\overline{\mathrm{TL}}$는 몇 dB인가?
   나) 창의 $\frac{1}{2}$을 현재의 벽면구조로 할 경우 $\overline{\mathrm{TL}}$는 얼마이겠는가?

10. 바닥면적이 5m×4m이고, 높이가 6m인 방의 흡음율이 바닥 = 0.2, 천정 = 0.1, 벽 = 0.07이었다. 만약 천정을 흡음율 0.6인 자재로 덮었을 때 소음저감치(ΔL)은?

11. 길이 18m, 폭 12m, 높이 5m의 홀에 50명의 청중이 있으며, 이 홀의 흡음율이 천정 = 0.20, 벽 = 0.15, 바닥 = 0.12일 때 잔향시간은?(단, 청중 1인당 흡음력은 0.5m^{2}으로 한다)

12. 3m×3m×3m의 잔향실이 있다. 잔향시간이 3.5초일 때 이 실의 흡음율은?

13. 5m×5m×5m의 잔향실의 잔향시간은 5.5초이다. 만약 이 실의 바닥에 5m^{2}의 흡음재를 놓아 잔향시간이 3.2초로 되었을 때 이 자재의 흡음율은?

14. 길이 16m, 폭 12m, 높이 4m인 방의 흡음율이 천정 0.10, 벽 0.18, 바닥 0.05일 때 소음저감(ΔL) 5dB을 얻기 위해 요구되는 바닥의 개선될 흡음율?

15. 공장 중앙에 음이 큰 기계가 설치되어 있다. 공장내벽의 평균흡음율이 0.1인데 이를 0.4로 개조할 계획이다. 벽의 표면적 변화는 없다고 할 때 흡음처리에 의해 벽 내측근방의 감음량은?

16. 바닥면적이 15m×20m이고 높이가 3m인 방이 있다. 이 방의 잔향시간이 2초일 때 실정수?

17. 질량법칙이 만족되는 영역에서 면밀도 7.5 kg/m^{2}인 벽에 500Hz 순음이 통과할 때 투과손실은?

18. 바닥면적이 5m×6m이고 높이가 3m인 방이 있다. 바닥, 벽, 천정의 흡음율이 각각 0.1, 0.2, 0.7일 때 평균 흡음율은?

19. 벽체 외부로부터 확산음이 입사될 때 이 확산음의 음압레벨은 100dB이다. 실내의 흡음력은 30m^{2}이고 벽의 투과손실은 30dB, 그리고 벽의 면적이 20m^{2}이면 실내의 음압레벨은?

20. 길이 10m, 폭 7m, 높이 5m이고 바닥의 $\alpha = 0.20$, 천정의 $\alpha = 0.07$, 벽의 $\alpha = 0.06$인 방의 흡음력과 잔향시간?

21. 어느 공장의 콘크리트벽체 면적 및 투과손실이 60m^2, 55dB이다. 그 중 창문의 면적 및 투과손실이 10m^2, 25dB이며, 창문이 $\frac{1}{5}$정도 열려 있을 때 벽체 전체의 투과손실은 몇 dB인가?

22. 비중이 2.5인 20cm 두께의 벽체에 500Hz 순음이 수직입사할 경우 벽체의 투과손실은 몇 dB인가?

23. 공조기에서 발생되는 소음을 감쇠시키기 위해 그림과 같은 단면의 소음기를 3m 길이로 설치할 경우 1kHz에서의 감음량은 몇 dB인가?(단, 1kHz에서 흡음재의 흡음율은 0.75이다)

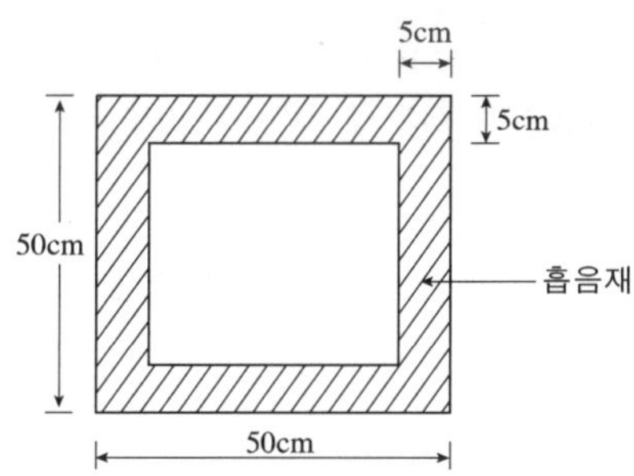

24. 0.9m×2.0m 출입문의 투과손실을 20dB 이상으로 하고자 한다면 문 주위 틈새의 평균 폭을 약 몇 mm 이하로 해야 되는가? 단 틈새 이외는 차음성능이 충분히 크다고 가정한다.

25. 표면적 200m^2, 실내 평균 흡음율이 0.04인 방으로 외부로부터의 소음이 5m^{2}인 문을 통하여 들어오고 있다. 만일, 실내의 흡음율을 0.1로 개선할 경우, 대책 전후의 실내음의 감음 효과는 몇 dB이 되겠는가?

26. 두 개의 방이 면적 30m^2, 투과손실 30dB인 칸막이를 경계로 구성되어 있으며, 음원실에서

100dB의 소음이 발생되고 있다. 만일, 수음실의 실정수가 30m^{2}이라 할 때 칸막이를 통하여 전달되는 수음실에서의 음압레벨은 몇 dB인가? 단, 수음실에서의 음압레벨은 직접음 및 반사음에 의한 영향을 모두 고려한다.

27. 공장내 일부에 면적 30m^{2}의 칸막이를 설치하였다. 칸막이의 투과 손실은 35dB이며, 음원실의 음압레벨이 100dB이라 할 때, 칸막이를 통하여 전달되는 수음실에서의 음압레벨은? 단, 수음실의 실정수는 5m^{2}이고 확산음장으로 가정한다.

28. 송풍기에서 발생되는 배기 소음을 감쇠시키기 위하여 다음 그림과 같은 단면의 소음기를 2.5m 길이로 설치할 경우 1000Hz에서의 감음량은 몇 dB인가? 단, 흡음재의 흡음율은 0.4이다.

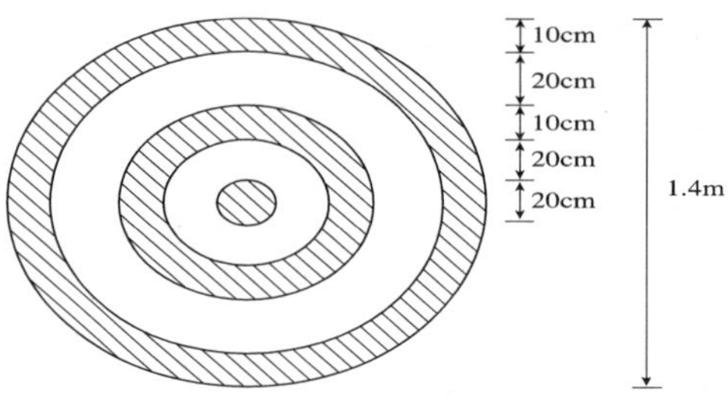

29. 1000Hz의 음을 흡음닥트로 감음시키고자 한다. 길이가 2m, 직경 50cm인 원형닥트로서 10dB을 감음시키려면 흡음율은 최소한 얼마 이상이 되어야 하는가?

30. 면밀도가 각각 100kg/m^2, 150kg/m^{2}인 중공이중벽과 면 밀도가 250kg/m^{2}인 단일벽의 투과손실이 30Hz에서 일치한다고 할 때 이중벽의 공기층 두께는 몇 cm가 되겠는가?

31. 동일한 재료(면밀도 200kg/m^2)로 구성된 공기층의 두께가 10cm인 중공이중벽이 있다. 500Hz에서 단일벽체의 투과손실이 46dB일 때, 이 중공이중벽의 저음역에서의 공명 주파수는 몇 Hz에서 발생되겠는가? 단, 음의 전파속도는 343m/s, 공기의 밀도는 1.2kg/m^{3}이다.

32. 용적 125m^3, 표면적 150m^{2}인 잔향실의 잔향시간은 5.5초 이다. 만약, 이 잔향실의 바닥에 10m^{2}의 흡음재를 놓아 측정한 잔향시간이 3.2초로 되었을 때 흡음재의 흡음율은 얼마인가?

33. 구멍 직경 8mm, 구멍간의 상하좌우간격 20mm, 두께 10mm인 다공판을 50mm의 공기층을 두고 설치할 경우 공명주파수는? 단, 음속은 340m/s이다.

34. 밀도가 150kg/m^{3}이고 두께가 5mm인 합판을 벽체로부터 50mm의 공기층을 두고 설치할 경우 판진동에 의한 흡음 주파수는? 단, 기온은 20℃이다.

35. 소음기의 입구 및 팽창부의 직경이 각각 50cm, 120cm일 경우, 팽창형 소음기에 의해 기대할 수 있는 최대 투과손실은?

36. 무지향성 점음원으로부터 30m 이격된 수음점 근처에 7m 높이의 방음벽을 그림과 같이 설치한다면 수음점 P에서의 음압레벨은 500Hz에서 몇 dB인가? 단, 음원으로부터 1m 이격 지점에서의 음압레벨은 100dB (500Hz)이며, 지면 반사음에 의한 영향을 무시하고 방음벽에 의한 회절 감쇠치 L = 10log(N)+5이다.

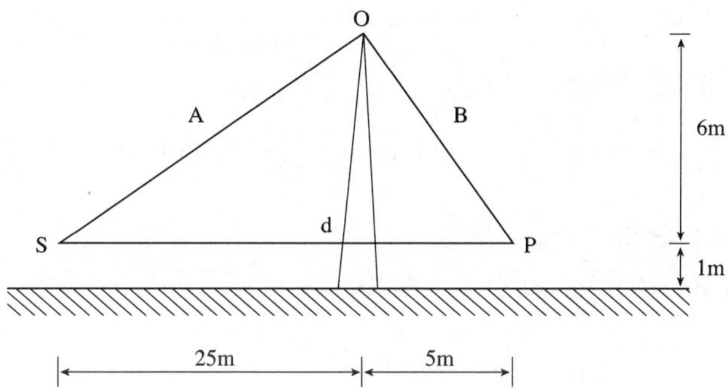

37. 음압 레벨이 100dB(음원으로부터 1m 이격지점)인 점음원으로부터의 30m 이격된 지점에서 소음으로 인한 문제가 발생되어 방음벽을 설치하였다. 방음벽에 의한 회절 감쇠치가 10dB 이고 방음벽의 투과손실이 16dB이라면 수음점에서의 음압레벨은?

풀 이

1. 20℃ 공기 중 에서 음속 $c_1 = 20.06\sqrt{T} = 20.06\sqrt{273+20} ≒ 343\text{m/s}$

   공기밀도 $\rho_1 = \rho_0 \times \dfrac{273}{T} = 1.293 \times \dfrac{273}{293} ≒ 1.2\text{kg/m}^3$

   콘크리트벽에서의 음속 $c_2 = \sqrt{E/\rho} = \sqrt{\dfrac{2.7\times 10^{10}}{2{,}300}} ≒ 3{,}426\text{m/s}$

   ① 반사율 $\alpha_r = \dfrac{I_r}{I_i} = \left(\dfrac{\rho_2 c_2 - \rho_1 c_1}{\rho_2 c_2 + \rho_2 c_1}\right)^2 = \left(\dfrac{2{,}300\times 3{,}426 - 1.2\times 343}{2{,}300\times 3{,}426 + 1.2\times 343}\right)^2 ≒ 0.999791$

   ② 투과손실 $\text{TL} = 10\log(\dfrac{1}{\tau}) = 10\log\left(\dfrac{1}{1-\alpha_r}\right) = 10\log\left(\dfrac{1}{1-0.999791}\right) ≒ 37\text{dB}$

2. 바닥 및 천정면적 $S_1 = 20\times 15\times 2 = 600\text{m}^2$

   벽의 면적 $S_2 = 20\times 5\times 2 + 15\times 5\times 2 = 350\text{m}^2$

   총면적 $S_t = 950\text{m}^2$

① 평균흡음율 $\bar{\alpha} = \dfrac{\Sigma S_i \alpha_i}{\Sigma S_t} = \dfrac{(600\times 0.1)+(350\times 0.3)}{950} \fallingdotseq 0.174$

② 실정수 $R = \dfrac{\bar{\alpha} S}{1-\bar{\alpha}} = \dfrac{0.174\times 950}{1-0.174} \fallingdotseq 200\text{m}^2$

③ 실반경 $r = \sqrt{Q\cdot R/16\pi}$, $Q=2$임으로 $r=\sqrt{2\times 200/16\pi} \fallingdotseq 2.83\text{m}$

④ r점에서 직접음 음압도 SPL_1

$$\text{SPL}_1 = \text{PWL} + 10\log\left(\frac{Q}{4\pi r^2}\right) = 90 + 10\log\left(\frac{2}{4\pi\times 2.83^2}\right) = 73\text{dB}$$

r점에서 반사음 음압도 SPL_2

$$\text{SPL}_2 = \text{PWL} + 10\log\left(\frac{4}{R}\right) = 90 + 10\log\left(\frac{4}{200}\right) \fallingdotseq 73\text{dB}$$

한편, r점의 음압도 SPL

$\text{SPL} = 10\log(10^{73/10} + 10^{73/10}) \fallingdotseq 76\text{dB}$ 또는

$$\text{SPL} = 90 + 10\log\left(\frac{2}{4\pi\times 2.83^2} + \frac{4}{200}\right) = 76\text{dB}$$

3. ① 유리창 파손 전

총합투과손실 $\overline{\text{TL}} = 10\log\dfrac{\Sigma S_i}{\Sigma S_i \tau_i}\text{dB}$에서 투과율 $\tau_i = 10^{-\text{TL}_i/10}$임으로

콘크리트벽의 $\tau_1 = 10^{-35/10} \fallingdotseq 3.162\times 10^{-4}$

유리창의 $\tau_2 = 10^{-15/10} \fallingdotseq 3.162\times 10^{-2}$

$$\overline{\text{TL}} = 10\log\left(\frac{150}{100\times 3.162\times 10^{-4} + 50\times 3.162\times 10^{-2}}\right) = 19.7\text{dB} \fallingdotseq 20\text{dB}$$

② 유리창 파손 후

$$\overline{\text{TL}} = 10\log\left(\frac{150}{100\times 3.162\times 10^{-4} + 45\times 3.162\times 10^{-2} + 5\times 1}\right) = 13.7\text{dB} \fallingdotseq 14\text{dB}$$

4. • 직접음회절시 $N_1 \fallingdotseq \dfrac{\delta_1 \cdot f}{170}$

$\delta_1 = A + B - d = \sqrt{3^2+3.5^2} + \sqrt{10^2+3^2} - \sqrt{0.5^2+13^2} \fallingdotseq 2.04$

$N_1 = \dfrac{2.04\times 500}{170} \fallingdotseq 6$

직접음회절감쇠치 $L_d = 7 + 10\log 6 = 14.78\text{dB}$

• 반사음 회절시 $N_2 \fallingdotseq \dfrac{\delta_2 \cdot f}{170}$

$\delta_2 = \sqrt{3^2+3.5^2} + \sqrt{10^2+5^2} - \sqrt{1.5^2+13^2} \fallingdotseq 2.7$

$N_2 = \dfrac{2.7\times 500}{170} = 7.94$

반사음회절감쇠치(수음점 경상) $L'_d = 7 + 10\log 7.94 \fallingdotseq 16\,\mathrm{dB}$

① 회절감쇠치 $\Delta L_d = -10\log\left(10^{-L_d/10} + 10^{-L'_d/10}\right)$

$\fallingdotseq -10\log\left(10^{-1.478} + 10^{-1.6}\right)$

$\fallingdotseq 12.34\,\mathrm{dB}$

② 삽입손실치 $\Delta L_I = -10\log\left(10^{-\Delta L_d/10} + 10^{-TL/10}\right)$

$= -10\log\left(10^{-1.234} + 10^{-2}\right)$

$= 11.65\,\mathrm{dB} \fallingdotseq 12\,\mathrm{dB}$

5. 바닥 및 천정면적 $= 10\times 7\times 2 = 140\mathrm{m}^2$

벽의 면적 $= 10\times 4\times 2 + 7\times 4\times 2 = 136\mathrm{m}^2$

흡음처리전의 평균흡음율 $\overline{\alpha} = \dfrac{\sum S_i\cdot\alpha_i}{\sum S_i} = \dfrac{70\times 0.1 + 70\times 0.2 + 136\times 0.15}{140 + 136} = 0.15$

• 실정수 $R_1 = \dfrac{\overline{\alpha}\cdot S}{1-\overline{\alpha}} = \dfrac{0.15\times 276}{1-0.15} \fallingdotseq 48.7\mathrm{m}^2$

흡음처리후의 평균흡음율 $\overline{\alpha} = \dfrac{70\times 0.1 + 70\times 0.7 + 136\times 0.6}{276} \fallingdotseq 0.499$

• 실정수 $R_2 = \dfrac{0.499\times 276}{1-0.499} = 274.9\mathrm{m}^2$

∴ 감음량 $\Delta L = 10\log\dfrac{R_2}{R_1} = 10\log\dfrac{274.9}{48.7} = 7.5\mathrm{dB} \fallingdotseq 8\mathrm{dB}$

6. 감쇠치 $\Delta = K\dfrac{P\cdot L}{S}\,\mathrm{dB}$ 에서

상수 $K \fallingdotseq a - 0.1 = 0.4 - 0.1 = 0.3$

주장 $P = \pi d = \pi\times 0.16 = 0.16\pi(\mathrm{m})$

길이 $L = 2(\mathrm{m})$, 단면적 $S = \pi r^2 = (0.08)^2\pi(\mathrm{m}^2)$

$\therefore \Delta = 0.3\dfrac{0.16\pi\times 2}{6.4\times 10^{-3}\cdot\pi} = 15\mathrm{dB}$

7. ① 기본음주파수 $f = \text{날개수}\times\dfrac{\mathrm{rpm}}{60} = 10\times\dfrac{1{,}500}{60} = 250\mathrm{Hz}$

② 팽창부의 길이 L

단순팽창형 소음기의 투과손실 TL은 $\mathrm{TL} = 10\log\left[1 + \dfrac{1}{4}\left(m - \dfrac{1}{m}\right)^2\sin^2 KL\right]\mathrm{dB}$ 에서

최대 TL은 $\sin^2 KL = 1$이 되려면 $KL = \frac{\pi}{2}$가 되어야 한다.

$L = \frac{\pi}{2K}$, $K = \frac{2\pi f}{C}$에서 $L = \frac{c\pi}{4\pi f} = \frac{c}{4f} = \frac{c}{4 \times 250}(\mathrm{m})$

한편 음속 c는

$c = 20.06\sqrt{273 + 40} = 355\mathrm{m}$

$\therefore L = \frac{355}{4 \times 250} = 0.355\mathrm{m}$

③ 팽창형 단면율 m

$\sin^2 KL = 1$일 때 $\mathrm{TL_m}$이 됨으로 $\mathrm{TL_m} = 10\log\left[1 + \frac{1}{4}\left(m - \frac{1}{m}\right)^2\right]\mathrm{dB}$에서 $1 \ll m$이면

$\mathrm{TL_m} = -10\log\left(\frac{m^2}{4}\right)$

$\therefore m = \left[\log^{-1}\left(\frac{\mathrm{TL_m} + 6}{10}\right)\right]^{1/2} = \left[\log^{-1}\left(\frac{20 + 6}{10}\right)\right]^{1/2} ≒ 20$배

8. 가. $\Delta L = 10\log\frac{R_2}{R_1} = 10\log\frac{\overline{\alpha_2}}{\overline{\alpha_1}}$

$(59 - 55)\mathrm{dB} = 10\log\left(\frac{\overline{\alpha_2}}{0.07}\right)$

$\overline{\alpha_2} ≒ 0.18$

나. 대책전 $\mathrm{TL_1} = 20\log(m_1 \cdot f) - 43$, 대책 후 $\mathrm{TL_2} = 20\log(m_2 \cdot f) - 43$

$\Delta\mathrm{TL} = \mathrm{TL_1} - \mathrm{TL_2} = 20\log\left(\frac{m_1}{m_2}\right) = 4\ \mathrm{dB}$

$\therefore \frac{m_1}{m_2} = 1.58$ (배)

9. 가. $\overline{\mathrm{TL}} = 10\log\frac{\Sigma S_i}{\Sigma S_i \tau_i}$

$= 10\log\left(\frac{60}{10 \times 10^{-2} + 2 \times 10^{-1} + 48 \times 10^{-4}}\right)$

$= 22.94$

$≒ 23\mathrm{dB}$

나. $\overline{\mathrm{TL}} = 10\log\left(\frac{60}{5 \times 10^{-2} + 2 \times 10^{-1} + 53 \times 10^{-4}}\right)$

$= 23.71\ \mathrm{dB}$

$≒ 24\ \mathrm{dB}$

10. $\Delta L = 10\log\left(\frac{A_2}{A_1}\right)$로부터

여기서, A_1, A_2는 흡음대책전후의 흡음력

$A_1 = 5\times4\times0.2+5\times4\times0.1+(6\times4\times2+6\times5\times2)0.07 = 13.56(\mathrm{m}^2)$

$A_2 = 5\times4\times0.2+5\times4\times0.6+(6\times4\times2+6\times5\times2)0.07 = 23.56(\mathrm{m}^2)$

$\therefore \Delta L = 10\log\left(\frac{23.56}{13.56}\right) \fallingdotseq 2.4\mathrm{dB}$

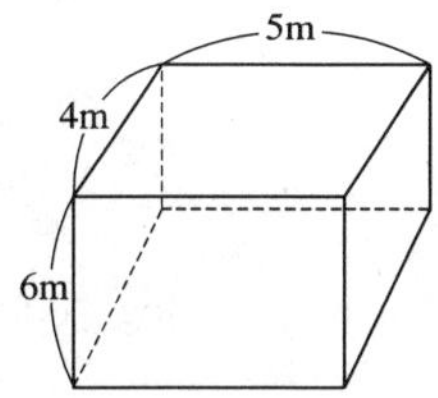

11. $A = 12\times18\times0.20+12\times18\times0.12+(12\times5\times2+18\times5\times2)\times0.15$

$+50\times0.5 = 139.12(\mathrm{m}^2)$

$V = 12\times18\times5 = 1080(\mathrm{m}^3)$

$\therefore T = \frac{0.161\,V}{A} = \frac{0.161\times1080}{139.12} = 1.25(\mathrm{sec})$

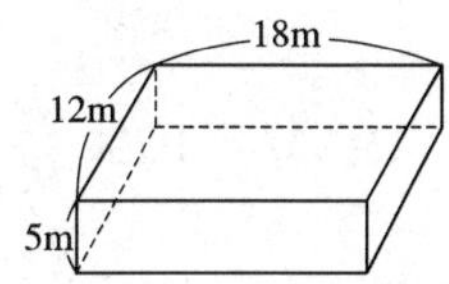

12. $V = 3\times3\times3 = 27(\mathrm{m}^3)$

$S = 3\times3\times6 = 54(\mathrm{m}^2)$

$T = 3.5(\mathrm{sec})$

$\therefore \bar{\alpha} = \frac{0.161\,V}{ST} = \frac{0.161\times27}{54\times3.5} = 0.023$

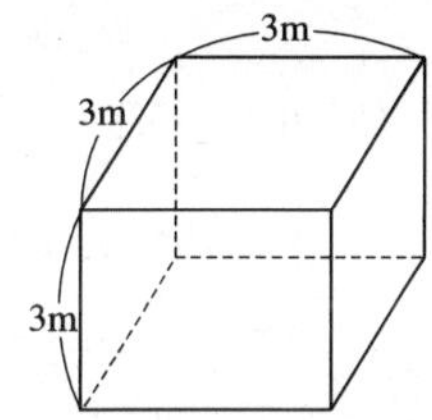

13. $S = 5\times5\times6 = 150(\mathrm{m}^2)$

$V = 5\times5\times5 = 125(\mathrm{m}^3)$

$T = 3.2(\mathrm{sec})$ $\quad T_o = 5.5(\mathrm{sec})$ $\quad s = 5(\mathrm{m}^2)$

$\therefore \alpha_r = \frac{0.161\,V}{s}\left(\frac{1}{T}-\frac{1}{T_o}\right)+\frac{0.161\,V}{ST_o}$

$= \frac{0.161\times125}{5}\left(\frac{1}{3.2}-\frac{1}{5.5}\right)+\frac{0.161\times125}{150\times5.5} = 0.55$

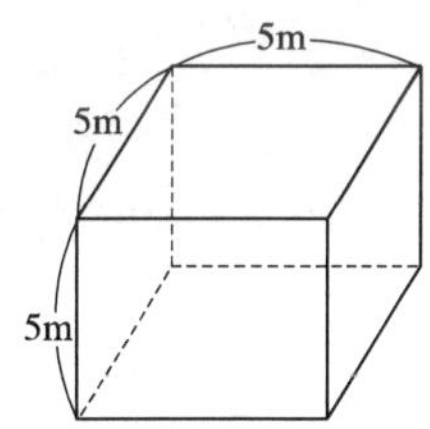

14. $\Delta L = 10\log\left(\frac{A_2}{A_1}\right)\mathrm{dB}$에서

$A_1 = 12\times16\times0.1+(4\times12\times2+4\times16\times2)\times0.18+12\times16\times0.05$

$= 69.12(\mathrm{m}^2)$

$A_2 = 12\times16\times0.1+(4\times12\times2+4\times16\times2)\times0.18+12\times16x$

$= 59.52+192x(\mathrm{m}^2)$

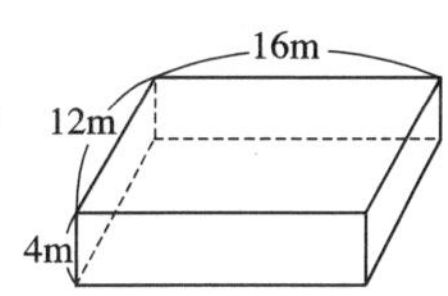

$$\Delta L = 10\log\left(\frac{59.52+192x}{69.12}\right) = 5\text{dB}$$

$$\log\frac{59.52+192x}{69.12} = 0.5$$

$$\log^{-1}0.5 = \frac{59.52+192x}{69.12} = 3.16228$$

$$59.52+192x = 218.577$$

$$\therefore x = 0.828$$

15. $\Delta L = 10\log\frac{R_2}{R_1} = 10\log\frac{\overline{\alpha}_2 S(1-\overline{\alpha}_1)}{(1-\overline{\alpha}_2)\overline{\alpha}_1 S} = 10\log\frac{\overline{\alpha}_2(1-\overline{\alpha}_1)}{\overline{\alpha}_1(1-\overline{\alpha}_2)}$ 에서

$$\Delta L = 10\log\frac{0.4(1-0.1)}{0.1(1-0.4)} = 7.78(\text{dB})$$

16. $R = \frac{\overline{\alpha}S}{1-\overline{\alpha}}$, $\overline{\alpha} = \frac{0.161V}{ST}$ 에서

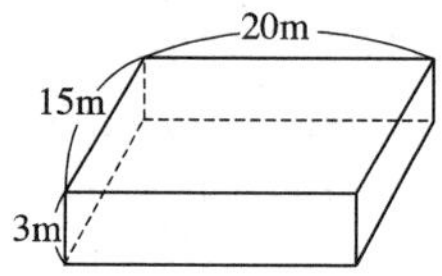

$V = 15\times20\times3 = 900(\text{m}^3)$

$S = 15\times20\times2+15\times3\times2+20\times3\times2 = 810(\text{m}^2)$

$\overline{\alpha} = \frac{0.161V}{ST} = \frac{0.161\times900}{810\times2} = 0.089$

$\therefore R = \frac{0.089\times810}{1-0.089} = 79.5(\text{m}^2)$

17. $\text{TL} = 20\log(7.5\times500)-43 = 28.48\text{dB}$

18. $\overline{\alpha} = \frac{\Sigma S_i\alpha_i}{\Sigma S_i}$

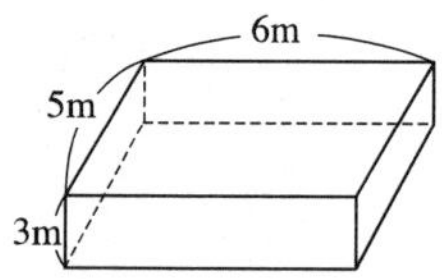

$$= \frac{5\times6\times0.1+5\times6\times0.7+2\times3\times5\times0.2+2\times3\times6\times0.2}{5\times6+5\times6+2\times3\times5+2\times3\times6}$$

$$= \frac{37.2}{126} = 0.295$$

19. $\text{NR} = \text{SPL}_1 - \text{SPL}_2 = \text{TL} + 10\log\frac{A_2}{S} - 6\text{dB}$ 에서

$$\text{SPL}_2 = \text{SPL}_1 - \text{TL} - 10\log\frac{A_2}{S} + 6$$

$$= 100 - 30 - 10\log\frac{30}{20} + 6 = 74.24(\text{dB})$$

20.

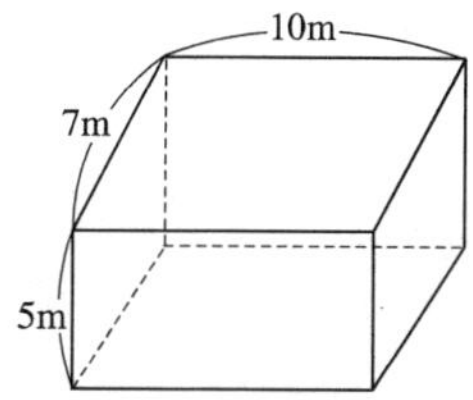

i) $A=\bar{\alpha}S=\sum_{i=1}^{n}\alpha_i S_i$

$=(0.20\times7\times10+0.07\times7\times10+5\times7\times2\times0.06+5\times10\times2\times0.06)=29.1(\text{m}^2)$

ii) $T=\dfrac{0.161V}{A}=\dfrac{0.161\times5\times7\times10}{29.1}=1.94(\text{sec})$

21. $\overline{\text{TL}}=10\log\dfrac{1}{\bar{\tau}}$ 로부터

$\bar{\tau}=\dfrac{\Sigma S_i\tau_i}{\Sigma S_i}=\dfrac{50\times10^{-\frac{55}{10}}+8\times10^{-\frac{25}{10}}+2\times1}{60}\fallingdotseq0.0338$

$\therefore\overline{\text{TL}}=10\log\dfrac{1}{0.0338}\fallingdotseq15(\text{dB})$

22. 벽체의 밀도(ρ)$=2500\text{kg/m}^3$

벽체의 면밀도(m)$=2500\text{kg/m}^3\times0.2\text{m}=500\text{kg/m}^2$

$\therefore\text{TL}=20\log(m\cdot f)-43=20\log(500\times500)-43\fallingdotseq65(\text{dB})$

23. $\Delta L=K\cdot\dfrac{PL}{S}$ 로부터

$K=\alpha_r-0.1=0.75-0.1=0.65$

$P=0.4\times4=1.6(\text{m})$

$S=0.4\times0.4=0.16(\text{m}^2)$

$L=3(\text{m})$

$\therefore\Delta L=0.65\times\dfrac{1.6\times3}{0.16}=19.5(\text{dB})$

24. $\text{SPL}_1-\text{SPL}_2=10\log n$

여기서 n은 전체면적의 $\dfrac{1}{n}$의 틈새면적

$\therefore 20=10\log n,\ \ n=\dfrac{1}{100}$

문의 전체면적$(S_1) = 1.8\text{m}^2 = 1{,}800{,}000\,\text{mm}^2$

틈새면적을 S_2 라 하면,

$$\frac{1}{n} = \frac{1}{100} = \frac{S_2}{S_1 + S_2} = \frac{S_2}{1{,}800{,}000 + S_2} \text{ 로부터 } S_2 = 18{,}181.8\text{mm}^2$$

문틈의 평균폭을 Y 라 하면,

$(900 + 2{,}000) \times 2 \times Y = 18{,}181.8 \qquad \therefore Y = 3.1\text{mm}$

25. $\Delta L = 10\log\dfrac{\overline{\alpha_2}(1-\overline{\alpha_1})}{\overline{\alpha_1}(1-\overline{\alpha_2})} = 10\log\dfrac{0.1(1-0.04)}{0.04(1-0.1)} \fallingdotseq 4\text{dB}$

26. $\text{NR} = \text{SPL}_1 - \text{SPL}_2 = \text{TL} - 10\log\left(\dfrac{1}{4} + \dfrac{S_w}{R_2}\right)$ 로부터

$$\text{SPL}_2 = \text{SPL}_1 - \text{TL} + 10\log\left(\frac{1}{4} + \frac{S_w}{R_2}\right) = 100 - 30 + 10\log\left(\frac{1}{4} + \frac{30}{30}\right) \fallingdotseq 71\text{dB}$$

27. $\text{NR} = \text{SPL}_1 - \text{SPL}_2 = \text{TL} - 10\log\left(\dfrac{S_w}{R_2}\right)$ 로부터

$$\text{SPL}_2 = \text{SPL}_1 - \text{TL} + 10\log\left(\frac{S_w}{R_2}\right) = 100 - 35 + 10\log\left(\frac{30}{5}\right) \fallingdotseq 63\text{dB}$$

28. $P = \pi(1.2 + 0.8 + 0.6 + 0.2) = 2.8\pi\ (\text{m})$

$$S = \frac{\pi}{4}\left[(1.2 - 0.8)^2 + (0.6 - 0.2)^2\right] = 0.28\pi\ (\text{m}^2)$$

$$\therefore \Delta L = K \cdot \frac{P \cdot L}{S} = (0.4 - 0.1) \times \frac{2.8\pi \times 2.5}{0.28\pi} = 7.5\text{ dB}$$

29. $\Delta L = K \cdot \dfrac{P \cdot L}{S}$ 로부터

$$K = \frac{\Delta L \cdot S}{P \cdot L} = \frac{\Delta L \cdot \frac{\pi}{4}D^2}{\pi \cdot D \times L} = \frac{\Delta L \cdot D}{4L} = \frac{10 \times 0.5}{4 \times 2} = 0.625$$

$\therefore K = \alpha - 0.1$ 로부터 $\alpha = 0.725$

30. 저음역의 공명주파수를 f_{rl} 라 할 때 $\sqrt{2} f_{rl}$ 의 주파수에서 질량법칙과 일치하는 투과손실을 갖는다.

$$\therefore f_{rl} = \frac{30}{\sqrt{2}} = 21.2(\text{Hz})$$

$$f_{rl} = 60\sqrt{\frac{m_1+m_2}{m_1 \times m_2} \cdot \frac{1}{d}}$$

$$21.2 = 60\sqrt{\frac{100+150}{100 \times 150} \cdot \frac{1}{d}}$$ 로부터 $d \fallingdotseq 13(\text{cm})$

31. $f_{rl} = \frac{c}{2\pi}\sqrt{2\rho/md} = \frac{343}{2\pi}\sqrt{\frac{2 \times 1.2}{200 \times 0.1}} \fallingdotseq 19\text{Hz}$

32. $\alpha_r = \frac{0.161V}{s}\left(\frac{1}{T} - \frac{1}{T_0}\right) + \frac{0.161V}{ST_o} = \frac{0.161 \times 125}{10}\left(\frac{1}{3.2} - \frac{1}{5.5}\right) + \frac{0.161 \times 125}{150 \times 5.5} = 0.3$

33. $f_o = \frac{c}{2\pi}\sqrt{\beta/(h+1.6\alpha) \cdot d}$

여기서 $\beta = \frac{\pi a^2}{B^2}$ 으로부터

$$f_o = \frac{340 \times 10^3}{2\pi}\sqrt{\frac{\pi \times 4^2}{20^2}/(10+1.6 \times 4) \times 50} \fallingdotseq 670(\text{Hz})$$

34. $f = \frac{c}{2\pi}\sqrt{\frac{\rho}{m \cdot d}}$ 로부터

$c = 331.42 + 0.6t = 331.42 + 0.6 \times 20 = 343.42\text{m/s}$

$\rho = 1.293 \times \frac{273}{273+t} = 1.293 \times \frac{273}{(273+20)} = 1.20(\text{kg/m}^3)$

$\therefore f = \frac{343.42}{2\pi}\sqrt{\frac{1.20}{150 \times 5 \times 10^{-3} \times 50 \times 10^{-3}}} \fallingdotseq 309(\text{Hz})$

35. 최대 투과 손실

$\text{TL} = 10\log\left[1 + \frac{1}{4}\left(m - \frac{1}{m}\right)^2\right]$

여기서 $m = \left(\frac{D_2}{D_1}\right)^2 = \left(\frac{120}{50}\right)^2 = 5.76$

$\therefore \text{TL} = 10\log\left[1 + \frac{1}{4}\left(5.76 - \frac{1}{5.76}\right)^2\right] \fallingdotseq 9.4\text{dB}$

36. 1) 방음벽에 의한 감쇠치

$\delta = (A+B) - d = (\sqrt{25^2+6^2} + \sqrt{5^2+6^2}) - 30 \fallingdotseq 3.5(\text{m})$

$N = \frac{\delta \cdot f}{170} = \frac{3.5 \times 500}{170} = 10.3$

$\therefore L = 10\log(10.3) + 5 \fallingdotseq 15\text{dB}$

2) 거리감쇠치 $L_d = 20\log\frac{r_2}{r_1} = 20\log\frac{30}{1} \fallingdotseq 29.5\text{dB}$

3) 수음점에서의 소음도 $= 100 - 15 - 29.5 = 55.5(\text{dB})$

37. 방음벽설치시 소음감쇠효과 = 거리감쇠 + 삽입손실치

$$\therefore \text{SPL}_2 = \text{SPL}_1 - 20\log\frac{r_2}{r_1} + 10\log\left(10^{\frac{-\Delta L}{10}} + 10^{\frac{-\text{TL}}{10}}\right)$$

$$= 100 - 20\log\frac{30}{1} + 10\log\left(10^{\frac{-10}{10}} + 10^{\frac{-16}{10}}\right) \fallingdotseq 61.4\text{dB}$$

Chapter 3

진동개론 및 방지기술

공해진동이란 사람에게 불쾌감을 주는 진동으로 목적을 저해하고, 쾌적한 생활환경을 파괴하며, 사람의 건강 및 건물에 피해를 주는 진동을 말한다.

이러한 공해진동의 진동수 범위는 1～90[Hz]이며, 그 레벨은 60 dB(지진의 진도계로는 대략 Ⅰ)로부터 80 dB(진도계로 대략 Ⅲ)까지가 많고, 사람이 느끼는 최소 진동역치(振動閾値)는 55±5 dB 정도이다.

3.1 진동개론

3.1.1 진동의 발생

인위적으로 발생하는 진동에는 다음의 세 종류가 있다.

① 폭발 · 타격 등에 의한 충격진동

② 산업장의 기계 등에서 발생하는 지속적인 정상진동

③ 충격 및 정상진동이 중첩하는 진동

3.1.2 진동의 물리성

[그림 3-1]과 같은 정현진동(正弦振動)에서 시간 t에 대한 진동변위 x는 (위상각 θ는 무시)

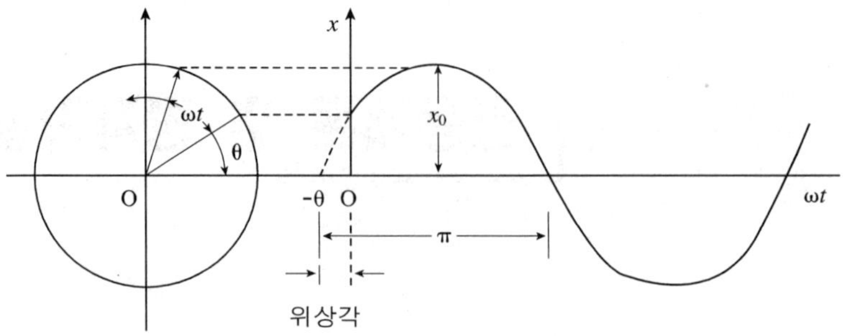

그림 3-1 정현진동

$$x = x_0 \sin\omega t \tag{3.1}$$

여기서, x_0는 변위진폭(피-크치), ω는 각진동수(角振動數$= 2\pi f$, rad/s)이다.

진동속도 v는 식 (3.1)을 시간 t로 미분하면 되므로,

$$v = \frac{dx}{dt} = x_0 \, \omega \cos \omega t \tag{3.2}$$

또한, 진동가속도 A는 식 (3.2)를 시간 t로 미분하면 되므로,

$$A = \frac{dv}{dt} = -x_0 \, \omega^2 \sin\omega t \tag{3.3}$$

진동을 나타낼 때 sin 및 cos의 시간적 변화를 배제한 최대치나 실효치(root mean square value)로 표시하여도 진동의 강약을 알 수 있다.

변위진폭 x_0 [m]
속도진폭 $V_m = x_0 \, \omega$ [m/s]
가속도진폭 $A_m = x_0 \, \omega^2$ [m/s^2]

이 된다. 한편, 그 표기는 다음과 같다.

피-크치(편진폭)	peak 치	A_m
P-P치(전진폭)	peak to peak 치	$2A_m$
실효치	rms치	$\frac{A_m}{\sqrt{2}}$
평균치	—	$\frac{2A_m}{\pi}$

3.1.3 진동의 계측용어 및 단위

(1) 진동수

1초 동안의 cycle수로 그 표시 기호는 f, 단위는 Hz이다.

(2) 변위진폭(displacement)

변위의 최대진폭을 x_0로 표시할 때, 눈으로 보는 진동의 변위량은 $2x_0$이며, 단위는 m이다.

(3) 진동속도(velocity)

단위 시간당의 변위량으로 그 표시 기호는 v, 단위는 m/s (kine=cm/s)이며, 최대치(피크치) V_m은 다음 식과 같다.

$$V_m = x_0\,\omega \quad [\mathrm{m/s}] \tag{3.4}$$

(4) 진동가속도(acceleration)

단위 시간당의 속도 변위량으로 그 표시 기호는 A, 단위는 $\mathrm{m/s^2}$($\mathrm{gal = cm/s^2}$, $\mathrm{g = 9.8m/s^2}$)이 사용되며 진동가속도의 최대치 A_m은

$$A_m = x_0\,\omega^2 \quad [\mathrm{m/s^2}] \tag{3.5}$$

3.1.4 공해진동 크기의 표현

(1) 진동가속도레벨(vibration acceleration level : VAL)

진동의 물리량을 dB로 나타낸 것으로,

$$\mathrm{VAL} = 20\log\left(\frac{A_{\mathrm{rms}}}{A_r}\right) \quad [\mathrm{dB}] \tag{3.6}$$

여기서, A_{rms}는 측정대상 진동의 가속도실효치($\mathrm{m/s^2}$), A_r은 기준진동의 가속도실효치(1 gal이나 $10^{-5}\mathrm{m/s^2}$이 사용되나 공해진동에서는 후자가 많이 쓰임)이며, 실효치의 의미는 소음편과 같다. 즉, 진동가속도실효치 A_{rms}는

$$A_{\mathrm{rms}} = A = \frac{A_m}{\sqrt{2}}$$

여기서 A_m은 진동가속도 진폭 혹은 가속도피크치($\mathrm{m/s^2}$)이다.

Example 진동수 16Hz, 진동속도 파형의 전진폭이 0.0002m/s인 정현진동의 가속도 진폭 및 진동 가속도레벨(기준 10^{-5}m/s^2)은?

1) 진동속도파형의 전진폭 $= 2V_m = 2x_o\omega = 0.0002\ \text{m/s}$

속도진폭 $V_m = \dfrac{0.0002}{2} = 0.0001(\text{m/s})$

가속도 진폭 $A_m = x_0\omega^2 = V_m\omega = 0.0001 \times (2\times\pi\times16) = 0.01(\text{m/s}^2)$

2) $\text{VAL} = 20\log\left(\dfrac{A_{r\,ms}}{A_r}\right)\ \text{dB}$

$$= 20\log\left(\frac{\frac{0.01}{\sqrt{2}}}{10^{-5}}\right)\ \left(\because A_{r\,ms} = \frac{A_m}{\sqrt{2}}\right) \fallingdotseq 57\ \text{dB}$$

(2) **진동레벨**(vibration level)

1～90Hz 범위의 주파수대역별 진동가속도레벨에 주파수대역별 인체의 진동감각특성(수직 또는 수평감각)을 보정(補正)한 후의 값들을 dB 합산한 것으로,

$$\text{VL} = \text{VAL} + W_n \quad \text{dB(V) 또는 dB(H)} \tag{3.7}$$

여기서, W_n은 주파수 대역별 인체감각에 대한 보정치로 [표 3-1]과 같다.

(3) **등감각곡선**(equal perceived acceleration contour)

소음에 대한 우리 귀의 청감이 주파수에 따라 다르듯이 인체의 진동에 대한 감각도 진동수에 따라 다르다.

진동수에 따른 등감각곡선은 [그림 3-2]와 같다. 그림에서 보듯이 수직진동은 4～8 Hz 범위에서, 수평진동은 1～2 Hz 범위에서 가장 민감하다.

소음계에서 등청감곡선에 기초하여 정해진 청감보정회로를 통한 값을 소음레벨이라 하듯이 진동계에서도 [그림 3-2]의 등감각곡선에 기초하여 정해진 보정회로 [표 3-1 참조]를 통한 레벨을 진동레벨이라 한다. 일반적으로 수직보정된 레벨을 많이 사용하는데 이를 수직진동레벨(virtical vibration level)이라 하고 dB(V)로 그 단위를 표시한다.

한편, 수직보정곡선의 주파수 대역별 보정치의 물리량 a는

표 3-1 1/3 옥타브밴드 진동감각 상대 응답(ISO R-2631)

1/3 옥타브밴드 중심주파수[Hz]	보정특성	
	수직보정	수평보정
1.0	0.50 = −6 dB	1.00 = 0 dB
1.25	0.56 = −5 dB	1.00 = 0 dB
1.6	0.63 = −4 dB	1.00 = 0 dB
2.0	0.71 = −3 dB	1.00 = 0 dB
2.5	0.80 = −2 dB	0.80 = −2 dB
3.15	0.90 = −1 dB	0.63 = −4 dB
4.0	1.00 = 0 dB	0.50 = −6 dB
5.0	1.00 = 0 dB	0.40 = −8 dB
6.3	1.00 = 0 dB	0.315 = −10 dB
8.0	1.00 = 0 dB	0.25 = −12 dB
10.0	0.80 = −2 dB	0.20 = −14 dB
12.5	0.63 = −4 dB	0.16 = −16 dB
16.0	0.50 = −6 dB	0.125 = −18 dB
20.0	0.40 = −8 dB	0.10 = −20 dB
25.0	0.315 = −10 dB	0.08 = −22 dB
31.5	0.25 = −12 dB	0.063 = −24 dB
40.0	0.20 = −14 dB	0.05 = −26 dB
50.0	0.16 = −16 dB	0.04 = −28 dB
63.0	0.125 = −18 dB	0.0315 = −30 dB
80.0	0.10 = −20 dB	0.025 = −32 dB

$$1 \leq f \leq 4\,\text{Hz}\text{일 때} \quad a = 2 \times 10^{-5} \times f^{-\frac{1}{2}} \ [\text{m/s}^2]$$

$$4 \leq f \leq 8\,\text{Hz}\text{일 때} \quad a = 10^{-5} \ [\text{m/s}^2]$$

$$8 \leq f \leq 90\,\text{Hz}\text{일 때} \quad a = 0.125 \times 10^{-5} \times f \ [\text{m/s}^2]$$

이므로 이를 $-20\log\left(\dfrac{a}{10^{-5}}\right)$식으로부터 구하면 감각보정치 W_n이 된다([표 3-1] 참조.).

공해진동은 수직진동성분이 대부분을 점하고 있어 우리나라의 소음진동 규제법에서는 V 특성으로 계측하도록 하고 있다.

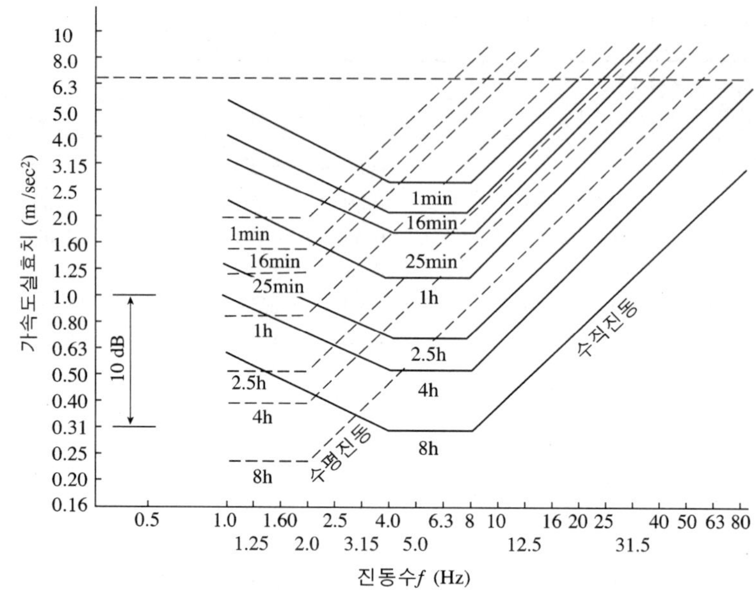

【주】 1. 실선은 산업장에서 수직진동에 대한 피로능률감퇴경계(疲勞能率減退境界)곡선이며 점선은 수평진동에 대한 것이다. 예를 들어 4~8Hz 사이의 수직진동에 근로자가 8시간 노출될 때 피로능률감퇴경계가 되는 진동의 크기는 0.315m/s^2 (≒90dB) 임을 알 수 있다.

2. 건강과 안전을 보전하기 위한 폭로한계는 이 기준보다 6dB 높고, 쾌감감퇴한계는 10dB 낮은 값이다.

3. 수직진동의 8시간 폭로기준을 보정가속도레벨로 환산하면 90dB에 상당한다.

그림 3-2 진동의 등감각곡선(ISO-R-2631)

3.1.5 진동의 영향

(1) 감각적 영향

6 Hz에서 허리·가슴 및 등 쪽에 가장 심한 통증을 느끼며, 13 Hz에서 머리는 가장 크게 진동을 느끼고 안면에서는 볼·눈꺼풀이 진동함을 느낀다. 4~14 Hz에서 복통을 느끼고, 9~20 Hz에서는 대소변을 보고 싶게 하고, 무릎에 탄력감이나 땀이 난다거나 열이 나는 느낌을 받고, 수직 및 수평진동이 동시에 가해지면 2배의 자각현상이 나타난다.

(2) 생리적 영향

① 후두계 : 12~16 Hz에서 배 속의 음식물이 심하게 오르락 내리락함을 느끼고, 발성에 영향을 준다.

② 호흡기 : 1~3 Hz에서 호흡이 힘들고, O_2 소비가 증가한다.

③ 순환기 : 맥박수가 증가한다.

(3) 신체적 영향

3~6 Hz 부근에서 심한 공진현상(共振現象)을 보여, 가해진 진동보다 크게 느끼고 2차적으로 20~30 Hz 부근에서 공진현상이 나타나지만 진동수가 증가함에 따라 감쇠가 급격히 증가한다.

이러한 공진현상은 앉아 있을 때가 서 있을 때보다 심하게 나타난다.

① 전신진동 : 차량과 같은 탈 것을 운전한 사람이나 공장 근로자들이 받는 진동으로 압박감을 느끼며 심하면 공포감과 오한을 느낀다.

② 국소진동 : 광산 근로자, 조선공 등과 같이 착암기·공기해머 및 연마기를 많이 사용하는 사람의 손에 많이 나타난다. 이는 손가락의 말초혈관운동의 장애로 인한 혈액순환의 장애로 창백해지는 Raynaud씨 현상이다.

(4) 물적 피해 등

진도계(震度階)와 진동가속도레벨의 크기에 따른 물적 피해는 [표 3-2]와 같다.

한편, 기계·구조물 등에 대한 진동 변위진폭의 한계를 보면 [그림 3-3]과 같으며, 그림에서 보듯이 1,000[cpm]의 진동수에서 0.01″의 진폭변위가 있으면 기계나 그 기초에 위험이 따르므로 항상 이 값 이하로 하는 것이 바람직하다.

표 3-2 진도계와 진동가속도레벨에 따른 물적 피해

진도계	지진의 명칭	진동가속도 (cm/s^2)의 피이크 치	가속도레벨 (dB) ($re.10^{-5} m/s^2$)	비 고
0	무감(no feeling)	0.8 이하	55 이하	인체로 느끼지 못함
I	미진(slight)	0.8~2.5	60±5	약간 느낌
II	경진(weak)	2.5~8.0	70±5	크게 느낌
III	약진(rather strong)	8.0~25	80±5	창문, 미닫이가 흔들리고 진동음 발생
IV	중진(strong)	25~80	90±5	기물이 넘어지고 물이 넘침
V	강진(very strong)	80~250	100±5	벽의 균열이나 비석이 넘어짐
VI	열진(disastrous)	250~400	105~110	가옥 파괴 30% 이하
VII	격진(very disastrous)	400 이상	110 이상	가옥 파괴 30% 이상, 단층, 산사태 발생

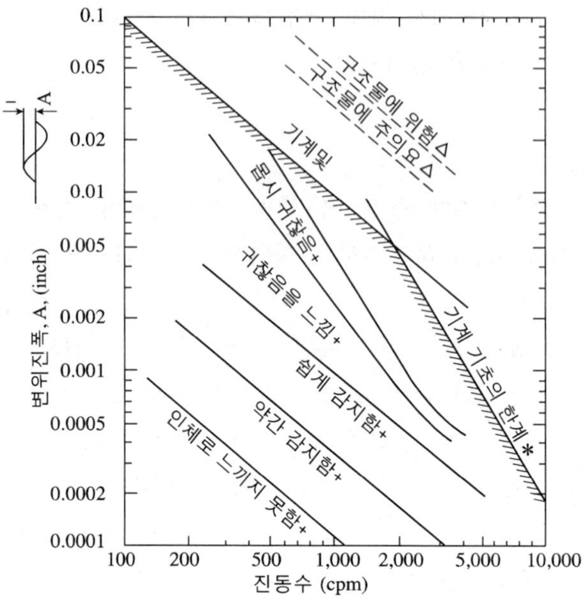

그림 3-3 기계·구조물 등에 대한 변위진폭의 한계

(5) 건물에 대한 진동 허용기준

진동수 범위 1～80 [Hz] 사이에서 건물 용도별 진동 허용기준의 최대가속도값을 보면 [표 3-3]과 같다.

표 3-3 건물 용도별 진동허용기준의 최대가속도값(ISO)

지 역	시 간	연속 또는 간헐적 가속도 진폭의 실효치(rms)	충격 피이크 가속도진폭
병원수술실과 같은 중요한 지역	주간 야간	0.0036(51dB) 0.0036(51dB)	0.005(54dB) 0.005(54dB)
주 거 지	주간 야간	$\frac{0.072}{\sqrt{t}}$(57dB) 0.005(54dB)	$\frac{0.1}{\sqrt{n}}$(60dB) 0.01(60dB)
사 무 실	상시	$\frac{0.14}{\sqrt{t}}$(63dB)	$\frac{0.2}{\sqrt{n}}$(66dB)
공장 · 작업장	상시	$\frac{0.28}{\sqrt{t}}$(69dB)	$\frac{0.4}{\sqrt{n}}$(72dB)

이 표의 rms 가속도 진폭은 감각보정이 된 총합(overall)이며, t는 진동진폭시간(sec)으로 100초까지는 해당 폭로시간을 사용하고, 100초를 초과할 때는 100을 사용한다. n은 충격진동의 횟수로 100을 초과할 때는 100을 사용한다.

3.2 진동방지기술

3.2.1 가진력의 발생과 대책

(1) **충격가진력**

중량 W의 물체가 속도 v로 충돌하는 기계가 있을 때 이로 인해 진동이 발생한다. 이때 충격력을 F, 계(系)의 스프링 정수를 k, 변위를 δ라 하면,

$$\frac{1}{2}mv^2 = \frac{1}{2}\frac{W}{g}v^2 = \frac{1}{2}F \cdot \delta \tag{3.8}$$

위 식의 δ에,

$$\delta = \frac{F}{k} \tag{3.9}$$

를 대입하면,

$$F = v\sqrt{\frac{k \cdot W}{g}} \tag{3.10}$$

즉, 충격력 F는 스프링 정수로서 k 및 중량 W의 평방근에 속도 v에 비례한다. 예를 들어 스프링 정수 k를 $\frac{1}{4}$로 하면 F는 $\frac{1}{2}$로 되므로 완충재를 넣으면 가진력이 저감됨을 알 수 있다.

(2) **회전 및 왕복운동에 의한 불평형력**

기계에서 발생하는 불평형력은 회전 및 왕복운동에 의한 관성력 및 모멘트에 의해 발생한다.

회전운동에 의해서 발생하는 관성력은 원심력으로,

$$F = mr\omega^2 \tag{3.11}$$

으로 나타낸다.

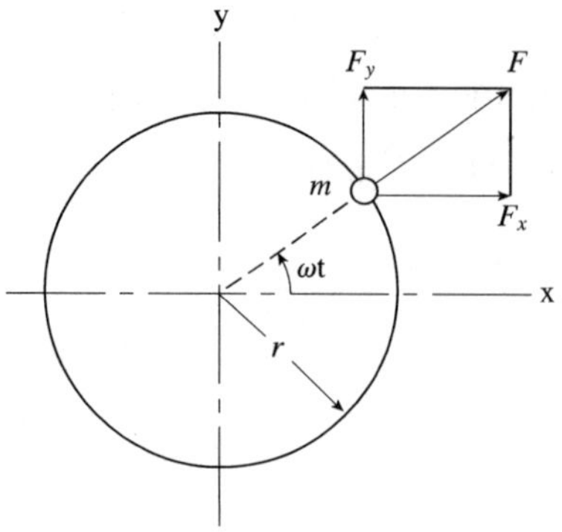

그림 3-4 정적 불평형력

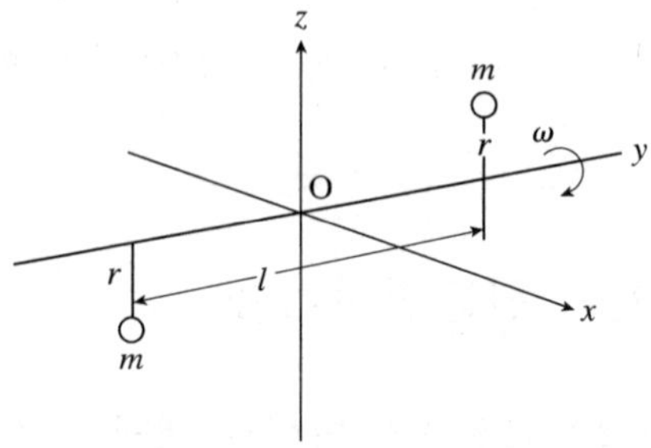

그림 3-5 동적 불평형력

[그림 3-4]에서 x축 및 y축 방향의 분력(分力) F_x 및 F_y는

$$F_x = m r \omega^2 \cos \omega t \tag{3.12}$$

$$F_y = m r \omega^2 \sin\omega t \tag{3.13}$$

여기서, m은 질량(kg), r는 반경(m), ω는 각진동수(rad/s)이다.

즉, 기계의 1회전마다 1주기로 하는 가진력이 x방향 및 y방향에 발생하며 $x \cdot y$면에 수직하는 z축에는 힘이 발생하지 않는다.

이를 균형잡기 위해서는 m의 반대측에 동일질량을 부착하면 되고 이 때,

$$\Sigma F_i = 0 \tag{3.14}$$

가 되어 원심력이 상쇄되는데 이를 정적(靜的)평형이라고 한다.

또 [그림 3-5]는 중심 0를 기준으로 질량 m이 대칭위치에 놓여 있을 경우로 y축에 대해서는 정적 평형이 완전하지만 y축이 회전하면 x축 둘레에 우력(偶力 : 모멘트) M이 발생한다.

$$M = m r \omega^2 l \tag{3.15}$$

이때 정적 불평형력은 발생하지 않지만 동적 불평형력이 발생한다. 이것을 균형잡으면,

$$\Sigma M_i = 0 \tag{3.16}$$

(3) 방진대책

방진대책으로 발생원, 전파경로, 수진측(受振側) 대책을 들 수 있다.

1) 발생원 대책

① 가진력 감쇠

② 불평형력의 균형

③ 기초중량의 부가 및 경감

④ 탄성지지

⑤ 동적 흡진

2) 전파경로 대책

① 진동원 위치를 멀리하여 거리감쇠를 크게 한다.

② 수진점 근방에 방진구(防振溝)를 판다.

3) 수진측 대책

① 수진측의 탄성지지

② 수진측의 강성(剛性) 변경

3.2.2 진동방지계획 및 진행방향

(1) 진동 방지계획을 세우는 절차

① 진동이 문제되는 수진점의 위치를 확인

② 수진점 일대의 진동 실태조사(지면진동 및 초저주파음의 레벨 및 주파수 분석)

③ 수진점의 진동이 지면진동에 의한 것인가 초저주파음에 의한 것인가를 판정한다.

④ 수진점의 진동 규제기준 확인

⑤ 측정치와 규제 기준치의 차로부터 저감 목표레벨을 정한다.

⑥ 발생원의 위치와 발생기계를 확인한다.

⑦ 적절한 개선대책을 선정한다(기진력의 제거 및 저감, 기계 기초로의 진동전달을 저감, 진동차단과 공기진동에 대해서는 소음기 부착)

⑧ 시공 및 재평가

(2) 방진대책의 진행방향

1) 진동원 제거 : 동일 생산품을 만드는데 진동이 작은 기계나 작업방법으로 교체하여 진동원을 제거하는 것이 좋다 기계에서 발생하는 진동력은 보수·개선 등을 통하여 감소시키고 가진력의 지향성도 고려하여야 한다.

기계가 정상적으로 움직이는 경우도 복합된 여타의 기계에 의한 영향으로 진동의 강약이 발생하므로 복합적으로 진동원을 고려하여야 한다.

2) 가진력의 저감

① 가진력 발생의 예

㉮ 왕복질량에 의한 관성력 : 횡형 압축기, 활판인쇄기 등

㉯ 회전질량에 의한 관성력 : 회전부가 중심이 맞지 않을 때

㉰ 질량의 낙하운동에 의한 충격력 : 단조기 등

② 가진력 저감의 예

㉮ 진동이 작은 기계로 교체 : 단조기 → 단압프레스, 왕복운동압축기 → 터보형 고속회전압축기

㉯ 회전기계의 회전부의 불평형은 정밀실험을 통해 평형유지 : 자동차 바퀴의 연편(鉛片)부착

㉰ 크랑크 기구를 가진 왕복운동기계는 복수개의 실린더를 가진 것으로 교체

㉱ 기계, 기초를 움직이는 가진력을 감소시키기 위해서는 탄성을 유지한다. 이것이 안 될 때는 기초부의 중량을 크게 하거나 작게 하여 진동진폭을 감소시킨다. 즉, $F = ma$, $a = x_0 \omega^2$의 관계식으로부터 진동의 최대진폭 x_0는

$$x_0 = \frac{F}{m\omega^2}\ [\mathrm{m}] \tag{3.17}$$

이므로 m을 크게(기초에 중량을 부가)하면 x_0가 작아진다.

㉲ 기계에서 발생하는 가진력은 지향성이 있으므로 기계의 설치 방향을 바꾸는 등의 대책이 필요하다.

3.2.3 탄성지지 이론

(1) 1자유도 진동계

[그림 3-6]은 기계와 기초대 사이에 방진재를 넣은 경우로 그림과 같이 단지 한 방향(수직 또는 수평)으로만 진동하는 계를 1자유도 진동계(single-degree-of-freedom mechanical system)라 한다.

이 계의 운동방정식을 Newton의 제 2법칙으로 표시하면,

$$m\ddot{x} + C_e\dot{x} + kx = f(t) \tag{3.18}$$

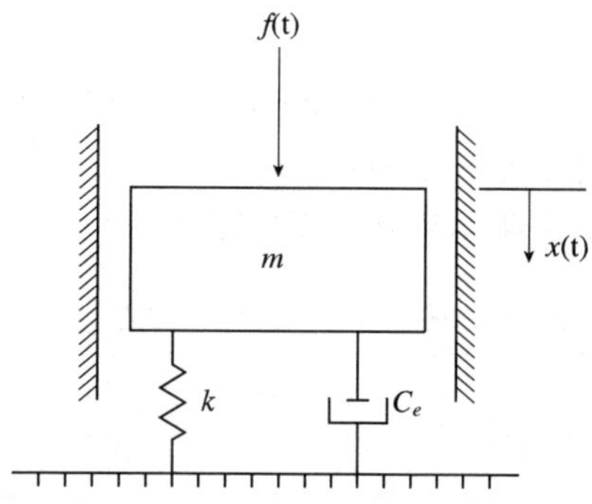

그림 3-6 1 자유도 진동모델

여기서, $m\ddot{x}$는 관성력(m : 질량, kg), $C_e\,\dot{x}$는 점성(粘性) 저항력(C_e : 감쇠계수, N/cm/s), kx는 스프링의 복원력(k : 스프링 정수, N/cm), $f(t)$는 외력의 가진함수(加振函數) $f(t) = F = F_o\sin\omega t$ 이다.

이 계의 고유진동수(natural frequency) f_n은

$$f_n = \frac{1}{2\pi}\sqrt{\frac{k}{m}} = \frac{1}{2\pi}\sqrt{\frac{k \cdot g}{W}} \fallingdotseq 4.98\sqrt{\frac{k}{W}}\ [\text{Hz}] \tag{3.19}$$

고유각진동수(natural angular frequency) ω_n은

$$\omega_n = \sqrt{\frac{k}{m}} = \sqrt{\frac{k \cdot g}{W}} = 2\pi f_n\ [\text{rad/sec}] \tag{3.20}$$

여기서, W는 계의 중량 또는 하중(N)이다.

※ (주의) 방진 설계시 기계를 여러개의 스프링으로 지지할 경우에 (3.19), (3.20)식의 k는 총스프링 정수 k_t [식 (3.92), (3.93)참조]가 적용되어야 함을 명심해야 한다.

한편, 스프링 1개당의 정적 수축량(static deflection)을 δ_{st}라 하면,

$$\delta_{st} = \frac{W_{mp}}{k} = \frac{W}{k_t}\ [\text{cm}] \tag{3.21}$$

여기서, W_{mp}는 스프링 1개가 지지하는 기계의 중량($W_{mp} = \frac{W}{n}$, n은 스프링의 수)이다.

Example 무게 160 N인 기계를 스프링정수 40 N/cm인 방진고무로 지지하고자 한다. 방진고무를 1개로 지지할 경우와 4개로 지지할 경우, 방진고무의 수축량은 각각 얼마가 되겠는가?

1개로 지지할 경우 $\delta_{st} = \dfrac{W_{mp}}{k} = \dfrac{160}{40} = 4(\text{cm})$

4개로 지지할 경우 $\delta_{st} = \dfrac{W_{mp}}{k} = \dfrac{160/4}{40} = 1(\text{cm})$

따라서, f_n과 δ_{st}는

$$f_n = \frac{1}{2\pi}\sqrt{\frac{k \cdot g}{W}} = \frac{1}{2\pi}\sqrt{\frac{g}{W/k}}$$

$$= \frac{1}{2\pi}\sqrt{\frac{g}{\delta_{st}}} \fallingdotseq 4.98\sqrt{\frac{1}{\delta_{st}}} \quad [\text{Hz}] \tag{3.22}$$

가 된다.

감쇠(damping)란 진동에 의한 기계에너지를 열에너지로 변환시키는 기능을 말하며, 감쇠계수(C_e)는 질량 m의 진동속도(v)에 대한 스프링의 저항력(F_r)의 비로,

$$C_e = \frac{F_r}{v} \quad [\text{N/cm/s}] \tag{3.23}$$

가 된다. 감쇠가 계에서 갖는 기능은

① 바닥으로 진동에너지 전달의 감소

② 공진시에 진동진폭의 감소

③ 충격시의 진동이나 자유진동을 감소시키는 것이다.

(2) 자유진동(free vibration)

비강제(unforced)진동계로 외력의 가진함수 $f(t) = 0$인 경우, 즉, 외력이 제거된 후의 진동을 말한다.

1) 비감쇠(undamped, $\xi = 0$) 자유진동

[그림 3-6]에서 감쇠비(damping ratio) ξ가 0, 즉, C_e가 0인 경우로, 이 때 질량 m을 약간 눌렀다 놓으면 m은 상하진동하고 감쇠(금속 스프링, 방진고무 등에 저항성분이 없는 경우)가 없기 때문에 시간에 따라 변위진폭이 감쇠하지 않아 (3.18)식은 다음과 같이 된다.

$$m\ddot{x} + kx = 0 \tag{3.24}$$

위 식의 해는

$$x = x_0 \sin(\omega_n t + \theta) \tag{3.25}$$

여기서, θ는 위상각(位相角)이다.

2) 감쇠가 있는 경우의 자유진동

[그림 3-6]과 같이 C_e가 있는 경우, 즉, 스프링에 저항성분이 있을 때를 말하며 이때는 식 (3.18)과 같이 된다.

$$m\ddot{x} + C_e\dot{x} + kx = 0 \tag{3.26}$$

감쇠비 ξ란 임계감쇠계수(臨界減衰係數) C_c에 대한 감쇠계수 C_e의 비로,

$$\xi = \frac{C_e}{C_c} \text{ 혹은 } \xi = \frac{C_e}{2\sqrt{k \cdot m}} \tag{3.27}$$

감쇠비 $\xi = 1$이면 $C_e = C_c$가 되므로,

$$\xi = 1 = \frac{C_e}{2\sqrt{k \cdot m}} \tag{3.28}$$

$$\therefore\ C_e = 2\sqrt{k \cdot m} = 2m \cdot \omega_n \tag{3.29}$$

로 된다.

Example 중량 34N이고 스프링정수 20.6N/cm, 감쇠계수가 0.1N/cm/s인 진동계의 고유진동수와 감쇠비는?

1) 고유진동수 $f_n = \frac{1}{2\pi}\sqrt{\frac{k \cdot g}{W}} \fallingdotseq 4.98\sqrt{\frac{k}{W}} = 4.98 \times \sqrt{\frac{20.6}{34}} \fallingdotseq 3.88(\text{Hz})$

2) 감쇠비 $\xi = \frac{C_e}{2\sqrt{k \cdot m}} = \frac{C_e}{2\sqrt{k \cdot \frac{W}{g}}} = \frac{0.1}{2\sqrt{20.6 \times \frac{34}{980}}} \fallingdotseq 0.06$

한편, 이 감쇠비의 크기에 따른 유형을 보면 다음 3가지가 있다.

① 부족감쇠(underdamped ; $0 < \xi < 1$) : (3.26) 식의 해(解)는

$$x = Ae^{-t\omega_n t}\sin(\omega_n\sqrt{1-\xi^2}\,t + \theta) \tag{3.30}$$

여기서, A는 $\dfrac{x_0}{\sqrt{1-\xi^2}}$, x_0는 t가 0일 때의 초기 변위진폭이다. 이를 도시하면 [그림 3-7]과 같은 감쇠를 보인다.

식 (3.30)에서 $\sqrt{1-\xi^2}$은 감쇠가 있을 때가 없을 때에 비해 $\sqrt{1-\xi^2}$ 배로 진동수가 변화함을 의미한다. 이때, 감쇠진동의 주기(damped period) T'는

$$T' = \frac{1}{f_n\sqrt{1-\xi^2}} \tag{3.31}$$

감쇠 진동의 고유진동수는 $f_n{}'$는

$$f_n{}' = f_n\sqrt{1-\xi^2} \tag{3.32}$$

여기서, f_n은 비감쇠계의 고유진동수이다.

또 t_1, t_2시의 변위진폭 x_1, x_2의 비를 지수함수로 나타내면,

$$\frac{x_1}{x_2} = e^{\xi\,\omega_n\tau_d} \tag{3.33}$$

이를 자연대수로 나타낸 대수감쇠율 Δ는

$$\Delta = \ln\left(\frac{x_1}{x_2}\right) = \frac{2\pi\xi}{\sqrt{1-\xi^2}} \tag{3.34}$$

로 각각 정의된다.

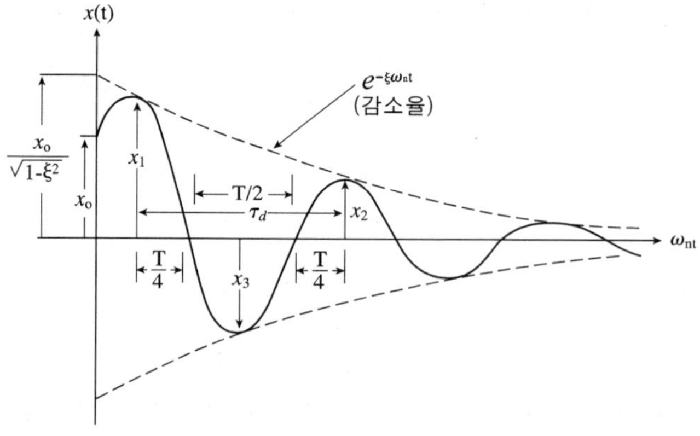

그림 3-7 부족감쇠 응답

Example $\ddot{x}+3\dot{x}+4x=0$으로 진동하는 진동계에서 감쇠비, 감쇠고유진동수, 대수감쇠율을 각각 구하시오.

$m=1\,\text{kg},\ C_e=3\,\text{N/cm/s},\ k=4\,\text{N/cm}$

1) 감쇠비 $\xi=\dfrac{C_e}{2\sqrt{k\cdot m}}=\dfrac{3}{2\sqrt{4\times 1}}=\dfrac{3}{4}$

2) 감쇠고유진동수 $f_n{}'=f_n\cdot\sqrt{1-\xi^2}$

$=\dfrac{1}{2\pi}\sqrt{\dfrac{k}{m}}\cdot\sqrt{1-\xi^2}=\dfrac{1}{2\pi}\sqrt{\dfrac{4}{1}}\cdot\sqrt{1-\left(\dfrac{3}{4}\right)^2}=0.21(\text{Hz})$

3) 대수감쇠율 $\Delta=\dfrac{2\pi\xi}{\sqrt{1-\xi^2}}=\dfrac{2\pi\times\left(\dfrac{3}{4}\right)}{\sqrt{1-\left(\dfrac{3}{4}\right)^2}}=7.12$

② 임계감쇠(critically damped ; $\xi=1$) : 이 때 (3.26)식의 해는 다음과 같다.

$$x=A\,e^{-\xi\omega_n t}+B\,e^{-\xi\omega_n t} \tag{3.35}$$

③ 과감쇠(overdamped ; $\xi>1$) : 이때는 비주기 진동상태로 되며, 그 해는

$$x=e^{-\xi\omega_n t}(A_1 e^{\sqrt{t^2-1}\cdot\omega_{nt}}+B_1 e^{\sqrt{t^2-1}\cdot\omega_{nt}}) \tag{3.36}$$

로 주어진다.

이들 상태에서 감쇠비에 따른 변위의 변화를 보면 [그림 3-8]과 같다.

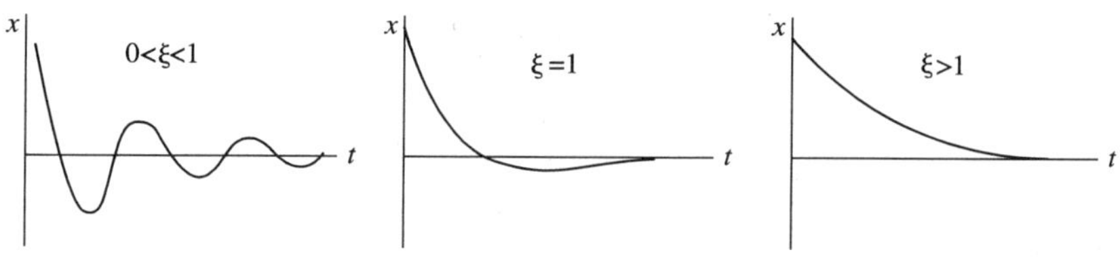

그림 3-8 감쇠비와 변위

(3) **강제진동**(forced vibration)

[그림 3-6]과 같은 계에 조화자극(회전기계인 모터 · 발전기 · 팬 등의 불평형력)이나

충격자극(햄머작업)같은 시간함수적인 외력 $f(t)(=F_0 \sin \omega t)$가 질량 m에 작용하는 경우의 진동을 말하며 대부분의 진동계가 여기에 속한다.

1) 비감쇠 강제진동($\xi=0$)

C_e가 0, $f(t)$가 $F_0 \sin\omega t$인 경우이므로 식 (3.18)은 다음과 같이 된다.

$$m\ddot{x}+kx=F_0 \sin \omega t \tag{3.37}$$

여기서, $x=x_0 \sin \omega t$라 하면 $\ddot{x}$는 $-x_0 \omega^2 \sin\omega t$가 되므로 이들을 식 (3.37)에 대입하면,

$$-mx_0\omega^2 \sin \omega t+kx_0 \sin \omega t=F_0 \sin \omega t$$

가 되며, m의 동적변위진폭 x_0는

$$x_0=\frac{F_0}{k-m\omega^2} \tag{3.38}$$

한편, (3.20)식을 변형하면,

$$m=k/{\omega_n}^2 \tag{3.39}$$

이므로, 이를 식 (3.38)에 대입하면,

$$x_0=\frac{F_0/k}{1-(\omega/\omega_n)^2}=\frac{F_0/k}{1-\eta^2} \tag{3.40}$$

여기서, η는 진동수 비로 $\eta=\dfrac{\omega}{\omega_n}=\dfrac{f}{f_n}$, 이며, ω는 강제각진동수(rad/sec), f는 강제진동수(Hz)를 나타낸다. 따라서, 시간변화에 따른 변화 x는

$$x=\frac{F_0/k}{1-(\omega/\omega_n)^2}\sin\omega t \tag{3.41}$$

가 된다.

여기서, F_0/k는 t가 0일 때 즉, 외부 강제력 F_0가 정적으로 가하여 질 때의 스프링의 정적 수축량으로 정적진폭 x_{st}라 표기한다. 즉, $x_{st}=\dfrac{F_0}{k}$이다.

x_{st}에 대한 x_0의 비를 진폭비 또는 진폭배율(magnification factor) $M \cdot F$라 하며,

$$M \cdot F = \frac{x_0}{x_{st}} = \frac{\dfrac{F_0}{k} \cdot \dfrac{1}{1-(\omega/\omega_n)^2}}{F_0/k}$$

$$= \frac{1}{1-(\omega/\omega_n)^2} \tag{3.42}$$

또한 이 계에서 발생한 진동이 기초(바닥)로 전달되는 전달율(transmissibility) T는

$$T = \left|\frac{전달력}{외력}\right| = \left|\frac{kx}{F_0\ \sin\omega t}\right| = \left|\frac{1}{1-(\omega/\omega_n)^2}\right|$$

$$= \left|\frac{1}{1-(f/f_n)^2}\right| = \left|\frac{1}{1-\eta^2}\right| = \left|\frac{1}{\eta^2-1}\right| \tag{3.43}$$

여기서, η는 진동수비 $\left(\eta = \dfrac{\omega}{\omega_n} = \dfrac{f}{f_n}\right)$이다.

2) 부족감쇠 강제진동($0<\xi<1$)

[그림 3-6]과 같이 스프링과 병열로 진동체 속도에 비례하는 점성저항(dash-board 등의 댐퍼나 방진고무는 내부 점성저항)이 있고, 기초(바닥)가 움직이지 않을 때의 외력 $f(t)$를 $F_0\sin\omega t$ 라 하면 식 (3.18)은

$$m\ddot{x} + C_e\dot{x} + kx = F_0\sin\omega t \tag{3.44}$$

여기서, x는 $x_0\sin\omega t$ 라 하면 $\dot{x}$는 $\omega x\cos\omega t = \omega x_0\sin(\omega t + 90°)$,
$\ddot{x}$는 $-\omega^2 x_0\sin\omega t$가 되므로 이들을 식 (3.44)에 대입하면,

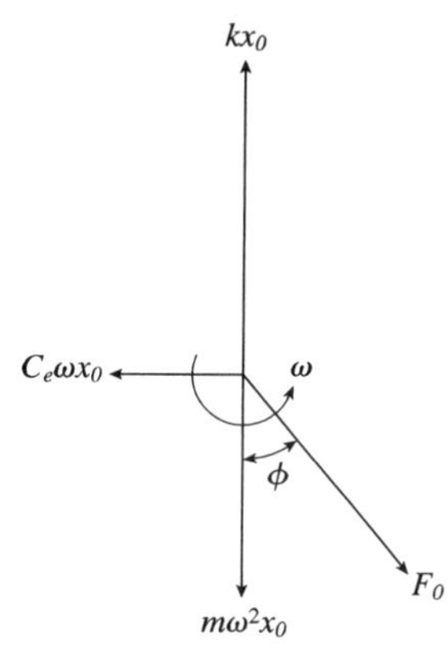

그림 3-9 힘의 벡터

$$- m\omega^2 x_0 \sin \omega t = C_e \omega x_0 \sin(\omega t + 90°) + k x_0 \sin \omega t \tag{3.45}$$
$$= F_0 \sin \omega t$$

식 (3.45)를 힘의 벡터로 나타내면 [그림 3-9]와 같이 된다.
이 그림에 의해 식 (3.45)를 다시 쓰면,

$$\begin{cases} kx_0 - m\omega^2 x_0 = F_0 \cos\phi \\ C_e \omega x_0 = F_0 \sin\phi \end{cases} \tag{3.46}$$

식 (3.46)의 양변을 각각 제곱하여 더하면,

$${x_0}^2\left\{(k - m\omega^2)^2 + {C_e}^2\omega^2\right\} = {F_0}^2 \tag{3.47}$$

따라서, m의 동적 진폭 x_0는

$$\begin{aligned} x_0 &= \frac{F_0}{\sqrt{(k - m\omega^2)^2 + {C_e}^2\omega^2}} \\ &= \frac{F_0/k}{\sqrt{[1 - (m/k)\cdot\omega^2]^2 + (C_e \cdot \omega/k)^2}} \\ &= \frac{F_0/k}{\sqrt{({\omega_n}^2 - \omega^2)^2 + (2\xi\omega_n\omega)^2}} \\ &= \frac{F_0/k}{\sqrt{[1 - (\omega/\omega_n)^2]^2 + \left(2\xi\dfrac{\omega}{\omega_n}\right)^2}} \\ &= \frac{F_0/k}{\sqrt{(1 - \eta^2)^2 + (2\xi\eta)^2}} \end{aligned} \tag{3.48}$$

이 된다.
그러므로 식 (3.44)의 해를 각진동수 함수로 나타낸 정상상태의 진동 $x(\omega)$는

$$x(\omega) = \frac{F_0}{\sqrt{(k - m\omega^2)^2 + {C_e}^2\omega^2}} \sin(\omega t + \phi) \tag{3.49}$$

또는

$$x(\omega) = \frac{F_0/k}{\sqrt{(1 - \eta^2)^2 + (2\xi\eta)^2}} \sin(\omega t + \phi) \tag{3.50}$$

가 된다.

여기서, ϕ는 위상각(位相角)으로,

$$\phi = \tan^{-1}\left(\frac{C_e\omega}{k - m\omega^2}\right)$$

또는

$$\phi = \tan^{-1}\left(\frac{2\xi\eta}{1-\eta^2}\right) \tag{3.51}$$

한편, 정적진폭 x_{st}는

$$x_{st} = \frac{F_0}{k} \tag{3.52}$$

이므로 진폭비 $M \cdot F$는

$$M \cdot F = \frac{x_0}{x_{st}} = \frac{1}{\sqrt{(1-\eta^2)^2 + (2\xi\eta)^2}} \tag{3.53}$$

이 되며 이를 도시하면 [그림 3-10]과 같이 된다. 이 그림에서 ξ가 적고 η가 1에 가까워지면 배율이 최대로 되는 공진현상이 일어남을 알 수 있다.

임의의 시각에서의 m의 동적진폭 $x(\omega)$에 대한 진폭비 $M \cdot F$는

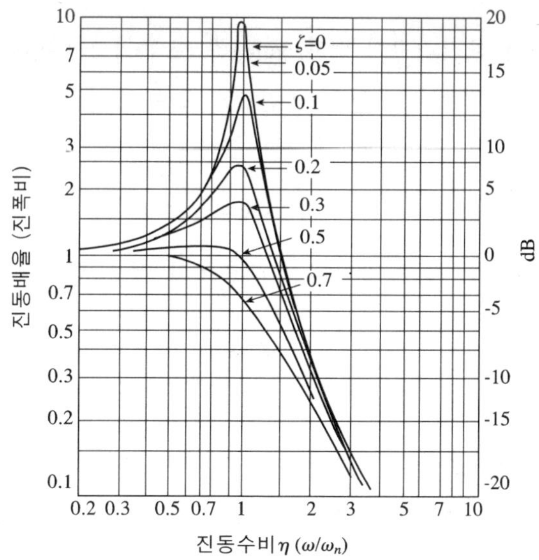

그림 3-10 진동수 비에 따른 진폭비

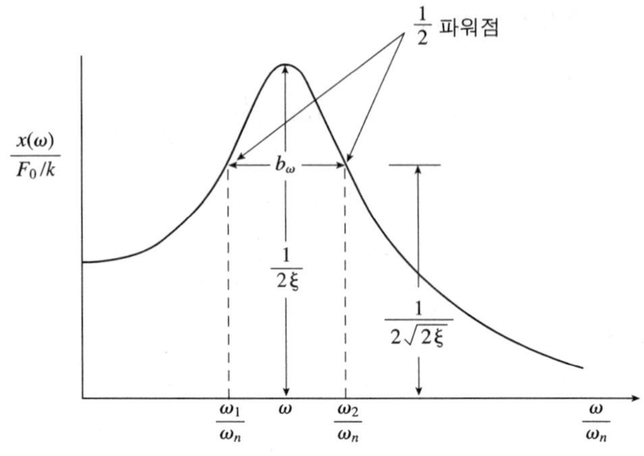

그림 3-11 공진피크의 정의

$$M \cdot F = \frac{x(\omega)}{F_0/k} \tag{3.54}$$

공진시에는 ω_n과 강제각진동수(forced angular frequency) ω가 같기 때문에,

$$M \cdot F_{공진} = \frac{1}{2\xi} \tag{3.55}$$

로 정의된다.

[그림 3-11]에서 공진피크의 밴드(band)폭 bw는 1/2파워(power, 진폭의 평방근에 비례) 점 사이의 범위로, 그 점은 공진피크 진폭의 $1/\sqrt{2}$인 점이 된다.

대략적인 bw는

$$\text{bw} = 2\xi \tag{3.56}$$

이며, quality factor Q는 공진피크 밴드폭의 역수인,

$$Q = \frac{1}{2\xi} \tag{3.57}$$

로 정의된다.

그러나 대부분의 기초는 움직이기 때문에 외력 $F(t) = F_1 \sin(\omega t - \phi_1)$으로 바뀌며, 그때의 변위를 x_1이라 하면 힘의 벡터는 [그림 3-12]와 같이 되고, 식 (3.48)의 F_0는 F_1으로 되어,

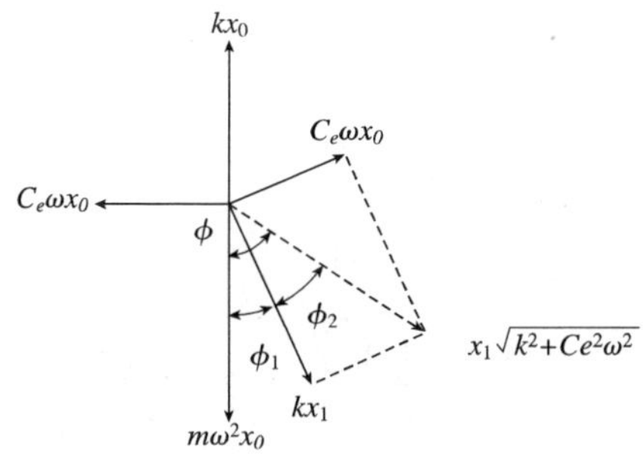

그림 3-12 힘의 벡터

$$F_1 = x_1\sqrt{k^2 + C_e^{\,2}\omega^2} \tag{3.58}$$

이 된다. 식 (3.58)을 식 (3.48)에 대입하면 m의 동적 변위 x_0는

$$x_0 = \frac{x_1\sqrt{k^2 + C_e^2 \cdot \omega^2}}{k \cdot \sqrt{[1-(m/k)\cdot\omega^2]^2 + (C_e \cdot \omega/k)^2}} \tag{3.59}$$

위 식에 $m = k/\omega_n^2$, $C_e^{\,2} = 4\xi^2 mk$를 대입하면,

$$x_0 = \frac{x_1 k\sqrt{1+(2\xi\cdot\omega/\omega_n)^2}}{k\sqrt{\left[1-\left(\frac{\omega}{\omega_n}\right)^2\right]^2 + \left(2\xi\frac{\omega}{\omega_n}\right)^2}}$$

$$= \frac{x_1 k\sqrt{1+(2\xi\eta)^2}}{k\sqrt{(1-\eta^2)^2+(2\xi\eta)^2}} \tag{3.60}$$

이 된다. 이러한 계에서 자극력(강제가진력)의 진폭에 대한 기초로 전달된 힘의 진폭의 비를 전달율 T로 나타내면,

$$T = \left|\frac{\text{전달력}}{\text{외력}}\right| = \left|\frac{kx_0}{F}\right| = \left|\frac{kx_0}{kx_1}\right| = \left|\frac{x_0}{x_1}\right|$$

$$= \frac{k\cdot x_1\sqrt{1+\left(2\xi\frac{\omega}{\omega_n}\right)^2}}{k\cdot x_1\sqrt{\left[1-\left(\frac{\omega}{\omega_n}\right)^2\right]^2+\left(2\xi\frac{\omega}{\omega_n}\right)^2}}$$

$$= \frac{\sqrt{1+\left(2\xi\frac{\omega}{\omega_n}\right)^2}}{\sqrt{\left[1-\left(\frac{\omega}{\omega_n}\right)^2\right]^2+\left(2\xi\frac{\omega}{\omega_n}\right)^2}}$$

$$= \frac{\sqrt{1+(2\xi\eta)^2}}{\sqrt{(1-\eta^2)^2+(2\xi\eta)^2}} \tag{3.61}$$

이 된다.

이 식에 비감쇠인 $\xi = 0$을 대입하면 식 (3.43)으로 되어 서로 일치한다. 한편 식 (3.53)의 x_{st}는 $\frac{F_0}{k}$이므로 여기에 $k = m\omega^2$, $\omega = \omega_n\eta$를 대입하여 정리하면,

$$\frac{x_0\omega^2}{F_0/m} = \frac{\eta^2}{\sqrt{(1-\eta^2)^2+(2\xi\eta)^2}} \tag{3.62}$$

여기서, F_0/m은 기계의 가속도를 의미하며 $x_{fr}\omega^2$형으로 나타낼 수 있고, 이 x_{fr}을 자유진폭이라 한다. 자유진폭비 τ는

$$\tau = \frac{x_0}{x_{fr}} = \frac{\eta^2}{\sqrt{(1-\eta^2)^2+(2\xi\eta)^2}} \tag{3.63}$$

이 되고 이를 도시하면 [그림 3-13]과 같이 된다. 이 그림에서 볼 수 있듯이 진동수비 η가 0.8～1.4 범위에서 공진상태가 일어나므로 이를 반드시 피해야 한다.

이상 설명한 바와 같이 지반이 강제진동을 받으면 지반의 스프링요소 때문에 질량 m의 변위가 x_1으로 바뀌며 이를 상대진동변위라 하며,

$$x_1 = x_0 \cdot \tau_r \tag{3.64}$$

로 된다. 여기서, τ_r은 상대전달율로,

$$\tau_r = \frac{\eta^2}{\sqrt{(1-\eta^2)^2+(2\xi\eta)^2}} \tag{3.65}$$

이며 자유진폭비와 같다.

다시 말해서 m은 동적 변위 x_0가 지반(기초)의 영향으로 x_1으로 바뀌는 것을 말한다. 그리고, x_1과 x_0의 차를 기초의 절대진동변위라 한다.

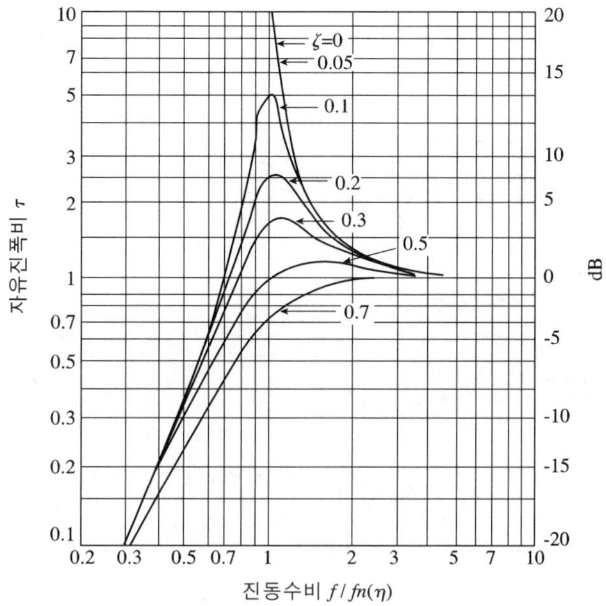

그림 3-13 자유진폭비

(4) **비연성지지**

실제로 기계의 경우는 1자유도만이 아니고 X방향, Y방향, Z방향, X축 회전, Y축 회전, Z축 회전 등 합계 6자유도계로 생각해야 된다.

또 1자유도별로 생각할 때 그 진동원인이 타 5자유도의 진동을 야기시키는데 이러한 현상을 진동의 연성(coupling)이라 한다. 따라서, 이러한 연성의 발생을 방지할 수 있는 설계를 해야 한다.

이와 같은 계의 지지를 비연성 지지라 하며 그 조건으로,

① 지지 스프링축의 방향을 기계의 관성주축에 평행하게 취한다.
② 각 좌표면 XY, YZ, ZX간 각각의 대칭위치를 취한다.

[그림 3-14]처럼 기계의 모서리를 비연성 지지할 경우 질량을 $m\,(= W/g,\ W$는 중량(N), g는 중력가속도$(\mathrm{m/s^2})$), 지지 스프링의 정수를 k_x, k_y, k_z 또 X, Y, Z축 회전의 관성 모멘트를 I_s, I_y, I_x라 하면 X축방향 고유진동수 f_{nx}는

$$f_{nx} = \frac{1}{2\pi}\sqrt{4g \cdot k_x / W} \quad [\mathrm{Hz}] \tag{3.66}$$

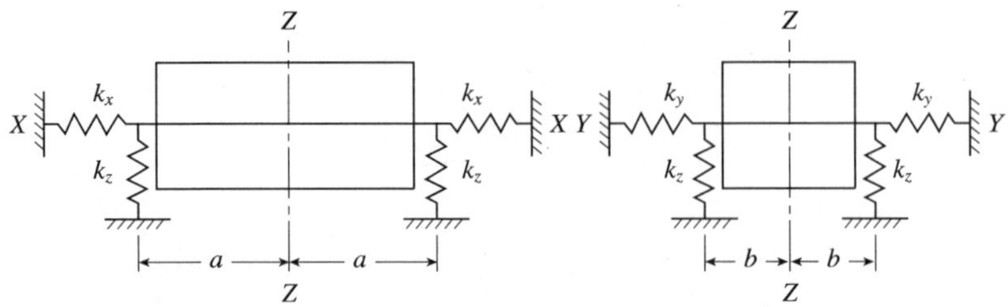

그림 3-14 비연성지지

Y축 방향 고유진동수 f_{ny}는

$$f_{ny} = \frac{1}{2\pi}\sqrt{4g \cdot k_y / W} \quad [\text{Hz}] \tag{3.67}$$

Z축 방향의 고유진동수 f_{nz}는

$$f_{nz} = \frac{1}{2\pi}\sqrt{4g \cdot k_z / W} \quad [\text{Hz}] \tag{3.68}$$

X축 회전 고유진동수 $f_{n\alpha}$는

$$f_{n\alpha} = \frac{1}{2\pi}\sqrt{4g \cdot b^2 / I_x} \quad [\text{Hz}] \tag{3.69}$$

Y축 회전 고유진동수 $f_{n\beta}$는

$$f_{n\beta} = \frac{1}{2\pi}\sqrt{4g \cdot a^2 / I_y} \quad [\text{Hz}] \tag{3.70}$$

Z축 회전 고유진동수 f_{nr}는

$$f_{nr} = \frac{1}{2\pi}\sqrt{4(k_x b^2 + k_y a^2)/I_x} \quad [\text{Hz}] \tag{3.71}$$

으로 각각 구한다.

3.2.4 탄성지지의 설계요소

(1) $\omega(f)$와 $\omega_n(f_n)$의 관계에 따른 제어요소

[표 3-4]에서 보는 바와 같이 진동수에 따른 응답진폭크기의 제어요소를 보면 고유각진동수 ω_n(또는 고유진동수 f_n)이 강제각진동수 $\omega(f)$에 비해 아주 클 때는 스프

링의 강도(즉, 스프링 정수 k)를 크게, ω가 ω_n에 비해 아주 클 때 질량 m(기계에 중량 부가)을 크게 하여 각각의 진폭크기를 제어할 수 있으며, 공진시에는 스프링의 점성저항이기 때문에 댐퍼를 부착하여 감쇠비를 크게 함으로써 제어할 수 있다.

표 3-4 ω와 ω_n에 따른 진동제어요소

진동수	응답진폭의 크기	진동제어요소
$\omega^2 \ll {\omega_n}^2$	$x(\omega) = F_0/k$	스프링 강도
$\omega^2 \gg {\omega_n}^2$	$x(\omega) = F_0/m\omega^2$	계의 질량
$\omega^2 = {\omega_n}^2$	$x(\omega) = F_0/C_e\,\omega$	스프링의 저항

(2) **f 와 f_n비에 따른 차진(isolation) 효과**

외부에서 가해지는 강제진동수(forced frequency) f와 계의 고유진동수 f_n의 비 및 감쇠비 ξ에 따라 진동전달율 T는 변한다. 즉, (3.61) 식을 도시하면 [그림 3-15]와 같다. 그림 f/f_n의 비와 감쇠비 ξ에 따른 전달율 T의 변화를 보인 것으로, $\xi = 0$일 때는 비감쇠인 (3.43)식을 나타낸 것이다. 이 그림에서 f/f_n의 비에 따른 진동전달율 T값의 변화를 보면,

(가) $f/f_n = 1$일 때(공진상태) : 전달율 최대.

(나) $f/f_n < \sqrt{2}$일 때 : 항상 전달력은 외력(강제력)보다 크다.

(다) $f/f_n = \sqrt{2}$일 때 : 전달력은 외력과 같다.

(라) $f/f_n > \sqrt{2}$일 때 : 전달력은 항상 외력보다 작기 때문에 차진이 유효한 영역이다.

(마) ξ값에 따른 변화

① $f/f_n < \sqrt{2}$인 범위에서 ξ값이 커질수록 전달율 T가 적어지므로 방진상 감쇠비 ξ가 클수록 좋다.

② $f/f_n > \sqrt{2}$인 범위에서 ξ값이 적어질수록 전달율 T가 적어지므로 방진상 감쇠비 ξ가 적을수록 좋다.

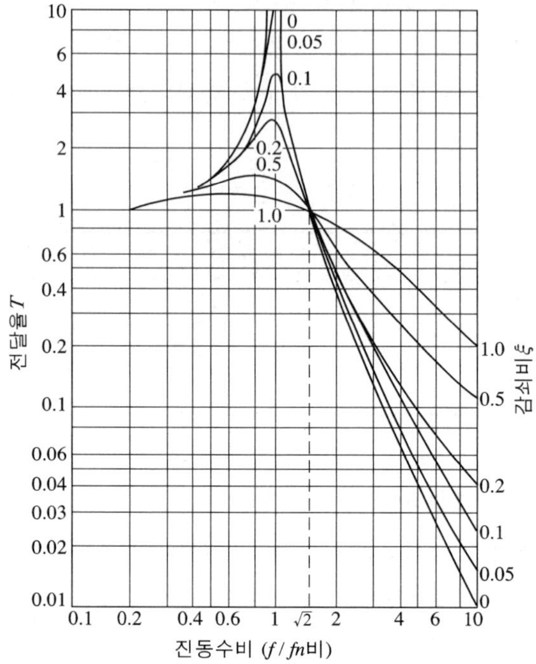

그림 3-15 1자유도계에서의 감쇠비, f/f_n비 대 전달율의 설계곡선

이상으로 방진 대책시에 고려할 사항은

① 방진대책은 될 수 있는 한 $f/f_n > 3$이 되게 설계한다(이 경우 진동 전달율은 12.5% 이하가 된다).

이를 위해서 f_n이 적어야 한다. 즉, $f_n = \dfrac{1}{2\pi}\sqrt{k/m}$로부터 k값이 적은 부드러운 스프링을 사용하면 효과적인 차진은 달성할 수 있으나, 이때 감쇠가 적은 경댐퍼(light damper)와 조합하여 사용하여야 한다.

또한, f_n은 질량 m의 증가에 의해서도 감소시킬 수 있으나 질량증가는 지지스프링이 지지해야 할 동적계의 정하중(靜荷重)도 증가한다는 사실이다.

② 만약 $\dfrac{f}{f_n} < \sqrt{2}$로 될 때에는 $\dfrac{f}{f_n} < 0.4$가 되게 설계해야 한다.

③ 외력의 진동수(예, 회전기계는 $\dfrac{\text{rpm}}{60}$, rpm은 1분당의 회전수)가 0에서부터 증가되는 경우에는 도중에 공진점(共振點)을 통과하게 되므로 $\xi = 0.2$의 감쇠장치를 넣는 것이 좋다.

한편, 차진의 정도를 나타내는 %진동차진(또는 절연)율(percentage isolation) $\% I$는

$$\% I = (1 - T) \times 100 \ [\%] \tag{3.72}$$

로 구하며, dB로 표기하는 방진효과의 대략치 ΔV는 다음과 같다.

$$\Delta V = 20 \log \left(\frac{1}{T} \right) \ [\mathrm{dB}] \tag{3.73}$$

Example 중량 1000 N인 기계를 탄성지지시켜 20 dB의 방진효과를 얻기 위한 진동 전달율은?

차진레벨(방진효과) ΔV는 $\Delta V = 20 \log\left(\frac{1}{T}\right)$로부터 $\log\left(\frac{1}{T}\right) = \frac{\Delta V}{20}$

$T = 10^{-\frac{\Delta V}{20}} = 10^{-\frac{20}{20}} = 0.1$

(3) 탄성지지에 필요한 여러 설계인자

1) 강제진동수(f)

기계 등으로부터 발생하는 가진력(加振力)의 크기와 주기적 변화인 강제진동수 f를 조사한다. 예를 들면, 축의 경우 매초 회전수, 송풍기의 경우 매초 회전수×날개 수, 치차의 경우 매초 회전수×톱니 수, 내연기관의 경우 매초 폭발회수×실린더 수, 기타 관성력 및 회전력은 매초의 주기적 변화.

2) 고유진동수(f_n)

기계 등의 탄성지지(금속 스프링, 방진고무 등으로 지지)에 따른 그 계의 고유진동수 f_n을 적정치로 설정하며, 이 때 $f/f_n > 3$이 되게 하는 것이 바람직하다.
일반적으로 사용되는 탄성지지 재료의 특성은 [표 3-5]와 같다.

표 3-5 탄성지지 재료별 특성

구 분	금속코일스프링	방진고무	콜-크	펠 트
정적 변위의 제한	설계자유	최대두께의 10%	최대두께의 6%	–
정적 변위의 할증율	1	1.1～1.6	1.8～5	9～17
유효고유진동수(Hz)	4 이하	4 이상	40 이상	100 이상

3) 진　폭

기계가 비연성 지지로 되어 있다면 가진력 F_0에 의한 편진폭(片振幅) x는

$$x = \frac{F_0 \cdot g}{(s\pi f)^2 \cdot W}\left|\frac{1}{1-(f/f_n)^2}\right| \tag{3.74}$$

또한, 가진우력(加振優力) M에 의한 각진폭 θ는

$$\theta = \frac{M}{(2\pi f)^2 \cdot I}\left|\frac{1}{1-(f/f_n)^2}\right| \tag{3.75}$$

여기서, I는 가진우력에 대응하는 관성 모멘트이다.

진폭 및 각진폭의 크기는 허용치 이내로 되지 않으면 안되므로 기계에 중량을 부가(가대 설치 등)하여 이를 탄성지지하여야 한다.

4) 스프링 정수(k)

계의 고유진동수는 스프링 정수 k에 따라 변한다.

$$k = \frac{W/n}{\delta_{st}} = 4\pi^2 f_n{}^2\left(\frac{W}{g}\right)\ \ [\mathrm{N/cm}] \tag{3.76}$$

여기서, W는 계의 중량(N), n는 스프링에 의한 지지점의 수이다.

5) 방진물의 수축량(δ_{st})

기계에 의한 방진물의 수축량은 다음 식으로 구하며 허용치 이내가 되어야 한다.

$$\delta_{st} = \alpha\epsilon g / 4\pi^2 f_n{}^2\ \ [\mathrm{cm}] \tag{3.77}$$

여기서, α는 방진물의 동적배율, ϵ는 기계 사용조건에 따른 계수(육상용 기계는 1.5, 자동차 등은 2~3 정도)이다.

한편, 감쇠비 $\xi = 0$일 때 δ_{st}는

$$\delta_{st} = \frac{(1+T)\times 24.8}{Tf^2}\ \ [\mathrm{cm}] \tag{3.78}$$

(4) 탄성지지시에 스프링 선정을 위한 설계계산 절차

① 탄성지지해야 할 기계의 무게(N), 예상 최저 강제진동수(f), 방진정도(T)와 탄성지지점의 수를 결정한다.

② 차진율(遮振率)을 결정한다. 차진율은 전달율 T에 의해 결정되며, 감쇠비 $\xi = 0$ 인 경우,

$$T = \left| \frac{1}{1 - (f/f_n)^2} \right| \tag{3.79}$$

고유진동수 f_n은

$$f_n \fallingdotseq 4.98 \sqrt{1/\delta_{st}} \quad [\mathrm{Hz}] \tag{3.80}$$

정적수축량 δ_{st}는

$$\delta_{st} = \frac{(1+T) \times 24.8}{Tf^2} \quad [\mathrm{cm}] \tag{3.81}$$

로 구한다.

③ 기계의 총 무게(N)와 스프링에 의한 지지점의 수에 따라 지지점당 무게(W_{mp})를 정한 후 스프링 정수 k를 결정한다.

$$k = \frac{W_{mp}}{\delta_{st}} \quad [\mathrm{N/cm}] \tag{3.82}$$

이 스프링 정수 k값이나 정적 수축량 δ_{st}는 메이커 측의 카탈로그로부터 적당한 것을 선정한다.

(5) 동적흡진

기계의 방진설계 잘못으로 공진 또는 이와 유사한 상태로 될 때가 있다. 이때는 [그림 3-16]과 같이 본 기계 외에 별도의 부가질량(附加質量)을 스프링으로 지지하면 큰 기계의 진동을 억제할 수 있다.

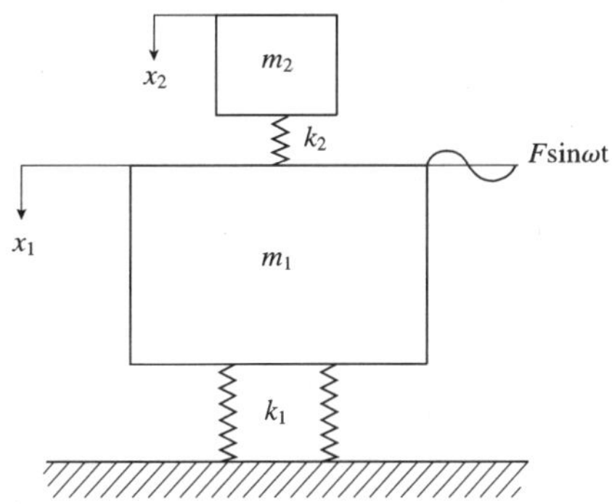

그림 3-16 동적흡진

기계의 질량 m, 스프링 정수를 k_1이라 하고 부가질량 및 스프링 정수를 각각 m_2및 k_2라 하면,

$$\begin{cases} m_1\ddot{x} + k_1 x_1 - k_2(x_2 - x_1) = F\sin\omega t \\ m_2\ddot{x} + k_2(x_2 - x_1) = 0 \end{cases} \tag{3.83}$$

$$\frac{x_{10}}{x_{st}} = \frac{\left\{1 - \left(\frac{\omega}{\omega_{n22}}\right)^2\right\}}{\left\{1 - \frac{k_2}{k_1} - \left(\frac{\omega}{\omega_{n11}}\right)^2\right\}\left\{1 - \left(\frac{\omega}{\omega_{n22}}\right)^2\right\} - \frac{k_2}{k_1}} \tag{3.84}$$

여기서, ω_{n11}는 $\sqrt{k_1/m_1}$, ω_{n22}는 $\sqrt{k_2/m_2}$이다.

위의 식에서 ω_{n22}를 ω라 하면 기계의 진폭 x_1은 0으로 되어 진동이 정지한다. 이를 동적흡진이라 한다.

3.2.5 탄성지지의 설계순서

(1) 목표치 설정

실제 작동 중인 고정 기초대 위의 기계를 탄성지지할 경우에는 문제가 되고 있는 진동을 어느 정도까지 저하시킬 필요가 없는가를 판단하고 기초대로의 진동전달율을 결정한다. 신설의 경우는 설치하는 기초대와 기초대 밑 지반의 스프링 정수와 감쇠를 추정하고, 가진에 의한 기초의 변위가 문제되는 지점에서는 목표치 이하로 하기 위한 가진압력을 계산하고, 기계 가진력의 저감량을 계산한다. 이 경우에는 부지면적 및 거리 감쇠를 고려하여 결정한다.

(2) 진동전달율과 재료의 선택

방진효과를 진동전달율로 표시하지만 실제 시공에 있어서는 방진에 소요되는 비용・안전성 등에 따라 탄성지지 재료를 선택해야 한다.

첫째, 주안점은 사용재료별 고유진동수로 대략 다음의 [표 3-6]과 같다. 그러나 일반적으로 공기 스프링 1[Hz] 이하, 금속 스프링은 4[Hz] 이하, 방진고무는 4[Hz] 이상의 고유진동수에 많이 사용되고 있다.

[그림 3-17]은 도표에 의해 방진계의 스프링 정수를 구하는 예로 방진계의 1개당의 지지 하중과 강제진동수를 알면 소정의 전달율을 얻기 위한 스프링 정수를 구할

수 있다. 즉, [그림 3-17]의 좌측은 강제진동수 f와 정적 수축량 δ_{st}에 따른 진동전달율을 나타낸 것이며, 우측 δ_{st}와 방진재 1개당 지지 하중을 알면 스프링 정수 k를 구할 수 있는 것으로, ↑표 예로부터 강제진동수 $f = 12[Hz]$인 경우에 전달율 T를 10(%)로 설계하기 위해서는 δ_{st}가 15(mm)인 방진재를 선택해야 함을 알 수 있다. 만약 방진재 1개당 80(N)의 하중을 지지해야 한다면 동적 스프링 정수 k_d가 약 5.5(N/mm)가 되어야 함을 볼 수 있다.

표 3-6 재료별 고유진동수

방진재료	고유진동수(Hz)
공기 스프링	1～3
밀봉식 공기 스프링	1～10
금속 스프링 (코일형)	2～6
(重板형)	2～5
(皿 형)	2～5
방진 고무 (전단형)	4～
(압축형)	6～

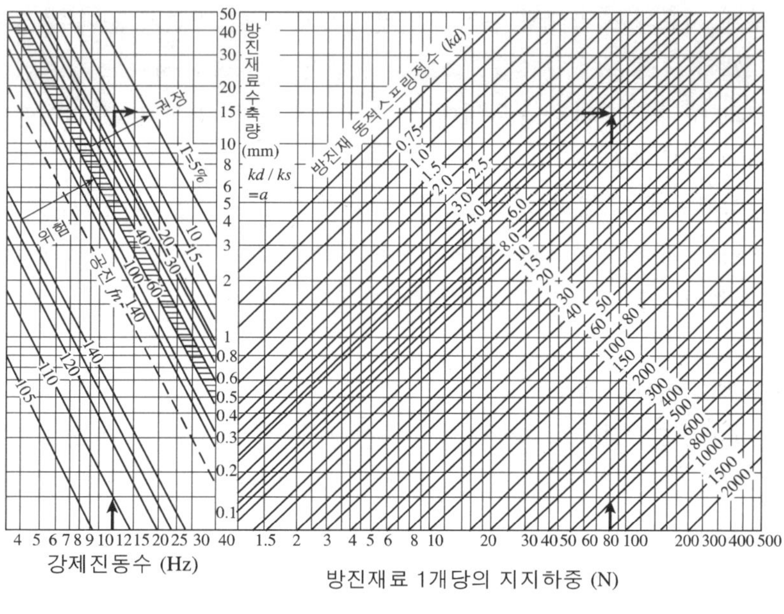

그림 3-17 방진설계도

(3) 기계제원의 파악

기계의 형상 · 중량 · 중심위치 · 관성주축의 위치 및 가진력, 그 진동수 · 지향성 · 크기 및 작용점을 파악해야 한다.

(4) 탄성지지형식의 선정

① 기계가 강하고 충분한 중량을 가지고 있으며 중심위치가 낮은 경우에는 직접 앵카-볼트 위치에 스프링을 삽입하는 형식으로 설계가 가능하며 소형기계 · 사출성형기 등에 활용한다.

② 기계 자체에 강성(剛性)이 없어 보강이 필요한 기계에서는 충분한 강성이 있는 가대(架臺 : 기계의 중량을 부가하기 위해 기계와 직결하는 구조물)위에 견고하게 부착한 후 가대와 기초 사이에 스프링을 설치하는 형식으로 구형선반, 대형 전단기, 활판인쇄기 등에 활용된다.

③ 기계가 분할되어 있고 상호간에 변위가 의심되는 기계에서는 공통가대 위에 이들을 고정하고 상대변위가 일어나지 않게 하여 ②와 같은 방식으로 스프링을 삽입하는 것으로 고무롤러, 콤퓨레셔 등에 활용된다.

④ 길이가 긴 기계에서 앵카-볼트의 구멍만으로 스프링 삽입개소가 부족한 경우는 기계의 중심 위치에 관계없이 스프링 삽입개소가 새로이 필요하므로 스프링 취부에 사용되는 가대를 부착하는 형식으로 하며 연선기 등에 활용된다.

⑤ 기계의 중심 위치가 높고, 스프링 취부간격을 크게 하여도 상관없는 기계에서는 넓고 무거운 가대를 부착하여 중심을 낮게 하고 간격이 큰 지지점에서 지지하는 형식으로 하며 직접 드릴링머신 등에 활용된다.

⑥ 탄성지지 후 기계의 진동진폭을 작게 할 필요가 있는 기계에서 자체의 질량이 가진력에 비해 충분하지 않을 경우에는 중량 부가용 가대를 부착하여 탄성지지하는 형식으로 하여 단조기, 콤퓨레셔 등에 활용된다.

(5) 스프링지지 위치의 선정

스프링 등으로 기계를 지지할 경우 비연성 조건을 만족시킬 필요가 있다. 간단한 상하방향의 가진력에 대한 스프링 설치위치의 선정시에는 각 스프링에 균등하게 하중이 분포되게 하여야 한다.

[그림 3-18]과 같은 형의 기계에 대해 ⊗표 지점이 스프링의 지지점이 되며, 동일 종류의 스프링을 사용할 경우에는 다음 조건을 만족시키는 것이 좋다.

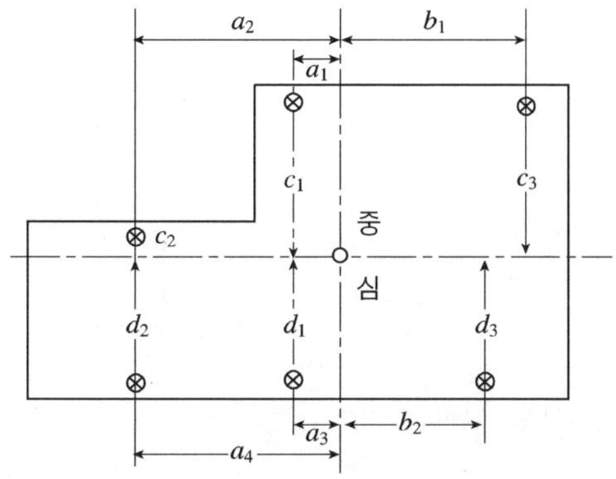

그림 3-18 방진 지지점의 선정

$$\begin{cases} a_1 + a_2 + a_3 + a_4 = b_1 + b_2 \\ c_1 + c_2 + c_3 = d_1 + d_2 + d_3 \end{cases} \tag{3.85}$$

6) **여진시의 진폭산정**

가진력에 의한 기계의 운동, 기초로 전달되는 가진력에 의한 기초의 진동진폭을 선정하여 허용범위 내에 있는가를 확인하고 목표치에 도달하지 않을 경우에는 변수를 바꾸어 가면서 계산을 반복하여 탄성지지방법을 결정한다.

3.2.6 기계기초에 대한 대책

지금까지 기계와 기초대 사이의 방진물에 의한 차진의 특성을 살펴보았으나 여기서는 기초대의 지반 사이에서 일어나는 진동의 특성을 알아보기로 한다.

(1) **기초대와 지반 사이의 고유진동수**

지반도 스프링 작용을 하기 때문에 [그림 3-19]와 같은 계로 생각할 수 있다. 상하방향으로 진동하는 기계의 중량(가대 부착시는 가대중량포함)을 W_m(N), 기초대(기초대 없이 방진처리시는 3-3-4와 같음)의 중량을 W_f(N), 기초대가 지반에 접하는 면적을 $A(\mathrm{cm}^2)$라 할 때 수직방향 고유진동수 f_{nv}는 다음과 같다.

$$f_{nv} = \frac{1}{2\pi}\sqrt{g \cdot A \cdot k_v / W_m + W_f} \ \ [\mathrm{Hz}] \tag{3.86}$$

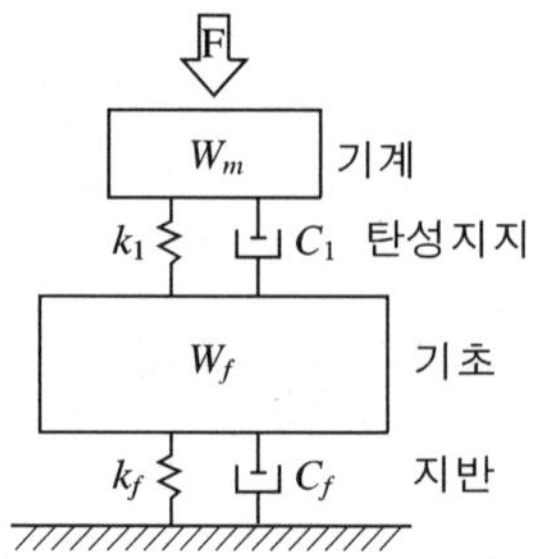

그림 3-19 기초대와 지반 사이의 진동

여기서, k_v는 수직방향 지반계수로 [표 3-7]과 같다.

일반적으로 지반의 스프링 정수는 이 지반계수에 기초대의 접지면적을 곱한 값이 된다.

표 3-7 지반종류별 수직지반계수

지반의 종류	k_v [kgf/cm^3]	지반의 종류	k_v [kgf/cm^3]
연약한 점토	<2	가는 모래	5~6
loam (양토, 모래, 진흙, 톱밥 등의 혼합물)	3~5	모 래	8~10
		사 력	11~13

한편, 수평방향 고유진동수 f_{nk}는

$$f_{nk} = \frac{1}{2\pi}\sqrt{g \cdot A \cdot k_h / W_m + W_f} \quad [\mathrm{Hz}] \tag{3.87}$$

여기서, k_h는 수평방향 지반계수로 대략,

$$k_h \fallingdotseq (0.6 \sim 0.7) \times k_v \tag{3.88}$$

이다. 지반의 종류별 고유진동수의 대략은 [표 3-8]과 같다.

한편, 지반의 구성에 따른 고유진동수를 보면 다음과 같다.

[그림 3-20]과 같이 견고한 지층 위에 두께 H의 연약한 점토층이 있고, 횡파(横波)의 전파속도를 v라 할 때 고유진동수 f_n은

$$f_n = \frac{v}{4H} [\mathrm{Hz}] \tag{3.89}$$

표 3-8 지반 종류별 고유진동수

구 분	지반의 종류	고유진동[Hz]
1 종	암반, 경질사력층, 기타 주로 제3기 이전의 지층으로 구성된 곳	약 4.5~
2 종	사력층, 모래가 섞인 경질 점토층, 기타 주로 홍적기 중에 경질된 지층으로 구성된 곳	2~7
3 종	제1종, 제2종 및 제4종 이외의 지반	1.4~3
4 종	두께 30m 이상의 연약한 충적층으로 된 곳, 또는 매립 후 30년이 넘지 않은 곳	~1.7

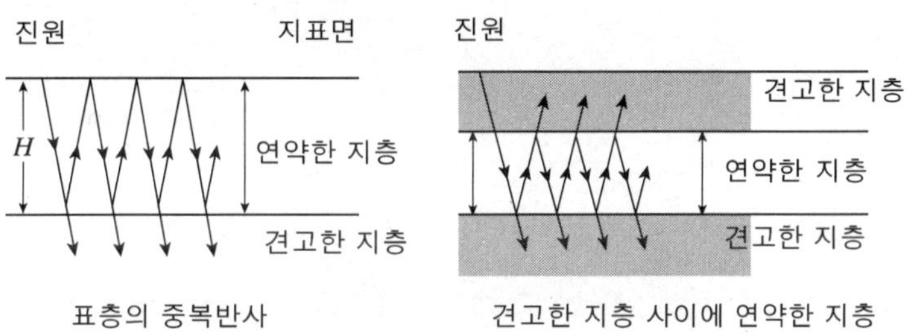

그림 3-20 각종 지면상황

또, 중간에 연약한 층이 있으면,

$$f_n = \frac{v}{2H}\ [\mathrm{Hz}] \tag{3.90}$$

의 고유진동수가 발생하여 계의 강제진동수와 일치하면 공진상태가 되어 지반진폭이 기초대의 진폭보다 크게 된다.

또한, 다수의 기계가 간격 D를 두고 설치되어 있으면,

$$f_n = \frac{nv}{2D}\ [\mathrm{Hz}] \tag{3.91}$$

여기서, n은 기계의 대수이다.

마찬가지로 계의 강제진동수가 이 고유진동수와 일치하면 공진상태가 되므로 기계의 배치간격을 주의해야 한다.

(2) 기초대로부터의 진동전파

기계는 지반 위의 기초대에 설치되며 이 기초대의 진동이 지반을 따라 전파한다. 기계가 고정된 기초대가 [그림 3-21]과 같고, 가진력 F가 질량 m(기계질량 + 기초대 질량)에 미칠 때 가속도 $a = F_0/m$ 또는 $a = x_{fr}\,\omega_2$으로 표시되며, 이 계(系)는 [그림 3-13]과 같은 자유진폭을 갖게 된다. 이 그림에서 강제진동수 $1f$에 비해 고유진동수 f_n이 큰 경우는 τ가 아주 적어지며, f_n에 비해 f가 큰 경우는 τ가 1에 가까워짐을 볼 수 있다. 자유진폭시 $f_0 = ma = mx_{fr}\omega^2$이므로 일정 F_0에서 m이 커지면, x_{fr}이 적게 되므로 종래의 진동방지를 기계 기초대의 중량을 증가시켜야 한다고 생각했다. 그러나, 지반이 스프링 요소를 가지고 있으므로 지반의 고유진동수와 강제진동수가 일치하면 공진이 되어 기초대의 진폭이 크게 된다.

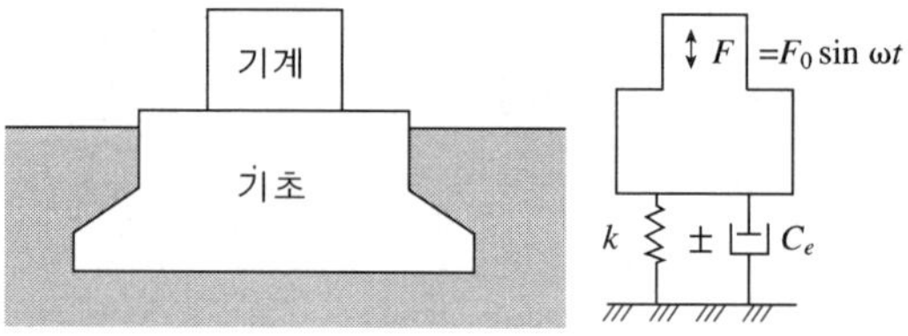

그림 3-21 기초대의 설치

일반적으로 지반의 ξ는 0.2 정도로 보고 있다.

이와 같은 스프링의 지지상태에 따른 총 스프링 정수 k_t는

① 직열지지시

$$\frac{1}{k_t} = \frac{1}{k_1} + \frac{1}{k_2} + \cdots + \frac{1}{k_n} \tag{3.92}$$

② 병열지지시

$$k_t = k_1 + k_2 + \cdots + k_n \tag{3.93}$$

(3) 기초대의 검토

큰 가진력을 발생하는 기계의 기초대를 설계할 경우에 위험한 공진을 피하기 위해 기계의 기초대 진폭을 최대한 억제해야 한다.

1) f 가 f_n보다 작은 경우 : $f_n \geq \sqrt{2}\,f$를 만족시키기 위해 f_n을 크게 하는 것이 좋다. 이를 위해 기초대의 밑면적을 증가시켜 지반과의 스프링 기능을 강화시키거나,

기초대의 중량을 감소시키는 것이 유효하다.

2) f 가 f_n보다 큰 경우 : 기초대의 중량을 크게 하여 f_n을 작게 하는 것이 좋다. 그러나, 연약한 지반에서 기초의 침하, 불안정 등에 주의해야 한다. [그림 3-22]와 같이 기계와 기초대 사이의 탄성지지와 기초대와 지반 사이의 지반의 스프링 작용을 고려한 계에서 질량 m_1에 가해지는 최대충격력 $P_{\max}$에 대한 기초대로부터 지반에 전달되는 지대 전달력 $F_{f\max}$의 비는

$$\frac{F_{f\max}}{P_{\max}} = \frac{1}{\sqrt{\left(1 - \frac{f_{fn}}{f_{\ln}}\right)^2 - \frac{m_1}{m_f}}}$$

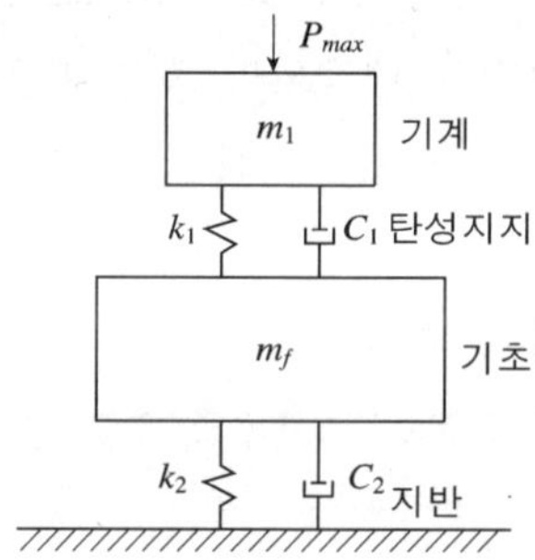

그림 3-22 기계에 의한 기초의 충격모델

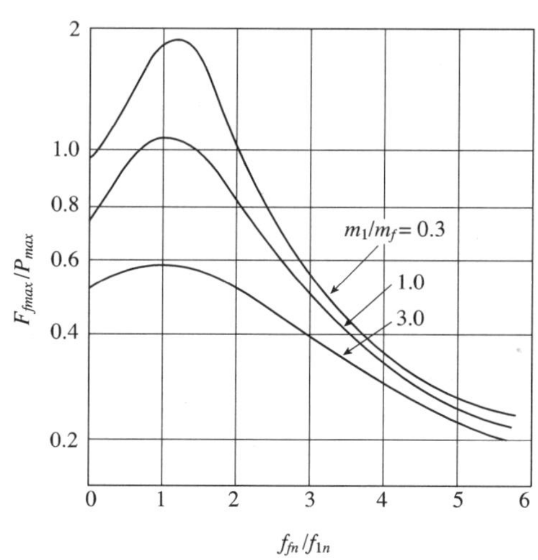

그림 3-23 기계 충격력의 지면전파

여기서, f_{fn}는 기초대와 지반 사이의 기초계 고유진동수, $f_{\ln}$는 기초대 위의 기계 지지계의 고유진동수이다. 이 값을 적게 하기 위해서는 $f_{fn}/f_{\ln}>2$인 조건을 만족시킬 필요가 있으므로 기계지지계의 고유진동수를 기초계 고유진동수의 수분의 1로 할 필요가 있다.

기초대 질량과 기계 질량과의 비와 지반으로의 최대 전달력과의 관계는 [그림 3-23]과 같다. [그림 3-23]에서 $f_{fn}/f_{\ln}>3$이면 전달력이 반감하는 것을 볼 수 있다.

3.2.7 탄성지지 재료별 특성

(1) 방진재의 선택기준

스프링의 종류는 코일 스프링, 중판 스프링, 皿형 스프링 등의 금속 스프링과 방진고무, 공기스프링 등 3가지로 대별되며 그들의 전반적인 선택기준은 [표 3-9]와 같으므로 이를 참조하여 알맞은 방진재를 선정해야 한다.

표 3-9 방진재의 선택기준

항 목	코일스프링	방진고무	공기스프링
고유진동수(Hz)	2～10	5～100	0～5
다축방향 공용성	△	◎	○
감쇠성능	×	○	○
고주파 차진성 및 방음효과	×	○	◎
하중특성의 직선성	◎	○	○
내고온·내저온성	◎	△	△
내 유 성	◎	△	△
내열화성	◎	△	△
제품의 균일성	◎	△	△
내열팽창	◎	△	○
가 격	安	中	高
중 량	重	中	重
수 명	◎	○	○

(주) ◎ : 우수 ○ : 양 △ : 가 × : 문제있음

(2) 방진재별 특성

진동차진에 활용되는 방진재료별 특성은 [표 3-10]과 같다.

표 3-10 방진재료별 특성

방진재료	적용 고유진동수(Hz)	감쇠성능	고주파 차진성
금속스프링(코일형) (중판형) (皿 형)	1～10 1.5～10 1.8～10	ξ= 0.005 이하	문제있음
방진고무 (전단형) (압축형) (복합형)	2～ 4～ 2～	내부 감쇠가 있는 금속의 100배 이상	양 호
공기스프링	0.7～3.5	ξ= 0.05～1	우 수

(3) 금속 스프링

1) 장 점

① 환경요소(온도 · 부식 · 용해 등)에 대한 저항성이 크다.

② 뒤틀리거나 오므라들지 않는다.

③ 최대변위가 허용된다.

④ 저주파 차진에 좋다.

2) 단 점

① 감쇠가 거의 없으며, 공진시에 전달율이 매우 크다.

② 고주파 진동시에 단락된다.

③ 로킹(rocking)이 일어나지 않도록 주의해야 한다.

이러한 단점을 보완하기 위해서는 ① 스프링의 감쇠비가 적을 때는 스프링과 병렬로 댐퍼를 넣고, ② rocking motion을 억제하기 위해서는 스프링의 정적 수축량이 일정한 것을 쓰고, 기계무게의 1～2배의 가대를 부착시키고, 계의 중심을 낮게 하고, 부하(하중)가 평형분포 되도록 하여, ③ 낮은 감쇠비로 일어나는 고주파 진동의 전달은 스프링과 직렬로 고무패드를 끼워 차단할 수 있다.

금속 스프링의 설계계산 시에는 영율 E나 전단탄성율 G가 필요하며 양자간에 대략 $G \fallingdotseq 0.4\,E$의 관계가 있으며 일반적으로 사용되는 스프링 재료의 탄성율은 [표 3-11]과 같다. 또한, 설계시에 코일 스프링은 그 길이가 직경의 4배를 초과하지 않아야 한다. 코일 스프링을 사용하여 탄성지지할 때 주의할 것을 스프링의 써어징(surging) 문제로 이것은 스프링 자체의 고유진동수와 외력의 강제진동수가 같은 공진상태에서 일어난다.

표 3-11 스프링 재료의 전단 탄성율 G

재 료	$E(\mathrm{N/mm^2})$	$G(\mathrm{N/mm^2})$
스프링강	21×10^4	8×10^4
피아노선	〃	〃
오일댐퍼선	〃	〃
경동선	〃	〃
스텐레스선	19×10^4	7×10^4
인청동	10×10^4	4.3×10^4

고유진동수는 스프링의 질량 m_s라 할 때 양단자유 및 고정의 경우

$$f_n = \frac{n}{2}\sqrt{k/m} \quad (n = 1, 2\cdots) \tag{3.94}$$

이므로 여기서, 일어나 진동 차진도가 현저하게 저하된다.

코일 스프링에 걸리는 기계의 하중 $W(\mathrm{N})$, 평균 코일 직경 D(mm), 소선(素線)의 직경 d(mm), 유효권수 n이라 할 때 수축량 δ_{st}는

$$\delta_{st} = \frac{8WD^3n}{Gd^4} \ [\mathrm{mm}] \tag{3.95}$$

스프링 정수 k는

$$k = \frac{W}{\delta_{st}} = \frac{Gd^4}{8\pi D^3} \ [\mathrm{N/mm}] \tag{3.96}$$

로 각각 구하나 D/d가 적을 때는 오차가 생긴다.

(4) 방진고무

1) 장 점

① 형상의 선택이 비교적 자유롭고 압축·전단(剪斷)·타선 등의 사용방법에 따라 1개로 2축 방향 및 회전방향의 스프링 정수를 광범위하게 선택할 수 있다.

② 고무자체의 내부마찰에 의해 저항을 얻을 수 있어 고주파 진동의 차진(遮振)에 양호하다.

2) 단 점

① 내부마찰에 의한 발열 때문에 열화되고, 내유 및 내열성이 약하다.

② 공기 중의 O_3에 의해 산화된다.

3) 사용상의 주의

① 정하중에 따른 수축량은 10~15% 이내로 하는 것이 바람직하다.

② 변화는 될 수 있는 한 균일하게 하고 압력의 집중을 피한다.

③ 사용온도 50℃ 이하로 한다.

④ 신장응역(伸張應力)의 작용을 피한다.

⑤ 고유진동수가 강제진동수의 1/3 이하인 것을 택하고, 적어도 70% 이하로 하여야 한다.

방진고무의 정확한 사용을 위해서는 정적 스프링 정수 k_s에 대한 동적 스프링 정수 k_d의 비인 동적배율 $\alpha\left(\frac{k_d}{k_s}\right)$를 알아야 하는데 그 값은 [표 3-12]와 같다.

일반적으로 α는 천연고무류에서 1.2, 합성고무류에서 1.4~1.8 정도이며, 영율에 따른 α 값은 [표 3-13]과 같다.

표 3-12 동적배율($\alpha = k_d / k_s$)

방진재료	α
금속 코일 스프링	1
방진고무 (천연고무)	1.0(연)~1.6(경)
(크로로프렌계고무)	1.4~2.8
(이토릴계고무)	1.5~2.5

표 3-13 영율별 α값

방 진 고 무	영율 20 N/cm^2	1.1
	영율 35 N/cm^2	1.3
	영율 50 N/cm^2	1.6

한편, 정적 수축량 δ_{st}와 α간에는

$$\frac{\delta_{st}}{\alpha} = \frac{W}{k_d} \tag{3.97}$$

$$\therefore k_d = \alpha \cdot k_s$$

이므로 고유진동수 f_n은

$$f_n = \frac{1}{2\pi}\sqrt{k_d \cdot g / W} = \frac{1}{2\pi}\sqrt{\frac{k_s \cdot \alpha \cdot g}{W}}$$
$$= 4.98\sqrt{k_s \cdot \alpha / m} = 4.98\sqrt{\alpha / \delta_{st}}\,[\text{Hz}] \tag{3.98}$$

로 구해진다.

(5) 공기 스프링

1) 장 점

① 설계시에 스프링의 높이·내하력(耐荷力)·스프링 정수를 각각 독립적으로 광범위하게 설정할 수 있다.

② 지지하중이 크게 변하는 경우에는 높이 조정변에 의해 그 높이를 조절할 수 있어 기계 높이를 일정레벨로 유지시킬 수 있다.

③ 하중의 변화에 따라 고유진동수를 일정하게 유지할 수 있다.

④ 부하능력이 광범위하다.

⑤ 자동제어가 가능하다.

2) 단 점

① 구조가 복잡하고 시설비가 많다.

② 압축기 등 부대시설이 필요하다.

③ 공기누출의 위험이 있다.

④ 사용진폭이 적은 것이 많으므로 별도의 댐퍼가 필요한 경우가 많다.

공기스프링은 [그림 3-24]와 같이 주공기실 내에 있는 공기의 스프링작용을 이용한 것으로, 기계하중 $W(\text{N})$가 걸릴 때의 정적 공기실 내압을 $P_0(\text{N/cm}^2)$, 그 용적을 $V_0(\text{cm}^3)$, 보조탱크의 용적을 $V_1(\text{cm}^3)$, 지지부의 유효면적을 $A(\text{cm}^2)$라 할 때 스프링 정수 k는

$$k = \frac{rP_0A^2}{V_0 + V_1} + \frac{\pi}{n}\frac{P_0 - P_\alpha}{D} \times A \quad [\text{N/cm}] \tag{3.99}$$

여기서, r은 실용적으로 polytropic 지수$\left(= \frac{\text{정압비열}}{\text{정적비열}}\right.$, 표준상태에서 1.4)를 쓰며, H_0는 압축깊이(cm), D는 유효직경(cm), P_d는 대기압, n는 주 공기실의 부풀린 단수로 보통 3~4단이다. 그리고 P_0는 $2 \sim 10\,(\text{N/cm}^2)$ 정도이다.

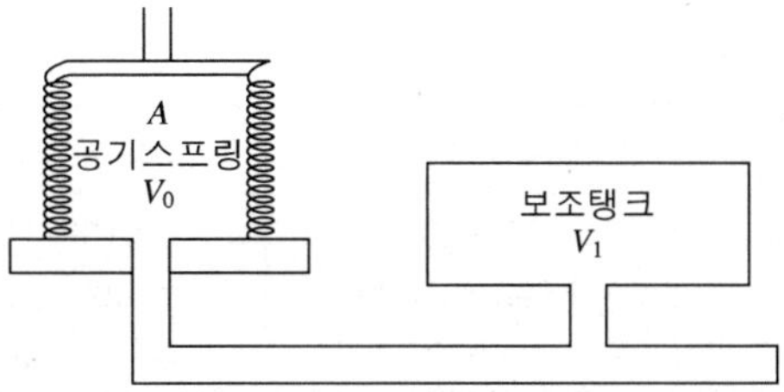

그림 3-24 공기스프링 구성

$$k = \frac{\gamma P_0 A}{H_0} = \frac{\gamma P_0 A^2}{V_0} = \frac{\gamma WA}{V_0} \ [\text{N/cm}] \tag{3.100}$$

이 때 고유진동수 f_n은

$$f_n = \frac{1}{2\pi}\sqrt{\frac{\gamma P_0 A G}{WH_0}} \quad [\text{Hz}] \tag{3.101}$$

가 된다.

(6) 진동절연(제진)

기계의 일부 면에서 진동 및 소음이 크게 발생할 경우 진동절연할 필요가 있다. 관(管)이나 축(軸)의 경우에는 도중에 고무나 합성수지를 접속하고 넓은 면 사이에는 패킹을 하면 진동반사에 유효하다.

[그림 3-25]와 같이 절연재를 부착할 때 파동에너지의 반사율 T_r은

$$T_r = \left(\frac{Z_2 - Z_1}{Z_2 + Z_1}\right)^2 \times 100 \ [\%] \tag{3.102}$$

여기서, Z는 재료별 특성 임피던스로 밀도×음의 전파속도이다.

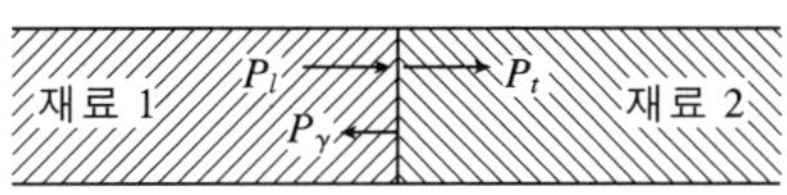

그림 3-25 진동절연

[표 3-14]는 절연재로 사용되는 재료별 특성 임피던스이다.

표 3-14 재료별 특성 임피던스

재　료	음속(m/s)	밀도 ρ (kg/m^3)	Z(kg/m^2·s)
고　무 콘크리트 철	35～230 3,500～5,000 5,000	1,010～1,250 2,00～2,600 7,800	$(2.8 \sim 3.5) \times 10^4$ $(7 \sim 13) \sim 10^6$ 39×10^6

진동하는 표면의 제진재 사이의 T_r이 클수록 제진효과가 크며, 이에 의한 감쇠량 ΔL은 다음 식으로 구한다.

$$\Delta L = 10 \log(1 - T_r) \ \text{[dB]} \tag{3.103}$$

예를 들어 진동하는 금속면을 고무로 제진하면 반사율이 99.8%가 되므로 ΔL은 27 dB이 된다.

3.2.8 지반의 전파경로에 대한 대책

(1) 지반을 전파하는 파

진동원에서 발생한 진동이 지반을 전파하는 파동에는 다음과 같은 종류가 있다.

1) 종파(P파) : 진동의 방향이 파동의 전파방향과 일치하는 파로 소밀파 또는 압력파라 하며 전파속도가 제일 크다.
2) 횡파(S파) : 진동의 방향이 파동의 전파방향과 직각인 파
3) 실체파 : 종파와 횡파를 총칭하는 파
4) 표면파 : 자유표면에 연결되어 전달되는 파로 Rayleigh파(R파)와 Love파(L파)가 있다.

이들 파의 거리감쇠를 보면 P파와 S파는 역2승법칙(거리가 2배로 되면 6dB 감소)으로, R파는 역1승법칙(3dB 감소)으로 대략 감쇠된다. 일반적으로 표면파의 전파속도는 횡파의 92～96(%) 정도이며, 지반의 종류에 따른 전파속도의 대략은 [표 3-15]와 같다.

표 3-15 지반종류별 진동 전파속도(m/s)

지　반	P파	S파	R파
점토, loam층 모래땅	1,100～1,300 1,700～1,800	170～350 300～600	150～300 250～580

계측에 의한 지표진동은 이러한 파들의 합성으로 이루어지지만, 주로 계측되는 것은 표면파인 R파로 알려지고 있다.
이러한 진동원에 의한 진동이 상시 미동하는 지반의 고유진동수와 일치하면 공진을 일으켜 탁월현상을 유발하여 구조물에 피해를 줄 우려가 있다. 한편 재질의 특성에 따른 진동 전파속도 [표 3-16]과 같다.

표 3-16 재질의 특성 및 진동 전파속도

재 질	강 철	알루미늄	크라운유리	천연고무
밀도 $\rho\,(\mathrm{kg/m^3})$	7,900	2,700	2,500	700
포아손비 σ	0.29	0.35	0.22	0.47~0.495
영율 $E(\mathrm{N/m^2})$	21×10^{10}	7×10^{10}	7×10^{10}	3×10^{7}
체적탄성율 $K(\mathrm{N/m^2})$	17×10^{10}	7.6×10^{10}	4×10^{10}	–
전단탄성율 $G(\mathrm{N/m^2})$	8×10^{10}	2.6×10^{10}	3×10^{10}	–
파의 속도(m/s) (종 파)	6,000	6,400	5,100	1,500
(종 파)	3,200	3,000	2,800	120

(2) 거리감쇠

진동의 거리감쇠는 소음과 같이 역2승법칙으로만 되지 않는 복잡한 특성을 가지고 있다. 일반적으로 사용되는 진동 가속도레벨 및 진동레벨의 거리감쇠식은

$$VL_r = VL_0 - 8.7\lambda(r - r_0) - 20n \cdot \log\left(\frac{r}{r_0}\right)\ [\mathrm{dB}] \tag{3.104}$$

여기서, VL_0는 진동원에서 $r_0(\mathrm{m})$ 떨어진 지점의 진동레벨(dB), VL_r는 진동원에서 $r\,(r > r_0)$ 떨어진 지점에서의 진동레벨(dB), λ는 지반전파의 감쇠정수($\lambda = \dfrac{2\pi hf}{v_s}$, v_s는 횡파의 전파속도(m/s), h는 지반의 내부 감쇠정수), n은 반무한의 자유표면을 전파하는 실체파의 경우 2, 무한체를 전파하는 실체파의 경우 1, 표면파의 경우 1/2이다(실제 n은 1/2을 많이 사용한다).
한편, 지반의 내부 감쇠정수는 [표 3-17]과 같다.

표 3-17 지반의 내부 감쇠정수

지반의 종류	h
바위	0.01
모래, 침적토	0.1
점토, 점토질 토양	0.5

(3) 진동차단 등

[표 3-18]과 같은 지중을 진동이 평면파적으로 진행하고 무한대의 평행차단층(방음벽과 같이 생각함)이 있다고 가정하면 파동의 차단효과는 입사파의 진폭에 대한 투과파의 진폭 비로 표시하여 이를 파동의 전달율 τ라 한다.

$$\tau = \frac{4\alpha_{12}}{\sqrt{(1+\alpha_{12})^4 + (1-\alpha_{12})^4 - 2(1-\alpha_{12}{}^2)^2 \cdot \cos\frac{2\omega H}{V_2}}} \tag{3.105}$$

여기서, $\alpha_{12} = \frac{\rho_2 V_2}{\rho_1 V_1}$, H는 차단층의 두께(m), ρV는 특성임피던스(매질의 밀도×전파속도)이다.

τ는 $f = \frac{nV_2}{2H}(n = 1,2,3\cdots)$일 때 최대, $f = \frac{(2n-1)V_2}{4H}$일 때 최소가 된다. 한편 cos값은 $\frac{2\omega H}{V_2}$에 57.3°를 곱하여 구한다. 이러한 차단층은 높은 진동수에서 어느 정도 효과가 있지만 공해진동과 같은 낮은 진동수에서 그 효과를 기대할 수 없다. 예를 들어 매질 Ⅰ이 콘크리트이고 매질 Ⅱ가 모래층일 때 $\alpha_{12} = 0.05$이며, 이 때 τ을 0.2로 하고자 하면 100 Hz의 진동수에서 H가 약 12(cm) 정도면 되지만 10[Hz]에서는 125[cm]가 되어야 함을 알 수 있다.

기타 전파경로 도중에 방진벽이라 칭하는 콘크리트벽의 매립이나 시-트파일 등을 박는 대책이 활용되고 있으나 위의 조건을 만족시키지 못하면 그 효과는 기대할 수 없다.

표 3-18 파동차단의 모델

매질 Ⅰ	매질 Ⅱ	매질 Ⅲ
$\rho_1 V_1$ 입사→	$\rho_2 V_2$ ←H→	$\rho_3 V_3$ →투과

3.2.9 방진대책의 실예

(1) 방진설계 계산의 예

중량 558[N]의 펌프가 1,800 rpm으로 운전되고 있다. 이 계의 공통가대의 중량을 펌프중량과 같게 하고 비감쇠 1자유도 진동계라 할 때 방진설계를 하고자 한다.

1) 설계목표

진동전달율은 5% 이내로 한다.

2) 이 계의 고유진동수 산출

전술한 바와 같이 진동수비(계의 강제진동수 f/계의 고유진동수 f_n)와 진동전달율과의 관계에 따라 전달율을 1보다 적게 하기 위해서는 진동수 비가 $\sqrt{2}$ 보다 커야 한다. f_n을 적게 하면 어느 정도 전달율을 적게 할 수 있음을 이미 기술하였다. 이 기계 회전수가 1,800 rpm이므로 강제진동수 f는 30[Hz]가 된다. 따라서 전달율 T는 식 (3.43)에 의해,

$$T = \left| \frac{1}{1 - \left(\frac{f}{f_n} \right)^2} \right|$$

$$0.05 = \left| \frac{1}{1 - \left(\frac{1,800/60}{f_n} \right)^2} \right| = \left| \frac{{f_n}^2}{{f_n}^2 - 900} \right|$$

$$f_n \fallingdotseq 6.5[\mathrm{Hz}]$$

따라서, 진동수 비 $30/6.5 \fallingdotseq 4.6$으로 하면 전달율이 5[%] 이내가 됨을 알 수 있다.

3) 방진고무의 결정

공통가대의 4지점을 지지한다고 하면 이 계의 전중량이 1,116[N]이기 때문에 1점당 하중 279[N]이 된다. 따라서 각 메이커의 방진고무 규격표를 참조하여 압축 허용하중이 1점당의 하중보다 큰 것을 선정하고 아울러 압축스프링 정수를 확인한다. 만약 방진고무의 압축 허용하중이 330[N]이고 압축스프링 정수가 610[N/cm]인 것을 선정하였다고 하면,

4) 정적 수축량

선정 방진고무 사용시의 압축에 의한 정적 수축량은 식(3.21)에 의해

$$\delta_{st} = W/k$$

$$\delta_{st} = 279/610 \fallingdotseq 0.46 \text{ cm}$$

5) 선정 방진고무의 결정

정적 수축량은 4.6 mm보다 적은 2～3 mm 정도로 하고자 할 때는 메이커의 규격표

를 보아 방진고무의 스프링 정수가 전자보다 2배 정도 큰 것을 택하면 정적 수축량을 2.3 mm로 할 수 있다.

(2) 진동방지기술

진동방지기술을 요약하면 [표 3-19]와 같다.

표 3-19 진동방지기술

<table>
<tr><th>진 동</th><th>진동방지기술</th></tr>
<tr><td>진동방지의 방향</td><td>(1) 진동원 : 진동발생이 적은 기계의 사용
(2) 진동원에 의해 발생한 가진력에 따라 기계의 기초가 진동 : 발생 가진력에 의해 기계의 기초가 진동하지 않게 함.
(3) 기초의 진동으로 직결된 지반 또는 구조물의 부분이 진동 : 기초의 진동이 지반에 전파하지 않게 한다.
(4) 진동의 전파 : 지반에 전달되는 진동의 전파방지
(5) 어떤 장소가 진동 : 문제점이 진동하지 않게 한다.
(6) 인간이 진동을 느끼는 문제
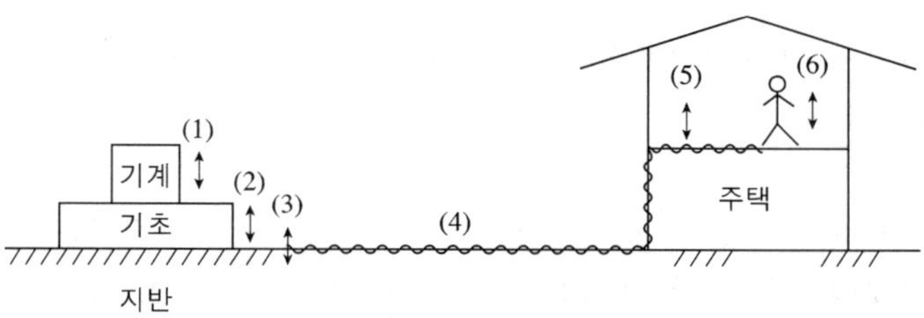</td></tr>
<tr><td>기계기초의 진동방지</td><td>발생가진력에 따라 기계의 기초가 크게 진동하지 않게 한다. 기계와 기계기초 중량(W) 및 지반의 스프링 정수(k)로 된 진동계에서 가진력의 f와 공진하지 않는 기초중량을 정한다.
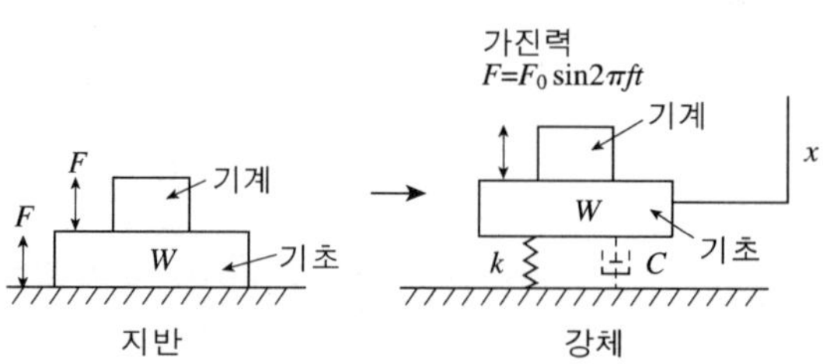</td></tr>
</table>

진 동	진동방지기술
차 진	기초의 진동이 지반을 따라 전파하지 않게 한다. 그림 (a)에 나타낸 것처럼 기계의 유연한 스프링 k(遮振裝置)와 강한 가대를 기초 위에 놓을 때 가진력의 진동수 f 와 이 진동계의 고유진동수 f_n의 比 $\frac{f}{f_n}$가 $\sqrt{2}$ 보다 큰 범위에서는 기초의 진동이 적게 되며, 따라서 지반의 진동도 적어진다. 차진재료로는 방진고무 · 코일스프링 · 공기스프링 · 고무패드 등이 사용된다. 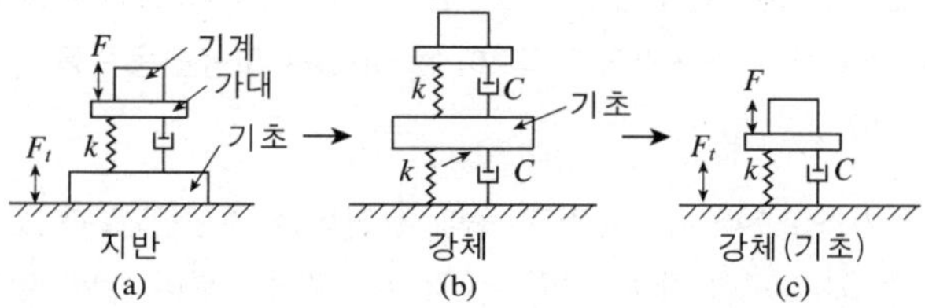
진동의 거리 감쇠	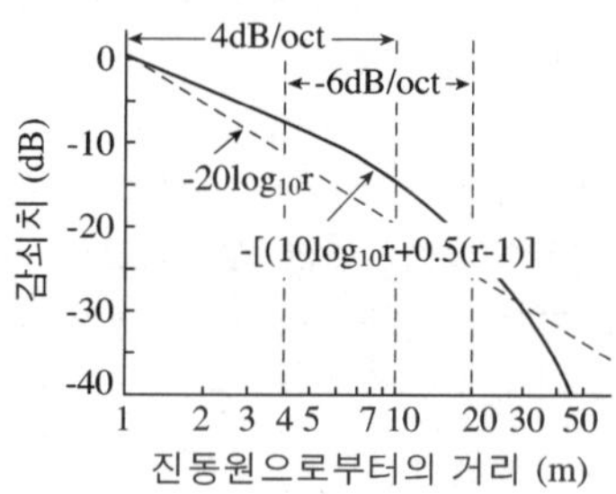 지반에 전파되는 진동방지의 한 방법이다. 진동원으로부터 멀어질수록 진동레벨은 감소한다. 따라서, 진동원을 멀리 설치하면 진동을 저감시킬 수 있다. 진동원으로부터 1m 지점의 가속도 레벨을 기준으로 할 때 그 레벨의 감쇠량은 그림과 같으며 1～10m 범위에서는 근사적으로 거리가 2배로 될 때마다 4dB씩, 4～20m 범위에서는 6dB씩 감쇠한다.
방진구의 효과	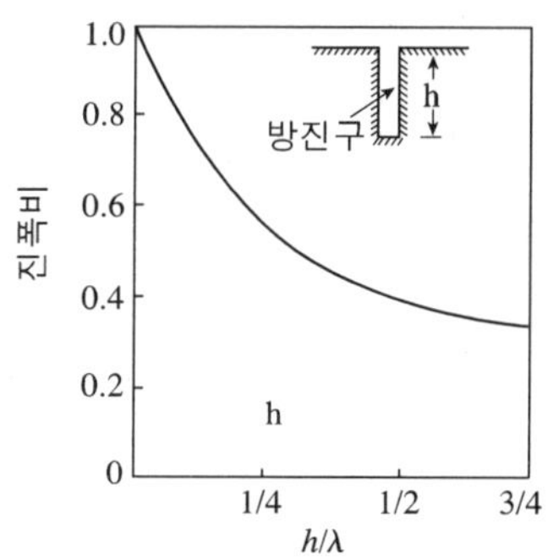 진동원과 문제점간에 도랑을 파서 진동의 전파를 방지하는 방법으로 일반적으로 유효하지 않다. 그림에서 보듯이 진폭을 반으로 줄이기 위해서는 도랑의 깊이를 파장의 1/4이상으로 하지 않으면 안된다. 도랑의 깊이를 h, 표면파의 파장을 λ라 할 때 $h/\lambda = 0.3$이면 6dB, $h/\lambda = 0.6$이면 12dB 정도 감쇠한다. 예를 들면 표면파의 전파속도를 15m/s(보통 100～200m/s)라 하면 10Hz 진동파의 파장은 15m, 따라서 깊이 $h = 15 \times 0.3 = 4.5$m의 도랑에서 6dB, 9m의 도랑에서 12dB 감쇠한다. 깊이에 따른 감쇠량은 크지 않다. 실제로 거의 효과는 나타나지 않으므로 도랑에 의한 대책은 완전하지 않다.

연 습 문 제

문제

1. 무게 500N의 기계를 4개의 스프링으로 탄성지지한 결과 스프링의 정적수축량이 2cm로 되었다. 이 스프링의 스프링정수 및 이 system의 고유진동수를 구하라(단, 이 스프링의 동적배율은 1.4이다).

2. 기계의 기초로부터 1m 떨어진 곳에서 진동을 측정한 결과 20Hz로 상하 정현 진동하는 가속도 진폭 0.5m/s^{2}이 계측 되었다. 기계의 기초로부터 20m 떨어진 곳에서의 허용진동레벨이 50dB(V)이라면 기계와 기초 사이에 방진고무로 탄성지지하고자 할 때 대략적인 진동전달율 및 고유진동수를 구하라(단, 지반의 스프링요소 및 방진고무의 감쇠비는 무시하고, 지반의 횡파속도 300m/s, 감쇠정수는 0.1, n은 1/2로 가정한다.)

3. 그림과 같이 가는 모래지반(감쇠비 0.2, 수직지반계수 5.5 kgf / cm^3)의 콘크리트 기초 ($6\text{m} \times 3\text{m} \times 2\text{m}$, 비준 2.3) 위에 조화파형 상하진동을 발생하는 기계가 설치되어 있을 때 지반계수법에 의해 기초의 진동변위 및 가속도를 구하라(단, 기계는 중량 20 t, 회전수 1,500 rpm, 가진력 진폭 1t이다).

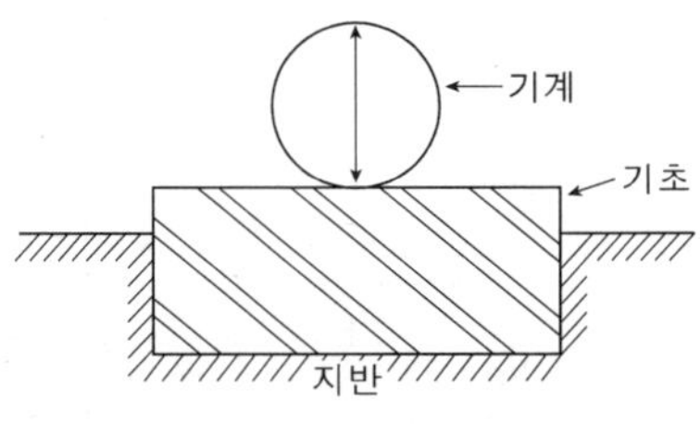

4. 그림과 같이 가대(架台 : 중량 9 t)에 기계에 의한 조화파형 상하진동이 작용할 때 가대의 변위와 기초에 전달되는 힘 및 전달율을 구하라(단, 기계는 중량 4.5t, 회전수 1,200rpm, 가진력 진폭 700kg이고 방진고무는 동적스프링 정수 3 t/cm, 감쇠비 0.05, 수량 6개이다.)

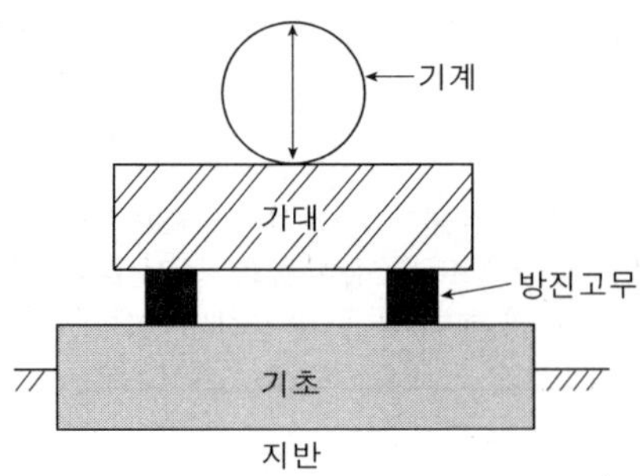

5. 진동하는 기계 위에 하중 5N의 진동측정기를 올려놓고 이 측정기의 진동수를 분석한 결과 20 및 40Hz에서 진동 피크를 보였다. 이 측정기를 4개의 스프링으로 탄성지지하여 하중을 평형 부담시켜 차진율 90%를 얻고자 할 때, 스프링정수를 구하라(단, 감쇠비는 0임, 1자유도계이다).

6. 특성 임피던스가 39×10^6 kg/m^2·s인 금속관의 프렌지 접속부에 특성 임피던스가 3×10^4 kg/m^2·s의 고무를 넣어 제진(진동절연)할 때의 진동감쇠량을 구하라.

7. 8Hz의 정현진동 변위진폭이 10^{-5}m일 때 이 진동의 가속도레벨은 약 몇 dB인가?

8. 공기실의 부피가 1리터이고 수입면적이 110cm^{2}인 공기스프링의 고유진동수는 대략 몇 Hz인가?

9. 질량 500kg의 기계가 600rpm으로 운전되며, 1회전시마다 불평형력이 상하방향으로 작용한다. 스프링 4개를 병렬로 사용하여 진동전달손실 10dB을 얻고자 할 때 스프링 1개의 스프링정수는 약 몇 kN/cm이 되어야 하는가? (단, 스프링의 감쇠는 무시한다.)

10. 질량이 20g, 유효권수 5, 선의 직경 3mm, 코일 평균직경 20mm, 횡탄성계수가 80×10^9N/m^{2}인 코일스프링이 있다. 이 스프링이 surging을 일으키는 최저치의 고유진동수는 약 몇 Hz인가? (단, 코일스프링의 스프링정수는$(d^4 \cdot G)/(8 \cdot n \cdot D^4)$식으로 구한다.)

11. 무게 1,710N, 회전속도 1,170rpm의 공기압축기가 있다. 방진고무의 지지점을 6개소로 하고 진동수비가 2.9라 할 때 지지점당 하중, 고유진동수, 스프링 1개당의 스프링정수, 고무의 정적수축량, 진동전달율을 구하시오. 단, 감쇠비는 무시한다.

12. 회전속도 1000rpm의 원심휀이 있다. 진동전달율을 20%로 할 때 스프링계의 고유진동수 및 방진고무의 정적수축량은?

13. 무게 453.6N인 큰 기계가 스프링 지지에 의해 설치되어 있다. 이 스프링의 정적수축량이 0.51cm일 때 고유진동수는?

14. 기계를 기초대에 고정시켜 운전한다. 기계의 윗면의 높이가 998mm로부터 1002mm 사이를 매분 240회 진동에 의해 변한다고 할 때 진동주파수, 변위진폭, 속도진폭, 가속도진폭, VAL을 구하시오.

15. 질량 5kg을 용수철로 받쳤을 때 정적처짐은 2mm이었다. 용수철 정수는 몇 N/cm인가? 또한 고유진동수는 몇 Hz인가?

16. 질량 98kg의 기계가 용수철 상수 90kg$_f$/cm의 용수철로 받쳐져 있으며, 진동속도 10cm/sec당 6kg$_f$의 저항을 받고 있다. 감쇠계수, 임계감쇠계수는 각각 몇 N · sec/cm이며, 감쇠비는 얼마인가?

17. 무게 200N인 물체가 스프링으로 지지되어 있다. 이 스프링의 수축이 6cm라면 스프링정수는?

18. 펌프가 견고한 지면위의 네모서리에 스프링으로 설치되어 있다. 만약 정적변위가 2cm 이라면 이 계의 고유진동수는?

19. 스프링정수 892.91N/cm의 스프링 위에 무게 181.43N인 물체가 있을 때 이 계의 고유진동수는?

20. 책상위에 스프링에 의해 소형 기계가 설치되어 있다. 이 계의 강제진동수 및 감쇠비가 10Hz 및 0.2일 때 90% 진동차진율을 얻기 위한 고유진동수는?

21. 4개의 스프링에 의해 지지된 진동체가 있다. 이 계의 강제진동수 및 고유진동수가 15Hz 및 1.5Hz라 할 때 스프링에 의한 % 차진율은?

22. 용수철에 0.3kg의 질량을 매달았을 때 용수철이 0.15m만큼 늘어났다. 이 평형점으로부터 0.1m 더 잡아늘인 다음 놓아 주었을 때 다음을 계산하시오. 단, 스프링에 의한 감쇠는 무시한다.

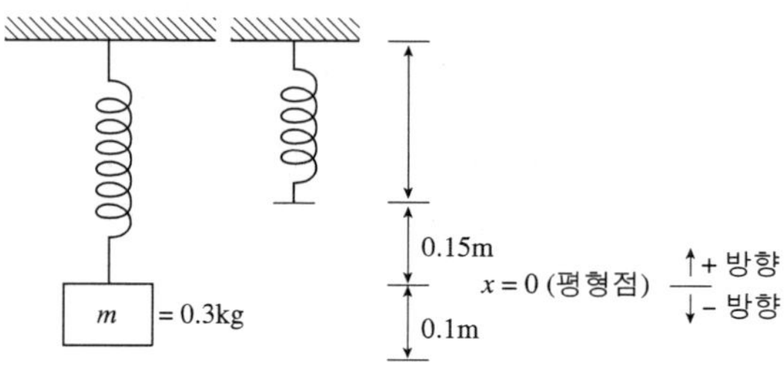

(1) 용수철 상수 k (2) 변위진폭 (3) 속도진폭 (4) 가속도진폭
(5) 진동수 및 진동주기 (6) 자유진동의 시간함수 $x(t)$
(7) $t=$ 0.15일 때의 진동속도

23 탄성블럭 위에 설치된 기계가 2400rpm으로 회전하고 있다. 이계의 무게는 907N이며, 그 무게는 평탄 진동한다. 이 기계를 4개의 스프링으로 지지할 때 스프링 1개당의 스프링정수는? 단, 진동차진율은 90%로 하며 감쇠는 무시한다.

24. 주파수가 8Hz인 진동의 속도 진폭이 0.0002m/s 일 때 이 진동의 가속도 진폭 및 진동가속도레벨을 구하시오.

25. 주기가 0.2 초이고 가속도 진폭이 0.1m/s^2 인 진동의 속도 진폭은 몇 kine 인가?

26. 질량 400kg인 물체가 4개의 지지점 위에서 평탄 진동할 때 정적 변위 0.4cm의 스프링으로

이 계를 절연하여 90%의 차진율을 얻고자 할 때 최저 강제진동수는?

27. 10Hz의 진동수를 갖는 진동의 속도 진폭이 0.4m/s 일 때 수직진동레벨(VL)은?

28. 다음과 같은 조화진동 $x_1 = 5\,\mathrm{Sin}\omega t$, $x_2 = 4\,\mathrm{Sin}2\omega t$ $x_3 = 3\cos 3\omega t$의 합성 진동의 변위 실효치는?

29. 무게가 70N인 모터가 1,200 rpm으로 운전되고 있다. 이 모터를 탄성 스프링으로 지지하여 전달율을 0.15 로 하고자 할 때 이 계의 고유진동수와 스프링 정수는? 단, 감쇠비는 무시한다.

30. 무게가 120N인 기계를 방진고무 위에 올려놓았더니 0.8cm가 수축되었다. 방진고무의 동적배율이 1.6이라면 방진 고무의 동적 스프링 정수는?

31. 질량 m(kg)의 물체를 매달아 δ_{st}(cm)만큼 늘어난 스프링이 있다. 동일한 스프링 4개를 병렬로 하여 질량m 대신 2m(kg)의 물체를 매달 때 고유진동수는 전자의 몇 배가 되겠는가?

32. 탄성지지되어 있는 기계의 강제 진동수가 50Hz인 경우 진동전달률을 0.2로 하기 위해서는 스프링의 수축량은 얼마가 되어야 하는가? 단, 감쇠비는 무시한다.

33. 4개의 같은 스프링으로 탄성지지한 기계에서 스프링을 빼낸 후 8개의 지지점에 균등하게 탄성지지하여 고유진동수를 $\frac{1}{4}$로 낮추고자 할 때 1개의 스프링정수는 원래 스프링정수의 몇배가 되어야 하는가?

풀 이

1. 1개의 스프링당 지지하중 $W_{mp} = \frac{W}{4} = \frac{500}{4} = 125\,\mathrm{N}$

① 스프링정수 $k = \frac{W_{mp}}{\delta_{st}} = \frac{125}{2} = 62.5\mathrm{N/cm}$

② 고유진동수 $f_n = 4.98\sqrt{\alpha/\delta_{st}} = 4.98\sqrt{1.4/2} \fallingdotseq 4.2\mathrm{Hz}$

2. 기초로부터 1 m 떨어진 지점에서의 진동가속도레벨($\mathrm{VAL_{1m}}$)는

$$\mathrm{VAL_{1m}} = 20\log\frac{A_{rms}}{10^{-5}} = 20\log\frac{0.5/\sqrt{2}}{10^{-5}} = 90.97\,\mathrm{dB}$$

20 Hz에서의 수직진동감각 보정치(ω_n)는

$$\omega_n = -20\log\left(\frac{0.125\times10^{-5}\times f}{10^{-5}}\right) = -20\log\left(\frac{0.125\times10^{-5}\times 20}{10^{-5}}\right) = -8\,\mathrm{dB} \text{ 이므로}$$

기계로부터 20 m 지점의 허용진동가속도레벨(VAL)
= 허용진동레벨 − 수직진동 감각보정치
= 50 − (−8) = 58 dB

한편, 기초로부터 20 m 떨어진 지점에서의 진동가속도레벨(VAL_{20m})는

$$VAL_{20m} = VAL_{1m} - 8.7 \times \frac{2\pi h f}{V_s}(r - r_0) - 20n \log\left(\frac{r}{r_0}\right)$$

$$= 90.97 - 8.7 \times \frac{2\pi \times 0.1 \times 20}{300} \times 19 - 20 \times \frac{1}{2} \times \log 20$$

$$≒ 71 \text{ dB}$$

따라서, 방진시켜야 할 진동가속도레벨($\varDelta V$)는

$$\varDelta V = VAL_{20m} - VAL = 71 - 58 = 13 \text{ dB}$$

① $\varDelta V = 20\log\frac{1}{T}$로부터 $\log\frac{1}{T} = \frac{\varDelta V}{20}$, $\frac{1}{T} = 10^{\frac{\varDelta V}{20}}$

$$T = 10^{-\frac{\varDelta V}{20}} = 10^{-\frac{13}{20}} ≒ 0.22$$

② 고유진동수 f_n은 $T = \dfrac{1}{\left(\frac{f}{f_n}\right)^2 - 1}$ 로부터 $\left(\frac{f}{f_n}\right)^2 - 1 = \frac{1}{T}$

$$\left(\frac{f}{f_n}\right)^2 = \frac{1}{T} + 1 = \frac{1+T}{T},\quad f_n^2 = \frac{T}{1+T} \cdot f^2$$

$$f_n = \sqrt{\frac{T}{1+T}} \cdot f = \sqrt{\frac{0.22}{1+0.22}} \times 20 ≒ 8.5 \text{ Hz}$$

3. 기초의 무게 $W_f = 6 \times 3 \times 2 \times 2.3 = 82.8\text{t}$

총무게 $W = W_f +$ 기계무게 $= 82.8 + 20 = 102.8\text{t}$

강제진동수 $f = \frac{\text{rpm}}{60} = \frac{1{,}500}{60} = 25\text{Hz}$(cycles/s)

지반의 스프링정수 $K_e = K_v \times S = 5.5 \times 600 \times 300 = 900$ t/cm

고유 진동수 $f_n = \frac{1}{2\pi}\sqrt{K_e \cdot g / W} = \frac{1}{6.28}\sqrt{\frac{990 \times 980}{102.8}} ≒ 15.5\text{Hz}$

기초의 정적변위 $\delta = \frac{F}{K_e} = \frac{1}{990} ≒ 1.01 \times 10^{-3}\text{cm}$

① 기초의 진동변위 $x = \dfrac{1.01 \times 10^{-2}}{\sqrt{\left|1 - \left(\frac{f}{f_n}\right)^2\right|^2 + 4\epsilon^2\left(\frac{f}{f_n}\right)^2}}$

$$= \frac{1.01 \times 10^{-3}}{\sqrt{\left|1 - \left(\frac{25}{15.5}\right)^2\right|^2 + 4 \times 0.2^2 \cdot \left(\frac{25}{15.5}\right)^2}}$$

$$≒ 5.85 \times 10^{-4}\text{cm}\,(5.85\mu)$$

② 기초의 진동가속도 $a = \omega^2 \cdot x = (2\pi f)^2 \cdot x$

$$= (2\pi \times 25)^2 \times 5.85 \times 10^{-4} \fallingdotseq 14.4\text{cm/s}^2$$

4. 총중량 $W = 9 + 4.5 = 13.5\text{t}$

방진고무 동적스프링정수 $k = 3 \times 6 = 18\text{t/cm}$

강제진동수 $f = \dfrac{\text{rpm}}{60} = \dfrac{1{,}200}{60} = 20\text{Hz}$

고유진동수 $f_n = \dfrac{1}{2\pi}\sqrt{18 \times \dfrac{980}{13.5}} \fallingdotseq 5.8\text{Hz}$

정적변위 $\delta = \dfrac{F_o}{k} = \dfrac{0.7}{18} \fallingdotseq 3.9 \times 10^{-2}\text{cm}$

① 가대의 변위 $x = \dfrac{\delta}{\sqrt{\left|1 - \left(\dfrac{f}{f_n}\right)^2\right|^2 + 4\epsilon^2 \cdot \left(\dfrac{f}{f_n}\right)^2}}$

$$= \frac{3.9 \times 10^{-2}}{\sqrt{\left|1 - \left(\dfrac{20}{5.8}\right)^2\right|^2 + 4 \times 0.05^2 \times \left(\dfrac{20}{5.8}\right)^2}} \fallingdotseq 3.58 \times 10^{-3}\text{cm}$$

② 기초에 전달되는 힘 $F_f = k \cdot x = 18 \times 3.58 \times 10^{-2} = 6.4 \times 10^{-2}\text{t}$

③ 전달률 $T = \dfrac{F_f}{F_0} = \dfrac{6.4 \times 10^{-2}}{0.7} \times 100 \fallingdotseq 9\%$

5. 차진율 90%는 전달율 T가 0.1에 해당 $T = \left|\dfrac{1}{1 - \left(\dfrac{f}{f_n}\right)^2}\right|$

고유 진동수 $f_n = f \cdot \sqrt{\dfrac{T}{1+T}} = 20 \cdot \sqrt{\dfrac{0.1}{1.1}} \fallingdotseq 6\text{Hz}$

정적 수축량 $\delta_{st} = \left(\dfrac{4.98}{f_n}\right)^2 = \left(\dfrac{4.98}{6}\right)^2 = 0.69(\text{cm})$

$\therefore$스프링 정수 $k = \dfrac{W_m}{\delta_{st}} = \dfrac{5/4}{0.69} \fallingdotseq 1.81\text{kg/cm}$

6. 반사율 $T_r = \left(\dfrac{Z_2 - Z_1}{Z_2 + Z_1}\right)^2 = \left(\dfrac{39 \times 10^6 - 3 \times 10^4}{39 \times 10^6 + 3 \times 10^4}\right)^2 \fallingdotseq 0.997$

감쇠량 $\Delta L = 10\log(1 - T_r) = 10\log(1 - 0.997) \fallingdotseq 25\text{dB}$

7. $\therefore A_m = x_o\omega^2 = 10^{-5}(2\pi \times 8)^2 = 0.025\text{m/sec}^2$

$\text{VAL} = 20\log\left(\dfrac{A_m/\sqrt{2}}{10^{-5}}\right)\text{dB} = 20\log\left(\dfrac{0.025/\sqrt{2}}{10^{-5}}\right) = 65\text{dB}$

8. $k = \frac{rPA}{H_0} = \frac{rPA^2}{V_0}$ (여기서 $f_n = \frac{1}{2\pi}\sqrt{k/W/g}$ 에 대입하면)

$\therefore f_n = \frac{1}{2\pi}\sqrt{(rPA^2/V_0)/(W/g)} = \frac{1}{2\pi}\sqrt{(rWA/V_0)/(W/g)}$

$= \frac{1}{2\pi}\sqrt{\frac{rAg}{V_0}}$ Hz

$\therefore f_n = \frac{1}{2\pi}\sqrt{\frac{1.402 \cdot 110 \cdot 980}{1000\text{cm}^2}} = 2\text{Hz}$

9. ① $\Delta V = 10\,\text{dB} = 20\log(\frac{1}{T})$ $\therefore T = 0.316$(전달율)

② $T = \frac{1}{\eta^2 - 1} = 0.316,\ \eta^2 = 4$ $\therefore \eta = 2$

③ $\eta = \frac{f}{f_n} = 2$ (여기서 $f = \frac{\text{rpm}}{60} = \frac{600}{60} = 10\text{Hz}$)

$\therefore f_n = 5\text{Hz}$

④ $f_n = \frac{1}{2\pi}\sqrt{k/m},\ 5 = \frac{1}{2\pi}\sqrt{k/500}$ $\therefore k = 493480\,\text{N/cm}$

$= 493.48\text{kN/cm}$

⑤ 1개당 k는 $\frac{493.48}{4} = 123.37\text{kN/cm}$

10. $f_n = \frac{1}{2\pi}\sqrt{k/m} \fallingdotseq \frac{1}{2\pi}\sqrt{k/m}$ $(m = 1, 2, 3,\ 4\cdots)$

여기서, $k = \frac{d^4 \cdot G}{8 \cdot nD^4} = \frac{(3\times 10^{-3})^4 \cdot 80\times 10^9}{8 \cdot 5 \cdot (20\times 10^{-3})^4} = 1012500$

$\therefore f_n = \frac{1}{2}\sqrt{1012500} = 503\text{Hz}$

11. 1) 지지점당 하중 $W_{mp} = \frac{W}{n} = \frac{1710}{6} = 285(N)$

2) 고유진동수 f_n

$\eta = \frac{f}{f_n} = 2.9$로부터

$f = \frac{1170}{60} = 19.5\text{Hz}$

$\therefore f_n = \frac{19.5}{2.9} \fallingdotseq 6.72(\text{Hz})$

3) 스프링정수 k

$f_n = \frac{1}{2\pi}\sqrt{\frac{k}{m}} = \frac{1}{2\pi}\sqrt{\frac{k \cdot g}{W}} \fallingdotseq 4.98\sqrt{\frac{k}{W}} \fallingdotseq 4.98\sqrt{\frac{1}{\delta_{st}}}$ 으로부터

방진고무의 지지점이 6개소 이므로 $f_n = 4.98\sqrt{\dfrac{k}{W_{mp}}}$

$$k = W_{mp}\left(\frac{f_n}{4.98}\right)^2 = 285 \times \left(\frac{6.72}{4.98}\right)^2 \fallingdotseq 519(\mathrm{N/cm})$$

4) 정적수축량 δ_{st}

$$\delta_{st} = \frac{W_{mp}}{k} = \frac{285}{519} \fallingdotseq 0.55(\mathrm{cm})$$

5) 진동전달율 T

$$T = \frac{1}{|\eta^2 - 1|} = \frac{1}{2.9^2 - 1} = 0.135$$

12. 1) $T = \dfrac{1}{|\eta^2 - 1|} = 0.2$로부터

$$\eta^2 - 1 = \frac{1}{0.2} = 5 \qquad \therefore \eta \fallingdotseq 2.45$$

$\eta = \dfrac{f}{f_n}$ 에서, 고유진동수 $f_n = \dfrac{f}{\eta} = \dfrac{(1000/60)}{2.45} \fallingdotseq 6.8(\mathrm{Hz})$

2) $f_n = 4.98\sqrt{\dfrac{1}{\delta_{st}}}$ 에서 정적수축량 $\delta_{st} = \left(\dfrac{4.98}{f_n}\right)^2 = \left(\dfrac{4.98}{6.8}\right)^2 \fallingdotseq 0.54(\mathrm{cm})$

13. $f_n \fallingdotseq 4.98\sqrt{\dfrac{1}{\delta_{st}}} = 4.98 \times \sqrt{\dfrac{1}{0.51}} \fallingdotseq 6.97(\mathrm{Hz})$

14. 1) 진동주파수

$$f = \frac{240}{60} = 4(\mathrm{Hz})$$

2) 변위진폭

$$2x_o = 1002 - 998 = 4(\mathrm{mm})$$

$$\therefore x_o = \frac{4}{2} = 2(\mathrm{mm})$$

3) 속도진폭

$$V = x_o\omega = x_o \cdot 2\pi f = 2 \times 2\pi \times 4 = 50.24(\mathrm{mm/s}) \fallingdotseq 5\mathrm{cm/s}$$

4) 가속도진폭

$$A_m = x_o\omega^2 = v \cdot \omega = v \cdot 2\pi f = 50.24 \times 2\pi \times 4 = 1262(\mathrm{mm/s^2}) \fallingdotseq 1.26\mathrm{m/s^2}$$

5) 진동가속도레벨

$$\mathrm{VAL} = 20\log\left(\frac{A_s}{A_r}\right) = 20\log\left(\frac{1.26/\sqrt{2}}{10^{-5}}\right) \fallingdotseq 99\mathrm{dB}$$

15. 1) $k = \dfrac{W}{\delta_{st}} = \dfrac{m \cdot g}{\delta_{st}} = \dfrac{5\text{kg} \times 9.8\text{m/s}^2}{2\text{mm}} \times \dfrac{10\text{mm}}{1\text{cm}} = 245\text{N/cm}$

2) $f_n = \dfrac{1}{2\pi}\sqrt{\dfrac{k}{m}} = \dfrac{1}{2\pi}\sqrt{\dfrac{245}{5}} \fallingdotseq 1.1\text{Hz}$

16. 1) 감쇠계수 $C_e = \dfrac{6\text{kg}_\text{f}}{10\text{cm/sec}} \times \dfrac{9.8\text{N}}{1\text{kg}_\text{f}} = 5.88\text{N} \cdot \text{sec/cm}$

2) 임계감쇠계수 $C_c = 2\sqrt{k \cdot m}$ 으로부터

$k = 90\text{kg}_\text{f}/\text{cm} = 90\text{kg} \times 9.8\text{m/s}^2/\text{cm} \times 100\text{cm}/1\text{m} = 88200\text{kg/s}^2$

$\therefore C_c = 2\sqrt{k \cdot m}$

$= 2\sqrt{88200\text{kg/s}^2 \times 98\text{kg}} = 5880\text{kg/s} \times \dfrac{1\text{N}}{100\text{kg} \cdot \text{cm/s}^2}$

$= 58.8\text{N} \cdot \text{s/cm}$

3) 감쇠비 $\xi = \dfrac{C_e}{C_c} = \dfrac{5.8}{58.8} = 0.1$

17. $k = \dfrac{W}{\delta_{st}} = \dfrac{200}{6} = 33.3(\text{N/cm})$

18. $f_n = 4.98\sqrt{\dfrac{1}{\delta_{st}}} = 4.98 \times \sqrt{\dfrac{1}{2}} = 3.52(\text{Hz})$

19. $f_n = \dfrac{1}{2\pi}\sqrt{\dfrac{k}{m}} = \dfrac{1}{2\pi}\sqrt{\dfrac{k \cdot g}{W}} \fallingdotseq 4.98\sqrt{\dfrac{k}{W}}$

$\therefore f_n = 4.98 \times \sqrt{\dfrac{892.91}{181.43}} \fallingdotseq 11(\text{Hz})$

20. %진동차진율(절연율) $\%I = (1 - T) \times 100(\%) = 90\%$

$1 - T = 0.9$, $\therefore$ 진동전달율 $T = 1 - 0.9 = 0.1$

$$T = \frac{\sqrt{1 + (2\xi\eta)^2}}{\sqrt{(1-\eta^2)^2 + (2\xi\eta)^2}} = 0.1$$

$\dfrac{1 + (2\xi\eta)^2}{(1-\eta^2)^2 + (2\xi\eta)^2} = 0.01$ 에서 감쇠비 $\xi = 0.2$이므로

$\dfrac{1 + (2 \times 0.2\eta)^2}{(1-\eta^2)^2 + (2 \times 0.2\eta)^2} = 0.01$로부터 $\eta \fallingdotseq 4.72$

$\therefore \eta = \dfrac{f}{f_n}$ 로부터 고유진동수 $f_n = \dfrac{f}{\eta} = \dfrac{10}{4.7} \fallingdotseq 2.12(\text{Hz})$

21. 진동전달률 $T=\dfrac{1}{\left|(\frac{f}{f_n})^2-1\right|}=\dfrac{1}{(\frac{15}{1.5})^2-1}\fallingdotseq 0.01$

$\therefore$ %차진율 $\%I=(1-T)\times 100=(1-0.01)\times 100=99\%$

22. 1) 용수철 상수 k

$$k=\frac{W}{\delta_{st}}=\frac{m\cdot g}{\delta_{st}}=\frac{0.3\text{kg}\times 9.8\text{m/s}^2}{0.15\text{m}}=19.6\text{N/m}$$

2) 변위 진폭 $x_o=0.1\text{m}$

3) 속도진폭

$$V_m=x_o\omega_n=x_o\cdot\sqrt{\frac{k}{m}}=0.1\text{m}\times\sqrt{\frac{19.6\text{kg/s}^2}{0.3\text{kg}}}\fallingdotseq 0.8\text{m/s}$$

4) 가속도진폭

$$A_m=V_m\cdot\omega_m=0.8\times\sqrt{\frac{19.6}{0.3}}\fallingdotseq 6.5(\text{m/s}^2)$$

5) 진동수 및 진동주기

진동수 $f_n=\dfrac{1}{2\pi}\sqrt{\dfrac{k}{m}}=\dfrac{1}{2\pi}\sqrt{\dfrac{19.6}{0.3}}\fallingdotseq 1.3(\text{Hz})$

진동주기 $T_n=\dfrac{1}{f_n}=\dfrac{1}{1.3}\fallingdotseq 0.8(\text{sec})$

6) 자유진동의 시간함수 $x(t)=-x_o\cos\omega_n t$

7) $t=0.15$일 때의 진동속도

$$v(t)=\frac{dx}{dt}=x_o\omega_n\sin\omega_n t=V_m\sin(2\pi f_n t)$$

$$=0.8\sin(2\pi\times 1.3\times 0.15)\fallingdotseq 0.75(\text{m/s})$$

23. $\% I=(1-T)\times 100=90\%$ $\qquad\therefore T=0.1$

$T=\dfrac{1}{|\eta^2-1|}=0.1$ 로부터

$\eta^2-1=\dfrac{1}{0.1}=10 \qquad \eta\fallingdotseq 3.3$

$\therefore\eta=\dfrac{f}{f_n}$ 로부터 $f_n=\dfrac{(2400/60)}{3.3}\fallingdotseq 12.12(\text{Hz})$

기계를 4개의 스프링으로 지지하였으므로 $f_n=4.98\sqrt{\dfrac{k}{W_{mp}}}$ 로부터

스프링 1개당의 스프링 정수 $k=W_{mp}\left(\dfrac{f_n}{4.98}\right)^2=\dfrac{907}{4}\times\left(\dfrac{12.12}{4.98}\right)^2\fallingdotseq 1343(\text{N/cm})$

24. 가속도 진폭 $A_m=w V_m=2\pi f V_m$

$$=2\pi\times 8\times 0.0002=0.01(\text{m/s}^2)$$

$$\text{진동가속도 레벨 (VAL)} = 20\log\left(\frac{A_s}{A_r}\right) = 20\log\left[\frac{\left(\frac{0.01}{\sqrt{2}}\right)}{10^{-5}}\right] \fallingdotseq 57\text{dB}$$

25. $f = \frac{1}{T} = \frac{1}{0.2} = 5(\text{Hz})$

$$V_m = \frac{A_m}{w} = \frac{A_m}{2\pi f} = \frac{0.1}{2\pi \times 5}$$

$$= 3.18 \times 10^{-3}(\text{m/s})$$

$$\fallingdotseq 0.4(\text{kine})$$

$$(\therefore\ 1\text{kine} = 1\,\text{cm/s})$$

26. $\%I = (1-T) \times 100 = 90\%$ $\quad\therefore\ T = 0.1$

$T = \frac{1}{|\eta^2 - 1|} = 0.1$ 로부터 $\quad \eta \fallingdotseq 3.3$

$f_n = 4.98\sqrt{\frac{1}{\delta st}} = 4.98\sqrt{\frac{1}{0.4}} \fallingdotseq 7.87(\text{Hz})$, $\eta = \frac{f}{f_n}$ 로부터

$f = \eta \times f_n = 3.3 \times 7.87 \fallingdotseq 26(\text{Hz})$

27. $A_m = V_m \cdot w = 0.4 \times 2\pi \times 10 \fallingdotseq 25(\text{m/s}^2)$

$$\therefore\ \text{VAL} = 20\log\left(\frac{25/\sqrt{2}}{10^{-5}}\right) \fallingdotseq 125\text{dB}$$

진동레벨 $\text{VL} = \text{VAL} + W_n = \text{VAL} - 20\log\left(\frac{a}{10^{-5}}\right)$

여기서, $8 \leqq f \leqq 90\ \text{Hz}$ 일 때 $a = 0.125 \times 10^{-5} \times f\ (\text{m/s}^2)$

$$\therefore \text{VL} = 125 - 20\log\left(\frac{0.125 \times 10^{-5} \times 10}{10^{-5}}\right) \fallingdotseq 123\ \text{dB(V)}$$

28. 조화진동의 각 진동수 $\omega_1 \neq \omega_2 \neq \omega_3$일 때 합성진동의 실효치 x는

$$x = \sqrt{\Sigma(x_{oi}/\sqrt{2})^2}$$

$$= \sqrt{\left(\frac{5}{\sqrt{2}}\right)^2 + \left(\frac{4}{\sqrt{2}}\right)^2 + \left(\frac{3}{\sqrt{2}}\right)^2} \fallingdotseq 5$$

29. 1) $T = \frac{1}{|\eta^2 - 1|} = 0.15$

$\eta^2 - 1 = \frac{1}{0.15} \fallingdotseq 6.67$ $\qquad\therefore\ \eta \fallingdotseq 2.77$

$\eta = \dfrac{f}{f_n}$ 로부터 고유진동수 $f_n = \dfrac{f}{\eta} = \dfrac{(1200/60)}{2.77} \fallingdotseq 7.22\text{Hz}$

2) $f_n = 4.98\sqrt{\dfrac{k}{\text{W}}}$ 로부터

$$k = W \times \left(\frac{f_n}{4.98}\right)^2 = 70 \times \left(\frac{7.22}{4.98}\right)^2 = 147(\text{N/cm})$$

30. 정적 스프링 정수 $k_S = \dfrac{\text{W}}{\delta_{st}} = \dfrac{120}{0.8} = 150(\text{N/cm})$

동적 스프링 정수 $k_d = \alpha \cdot k_S = 1.6 \times 150 = 240(\text{N/cm})$

31. $f_{n1} = \dfrac{1}{2\pi}\sqrt{\dfrac{k}{m}}$

$f_{n2} = \dfrac{1}{2\pi}\sqrt{\dfrac{4k}{2m}}$

$\therefore \dfrac{f_{n2}}{f_{n1}} = \sqrt{2}$, 즉 $\sqrt{2}$ 배 증가한다.

32. $T = \dfrac{1}{|\eta^2 - 1|} = 0.2$ 로부터 $\eta \fallingdotseq 2.45$

$f_n = \dfrac{f}{\eta} = \dfrac{50}{2.45} \fallingdotseq 20.4\,(\text{Hz})$

$\therefore f_n = 4.98\sqrt{\dfrac{1}{\delta_{st}}}$ 로부터

$$\delta_{st} = \left(\frac{4.98}{f_n}\right)^2 = \left(\frac{4.98}{20.4}\right)^2 \fallingdotseq 0.06(\text{cm})$$

33. $f_{n1} = \dfrac{1}{2\pi}\sqrt{\dfrac{4k_1}{m}}$, $f_{n2} = \dfrac{1}{2\pi}\sqrt{\dfrac{8k_2}{m}} = \dfrac{1}{4}f_{n1}$

$$\therefore \frac{f_{n2}}{f_{n1}} = \frac{\dfrac{1}{2\pi}\sqrt{\dfrac{8k_2}{m}}}{\dfrac{1}{2\pi}\sqrt{\dfrac{4k_1}{m}}} = \frac{1}{4}, \quad \frac{2k_2}{k_1} = \frac{1}{16}$$

$\therefore k_2 = \dfrac{1}{32}k_1$

즉, $\dfrac{1}{32}$ 배

Chapter 4

소음진동측정기술

4.1 소음측정기술

소음 측정방법은 크게 두가지로 대별할 수 있다.

첫째 방법은 주관적 방법으로 우리 인간의 귀(耳)를 이용하여 소음의 크기를 감지하는 것이다. 우리의 청각기관은 우수한 측정기라고 할 수 있으므로 귀로서 그 목표를 정한다.

둘째 방법은 객관적인 방법으로 측정기기를 사용하는 것이다. 이는 일반적으로 소음원, 전파경로, 수음점 등 여러 곳에서 측정하며, 소음원을 측정 조사할 때는 그 소음의 파워레벨, 스펙트럼, 지향성 등을, 그리고 전파경로로서 공장내 음향효과, 벽면 등의 차음성, 주변 암소음의 시간 및 공간분포를 조사한다.

4.1.1 소음측정의 목적과 계획

(1) 측정목적

소음을 측정할 때는 반드시 어떤 동기가 있어야 한다. 측정할 때 우선 문제가 제기된 배경 및 이유를 검토하여 목적을 명확히 할 필요가 있다.

측정하는 목적에 따라 측정 방법, 측정지점의 선정, 측정기의 종류 그리고 측정시간 등이 달라진다. 일반적으로 행하는 소음을 측정하는 목적이나 필요성은 다음과 같이 대별된다.

(가) 대외적 문제 처리상 측정을 필요로 하는 경우

① 규제기준치 내에 들어가는지의 여부를 측정 확인할 필요가 있는 경우

② 발생 소음레벨이 높고, 방지설계상 필요한 데이터를 준비할 필요가 있는 경우

(나) 대내적 문제처리상(음원대책상) 측정을 필요로 하는 경우

① 기계의 이상음을 측정 조사하고 기계자체의 재료·부품의 피로 정도 파악이 필요한 경우

② 작업자의 작업환경상의 관점에서 필요한 경우, 종래에 이러한 측정은 소음계만으로 측정되어 왔으나 최근에는 주파수 분석 및 기록 등의 필요성을 강조하고 있다.

(2) **측정계획**

배출시설별 소음 발생상태에 따라 다소 차이가 있을 수 있으나 원칙적으로 그 측정계획은 소음·진동공정시험법에 준하여 입안한다. 소음측정 조사의 일반적인 순서와 조사계획을 할 때 결정할 사항, 내용 및 안을 만드는 순서는 [표 4-1]과 같다.

표 4-1 계획의 검토사항

검토사항	결정사항	유의사항
① 무엇 때문에 하는가?	목적·목표의 설정	평가기준 : 소음레벨인가, 음질인가를 확인한다.
② 어디서 하는가?	측정장소의 선정과 확인	측정환경조건의 용이성, 기재, 인원이동성 등을 확인한다.
③ 무엇에 대하여 어떤 측정을 하는가?	측정대상·측정항목의 선정, 정도의 결정	대상·항목의 종별에 따라 규제기준 및 KS에 준하여 선정한다.
④ 어떻게 하는가?	측정방법의 선정, 측정지점의 위치 및 수 측정기, 보조기구, 측정 정도	소음원과 수음점 위치와의 배치관계, 측정지점에 표적을 박아 계속 측정의 필요시에는 그 측정점을 명확히 한다. ①의 목적 및 음원의 질에 따라 선정 데이터의 판독수는 규제기준에 따라 결정
	측정순서 측정지휘계통	측정조건의 조합, 기록계, 주파수 분석계 연락방법(무전기등의 준비)
⑤ 언제하는가?	측정일시·측정기간	
⑥ 누가 하는가?	측정인원·관계자	측정기술, 경험의 정도를 검토 배치
⑦ 계획서 작성	측정에 대한 전반적인 내용 작성	

[표 4-1]의 검토항목 전반에 관한 특기할 사항을 각 항목별로 기술하면 다음과 같다.

① 대개의 측정목적은 방음대책상의 필요에 의해 측정하는 것이 대부분이다. 따라서, 소음도 및 주파수 분석이 절대로 필요하다. 충격소음 측정이나 위험한 장소에서의 순간측정이 필요한 경우에는 녹음기에 녹음한 후 재생시켜 소음도나 주파수 밴드레벨을 분석하는 것이 필요하다.

② 어디서 측정할 것인가는 소음의 종류에 따라 구별되는데 배출시설이 설치된 사업장의 공장소음이나 환경소음은 소음 · 진동공정시험법(고시 93-43호)을, 생활소음은 생활소음규제기준(고시 83-12호), 자동차소음은 자동차소음 허용기준 및 검사에 관한 규정(고시 82-11호), 건설소음은 규제지역 내의 특정 공사용장비에 대한 규제기준에 따라 측정한다.

③ 대상음원과 (가)하의 목적에서 측정항목 · 정도 · 회수 및 분석방법도 계획에 넣는다.

④ 앞의 각항의 검토결과로부터 나타낸 내역이 검토된다. 특히 후술할 측정기기를 선정하고 보조기기에 관하여는 입체적 측정을 위한 고가사다리차의 이용에 의한 소음의 공간분포상태 측정도 필요한가를 고려하여 제반 준비를 갖추며 이에 따라 인원계획도 세운다.

⑤ ①의 목적에 따라 시간대의 설정이 필요하게 된다. 특히, 낮 · 저녁 · 밤의 어떤 시간이 필요한가 혹은 시간대로 볼 것인가에 따라 인원계획 등에 영향을 미친다.

⑥ 규모에 따라 인원계획이 정하여지지만 측정기의 종류에 따라서도 인원선정이 변한다. 제일 중요한 사항은 그 구성원의 지휘자 선정으로 야외의 광범위한 측정시에 분산된 인원은 지휘체계 운용에 따라 영향을 받게 된다.

⑦ 각 항의 검토가 가능할 수 있도록 계획표를 세우고 이것에 따라 시간표도 아울러 작성한다.

한편, 공장의 소음을 조사할 때는 조사의 목적과 대상을 명확하게 하고 도면이나 공장에 관계되는 자료에 따라 그 공장에 대한 예비지식을 얻고 가능하면 현지의 예비조사를 실시한다. 이때 공장측에서 준비하여야 할 자료를 보면 다음과 같다.

① 공장주변도

② 공장배치도

③ 공장평면도

④ 기계배치도

⑤ 공장건물 설치도

⑥ 작업공정도

⑦ 기계장치의 성능, 출력, 회전수 등의 일람표

예비조사를 한 후 도면상에 측정 방법, 측정항목 등을 검토하여 필요한 측정기, 측정인원, 측정시간 등을 결정한다.

4.1.2 소음측정기기

KS규격에 의거 각 규제기준에 지정된 소음계로 그 레벨의 측정은 가능하지만 전술한 바와같이 측정목적이 다양하여 소음계만으로 측정목적을 달성하기가 어려울 때가 많다. 측정계획에 따라 각각에 필요한 측정기기가 보급되어 있기 때문에 계획에 적합한 장비를 갖출 필요가 있다. 주로 사용되고 있는 측정기기를 들면 소음계, 기록계, 주파수분석기, 녹음기 등이다.

(1) 소 음 계

일반적으로 소음의 공간분포는 불균일 하다. 따라서 이러한 종류의 소음측정을 위해서는 휴대용 소음계를 들고 위치를 옮겨 가면서 각 위치의 소음도를 조사한다. 이 방법은 소음이 시간에 따라서 크게 변하지 않는 경우에는 대단히 편리하고 비교적 정확한 값을 얻을 수 있으나 현저하게 변하는 경우에는 각각 위치에서 일정시간 동안 소음의 시간적 변화를 측정해서 이 데이터를 공식에 의해 환산하여 등가소음도(L_{eq})를 산정하여야 한다. 그러나 이 방법은 상당히 복잡하고 시간이 걸리므로 이 방법은 하나 이상의 여러 위치에서 측정한 소음에 적용하는 것은 대단히 힘들다. 최신 microprocessor 기술이 보편화되면서 등가소음을 직접 측정할 수 있는 휴대용 소음계가 상품화되고 있어 이 같은 장비를 사용하면 시간에 따라서 변화하는 소음에 대한 객관적인 평가데이터를 쉽게 구할 수 있다. 소음계 몸체에 의한 영향은 대체로 1,000Hz 이하에서는 무시할 수 있으며, 측정자 몸에 의한 반사음 영향을 줄이기 위해서는 가능한 한 소음계를 측정자 몸으로부터 멀리하도록 손을 뻗쳐서 잡는다. 이와 같은 휴대용 소음계의 큰 장점은 소음의 공간분포를 측정할 수 있다는 점이다.

소음이 장기적으로 현저하게 변화하는 경우에는 소음계를 들고 순회 측정하는 방법은 상당한 오차를 초래할 수 있다. 이러한 경우에 사용할 수 있는 적절한 장비가 정밀소음분석기와 기록장비이다. 이 시스템은 소음의 공간분포 측정에는 부적합하지만 장기적인 변동소음의 측정분석이나 공간소음의 장기측정은 물론 교통, 공장 등의 소음측정에 널리 사용되고 있다.

(가) 소음의 측정

음압레벨은 물리량이지만 인간의 청감에 대한 보정을 하여 소리의 크기레벨에 근사한 값으로 측정할 수 있도록 한 측정기를 소음계라 한다. "원하지 않는 소리"를 소음으로 규정하고 있지만 소음계로 듣기 좋은 소리, 예를 들면 오케스트라 음악을 소음계로 측정하면 높은 레벨을 나타낸다. 따라서 소위 말하는 소음의 정의에 따른 범주의 음원에 관하여만 국한한다.

따라서 소음이라 판단되는 음의 물리량에 청감보정을 등청감곡선에 따라 보정된 수량으로 측정하는 것을 일반적인 소음측정이기 때문에 다음과 같은 조건이 따른다.

① 시끄러움, 불쾌함 등의 주관량과 결부된 것으로서 가청주파수 범위에 한한다.

② 귀의 감각특성을 고려해도 거의 정확도를 요하지 않는 경우, 귀의 판단능력 이상, 예를 들면 1dB 이하의 세기의 변화나 주파수의 미세 변화를 조사해도 의미가 없다.

③ 음의 물리적 세기보다는 되도록이면 근사적으로 귀로 느끼는 크기레벨 혹은 시끄러움에 결부된 량을 구한다.

소음측정은 KS C-1502에 정한 보통소음계급 이상으로 측정하여 소음계의 A, B, C 등의 청감보정회로를 통하여 측정한 값을 소음레벨이라 하고 그 단위는 dB(A), dB(B), dB(C)로 표기한다. 한편, 이들 보정회로별 보정특성은 [표 4-2]와 같다.

표 4-2 보통소음계의 Response (dB)

옥타브밴드 중심주파수(Hz)	KS 보통소음계			
	A	B	C	허용오차
31.5	−39.2	−17.2	−3.0	±5.0
63	−26.1	−9.4	−0.8	±3.5
125	−16.1	−4.3	−0.2	±2.0
259	−8.6	−1.4	0	±2.0
500	−3.2	−0.3	0	±1.0
1,000	0	0	0	±2.0
2,000	+1.2	−0.2	−0.2	+3.0 −2.5
4,000	+1.0	−0.8	−0.8	+4.5 −4.0
8,000	−1.1	−3.0	−3.0	+6.0 −5.5
16,000	−6.5	−8.3	−8.4	+6.0 −∞

일반적으로 소음레벨의 측정에 의해 법에 정한 각종 기준 이내인가 또는 초과하는가를 판정하고 있지만 방음설계를 위해서는 주파수 분석기에 의한 측정이 필수적이다.

(나) 소음계의 취급

소음계로 측정시에 주의를 요하는 사항은 다음과 같다.

① 암소음 영향에 대한 지시치의 보정치를 [표 4-3]에 나타낸다.

② 반사음 영향에 대한 대책 : 일차적으로 음원의 소음레벨을 측정 할 것인가 환경소음레벨로 된 합성음의 레벨을 측정할 것인가에 따라 대책을 세워야 하는데 기본적으로 측정 microphone 주위에 가능한 한 장애물이 없어야 한다.

③ 기타의 환경조건에 대해 주의한다.

④ 청감보청회로의 사용 : B 및 C 회로 보정레벨 측정결과와 A회로레벨 측정결과와의 대비에 의해 대략적인 주파수역의 판정 평가의 실마리를 풀 수 있다.

예) dB(A)≈dB(C) : 고주파 성분이 많다.

dB(A)≪dB(C) : 저주파 성분이 많다.

⑤ 지시계기의 동특성 사용법 : 변동이 적은 소음은 slow에, 변동이 심한 소음은 fast에 놓고 측정한다.

⑥ 불규칙하고 대폭적으로 변동하는 경우의 사용방법

표 4-3 암소음 보정표

대상음이 있을 때와 없을 때의 지시치의 차	1	2	3	4	5	6	7	8	9	10
보정치	–		−3	−2		−1				–
계산치	−6.9	−4.4	−3.0	−2.3	−1.7	−1.25	−0.95	−0.75	−0.60	−0.45

(다) 소음계의 구분

보통소음계의 규격은 KS C-1502에 정하고 있다. 원래 소음계는 귀로 느끼는 음의 크기레벨을 측정하여 아는 것을 목적으로 하며 다음 2종류를 생각할 수 있다.

① 청취식 : 표준 발음기로부터 발생한 어떤 음과 알고자 하는 음의 크기를 귀로 비교하여 그 음의 크기의 정도를 아는 것으로 정도가 나빠 사용되지 않는다.

② 지시식 : 지침 및 디지털 방식으로 대부분의 소음계가 여기에 해당한다. 이러한 지시식 소음계는 통상 정밀소음계, 보통소음계, 간이소음계의 3형식으로 구분되

며 각각의 허용오차폭이나 지향특성, 주파수 범위 등은 상이하다.

[표 4-4]와 [그림 4-1]은 이들 소음계의 주파수 범위와 허용오차를 보인 것이다.

표 4-4 주파수 범위(Hz)

정밀소음계	보통소음계	간이소음계
20~12,500	31.5~8,000	70~6,000

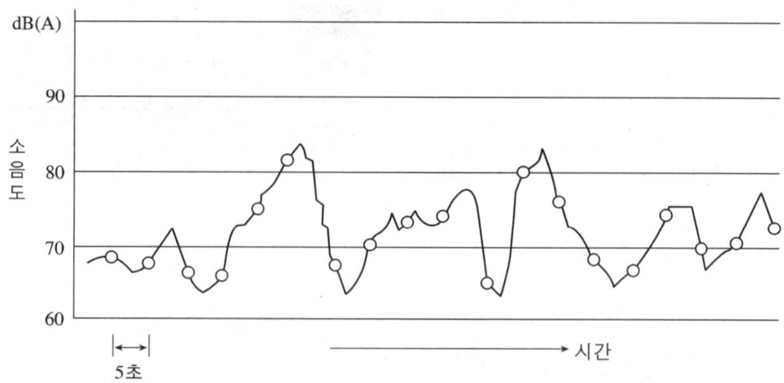

그림 4-1 소음계별 C 특성 허용오차

여기서 알 수 있듯이 정밀소음계 쪽이 저주파수에서 고주파수까지의 범위가 크며 통상 측정하는 소음은 50~6,000Hz 사이이므로 보통소음계로 충분하다. 즉, 실용적인 소음측정에는 충분한 특성을 가지고 있다 하겠다.

정밀소음계는 고주파나 저주파 성분인 측정, 특히 정밀도를 요하는 측정에 적합하며, 간이소음계는 일반적인 소음측정에는 충분하지만 중요한 정도를 필요로 하는 경우에는 피하는 것이 좋다.

(라) 마이크로폰의 사용법

㉮ 마이크로폰의 기본적인 사용법

원칙적으로 마이크로폰은 소음계 본체에서 분리하여 연장코드를 사용하여 삼각대에 장치하는 것으로 한다. 마이크로폰이 소음계 본체에 부착된 것은 측정자 등의 인체로부터의 반사음에 의해 지시치에 오차가 발생하기 쉽다.

㉯ 소음계에 마이크로폰을 부착한 채 삼각대에 장치하는 방법

일반적으로 소음계 본체에는 삼각대용 나사가 있으므로 이것을 사용한다. 이 경우에 지시치를 판독하기 위해 너무 가까이 접근하면 지시에 오차가 일어나기 때문에 주의를 요한다. 이러한 측정 예를 보인 것이 [그림 4-2]와 같다.

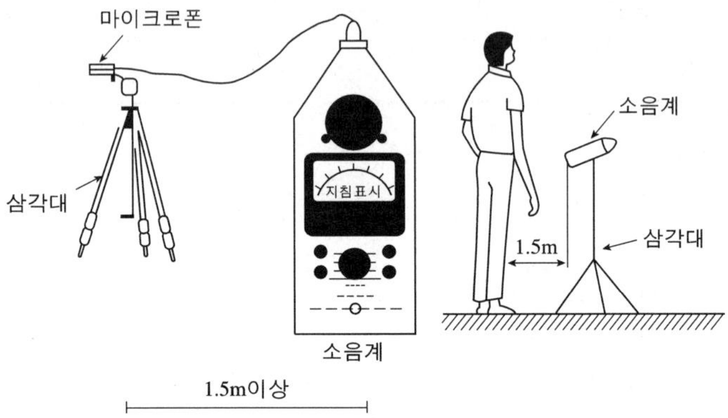

그림 4-2 소음측정방법

(마) 소음계를 손으로 잡고 측정할 때

마이크로폰이 부착된 소음계를 그대로 잡고 측정할 경우에는 몸의 앞뒤좌우 방향으로 소음계를 이동시키면서 반사음의 영향을 신중히 확인한다.

(2) 주파수분석기

소음의 특성을 결정하는 또 하나의 중요한 요소는 주파수특성이다. 소음의 주파수 분석은 옥타브밴드(octave band) 혹은 1/3 옥타브밴드에 의해 이루어지며, 이외에도 정밀분석이 필요한 경우에는 협대역분석기(narrow band analyzer)를 사용하기도 한다. 대부분의 소음계와 정밀소음분석기에 내장되어 있는 청감보정회로는 옥타브밴드 filter에 의해서 측정된 소음도를 총 소음도(over-all noise level)라 하며 소음의 모든 주파수 성분을 대수 합산한 값이다.

소음의 주파수 분석은 소음방지대책 강구에 필수적이며, 소음방지에 쓰이는 차음재나 흡음재 등의 효과는 소음의 주파수에 따라 다르다. 즉, 모든 주파수에 효과적인 방지대책을 강구하기는 대단히 어렵기 때문에 차선의 방법으로 소음의 주파수 분석에 의해서 가장 문제가 되는 주파수 밴드를 찾아 이 밴드에 특히 효과적인 방지대책을 강구하는 것이다.

소음의 주파수 분석을 위한 장비의 선택을 위해서는 우선 소음의 시간변화 특성을 알아야 한다. 시간에 따라서 거의 변하지 않는 정상소음에 대해서는 필터분석기를 사용할 수 있다. 필터분석기는 근본적으로 직렬로 연결된 band pass filter로 구성되어 있어 소음신호를 각 주파수밴드에 대응하는 필터에 차례로 통과시켜 분석한다. 이같은 분석방법에는 일정시간이 필요하기 때문에 교통소음과 같이 빨리 변하는 소음의 주파수 분석에는 적절하지 않다. 이러한 변동소음의 주파수 분석을 위해서는 실시간(real-time) 주파수 분석기를 사용한다. 이는 band pass filter를 병렬로 연결하여 모든 주파수 밴드의 분석을 동시에 수행하므로 분석에 걸리는 시간이 극히 짧다.

일반적으로 사용되는 주파수 분할방식은 IEC-225 규격에 의해 정해진다. 1/3 옥타브 분석기는 옥타브 분석기의 한 밴드를 3개로 다시 분할하여 분석하므로 정밀분석이 가능하며 이들분석 예는 [그림 4-3]의 (a), (b)와 같다.

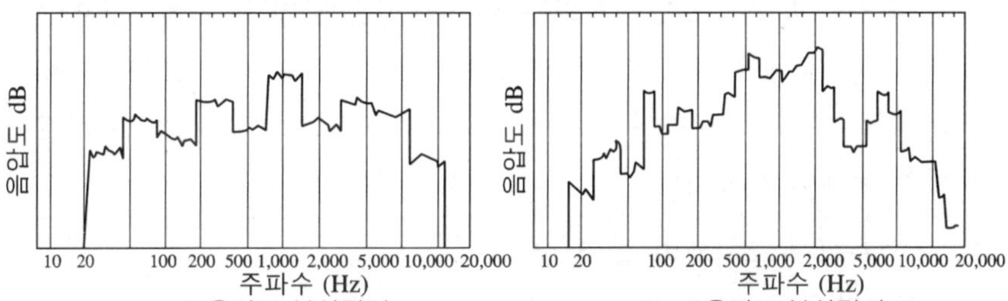

(a) 1/1옥타브 분석결과
(b) 1/3옥타브 분석결과

그림 4-3 옥타브 및 1/3 옥타브 분석결과

(3) **기록계**

소음계, 옥타브 분석기 등에 의한 측정시에 지시치가 항상 일정하지 않기 때문에 기록계가 필요하며, 시시각각의 변화를 기록할 수 있다. 기록계를 소음계 및 주파수 분석기와 조합하여 소음레벨 및 band레벨의 기록측정이 가능하다.

소음계에서는 지시계기의 지시치를 판독하여야 하지만 레벨기록계는 자동 기록측정되므로 판독 및 장시간 측정에 편리하다.

(4) **교정기**(calibrator)

현장에서 소음 측정시 측정시스템 전반의 교정이 필요하다. 이러한 시스템 교정은 장비 상호간의 적절한 연결을 확인하기 위해서도 꼭 필요하다. 이 목적을 위해 상품화된 몇 가지 종류의 음압교정기를 사용하기도 하고 계기 자체에 내장된 신호를 이용하기도 하지만, 여기서는 음압교정기(calibrator)에 대해서만 기술하기로 한다.

교정기는 일정한 주파수(예를 들어 250 Hz, 1,000 Hz)에서 일정한 레벨의 음압을 발생한다. 이들 교정기를 완성된 측정시스템의 마이크로폰에 부착시켜 가동시키면서 소음계의 지시미터나 기록계의 기록값이 교정기의 음압레벨과 같게 조정자(adjuster)를 조절하여 교정을 마친다.

4.1.3 측정절차

측정하고자 하는 소음이 자유진행되거나 몇 개의 지배적인 주파수를 갖고 구성되어 진행될 때는 반사음의 영향에 특히 유의해야 하지만 환경소음과 같이 확산음장에 가깝거나 넓은 주파수 분포를 가지고 있으면 측정자에 기인하는 반사음의 영향은 무시될 수 있다.

소음측정시 부수적으로 권장되는 사항은 다음과 같다. 옥외측정은 각 규제기준에 따르며, 옥내측정은 바닥으로부터 1.2～1.5m 높이, 벽으로부터 1m, 창으로부터 1.5m 이상 떨어져 측정해야 하며, 측정은 정상적으로 창이 아주 열려진 상태가 아니면 닫힌 상태에서 행한다.

(가) 옥외측정시 고려해야 할 사항

① 측정장비가 국내 및 국제규격에 만족하는가?

② 어떤 교정절차가 필요한가?

③ 측정기록과 청감보정회로 설정은 어떻게 할 것인가?

④ 측정은 어디서 할 것인가?(귀의 높이, 부지경계선, 고속도로변 등)

⑤ 주소음은 무엇이 발생하는가?

⑥ 소음의 특성은?(충격, 정상상태, 변동성, 순음성 등)

⑦ 이러한 소음은 언제 발생하는가?(낮, 밤, 주말 등)

⑧ 소음원의 물리적 크기는?

⑨ 그곳의 환경조건은?(온도, 습도, 바람 등)

⑩ 측정은 근음장에서 할 것인가, 원음장에서 할 것인가, 또 원음장의 자유부나 잔향부에서 할 것인가? 만약 원음장의 자유부에서 측정할 때 사용되는 마이크로폰의 종류에 따른 방위는?

(나) 옥외측정시 주의사항

① 바람에 의한 마이크로폰 소음의 방지

② 비로부터 마이크로폰 보호

③ 전자장의 영향 배제

바람은 마이크로폰 다이아프램에 변형을 가함으로서 측정 대상소음과 관계없는 소음을 발생시킬 수 있다. 바람의 영향을 방지하기 위해 방풍망(anti wind screen)을 마이크로폰에 부착하는데, 옥외측정시에는 가급적 이를 부착하여 측정하는 것이 좋으며 풍속이 5.5m/sec 이상이 되면 방풍망에 의한 방지효과도 크지 않으므로 측정을 중지하는 것이 좋다. 방풍망은 다공성의 가벼운 합성수지로 되어 있다.

한편, 마이크로폰 종류에 따른 전자장의 영향을 보면, 동전형(moving coil)은 저렴한 장점이 있으나 전동기, 변압기, 변전설비 부근에서 측정시에는 자장의 영향을 받기 쉽다. 따라서 마이크로폰을 사용하여 측정하고자 할 때에는 어떤 거리를 두어 측정하여 규정거리의 레벨로 계산에 의하여 구해야 한다. 압전형을 사용하면 자장의 영향은 받지 않으나 온도의 영향을 받기 때문에, 가격은 비싸지만 이러한 영향이 거의없는 콘덴서형 마이크로폰의 사용이 권장된다.

(다) 등가소음도 계산의 예

5분동안 측정 기록한 기록지가 [그림 4-4]와 같다.

5초간격(paper speed가 1mm/sec이면 5mm간격)으로 소음도를 판독한 결과와 백분율은 [표 4-5]와 같다.

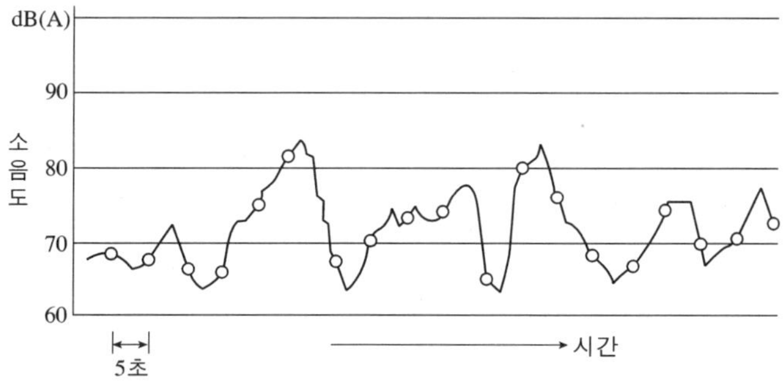

그림 4-4 소음측정기록지

표 4-5

소음도(dB(A))	기록란	비고(%)
65～70	V V V V V	10
70～75	V V V V V V V V V V	20
75～80	V V V V V V V V V V V V V V V V V	30
80～85	V V V V V V V V V V V V V V V V V	30
85～90	V V V V V	10

위 표의 비고란의 백분율을 [표 4-6] (2)란에 기입하고 (1)란과 곱한값을 (3)란에 기입하여 합을 구한다.

$$\therefore L_{eq} = 10\log(\Sigma) = 10\log(130.582 \times 10^6) \fallingdotseq 81 \text{ dB(A)}$$

소음계만으로 측정한 결과도 위와 같은 방법으로 등가소음도를 구한다.

표 4-6

소음도(dB(A))	L_i dB(A)	$\frac{1}{100}10^{L_i/10}$ (1)	f_i (%)(2)	(1)×(2)=(3)
65～70	67.5	0.562×10^5	10	0.562×10^6
70～75	72.5	0.178×10^6	20	$3.56\ \times10^6$
75～80	77.5	0.562×10^6	30	16.86×10^6
80～85	82.5	0.178×10^7	30	$53.4\ \times10^6$
85～90	87.5	0.562×10^7	10	$56.2\ \times10^6$
				$\Sigma\ 130.582\times10^6$

(라) 관련시간대 보정의 예

어떤 공장이 15:00시에서 22:00시까지 가동하였다고 하면 가동시간은 낮이 3시간, 저녁이 4시간이므로 관련시간대에 따른 보정치는 백분율이 낮 37.5%(3/8), 저녁 100%(4/4)이므로 −5 및 0 dB(A)이다. 이중, 저녁 보정치 0을 보정한다.

측정소음도는 당해 시간별에 따라 측정 보정함을 원칙으로 하나 배출시설이 변동없이 24시간 가동한 경우에는 낮시간대 측정소음도를 저녁, 밤시간대의 측정소음도로 사용할 수 있다.

4.2 진동측정기술

진동계의 종류는 크게 변위, 속도 또는 가속도 등의 물리적인 양을 m, m/s 또는 m/s^2 등으로 계측하는 진동계(vibration meter)와 이들 양을 장비자체에서 레벨로 변환(기준치 : $10^{-5} m/s^2$) dB로 계측하는 진동레벨계(vibration level meter)가 있으나 전자는 주로 기계진동 측정에 후자는 공해진동측정에 많이 활용되고 있다. 물론 이들 값은 서로 가역적이므로 진동의 크기를 표시하는 값은 같다.

공해진동 측정에는 측정목적을 정하여 그에 적합한 측정계획을 세워야 한다. 현장의 상황 · 조사항목 · 측정대상 등에 따라 계획적인 측정방법을 결정하여야 하므로 사전에 충분한 검토가 있어야 한다.

(1) L_{10} 진동레벨 계산의 예

5초 간격 50회 측정한 진동레벨 dB(V)를 [표 4-7]의 (a)란에 기록한 후 이를 동일 레벨별 발생빈도를 구하고 누적도수를 구해 [표 4-7]의 (b)란에 기록한다.

이 누적도수를 이용 [그림 4-5]와 같은 누적도수곡선을 작성하여 그림의 우측 종선상의 90(%)에서 수평선을 그어 만나는 누적도수곡선상의 점에서 수직선을 내려 그어 만나는 횡축상의 진동레벨 표시점을 판독하면 L_{10} 값이 된다. 이 값을 그림에서 보면 81.3 dB(V) 정도이다.

표 4-7 진동기록표(a) 및 누적도수표(b)

(a)

1	2	3	4	5	6	7	8	9	10
70	72	68	82	73	81	72	69	75	77
75	71	70	74	75	76	77	77	78	74
73	72	87	68	67	66	69	67	70	70
71	80	79	76	75	73	72	72	74	75
84	80	85	78	77	76	75	73	68	82

(b)

끝 수		0	1	2	3	4	5	6	7	8	9
60대	빈 도							1	2	3	2
	누적도수							1	3	6	8
70대	빈 도	4	2	5	4	3	6	3	4	2	1
	누적도수	12	14	19	23	26	32	35	39	41	42
80대	빈 도	2	1	2	0	1	1	0	1		
	누적도수	44	45	47	47	48	49	49	50		

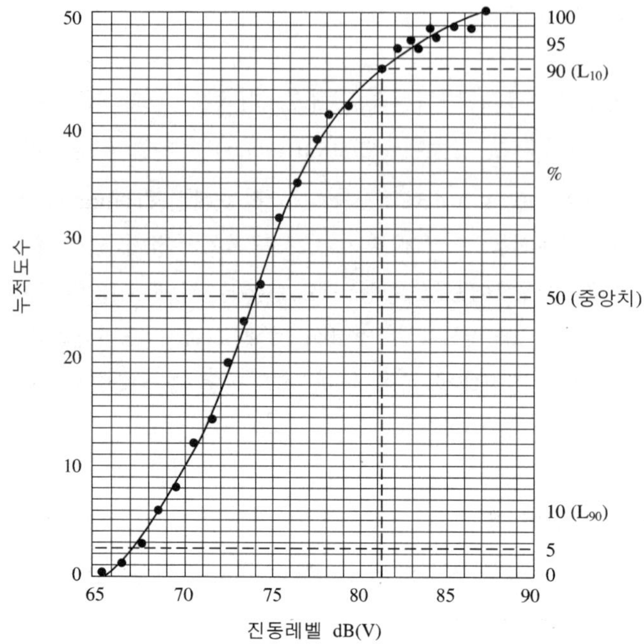

그림 4-5 누적도수곡선도

(2) **평가진동레벨 산정**

대상진동레벨에 진동원의 가동시간율, 측정시각(밤에는 주민 등이 수면을 취해야 하므로 기준이 낮아져야 함), 지역별(공업지역 등은 기준이 완화되어야 함)등의 보정치를 보정하여 구한다.

Chapter 5

소음·진동환경오염공정시험기준

소 음 편

제1장 총 칙

1. 목 적

이 시험방법은 소음·진동규제법 제7조의 규정에 의거 소음을 측정함에 있어서 측정의 정확 및 통일을 유지하기 위하여 필요한 제반사항에 대하여 규정함을 목적으로 한다.

2. 적용범위

이 시험방법은 환경정책기본법 제10조 제2항에서 정하는 환경소음과 소음·진동규제법에서 정하는 공장배출허용기준, 규제기준 및 한도 등과 관련된 소음을 측정하기 위한 시험(측정)방법에 대하여 규정한다.

3. 용어의 정의

(1) 소 음 원 : 소음을 발생하는 기계·기구, 시설 및 기타 물체를 말한다.

(2) 반 사 음 : 한 매질중의 음파가 다른 매질의 경계면에 입사한 후 진행방향을 변경하여 본래의 매질 중으로 되돌아오는 음을 말한다.

(3) 배경소음 : 한 장소에 있어서의 특정의 음을 대상으로 생각할 경우 대상소음이 없을 때 그 장소의 소음을 대상소음에 대한 배경소음이라 한다.

(4) 대상소음 : 배경소음 외에 측정하고자 하는 특정의 소음을 말한다.

(5) 정상소음 : 시간적으로 변동하지 아니하거나 또는 변동폭이 작은 소음을 말한다.

(6) 변동소음 : 시간에 따라 소음도 변화폭이 큰 소음을 말한다.

(7) 충격음 : 폭발음, 타격음과 같이 극히 짧은 시간동안에 발생하는 높은 세기의 음을 말한다.

(8) 지시치 : 계기나 기록지 상에서 판독한 소음도로서 실효치(rms값)를 말다.

(9) 소음도 : 소음계의 청감보정회로를 통하여 측정한 지시치를 말한다.

(10) 등가소음도 : 임의의 측정시간동안 발생한 변동소음의 총 에너지를 같은 시간내의 정상소음의 에너지로 등가하여 얻어진 소음도를 말한다.
(11) 측정소음도 : 이 시험방법에서 정한 측정방법으로 측정한 소음도 및 등가소음도 등을 말한다.
(12) 배경소음도 : 측정소음도의 측정위치에서 대상소음이 없을 때 이 시험방법에서 정한 측정방법으로 측정한 소음도 및 등가소음도 등을 말한다.
(13) 대상소음도 : 측정소음도에 배경소음을 보정한 후 얻어진 소음도를 말한다.
(14) 평가소음도 : 대상소음도에 충격음, 관련시간대에 대한 측정소음 발생시간의 백분율, 시간별, 지역별 등의 보정치를 보정한 후 얻어진 소음도를 말한다.
(15) KS 규격 : 한국산업규격중 소음계에 관한 규격을 말한다.
(16) IEC 규격 : 국제전기표준회의에서 제정된 소음측정기기에 관한 규격을 말한다.
(17) 지발발파 : 수초내에 시간차를 두고 발파하는 것을 말한다.

4. 측정기기 및 사용기준

4.1 측정기기

4.1.1 소음계

(1) 기본구조

소음을 측정하는데 사용되는 소음계는 간이소음계, 보통소음계, 정밀소음계 등이 있으며, 최소한 [그림 1]과 같은 구성이 필요하다.

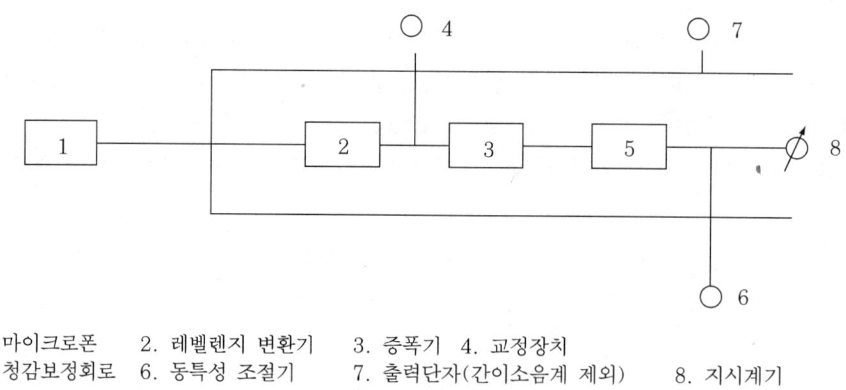

그림 1 소음계의 구성도

(2) 구조별 성능

① 마이크로폰(Microphone)

마이크로폰은 지향성이 작은 압력형으로 하며, 기기의 본체와 분리가 가능하여야 한다.

② 증폭기(Amplifier)

마이크로폰에 의하여 음향에너지를 전기에너지로 변환시킨 양을 증폭시키는 것을 말한다.

③ 레벨렌지 변환기

측정하고자 하는 소음도가 지시계기의 범위 내에 있도록 하기 위한 감쇠기로서 유효눈금범위가 30 dB 이하 되는 구조의 것은 변환기에 의한 레벨의 간격이 10 dB 간격으로 표시되어야 한다. 다만, 레벨 변환없이 측정이 가능한 경우 레벨렌지 변환기가 없어도 무방하다.

④ 교정장치(Calibration Network Calibrator)

소음측정기의 감도를 점검 및 교정하는 장치로서 자체에 내장되어 있거나 분리되어 있어야 하며, 80 dB(A) 이상이 되는 환경에서도 교정이 가능하여야 한다.

⑤ 청감보정회로(Weighting Networks)

인체의 청감각을 주파수 보정특성에 따라 나타내는 것으로 A특성을 갖춘 것이어야 한다. 다만, 자동차 소음측정에 사용되는 C특성도 함께 갖추어야 한다.

⑥ 동특성 조절기(Fast-Slow Switch)

지시계기의 반응속도를 빠름 및 느림의 특성으로 조절할 수 있는 조절기를 가져야 한다.

⑦ 출력단자(Monitor Out)

소음신호를 기록기 등에 전송할 수 있는 교류단자를 갖춘 것이어야 한다.

⑧ 지시계기(Meter)

지시계기는 지침형 또는 숫자표시형이어야 한다. 지침형에서는 유효지시범위가 15 dB 이상이어야 하고, 각각의 눈금은 1 dB 이하를 판독할 수 있어야 하며, 1 dB 눈금간격이 1 mm 이상으로 표시되어야 한다. 다만, 숫자표시형에서는 숫자가 소수점 한자리까지 표시되어야 한다.

4.1.2 기록지

자동 혹은 수동으로 연속하여 시간별 소음도, 주파수밴드별 소음도 및 기타 측정결과를 그래프, 점, 숫자 등으로 기록하는 기기를 말한다.

4.1.3 주파수 분석기

소음의 주파수 성분을 분석하는 데 사용하는 기기로 1/1 옥타브밴드 분석기, 1/3 옥타브밴드 분석기 등을 말한다.

4.1.4 데이터 녹음기

소음계 등의 아나로그 또는 디지탈 출력신호를 녹음·재생시키는 장비를 말한다.

4.2 부속장치

(1) 방풍망(anti-Wind Screen)

소음을 측정할 때 바람으로 인한 영향을 방지하기 위한 장치로서 소음계의 마이크로폰에 부착하여 사용하는 것을 말한다.

(2) 삼각대(tripod)

마이크로폰을 소음계와 분리시켜 소음을 측정할 때 마이크로폰의 지지장치로 사용하거나 소음계를 고정할 때 사용하는 장치를 말한다.

(3) 표준음 발생기(pistonphone, calibrator)

소음계의 측정감도를 교정하는 기기로서 발생음의 주파수와 음압도가 표시되어 있어야 하며, 발생음의 오차는 ±1 dB 이내이어야 한다.

4.3 사용기준

(1) 간이소음계는 예비조사 등 소음도의 대략치를 파악하는데 사용되며, 소음을 규제, 인증하기 위한 목적으로 사용되는 기계로서는 KSC-1502에 정한 보통소음계 또는 이와 동등 이상의 성능을 가진 것으로서 dB단위로 지시하는 것을 사용하여야 한다.

(2) 소음측정기는 견고하고 빈번한 사용에 견딜 수 있어야 하며, 항상 정도를 유지할 수 있어야 한다.

(3) 성 능

① 측정가능 주파수 범위는 31.5 Hz~8 kHz 이상이어야 한다.

② 측정가능 소음도 범위는 35~130 dB 이상이어야 한다. 다만, 자동차 소음측정에 사용되는 것은 45~130 dB 이상으로 한다.

③ 특성별(A특성 및 C특성)표준 입사각의 응답과 그 편차는 KSC-1502의 부표 1을 만족하여야 한다.

④ 레벨렌지 변환기가 있는 기기에 있어서 레벨렌지 변환기의 전환오차가 0.5 dB 이내이어야 한다.

⑤ 지시계기의 눈금오차는 0.5 dB 이내이어야 한다.

제 2 장 환경기준 측정방법

1. 측정점

(1) 옥외측정을 원칙으로 하며, "일반지역"은 당해지역의 소음을 대표할 수 있는 장소로 하고, "도로변지역(주 1)"에서는 소음으로 인하여 문제를 일으킬 우려가 있는 장소를 택하여야 한다. 측정점 선정시에는 당해지역 소음평가에 현저한 영향을 미칠 것으로 예상되는 공장 및 사업장, 건설사업장, 비행장, 철도 등의 부지 내는 피해야 한다.

주(1) 도로변지역의 범위는 도로단으로부터 차선수×10 m로 하고, 고속도로 또는 자동차 전용도로의 경우에는 도로단으로부터 150 m 이내의 지역을 말한다.

(2) 일반지역의 경우에는 가능한 한 측정점 반경 3.5 m이내에, 장애물(담, 건물, 기타 반사성 구조물 등)이 없는 지점의 지면위 1.2～1.5 m로 한다.

(3) 도로변 지역의 경우에는 장애물이나 주거, 학교, 병원, 상업 등에 활용되는 건물이 있을 때에는 이들 건축물로부터 도로방향으로 1 m 떨어진 지점의 지면 위 1.2～1.5 m 위치로 하며, 건축물이 보도가 없는 도로에 접해 있는 경우에는 도로단에서 측정한다. 다만, 상시측정용의 경우의 측정높이는 주변환경, 통행, 촉수 등을 고려하여 지면위 1.2～5 m 높이로 할 수 있다.

2. 측정조건

2.1 일반사항

(1) 소음계의 마이크로폰은 측정위치에 받침장치(삼각대 등)를 설치하여 측정하는 것을 원칙으로 한다.

(2) 손으로 소음계를 잡고 측정할 경우에는 소음계는 측정자의 몸으로부터 50 cm 이상 떨어져야 한다.

(3) 소음계의 마이크로폰은 주소음원 방향으로 향하도록 하여야 한다.

(4) 풍속이 2 m/sec 이상일 때에는 반드시 마이크로폰에 방풍망을 부착하여야 하며, 풍속이 5 m/sec를 초과할 때에는 측정하여서는 안된다.

(5) 진동이 많은 장소 또는 전자장(대형 전기기계, 고압선 근처 등)의 영향을 받는 곳에서는 적절한 방지책(방진, 차폐 등)을 강구하여야 한다.

2.2 측정사항

요일별로 소음변동이 적은 평일(월요일부터 금요일사이)에 당해지역의 환경소음을 측정하여야 한다.

3. 측정기기의 사용 및 조작

3.1 사용 소음계

KSC-1502에 정한 보통소음계 또는 동등이상의 성능을 가진 것이어야 한다.

3.2 일반사항

(1) 소음계와 소음도기록기를 연결하여 측정기록하는 것을 원칙으로 한다. 소음도 기록기가 없는 경우에는 소음계만으로 측정할 수 있다.

(2) 소음계 및 소음도기록기의 전원과 기기의 동작을 점검하고 매회 교정을 실시하여야 한다. (소음계의 출력단자와 소음도기록기의 입력단자 연결)

(3) 소음계의 레벨렌지 변환기는 측정지점의 소음도를 예비조사한 후 적절하게 고정시켜야 한다.

(4) 소음계와 소음도기록기를 연결하여 사용할 경우에는 소음계의 과부하 출력이 소음기록치에 미치는 영향에 주의하여야 한다.

3.3 청감보정회로 및 동특성

(1) 소음계의 청감보정회로는 A특성에 고정하여 측정하여야 한다.

(2) 소음계의 동특성은 원칙적으로 빠름(fast)을 사용하여 측정하여야 한다.

4. 측정시간 및 측정지점수

(1) 낮시간대(06：00～22：00)에는 당해지역 소음을 대표할 수 있도록 측정지점수를 충분히 결정하고, 각 측정지점에서 2시간이상 간격으로 4회이상 측정하여 산술평균한 값을 측정소음도로 한다.

(2) 밤시간대(22：00～06：00)에는 낮시간대에 측정한 측정지점에서 2시간 간격으로 2회이상 측정하여 산술평균한 값을 측정소음도로 한다.

5. 측정자료 분석

측정자료는 다음 경우에 따라 분석·정리하며, 소수점 첫째자리에서 반올림한다.

5.1 디지탈 소음자동분석계를 사용할 경우

샘플주기를 1초 이내에서 결정하고 5분 이상 측정하여 자동 연산·기록한 등가소음도를 그 지점의 측정소음도로 한다.

5.2 소음도 기록기를 사용하여 측정할 경우

5분 이상 측정 기록하여 다음 방법으로 그 지점의 측정소음도를 정한다.

(1) 기록지상의 지시치 변동이 없을 때에는 그 지시치
(2) 기록지상의 지시치의 변동폭이 5 dB(A) 이내일 때에는 구간 내 최대치부터 소음도의 크기순으로 10개를 산술평균한 소음도
(3) 기록지상의 지시치가 불규칙하고 대폭적으로 변하는 경우에는 [부록] 등가소음도 계산방법 중 1의 방법에 의한 등가소음도

5.3 소음계만으로 측정할 경우

계기조정을 위하여 먼저 선정된 측정위치에서 대략적인 소음의 변화양상을 파악한 후 소음계 지시치의 변화를 목측으로 5초 간격 50회 판독·기록하여 다음의 방법으로 그 지점의 측정소음도를 정한다.

(1) 소음계의 지시치에 변동이 없을 때에는 그 지시치
(2) 소음계의 지시치의 변화폭이 5 dB(A)이내일 때에는 구간내 최대치부터 소음도의 크기순으로 10개를 산술평균한 소음도
(3) 소음계 지시치의 변화폭이 5 dB(A)을 초과할 때에는 [부록] 등가소음도 계산방법 중 2의 방법에 의한 등가소음도
다만, 등가소음을 측정할 수 있는 소음계를 사용할 때에는 5분동안 측정하여 소음계에 나타난 등가소음도로 한다.

6. 평가 및 측정자료의 기록

6.1 평 가

5항에서 구한 측정소음도를 환경정책기본법시행령 별표1의 소음환경기준과 비교한다.

6.2 측정자료의 기록

소음평가를 위한 자료는 서식1에 의하여 기록한다.

제 3 장 배출허용기준 측정방법

1. 측정점

(1) 공장의 부지경계선(아파트형 공장의 경우에는 공장건물의 부지경계선) 중 피해가 우려되는 장소로서 소음도가 높을 것으로 예상되는 지점의 지면위 1.2～1.5 m 높이로 한다.
(2) 공장의 부지경계선이 불명확하거나 공장의 부지경계선에 비하여 피해가 예상되는 자의 부지경계선에서의 소음도가 더 큰 경우에는 피해가 예상되는 자의 부지경계선으로 한다.

(3) 측정지점에 담, 건물 등 높이가 1.5 m를 초과하는 장애물이 있는 경우에는 장애물로부터 소음원 방향으로 1～3.5 m 떨어진 지점으로 한다. 다만, 그 장애물이 방음벽이거나 충분한 차음이 예상되는 경우에는 장애물 밖의 1～3.5 m 떨어진 지점 중 암영대(暗影帶)의 영향이 적은 지점으로 한다.

2. 측정조건

2.1 일반사항

(1) 소음계의 마이크로폰은 측정위치에 받침장치(삼각대 등)를 설치하여 측정하는 것을 원칙으로 한다.

(2) 손으로 소음계를 잡고 측정할 경우 소음계는 측정자의 몸으로부터 0.5 m 이상 떨어져야 한다.

(3) 소음계의 마이크로폰은 주소음원 방향으로 향하도록 하여야 한다.

(4) 풍속이 2 m/sec 이상일 때에는 반드시 마이크로폰에 방풍망을 부착하여야 하며, 풍속이 5 m/sec를 초과할 때에는 측정하여서는 아니 된다.

(5) 진동이 많은 장소 또는 전자장(대형 전기기계, 고압선 근처 등)의 영향을 받는 곳에서는 적절한 방지책(방진, 차폐 등)을 강구하여 측정하여야 한다.

2.2 측정사항

(1) 측정소음도의 측정은 대상 배출시설의 소음발생기기를 가능한 한 최대출력으로 가동시킨 정상상태에서 측정하여야 한다.

(2) 배경소음도는 대상 배출시설의 가동을 중지한 상태에서 측정하여야 한다.

3. 측정기기의 사용 및 조작

3.1 사용소음계

KSC-1502에 정한 보통소음계 또는 동등이상의 성능을 가진 것이어야 한다.

3.2 일반사항

(1) 소음계와 소음도기록기를 연결하여 측정·기록하는 것을 원칙으로 한다. 소음도기록기가 없는 경우에는 소음계만으로 측정할 수 있다.

(2) 소음계 및 소음도기록기의 전원과 기기의 동작을 점검하고 매회 교정을 실시하여야 한다. (소음계의 출력단자와 소음도기록기의 입력단자 연결)

(3) 소음계의 레벨렌지 변환기는 측정지점의 소음도를 예비조사한 후 적절하게 고정시켜야 한다.

(4) 소음계와 소음도기록기를 연결하여 사용할 경우에는 소음계의 과부하 출력이 소음기록치에 미치는 영향에 주의하여야 한다.

3.3 청감보정회로

(1) 소음계의 청감보정회로는 A특성에 고정하여 측정하여야 한다.
(2) 소음계의 동특성은 원칙적으로 빠름(fast)을 사용하여 측정하여야 한다.

4. 측정시각 및 측정지점수

적절한 측정시각에 3지점 이상의 측정지점수를 선정・측정하여 그중 가장 높은 소음도를 측정소음도로 한다.

5. 측정자료 분석 및 배경소음 보정

5.1 자료분석방법

측정자료는 다음 경우에 따라 분석・정리하며, 소수점 첫째자리에서 반올림한다.

5.1.1 디지털 소음자동분석계를 사용할 경우

샘플주기를 1초 이내에서 결정하고 5분이상 측정하여 자동 연산・기록한 등가소음도를 그 지점의 측정소음도 또는 배경소음도로 한다.

5.1.2 소음도 기록기를 사용하여 측정할 경우

5분이상 측정・기록하여 다음 방법으로 그 지점의 측정소음도 또는 배경소음도를 정한다.

(1) 기록지상의 지시치에 변동이 없을 때에는 그 지시치
(2) 기록지상의 지시치의 변동폭이 5 dB 이내일 때에는 구간내 최대치부터 소음도의 크기순으로 10개를 산술평균한 소음도
(3) 기록지상의 지시치가 불규칙하고 대폭적으로 변하는 경우에는 [부록] 등가소음도 계산방법 중 1의 방법에 의한 등가소음도
다만, 이때 충격음의 영향은 소음・진동규제법시행규칙 별표4의 보정표에 의해 보정한다.

5.1.3 소음계만으로 측정할 경우

계기조정을 위하여 먼저 선정된 측정위치에서 대략적인 소음의 변화양상을 파악한 후, 소음계 지시치의 변화를 목측으로 5초 간격 50회 판독・기록하여 다음의 방법으로 그 지점의 측정소음도 또는 배경소음도를 측정한다.

(1) 소음계의 지시치에 변동이 없을 때에는 그 지시치
(2) 소음계의 지시치의 변화폭이 5 dB 이내일 때에는 구간내 최대치부터 소음도의 크기순으

로 10개를 산술평균한 소음도

(3) 소음계 지시치의 변화폭이 5 dB을 초과할 때에는 [부록] 등가소음도 계산방법 중 2의 방법에 의한 등가소음도. 다만, 이때 충격음의 영향은 소음·진동규제법시행규칙 별표 4의 보정표에 의해 보정한다.

한편, 등가소음을 측정할 수 있는 소음계를 사용할 때에는 5분동안 측정하여 소음계에 나타난 등가소음도로 한다.

5.2 배경소음 보정

측정소음도에 다음과 같이 배경소음을 보정하여 대상소음도로 한다.

(1) 측정소음도가 배경소음보다 10 dB 이상 크면 배경소음의 영향이 극히 작기 때문에 배경소음의 보정없이 측정소음도를 대상소음도로 한다.

(2) 측정소음도가 배경소음보다 3～9 dB 차이로 크면 배경소음의 영향이 있기 때문에 측정소음도에 [표 1]의 보정표에 의한 보정치를 보정한 후 대상소음도를 구한다.

표 1 배경소음의 영향에 대한 보정표

단위 : dB(A)

측정소음도와 배경소음도의 차	3	4	5	6	7	8	9
보 정 치	−3	−2		−1			

다만, 배경소음도 측정시 해당 공장의 공정상 일부 배출시설의 가동중지가 어렵다고 인정되고, 해당 배출시설에서 발생한 소음이 배경소음에 영향을 미친다고 판단될 경우에는 배경소음도 측정없이 측정소음도를 대상소음도로 할 수 있다.

(3) 측정소음도가 배경소음도보다 2 dB 이하로 크면 배경소음이 대상소음보다 크므로 (1) 또는 (2)항이 만족되는 조건에서 재측정하여 대상소음도를 구하여야 한다.

6. 평가 및 측정자료의 기록

6.1 평 가

6.1.1 소음평가를 위한 보정

대상소음도에 소음·진동규제법시행규칙 별표 4의 보정표에 정한 보정치를 보정하여 평가소음도를 구하여야 한다. 다만, 피해가 예상되는 자의 부지경계선에서 측정할 때 측정지점의 지역구분 적용시 공장이 위치한 지역과 피해가 예상되는 자의 지역이 서로 다를 경우에는 지역별 보정치의 적용을 대상 공장이 위치한 지역을 기준으로 적용한다.

6.1.2 소음·진동규제법시행규칙 별표 4 보정표에 대한 보정 원칙

(1) 관련시간대에 대한 측정소음 발생시간의 백분율은 별표 4 제1호의 비고 1에 따른 낮, 저녁 및 밤의 각각의 정상가동시간(휴식, 기계수리 등의 시간을 제외한 실질적인 기계작동시간)을 구하고 시간구분에 따른 해당 관련 시간대에 대한 백분율을 계산하여, 당해 시간구분에 따라 적용하여야 한다.

이 때 시간의 구분은 보정표의 시간별 항목의 기준에 따라야 하며, 가동시간은 측정 당일전 30일간의 정상가동시간을 산술평균하여 정하여야 한다. 다만, 신규배출업소의 경우에는 30일간의 예상 가동시간으로 갈음한다.

(2) 측정소음도 및 배경소음도는 당해 시간별로 측정·보정함을 원칙으로 하나 배출시설이 변동없이 낮 및 저녁시간, 밤 및 낮시간 또는 24시간 가동한 경우에는 낮시간대의 대상소음도를 저녁, 밤시간의 대상소음도로 적용하여 각각 평가하여야 한다.

6.2 측정자료 기록

측정자료는 서식 2에 의하여 기록한다.

제 4 장 규제기준의 측정방법

제 1 절 생활소음

1. 측정점

(1) 측정점은 피해가 예상되는 자의 부지경계선 중 소음도가 높을 것으로 예상되는 지점의 지면위 1.2～1.5 m 높이로 한다.

(2) 측정점에 담, 건물 등 높이가 1.5 m를 초과하는 장애물이 있는 경우에는 장애물로부터 소음원 방향으로 1～3.5 m 떨어진 지점으로 한다. 다만, 그 장애물이 방음벽이거나 충분한 차음이 예상되는 경우에는 장애물 밖의 1～3.5 m 떨어진 지점 중 암영대(暗影帶)의 영향이 적은 지점으로 한다.

(3) 위(1) 및 (2)의 규정에도 불구하고 피해가 우려되는 곳이 2층이상의 건물인 경우 등으로서 피해가 우려되는 자의 부지경계선에 비하여 소음도가 더 큰 장소가 있는 경우에는 소음도가 높은 곳에서 소음원 방향으로 창문·출입문 또는 건물벽 밖의 0.5～1 m 떨어진 지점으로 한다.

2. 측정조건

2.1 일반사항

(1) 소음계의 마이크로폰은 측정위치에 받침장치(삼각대 등)를 설치하여 측정하는 것을 원칙으로 한다.

(2) 손으로 소음계를 잡고 측정할 경우 소음계는 측정자의 몸으로부터 0.5 m 이상 떨어져야 한다.

(3) 소음계의 마이크로폰은 주소음원 방향으로 향하도록 하여야 한다.

(4) 풍속이 2 m/sec 이상일 때에는 반드시 마이크로폰에 방풍망을 부착하여야 하며, 풍속이 5 m/sec를 초과할 때에는 측정하여서는 아니된다.

(5) 진동이 많은 장소 또는 전자장(대형 전기기계, 고압선 근처 등)의 영향을 받는 곳에서는 적절한 방지책(방진, 차폐 등)을 강구하여 측정하여야 한다.

2.2 측정사항

(1) 측정소음도의 측정은 대상소음원을 정상적으로 가동시킨 상태에서 측정하여야 한다.

(2) 배경소음도는 대상소음원의 가동을 중지한 상태에서 측정하여야 한다.

3. 측정기기의 조작

3.1 사용 소음계

KSC-1502에 정한 보통소음계 또는 동등이상의 성능을 가진 것이어야 한다.

3.2 일반사항

(1) 소음계와 소음도기록기를 연결하여 측정 · 기록하는 것을 원칙으로 한다. 소음도 기록기가 없을 경우에는 소음계만으로 측정할 수 있다.

(2) 소음계 및 소음도기록기의 전원과 기기의 동작을 점검하고 매회 교정을 실시하여야 한다. (소음계의 출력단자와 소음도기록기의 입력단자 연결)

(3) 소음계의 레벨렌지 변환기는 측정지점의 소음도를 예비조사한 후 적절하게 고정시켜야 한다.

(4) 소음계와 소음도기록기를 연결하여 사용할 경우에는 소음계의 과부하 출력이 소음기록치에 미치는 영향에 주의하여야 한다.

3.3 청감보정회로 및 동특성

(1) 소음계의 청감보정회로는 A특성에 고정하여 측정하여야 한다.

(2) 소음계의 동특성은 원칙적으로 빠름(fast)을 사용하여 측정하여야 한다.

4. 측정시각 및 측정지점수

적절한 측정시각에 2지점 이상의 측정지점수를 선정·측정하여 그중 가장 높은 소음도를 측정소음도로 한다.

5. 측정자료 분석 및 배경소음 보정

5.1 자료분석방법

측정자료는 다음 경우에 따라 분석·정리하며, 소수점 첫째자리에서 반올림한다. 다만, 측정소음도 측정시 대상소음의 발생시간이 5분 이내인 경우에는 그 발생시간 동안 측정·기록한다.

5.1.1 디지털 소음자동분석계를 사용할 경우

샘플주기를 1초 이내에서 결정하고 5분 이상 측정하여 자동 연산·기록한 등가소음도를 그 지점의 측정소음도 또는 배경소음도로 한다.

5.1.2 소음도 기록기를 사용하여 측정할 경우

5분 이상 측정·기록하여 다음 방법으로 그 지점의 측정소음도 또는 배경소음도를 정한다.

(1) 기록지상의 지시치의 변동폭이 5 dB 이내일 때에는 변화폭의 중간소음도

(2) 기록지상의 지시치가 불규칙하고 대폭적으로 변하는 경우에는 최대치부터 소음도의 크기 순으로 10개를 택하여 산술평균한 소음도

5.1.3 소음계만으로 측정할 경우

계기조정을 위하여 먼저 선정된 측정위치에서 대략적인 소음의 변화양상을 파악한 후, 소음계 지시치의 변화를 목측으로 5초 간격 50회 판독·기록하여 다음의 방법으로 그 지점의 측정소음도 또는 배경소음도를 정한다.

(1) 소음계의 지시치의 변화폭이 5 dB 이내일 때에는 변화폭의 중간소음도

(2) 소음계 지시치가 불규칙하고 대폭적으로 변하는 경우에는 최대치부터 소음도의 크기 순으로 10개를 택하여 산술평균한 소음도. 다만, 등가소음을 측정할 수 있는 소음계를 사용할 때에는 5분동안 측정하여 소음계에 나타난 등가소음도로 한다.

5.2 배경소음 보정

측정소음도에 다음과 같이 배경소음을 보정하여 대상소음도로 한다.

(1) 측정소음도가 배경소음보다 10 dB 이상 크면 배경소음의 영향이 극히 작기 때문에 배경소음의 보정없이 측정소음도를 대상소음도로 한다.

(2) 측정소음도가 배경소음보다 3～9 dB 차이로 크면 배경소음의 영향이 있기 때문에 측정소음도에 [표 1]의 보정표에 의한 보정치를 보정한 후 대상소음도를 구한다.

(3) 측정소음도가 배경소음도보다 2 dB 이하로 크면 배경소음이 대상소음보다 크므로 (1) 또는 (2)항이 만족되는 조건에서 재측정하여 대상소음도를 구하여야 한다.

6. 평가 및 측정자료 기록

6.1 평 가

5.2항으로부터 구한 대상소음도를 생활소음 규제기준과 비교하여 판정한다.

6.2 측정자료 기록

측정자료는 서식 3에 의하여 기록한다.

제 2 절 발파소음 측정방법

1. 측정점

(1) 측정점은 피해가 예상되는 자의 부지경계선 중 소음도가 높을 것으로 예상되는 지점에서 지면위 1.2～1.5 m 높이로 한다.

(2) 측정점에 담, 건물 등 높이가 1.5 m를 초과하는 장애물이 있는 경우에는 장애물로부터 소음원 방향으로 1～3.5 m 떨어진 지점으로 한다. 다만, 그 장애물이 방음벽이거나 충분한 차음이 예상되는 경우에는 장애물 밖의 1～3.5 m 떨어진 지점 중 암영대(暗影帶)의 영향이 적은 지점으로 한다.

2. 측정조건

2.1 일반사항

제4장제1절 2.1항에 의한다.

2.2 측정사항

(1) 측정소음도는 발파소음이 지속되는 기간동안에 측정하여야 한다.

(2) 배경소음도는 대상소음(발파소음)이 없을 때 측정하여야 한다.

3. 측정기기의 사용 및 조작

3.1 사용 소음계

제4장제1절 3.1항에 의한다.

3.2 일반사항

(1) 소음계와 소음도기록기를 연결하여 측정·기록하는 것을 원칙으로 한다. 다만, 소음계만으로 측정할 경우에는 최고소음도가 고정(hold)되는 것에 한한다.

(2) 소음계 및 소음도기록기의 전원과 기기의 동작을 점검하고 매회 교정을 실시하여야 한다.
(3) 소음계의 레벨렌지 변환기는 측정소음도의 크기에 부응할 수 있도록 고정시켜야 한다.
(4) 소음계와 소음도기록기를 연결하여 사용할 경우에는 소음계의 과부하 출력이 소음 기록치에 미치는 영향에 주의하여야 한다.
(5) 소음도기록기의 기록속도 등은 소음계의 동특성에 부응하게 조작한다.

3.3 청감보정회로 및 동특성

제4장 제1절 3.3항에 의한다.

4. 측정시각 및 측정지점수

조석(05:00～08:00, 18:00～22:00), 낮시간(08:00～18:00) 및 밤시간(22:00～05:00)의 각 시간대중에서 최대발파소음이 예상되는 시각에 1지점 이상의 측정지점수를 택하여야 한다.

5. 측정자료 분석 및 배경소음 보정

5.1 자료분석방법

측정소음도 및 배경소음도는 소수점 첫째자리에서 반올림한다.

5.1.1 측정소음도

(1) 디지털 소음자동분석계를 사용할 때에는 샘플주기를 0.1초 이하로 놓고 발파소음의 발생시간(수초이내)동안 측정하여 자동 연산・기록한 최고치(L_{max} 등)를 측정소음도로 한다.
(2) 소음도 기록기를 사용할 때에는 기록지상의 지시치의 최고치를 측정소음도로 한다.
(3) 최고소음 고정(hold)용 소음계를 사용할 때에는 당해 지시치를 측정소음도로 한다.

5.1.2 배경소음도

(1) 디지털 소음자동분석계를 사용할 경우

샘플주기를 1초 이내에서 결정하고 5분 이상 측정하여 자동 연산・기록한 등가소음도를 그 지점의 배경소음도로 한다.

(2) 소음기록기를 사용하여 측정할 경우

5분 이상 측정・기록하여 다음 방법으로 그 지점의 배경소음도를 정한다.

① 기록지상의 지시치에 변동이 없을 때에는 그 지시치
② 기록지상의 지시치의 변동폭이 5 dB 이내일 때에는 구간내 최대치부터 소음도의 크기순으로 10개를 산술평균한 소음도
③ 기록지상의 지시치가 불규칙하고 대폭적으로 변하는 경우에는 [부록] 등가소음도 계산방법 중 1의 방법에 의한 등가소음도

(3) 소음계만으로 측정할 경우

계기조정을 위하여 먼저 선정된 측정위치에서 대략적인 소음의 변화양상을 파악한 후, 소음계 지시치의 변화를 목측으로 5초 간격 50회 판독·기록하여 다음의 방법으로 그 지점의 배경소음도를 정한다.

① 소음계의 지시치에 변동이 없을 때에는 그 지시치

② 소음계의 지시치의 변화폭이 5 dB 이내일 때에는 구간내 최대치부터 소음도의 크기순으로 10개를 산술평균한 소음도

③ 소음계의 지시치의 변화폭이 5 dB을 초과할 때에는 [부록] 등가소음도 계산방법 중 2의 방법에 의한 등가소음도. 다만, 등가소음을 측정할 수 있는 소음계를 사용할 때에는 5분동안 측정하여 소음계에 나타난 등가 소음도로 한다.

5.2 배경소음 보정

제4장 제1절 5.2항에 의한다.

6. 평가 및 측정자료의 기록

6.1 평 가

5.2항에서 구한 대상소음도에 시간대별 평균발파횟수(N)에 따른 보정량($+10\log N$; $N>1$)을 보정한다. 이 경우, 지발발파는 발파횟수를 1회로 간주한다.

시간대별 발파횟수는 작업일지 또는 폭약사용신고서 등을 참조하여 7일간의 평균값을 계산한 각 시간대별 평균 발파횟수로 갈음한다.

6.2 측정자료 기록

측정자료는 서식 4에 의하여 기록한다.

제 3 절 동일건물 내 사업장소음

1. 측정점

(1) 피해가 예상되는 실에서 소음도가 높을 것으로 예상되는 지점의 바닥 위 1.2 m～1.5 m 높이로 한다.

(2) 측정점에 높이가 1.5 m를 초과하는 장애물이 있는 경우에 장애물로부터 1.0 m 이상 떨어진 지점으로 한다.

2. 측정조건

2.1 일반사항

(1) 소음계의 마이크로폰은 측정위치에 받침장치(삼각대 등)를 설치하여 측정하는 것을 원칙으로 한다.

(2) 손으로 소음계를 잡고 측정할 경우 소음계는 측정자의 몸으로부터 0.5 m 이상 떨어져야 한다.

(3) 소음계의 마이크로폰은 주 소음원 방향으로 향하도록 하여야 한다.

2.2 측정사항

(1) 측정 소음도는 대상 소음원이 정상적으로 가동되는 상태에서 측정하여야 한다.

(2) 측정은 대상 소음 이외의 소음이나 외부소음에 의한 영향을 배제하기 위하여 옥외 및 복도 등으로 통하는 창문과 문을 닫은 상태에서 측정하여야 한다.

(3) 배경소음도는 대상 소음원을 가동하지 않은 상태에서 측정하여야 한다.

3. 측정기기의 조작

3.1 사용 소음계

KS C IEC 61672-1에서 정한 클래스 2 소음계 또는 동등 이상의 성능을 가진 것이어야 한다.

3.2 일반사항

(1) 소음계와 소음도 기록기를 연결하여 측정 · 기록하는 것을 원칙으로 한다. 소음도 기록기가 없을 경우에는 소음계만으로 측정할 수 있다.

(2) 소음계 및 소음도 기록기의 전원과 기기의 동작을 점검하고 매회 교정을 실시하여야 한다.

(3) 소음계의 레벨 레인지 변환기는 측정점의 소음도를 예비 조사한 후 적절하게 조정하여야 한다.

(4) 소음계와 소음도 기록기를 연결하여 사용할 경우에는 소음계의 과부하 출력이 소음 기록치에 미치는 영향에 주의하여야 한다.

(5) 소음도 기록기의 기록속도 등은 소음계의 동특성에 부응하게 조작한다.

3.3 청감보정회로 및 동특성

(1) 소음계의 청감보정회로는 A특성에 고정하여 측정하여야 한다.

(2) 소음계의 동특성은 원칙적으로 빠름(fast)을 사용하여 측정하여야 한다.

4. 측정 시각 및 측정 지점수

적절한 측정 시각에 2지점 이상의 측정지점수를 선정하고 각각 2회 이상 측정하여 각 지점에서 산술 평균한 소음도 중 가장 높은 소음도를 측정 소음도로 한다. 단, 환경이 여의치 않은 경우에는 측정 지점수를 줄일 수 있다.

5. 측정자료 분석 및 배경소음 보정

5.1 자료 분석 방법

측정자료는 다음 경우에 따라 분석 · 정리하며, 소수점 첫째자리에서 반올림한다. 다만, 측정소음도 측정시 대상 소음의 발생시간이 5분 이내인 경우에는 그 발생시간 동안 측정 · 기록한다.

5.1.1 디지털 소음자동분석계를 사용할 경우

5분 이상 측정하여 자동 연산 · 기록한 등가소음도를 각 지점의 측정소음도 또는 배경소음도로 한다.

5.1.2 소음도 기록기를 사용하여 측정할 경우

5분 이상 측정 · 기록하여 다음 방법으로 각 지점의 측정소음도 또는 배경소음도를 정한다.

(1) 기록지상의 지시치의 변동 폭이 5 dB 이내일 때에는 변화폭의 중간소음도

(2) 기록지상의 지시치가 불규칙하고 대폭적으로 변하는 경우에는 최대치부터 소음도의 크기 순으로 10개를 택하여 산술평균한 소음도

5.1.3 소음계만으로 측정할 경우

계기조정을 위하여 먼저 선정된 측정위치에서 대략적인 소음의 변화양상을 파악한 후, 소음계 지시치의 변화를 목측으로 5초 간격 50회 판독 · 기록하여 다음의 방법으로 각 지점의 측정소음도 또는 배경소음도를 정한다.

(1) 소음계의 지시치의 변화폭이 5 dB 이내일 때에는 변화폭의 중간소음도

(2) 소음계의 지시치의 변화폭이 5 dB를 초과할 때에는 [부록] 등가소음도 계산방법 중 2의 방법에 의한 등가소음도. 다만, 등가소음을 측정할 수 있는 소음계를 사용할 때에는 5분 동안 측정하여 소음계에 나타난 등가소음도로 한다.

5.2 배경소음 보정

측정소음도에 다음과 같이 배경소음을 보정하여 대상소음도로 한다.

(1) 측정소음도가 배경소음 보다 10 dB 이상 크면 배경소음의 영향이 극히 작기 때문에 배경소음의 보정 없이 측정소음도를 대상 소음도로 한다.

(2) 측정소음도가 배경소음 보다 3～9 dB 차이로 크면 배경소음의 영향이 있기 때문에 측정소음도에 [표 1]의 보정표에 의한 보정치를 보정한 후 대상 소음도를 구한다.

(3) 측정소음도가 배경소음보다 2 dB 이하로 크면 배경소음이 대상소음보다 크므로 (1) 또는 (2)항이 만족되는 조건에서 재측정하여 대상소음도를 구하여야 한다.

6. 평가 및 측정자료 기록

6.1 평가

5.2항으로부터 구한 대상 소음도를 동일 건물내 사업장의 실내소음 규제기준과 비교하여 판정한다.

6.2 측정자료 기록

측정자료는 서식 8에 의하여 기록한다.

제 5 장 소음한도의 측정방법

제 1 절 도로교통소음

1. 측정점

(1) 측정점은 피해가 예상되는 자의 부지경계선 중 소음도가 높을 것으로 예상되는 지점에서 지면위 1.2～1.5 m 높이로 한다.

(2) 측정점에 담, 건물 등 높이가 1.5 m를 초과하는 장애물이 있는 경우에는 장애물로부터 도로방향으로 1～3.5 m 떨어진 지점으로 한다. 다만, 그 장애물이 방음벽이거나 충분한 차음이 예상되는 경우에는 장애물 밖의 1～3.5 m 떨어진 지점 중 암영대(暗影帶)의 영향이 적은 지점으로 한다.

(3) 위 (1) 및 (2)의 규정에도 불구하고 피해가 우려되는 곳이 2층 이상의 건물인 경우 등으로서 피해가 예상되는 자의 부지경계선에 비하여 소음도가 더 큰 장소가 있는 경우에는 소음도가 높은 곳에서 소음원 방향으로 창문・출입문 또는 건물벽 밖의 0.5～1 m 떨어진 지점으로 한다.

2. 측정조건

2.1 일반사항

제4장 제1절 2.1항에 의한다.

2.2 측정사항

요일별로 소음변동이 적은 평일(월요일부터 금요일사이)에 당해지역의 도로교통 소음을 측정하여야 한다.

3. 측정기기의 조작

3.1 사용소음계

제4장 제1절 3.1항에 의한다.

3.2 일반사항

제4장 제1절 3.2항에 의한다.

3.3 청감보정회로 및 동특성

제4장 제1절 3.3항에 의한다.

4. 측정시간 및 측정지점수

당해지역 도로교통소음을 대표할 수 있는 시각에 2개 이상의 측정지점수를 선정하여 각 측정지점에서 4시간 이상 간격으로 2회 이상 측정하여 산술평균한 값을 측정소음도로 한다.

5. 측정자료 분석

측정자료는 다음 경우에 따라 분석·정리하며, 소수점 첫째자리에서 반올림한다.

5.1 디지털 소음자동분석계를 사용할 경우

샘플주기를 1초 이내에서 결정하고 5분 이상 측정하여 자동 연산·기록한 등가소음도를 그 지점의 측정소음도로 한다.

5.2 소음도기록기를 사용하여 측정할 경우

5분 이상 측정·기록하여 다음 방법으로 그 지점의 측정소음도를 정한다.

(1) 기록지상의 지시치에 변동이 없을 때에는 그 지시치

(2) 기록지상의 지시치의 변동폭이 5 dB 이내일 때에는 구간내 최대치부터 소음도의 크기순으로 10개를 산술평균한 소음도

(3) 기록지상의 지시치가 불규칙하고 대폭적으로 변하는 경우에는 [부록] 등가소음도 계산방법 중 1의 방법에 의한 등가소음도

5.3 소음계만으로 측정할 경우

계기조정을 위하여 먼저 선정된 측정위치에서 대략적인 소음의 변화양상을 파악한 후, 소음계 지시치의 변화를 목측으로 5초 간격 50회 판독·기록하여 다음의 방법으로 그 지점의 측정소음도를 정한다.

(1) 소음계의 지시치에 변동이 없을 때에는 그 지시치

(2) 소음계의 지시치의 변화폭이 5 dB 이내일 때에는 구간내 최대치부터 소음도의 크기순으로 10개를 산술평균한 소음도

(3) 소음계 지시치의 변화폭이 5 dB을 초과할 때에는 [부록] 등가소음도 계산방법 중 2의 방법에 의한 등가소음도. 다만, 등가소음을 측정할 수 있는 소음계를 사용할 때에는 5분 동안 측정하여 소음계에 나타난 등가소음도로 한다.

6. 평가 및 측정자료의 기록

6.1 평 가

5항으로부터 구한 측정소음도를 도로교통소음의 한도와 비교하여 평가한다.

6.2 측정자료 기록

측정자료는 서식 5에 의하여 기록한다.

제 2 절 철도소음

1. 측정점

(1) 옥외측정을 원칙으로 하며, 그 지역의 철도소음을 대표할 수 있는 장소나 철도소음으로 인하여 문제를 일으킬 우려가 있는 장소로서 지면위 1.2～1.5 m 높이로 한다.

(2) 측정점에 장애물이나 주거, 학교, 병원, 상업 등에 활용되는 건물이 있을 때에는 건축물로부터 철도방향으로 1 m 떨어진 지점의 지면위 1.2～1.5 m로 한다.

2. 측정조건

2.1 일반사항

제4장 제1절 2.1항에 의한다.

2.2 측정사항

요일별로 소음변동이 적은 평일(월요일부터 금요일사이)에 당해지역의 철도소음을 측정한다.

3. 측정기기의 조작

3.1 사용 소음계

제4장 제1절 3.1항에 의한다.

3.2 일반사항

제4장 제1절 3.2항에 의한다.

3.3 청감보정회로 및 동특성

(1) 소음계의 청감보정회로는 A특성에 고정하여 측정한다.

(2) 소음계의 동특성은 빠름(fast)으로 하여 측정한다.

4. 측정시각 및 측정횟수

기상조건, 열차운행횟수 및 속도 등을 고려하여 당해지역의 철도소음을 대표할 수 있는 낮시간대는 2시간 간격을 두고 1시간씩 2회 측정하여 산술평균하며, 밤시간대는 1회 1시간 동안 측정한다.

5. 측정자료 분석

(1) 샘플주기를 1초 내외로 결정하고 1시간동안 연속 측정하여 자동 연산·기록한 등가소음도를 그 지점의 측정소음도로 하며, 소수점 첫째자리에서 반올림한다.

(2) 위 (1)의 규정에도 불구하고 배경소음과 철도의 최고소음의 차이가 10 dB 이하인 경우 등 배경소음이 상당히 크다고 판단되는 경우에는 열차통과시 최고소음도를 측정하여 다음과 같이 계산한 후, 소수점 첫째자리에서 반올림한다.

$$L_{eq(1h)} = \overline{L}_{max} + 10\log N - 32.6 \text{ dB(A)}$$

여기서 $\overline{L}_{max} = 10\log[(1/N)\sum_{i=1}^{N} 10^{0.1L_{max_i}}]$

N = 1시간 동안의 열차통행량(왕복대수)

L_{max_i} = i번째 열차의 최고소음도 [dB(A)]

6. 평가 및 측정자료의 기록

6.1 평 가

(1) 5항으로부터 구한 측정소음도를 철도소음의 한도와 비교하여 평가한다.

(2) 철도소음한도를 적용하기 위하여 측정하고자 할 경우에는 철도보호지구외의 지역에서 측정·평가한다.

6.2 측정자료의 기록

철도소음 평가를 위한 자료는 서식 6에 의하여 기록한다.

제 3 절 항공기소음

1. 측정점

(1) 옥외측정을 원칙으로 하며, 그 지역의 항공기소음을 대표할 수 있는 장소나 항공기 소음으로 인하여 문제를 일으킬 우려가 있는 장소를 택하여야 한다. 다만, 측정지점 반경 3.5 m이내는 가급적 평활하고, 시멘트 등으로 포장되어 있어야 하며, 수풀, 수림, 관목 등에 의한 흡음의 영향이 없는 장소로 한다.

(2) 측정점은 지면 또는 바닥면에서 1.2～1.5 m 높이로 하며, 상시측정용의 경우에는 주변환경, 통행, 타인의 촉수 등을 고려하여 지면 또는 바닥면에서 1.2～5 m 높이로 할 수 있다. 한편, 측정위치를 정점으로 한 원추형 상부공간내에는 측정치에 영향을 줄 수 있는 장애물이 있어서는 안된다. 원추형 상부공간이란 측정위치를 지나는 지면 또는 바닥면의 법선에 반각 80°의 선분이 지나는 공간을 말한다.

2. 측정조건

2.1 일반사항

(1) 소음계의 마이크로폰은 측정위치에 받침장치(삼각대 등)를 설치하여 측정하는 것을 원칙으로 한다.

(2) 손으로 소음계를 잡고 측정할 경우 소음계는 측정자의 몸으로부터 0.5 m 이상 떨어져야 하며, 측정자는 비행경로에 수직하게 위치하여야 한다.

(3) 소음계의 마이크로폰은 소음원 방향으로 향하도록 하여야 한다.

(4) 바람(풍속 : 2 m/sec 이상)으로 인하여 측정치에 영향을 줄 우려가 있을 때는 반드시 방풍망을 부착하여야 한다. 다만, 풍속이 5 m/sec를 초과할 때는 측정 하여서는 안된다.(상시측정용 옥외마이크로폰은 그러하지 아니하다)

(5) 진동이 많은 장소 또는 전자장(대형 전기기계, 고압선 근처 등)의 영향을 받는 곳에서는 적절한 방지책(방진, 차폐 등)을 강구하여 측정하여야 한다.

2.2 측정사항

(1) 최고소음도는 매 항공기 통과시마다 배경소음보다 높은 상황에서 측정하여야 하며, 그 지시치중의 최고치를 말한다.

(2) 비행횟수는 시간대별로 구분하여 조사하여야 하며, 0시에서 07시까지의 비행 횟수를 N_1, 07시에서 19시까지의 비행횟수를 N_2, 19시에서 22시까지의 비행 횟수를 N_3, 22시에서 24시까지의 비행횟수를 N_4라 한다.

3. 측정기기의 조작

3.1 사용 소음계

소음계는 KSC-1502에 정한 보통소음계 또는 동등이상의 성능을 가진 것이어야 한다.

3.2 일반사항

제4장 제1절 3.2항에 의한다.

3.3 청감보정회로 및 동특성

(1) 소음계의 청감보정회로는 A특성에 고정하여 측정하여야 한다.

(2) 소음계의 동특성을 느림(slow)을 사용하여 측정하여야 한다.

4. 측정시각 및 기간

항공기의 비행상황, 풍향 등의 기상조건을 고려하여 당해 측정지점에서의 항공기소음을 대표할 수 있는 시기를 선정하여 원칙적으로 연속 7일간 측정한다.

다만, 당해지역을 통과하는 항공기의 종류, 비행횟수, 비행경로, 비행시각 등이 연간을 통하여 표준적인 조건일 경우 측정일수를 줄일 수 있다.

5. 측정자료 분석

측정자료는 다음방법으로 분석·정리하여 항공기소음 평가레벨인 $\overline{\text{WECPNL}}$을 구하며, 소수점 첫째자리에서 반올림한다. 다만, 헬리포트 주변 등과 같이 배경소음보다 10 dB이상 큰 항공기소음의 지속시간 평균치 $\overline{D}$가 30초 이상일 경우에는 보정량 $[+10\log(\overline{D}/20)]$을 $\overline{\text{WECPNL}}$에 보정하여야 한다.

5.1 항공기소음 자동분석계를 사용할 경우

샘플주기를 1초 이내에서 결정하고 7일간 연속 측정하여 5.2항의 절차에 준하여 자동연산·기록한 $\overline{\text{WECPNL}}$

5.2 소음도 기록기를 사용할 경우

m(측정일수)일간 연속 측정·기록하여 다음 방법으로 그 지점의 $\overline{\text{WECPNL}}$를 구한다.

(1) 1일 단위로 매 항공기 통과시에 측정·기록한 기록지상의 최고치를 판독·기록하여, 다음 식으로 당일의 평균 최고소음도를 $\overline{\text{L}}_{max}$를 구한다.

$$\overline{\text{L}}_{max} = 10\log[(1/n)\sum_{i=1}^{n}10^{0.1L_i}]\ \text{dB(A)}$$

여기서 n은 1일 중의 항공기소음 측정횟수이며, L_i는 i번째 항공기 통과시 측정·기록한 소음도의 최고치이다.

(2) 1일 단위의 WECPNL을 다음 식으로 구한다.

$$\mathrm{WECPNL} = \overline{\mathrm{L}}_{\mathrm{max}} + 10\log N - 27$$

여기서 N은 1일간 항공기의 등가통과횟수로
$N = N_2 + 3N_3 + 10(N_1 + N_4)$이다.

(3) m일간 평균 WECPNL인 $\overline{\mathrm{WECPNL}}$을 다음 식으로 구한다.

$$\overline{\mathrm{WECPNL}} = 10\log\left[(1/m)\sum_{i=1}^{m} 10^{0.1\mathrm{WECPNL}_i}\right]$$

여기서 m은 항공기소음 측정일수이며, WECPNL_i는 i일째 WECPNL값이다.
다만, (1) 및 (2)항의 대상 항공기소음은 원칙적으로 배경소음보다 10 dB이상 크고, 항공기 소음의 지속시간이 10초이상인 것으로 한다.

5.3 소음계만을 사용할 경우

7일간 연속하여 항공기 통과시마다의 최고소음도를 판독하여 기록하고, 시간대별 항공기 통과횟수를 조사한 후 5.2항의 절차에 따라 $\overline{\mathrm{WECPNL}}$를 구한다.

6. 평가 및 측정자료의 기록

6.1 평 가

5항에서 구한 측정소음도를 항공기소음도의 한도와 비교하여 평가한다.

6.2 측정자료의 기록

항공기소음 평가를 위한 자료는 서식7에 의하여 기록한다.

【부　록】

등가소음도 계산방법

1. 소음도 기록기를 사용하여 측정할 경우

(1) 5분 동안 측정·기록한 기록지상의 값을 5초 간격으로 50회 판독하여 (표 1) 소음측정기록지의 소음도 구간별 해당 기록란에 V모양으로 기록한다.

(2) 위에서 기록한 각 소음도구간의 샘플수를 전체 샘플수에 대한 백분율을 구해서 (표 2) 등가소음 기록지 (2)란의 해당 소음도 구간에 기록한다.

(3) (표 2) 등가소음 기록지의 (1)란과 (2)란을 곱해서 (3)란에 기입한다.

(4) (3)란의 값을 전부 합하여 합계(Σ)를 구하고 이를 상용대수를 취한 후 10을 곱하면 등가소음도(L_{eq})가 구해진다.

$$L_{eq} = 10\log\sum_{i=1}^{N}\left(\frac{1}{100}\times 10^{0.1L_i}\times f_i\right)$$

2. 소음계만으로 측정할 경우

(1) 소음계의 지시치를 계속 주시하면서 5초마다의 소음도를 (표 1) 소음측정기록지의 소음도 구간별 해당 기록란에 V모양으로 50회 기록한다.

(2) (1)에서 소음도를 읽는 순간에 지시치가 지시판 범위를 벗어날 때에는 (이때에 레벨렌지는 변환하지 않음) 각각 지시판의 위 또는 아래쪽에 해당하는 소음도 구간에 발생빈도를 기록한다.

(3) 이같이 결정된 각 소음도 구간의 기록된 샘플수를 전체 샘플수에 대한 백분율을 구해서 (표 2) 등가소음기록지의 (2)란의 해당 소음도 구간에 기록한다.

(4) (표 2) 등가소음기록지의 (1)란과 (2)란을 곱해서 (3)란에 기입한다.

(5) (3)란의 값을 전부 합하여 합계(Σ)를 구하고 이를 상용대수를 취한 후 10을 곱하면 등가소음도(L_{eq})가 구해진다.

(6) (2)의 지시판 위쪽을 벗어난 소음도 구간에 대해서 (3)에서 구한 백분율이 10%를 초과할 경우에 한하여서는 (5)에서 구해진 등가소음도 값에 2 dB을 더해준다.

주) 기록지나 소음계로부터의 판독치가 각 소음도구간(소음측정기록지)의 하한치일 때에는 당해 소음도구간의 기록란에, 상한치일 때에는 그 다음 소음도구간의 기록란에 기록한다.

표 1 소음측정기록지

소 음 도 {dB(A)}	기 록 란	비 고
20～25		
25～30		
30～35		
35～40		
40～45		
45～50		
50～55		
55～60		
60～65		
65～70		
70～75		
75～80		
80～85		
85～90		
90～95		
95～100		
100～105		
105～110		

표 2 등가소음측정기록지

소음도 {dB(A)}	Li {dB(A)}	$\frac{1}{100}\times10^{0.1L_i}$(1)	fi(%)(2)	(1)×(2) = (3)
20～25	22.5	0.178 × 10		
25～30	27.5	0.562 × 10		
30～35	32.5	0.178 × 10^2		
35～40	37.5	0.562 × 10^2		
40～45	42.5	0.178 × 10^3		
45～50	47.5	0.562 × 10^3		
50～55	52.5	0.178 × 10^4		
55～60	57.5	0.562 × 10^4		
60～65	62.5	0.178 × 10^5		
65～70	67.5	0.562 × 10^5		
70～75	72.5	0.178 × 10^6		
75～80	77.5	0.562 × 10^6		
80～85	82.5	0.178 × 10^7		
85～90	87.5	0.562 × 10^7		
90～95	92.5	0.178 × 10^8		
95～100	97.5	0.562 × 10^8		
100～105	102.5	0.178 × 10^9		
105～110	107.5	0.562 × 10^9		
				Σ
				Leq = 10 log Σ

【서식 1】

환경소음측정자료평가표

작성년월일 :　　　　년　　　월　　　일

1. 측 정 년 월 일	년　　월　　일　　요일　　시　　분부터 시　　분까지	
2. 측 정 지 역	소재지 :	
3. 측 정 자	소 속 :　　직 명 :　　성 명 :　　(인) 소 속 :　　직 명 :　　성 명 :　　(인)	
4. 측 정 기 기	소음계명 :　　기록기명 : 부속장치 :　　삼각대, 방풍망	
5. 측 정 환 경	반사음의 영향 :　　풍속 : 진동, 전자장의 영향 :	

6. 소음측정현황

지역구분	측정지점	측정시각	주요소음원	측정지점 약도

7. 측정자료 분석결과(기록지 첨부)
　가. 측정소음도 :　　　　　　dB(A)

【서식 2】

공장소음측정자료 평가표

작성년월일 : 년 월 일

1. 측 정 년 월 일	년 월 일 요일 시 분부터 시 분까지
2. 측 정 대 상 업 소	소재지 : 사업주 : 명 칭 :
3. 측 정 자	소속 : 직명 : 성명 : (인) 소속 : 직명 : 성명 : (인)
4. 측 정 기 기	소음계명 : 소음도기록기명 : 부속장치 : 삼각대, 방풍망
5. 측 정 환 경	반사음의 영향 : 바람, 진동, 전자장의 영향 :

6. 측정대상업소의 소음원과 측정지점

소음원(기계명)	규 격	대 수	측 정 지 점 약 도

7. 측정자료 분석결과(기록지 등 첨부)

가. 측정소음도 : dB(A)

나. 배경소음도 : dB(A)

다. 대상소음도 : dB(A)

8. 소음평가

항 목	내 용	보 정 치
충 격 음 관련시간대에 대한 측정소음발생시간의 백분율(%) 시 간 별 지 역 별		
보 정 치 합 계		

9. 평가소음도(대상소음도에 보정치 합계를 보정)

평가소음도 : dB(A)

【서식 3】

생활소음 측정자료 평가표

작성년월일 :　　　년　　월　　일

1. 측 정 년 월 일	년　월　일　요일　시　분부터 시　분까지
2. 측 정 대 상	소재지 : 명 칭 :
3. 측 정 자	소속 :　직명 :　성명 :　(인) 소속 :　직명 :　성명 :　(인)
4. 측 정 기 기	소음계명 :　기록기명 : 부속장치 :　삼각대, 방풍망
5. 측 정 환 경	반사음의 영향 :　풍 속 : 진동, 전자장의 영향 :

6. 측정대상의 소음원과 측정지점

소 음 원	규 격	대 수	측 정 지 점 약 도
			(지역구분 :　　)

7. 측정자료 분석결과(기록지 등 첨부)

가. 측정소음도 :　dB(A)

나. 배경소음도 :　dB(A)

다. 대상소음도 :　dB(A)

【서식 4】

발파소음 측정자료 평가표

작성년월일 : 년 월 일

1. 측 정 년 월 일	년 월 일 요일 시 분부터 시 분까지
2. 측 정 지 역	소재지 : 명 칭 :
3. 사 업 주	주소 : 성명 : (인)
4. 측 정 자	소속 : 직명 : 성명 : (인) 소속 : 직명 : 성명 : (인)
5. 측 정 기 기	소음계명 : 기록기명 : 부속장치 : 삼각대, 방풍망
6. 측 정 환 경	반사음의 영향 : 풍 속 : 진동, 전자장의 영향 :

7. 측정대상의 소음원과 측정지점

폭약의 종류	1회 사용량	발파횟수	측 정 지 점 약 도
	kg	낮 : 밤 :	(지역구분 :)

8. 측정자료 분석결과(기록지 등 첨부)

가. 측정소음도 : dB(A)

나. 배경소음도 : dB(A)

다. 대상소음도 : dB(A)

【서식 5】

도로교통소음 측정자료 평가표

작성년월일 :　　　년　　　월　　　일

1. 측 정 년 월 일	년　　월　　일　　요일　　시　　분부터 시　　분까지
2. 측 정 지 역	소재지 : 도로명 :
3. 관 리 자	
4. 측 정 자	소속 :　　　직명 :　　　성명 :　　　(인) 소속 :　　　직명 :　　　성명 :　　　(인)
5. 측 정 기 기	소음계명 :　　　기록기명 : 부속장치 :　　　삼각대, 방풍망
6. 측 정 환 경	반사음의 영향 :　　　풍 속 : 진동, 전자장의 영향 :

7. 측정대상과 측정지점

도 로 구 조	교 통 특 성	측 정 지 점 약 도
차 선 수 : 도로유형 : 구 배 : 기 타 :	시간당 교통량 : (　　　대/hr) 대형차 통행량 : (　　　대/hr) 평균차속 : (　　　대/hr)	(지역구분 :　　　)

8. 측정자료 분석결과(기록지 등 첨부)

측정소음도 :　　　　dB(A)

【서식 6】

철도소음 측정자료 평가표

작성년월일 : 년 월 일

1. 측 정 년 월 일	년 월 일 요일 시 분부터 시 분까지
2. 측 정 지 역	소재지 : 도로명 :
3. 관 리 자	
4. 측 정 자	소속 : 직명 : 성명 : (인) 소속 : 직명 : 성명 : (인)
5. 측 정 기 기	소음계명 : 기록기명 : 부속장치 : 삼각대, 방풍망
6. 측 정 환 경	반사음의 영향 : 풍 속 : 진동, 전자장의 영향 :

7. 측정대상과 측정지점

철 도 구 조	교 통 특 성	측 정 지 점 약 도
철도선구분 : 구 배 : 기 타 :	시간당 교통량 : (대/hr) 평균 열차속도 : (km/hr)	(지역구분 :)

8. 측정자료 분석결과(기록지 등 첨부)

측정소음도 : Leq(1h) dB(A)

【서식 7】

항공기소음 측정자료 평가표

작성년월일 : 년 월 일

1. 측 정 년 월 일	년 월 일 요일 시 분부터 시 분까지
2. 측 정 지 역	소재지 : 사업주 : 명 칭 :
3. 측 정 자	소속 : 직명 : 성명 : (인) 소속 : 직명 : 성명 : (인)
4. 측 정 기 기	소음계명 : 기록기명 : 부속장치 : 삼각대, 방풍망
5. 측 정 환 경	반사음의 영향 : 풍 속 : 진동, 전자장의 영향 :

6. 측정대상과 측정지점

지역구분	측정지점	일별 WECPNL	비 행 횟 수	측 정 지 점 약 도
		1 일차 : 2 일차 : 3 일차 : 4 일차 : 5 일차 : 6 일차 : 7 일차 :	낮 저녁 밤	

7. 측정자료 분석결과(기록지 등 첨부)

가. 평균지속시간 : 초(30초 이상일 때)

나. 항공기소음 평가레벨 : $\overline{\text{WECPNL}}$ dB(A)

【서식 8】

동일건물 내 사업장 소음 측정자료 평가표

작성년월일 : 년 월 일

1. 측 정 년 월 일	년 월 일 요일 시 분부터 시 분까지
2. 측 정 대 상	건물 소재지 : 건물 명칭 :
3. 관 리 자	
4. 측 정 자	소속 : 직명 : 성명 : (인) 소속 : 직명 : 성명 : (인)
5. 측 정 기 기	소음계명 : 기록기명 : 부속장치 :
6. 측 정 환 경	주요 소음원

7. 측정 소음도와 측정점 위치도

측정점	소음도 1	소음도 2	측정점 위치도
	산술평균 소음도		
1			
2			
3			(지역구분 :)

8. 측정자료 분석결과(기록지 등 첨부)

가. 측정소음도 : dB(A)

나. 배경소음도 : dB(A)

다. 대상소음도 : dB(A)

진 동 편

제1장 총 칙

1. 목 적

이 시험방법은 소음·진동규제법 제7조의 규정에 의거 진동을 측정함에 있어서 측정의 정확 및 통일을 유지하기 위하여 필요한 제반사항에 대하여 규정함을 목적으로 한다.

2. 적 용 범 위

이 시험방법은 소음·진동규제법에서 정하는 공장배출허용기준, 규제기준 및 한도 등과 관련된 진동을 측정하기 위한 시험(측정)방법에 대하여 규정한다.

3. 용어의 정의

(1) 진 동 원 : 진동을 발생하는 기계·기구, 시설 및 기타 물체를 말한다.

(2) 배경진동 : 한 장소에 있어서의 특정의 진동을 대상으로 생각할 경우 대상진동이 없을 때 그 장소의 진동을 대상진동에 대한 배경진동이라 한다.

(3) 대상진동 : 배경진동 이외에 측정하고자 하는 특정의 진동을 말한다.

(4) 정상진동 : 시간적으로 변동하지 아니하거나 또는 변동폭이 작은 진동을 말한다.

(5) 변동진동 : 시간에 따른 진동레벨의 변화폭이 크게 변하는 진동을 말한다.

(6) 충격진동 : 단조기의 사용, 폭약의 발파시 등과 같이 극히 짧은 시간동안에 발생하는 높은 세기의 진동을 말한다.

(7) 지 시 치 : 계기나 기록지상에서 판독하는 진동레벨로서 실효치(rms값)를 말한다.

(8) 진동레벨 : 진동레벨의 감각보정회로(수직)를 통하여 측정한 진동가속도레벨의 지시치를 말하며, 단위는 dB(V)로 표시한다. 진동가속도레벨의 정의는 $20\log(a/a_o)$의 수식에 따르고, 여기서 a는 측정하고자 하는 진동의 가속도실효치(단위 m/s^2)이며, a_o는 기준진동의 가속도실효치로 $10^{-5}\ m/s^2$으로 한다.

(9) 측정진동레벨 : 이 시험방법에 정한 측정방법으로 측정한 진동레벨을 말한다.

(10) 배경진동레벨 : 측정진동레벨의 측정위치에서 대상진동이 없을 때 이 시험방법에서 정한 측정방법으로 측정한 진동레벨을 말한다.

(11) 대상진동레벨 : 측정진동레벨에 배경진동의 영향을 보정한 후 얻어진 진동레벨을 말한다.

(12) 평가진동레벨 : 대상진동레벨에 관련시간대에 대한 측정진동레벨 발생시간의 백분율, 시간별, 지역별 등의 보정치를 보정한 후 얻어진 진동레벨을 말한다.

(13) KS 규격 : 한국산업규격 중 진동레벨계에 관한 규격을 말한다.

4. 측정기기 및 사용기준

4.1 측정기기

4.1.1 진동레벨계

(1) 기본구조

진동을 측정하는데 사용되는 진동레벨계는 최소한 [그림 1]과 같은 구성이 필요하다.

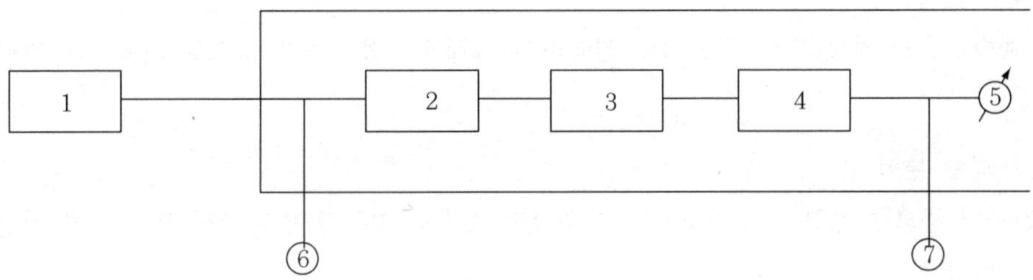

1. 진동픽업　2. 레벨렌지 변환기　3. 증폭기　4. 감각보정회로
5. 지시계기　6. 교정장치　7. 출력단자

그림 1 진동레벨계의 구성

(2) 구조별 성능

① 진동픽업(pick-up)

지면에 설치할 수 있는 구조로서 진동신호를 전기신호로 바꾸어 주는 장치를 말하며, 환경진동을 측정할 수 있어야 한다.

② 레벨렌지 변환기(attenuator)

측정하고자 하는 진동이 지시계기의 범위 내에 있도록 하기 위한 감쇠기로서 유효눈금 범위가 30 dB 이하 되는 구조의 것은 변환기에 의한 레벨의 간격이 10 dB 간격으로 표시되어야 한다. 다만, 레벨 변환없이 측정이 가능한 경우 레벨렌지 변환기가 없어도 무방하다.

③ 증폭기(amplifier)

진동픽업에 의해 변환된 전기신호를 증폭시키는 장치를 말한다.

④ 감각보정회로(weighting networks)

인체의 수진감각을 주파수보정특성에 따라 나타내는 것으로 V특성(수직특성)을 갖춘 것이어야 한다.

⑤ 지시계기(meter)

지시계기는 지침형 또는 디지털형이어야 한다. 지침형에서 유효지시범위가 15 dB 이상이어야 하고, 각각의 눈금은 1 dB 이하를 판독할 수 있어야 하며, 1 dB 눈금간격이 1 mm 이상으로 표시되어야 한다. 다만, 디지털형에서는 숫자가 소수점 한 자리까지 표시되어야 한다.

⑥ 교정장치(calibration network calibrator)

진동측정기의 감도를 점검 및 교정하는 장치로서 자체에 내장되어 있거나 분리되어 있어야 한다.

⑦ 출력단자(output)

진동신호를 기록기 등에 전송할 수 있는 교류출력단자를 갖춘 것이어야 한다.

4.1.2 기 록 기

각종 출력신호를 자동 또는 수동으로 연속하여 그래프·점·숫자 등으로 기록하는 장비를 말한다.

4.1.3 주파수 분석기

공해진동의 주파수 성분을 분석하는데 사용되는 것으로 정폭형 또는 정비형 필터가 내장된 장비를 말한다.

4.1.4 데이터 녹음기

진동레벨의 아날로그 또는 디지털 출력신호를 녹음·재생시키는 장비를 말한다.

4.2 부속장치

(1) 표준진동 발생기(calibrator)

진동레벨계의 측정감도를 교정하는 기기로서 발생진동의 주파수와 진동가속도레벨이 표시되어 있어야 하며, 발생진동의 오차는 ±1 dB 이내이어야 한다.

4.3 사용기준

(1) 진동레벨계는 KSC-1507에 정한 진동레벨계 또는 이와 동등이상의 성능을 가진 것이어야 하며, dB단위(ref = 10^{-5} m/s^2)로 지시하는 것이어야 한다.

(2) 진동레벨계는 견고하고, 빈번한 사용에 견딜 수 있어야 하며, 항상 정도를 유지할 수 있어야 한다.

(3) 성 능

① 측정가능 주파수 범위는 1～90 Hz 이상이어야 한다.

② 측정가능 진동레벨의 범위는 45～120 dB 이상이어야 한다.

③ 감각 특성의 상대응답과 허용오차는 KSC-1507의 표 1의 연직진동 특성에 만족하여야 한다.

④ 진동픽업의 횡감도는 규정주파수에서 수감축 감도에 대한 차이가 15 dB 이상이어야 한다. (연직특성)

⑤ 레벨렌지 변환기가 있는 기기에 있어서 레벨렌지 변환기의 전환오차가 0.5 dB 이내이어야 한다.

⑥ 지시계기의 눈금오차는 0.5 dB 이내이어야 한다.

제 2 장 배출허용기준의 측정방법

1. 측정점

(1) 측정점은 공장의 부지경계선(아파트형 공장의 경우에는 공장 건물의 부지경계선) 중 피해가 우려되는 장소로서 진동레벨이 높을 것으로 예상되는 지점을 택하여야 한다.

(2) 공장의 부지경계선이 불명확하거나 공장의 부지경계선에 비하여 피해가 예상되는 자의 부지경계선에서의 진동레벨이 더 큰 경우에는 피해가 예상되는 자의 부지경계선으로 한다.

2. 측정조건

2.1 일반사항

(1) 진동픽업(Pick-up)의 설치장소는 옥외지표를 원칙으로 하고 복잡한 반사, 회절현상이 예상되는 지점은 피한다.

(2) 진동픽업의 설치장소는 완충물이 없고, 충분히 다져서 단단히 굳은 장소로 한다.

(3) 진동픽업의 설치장소는 경사 또는 요철이 없는 장소로 하고, 수평면을 충분히 확보할 수 있는 장소로 한다.

(4) 진동픽업은 수직방향 진동레벨을 측정할 수 있도록 설치한다.

(5) 진동픽업 및 진동레벨계를 온도, 자기, 전기 등의 외부영향을 받지 않는 장소에 설치한다.

2.2 측정사항

(1) 측정진동레벨은 대상 배출시설의 진동발생원을 가능한 한 최대출력으로 가동시킨 정상상태에서 측정한다.

(2) 배경진동레벨은 대상 배출시설의 가동을 중지한 상태에서 측정한다.

3. 측정기기의 사용 및 조작

3.1 사용 진동레벨계

KSC-1507에 정한 진동레벨계 또는 동등이상의 성능을 가진 것이어야 한다.

3.2 일반사항

(1) 진동레벨계와 진동레벨 기록기를 연결하여 측정·기록하는 것을 원칙으로 한다. 진동레벨기록기가 없는 경우에는 진동레벨계만으로 측정할 수 있다.
(2) 진동레벨계의 출력단자와 진동레벨기록기의 입력단자를 연결한 후 전원과 기기의 동작을 점검하고 매회 교정을 실시하여야 한다.
(3) 진동레벨계의 레벨렌지 변환기는 측정지점의 진동레벨을 예비조사한 후 적절하게 고정시켜야 한다.
(4) 진동레벨계와 진동레벨기록기를 연결하여 사용할 경우에는 진동레벨계의 과부하 출력이 진동기록치에 미치는 영향에 주의하여야 한다.
(5) 진동픽업의 연결선은 잡음 등을 방지하기 위하여 지표면에 일직선으로 설치한다.

3.3 감각보정회로

진동레벨계의 감각보정회로는 별도 규정이 없는 한 V특성(수직)에 고정하여 측정하여야 한다.

4. 측정시간 및 측정지점수

적절한 측정시각에 3지점 이상의 측정지점수를 선정·측정하여 그중 높은 진동레벨을 측정진동레벨로 한다.

5. 측정자료 분석 및 배경진동 보정

5.1 자료분석방법

측정자료는 다음 경우에 따라 분석·정리하며, 소수점 첫째자리에서 반올림한다.

5.1.1 디지털 진동자동분석계를 사용할 경우

샘플주기를 1초 이내에서 결정하고 5분 이상 측정하여 자동 연산·기록한 80% 범위의 상단치인 L_{10}값을 그 지점의 측정진동레벨 또는 배경진동레벨로 한다.

5.1.2 진동레벨기록기를 사용하여 측정할 경우

5분이상 측정·기록하여 다음 방법으로 그 지점의 측정진동레벨 또는 배경진동레벨을 정한다.

(1) 기록지상의 지시치에 변동이 없을 때에는 그 지시치
(2) 기록지상의 지시치의 변동폭이 5 dB 이내일 때에는 구간내 최대치부터 진동레벨의 크기 순으로 10개를 산술평균한 진동레벨
(3) 기록지상의 지시치가 불규칙하고 대폭적으로 변하는 경우에는 [부록] L_{10}진동레벨 계산 방법에 의한 L_{10}값

5.1.3 진동레벨계만으로 측정할 경우

계기조정을 위하여 먼저 선정된 측정위치에서 대략적인 진동의 변화양상을 파악한 후, 진동레벨계 지시치의 변화를 목측으로 5초 간격 50회 판독 · 기록하여 다음의 방법으로 그 지점의 측정진동레벨 또는 배경진동레벨을 결정한다.

(1) 진동레벨계의 지시치에 변동이 없을 때에는 그 지시치

(2) 진동레벨계의 지시치의 변화폭이 5 dB 이내일 때에는 구간내 최대치부터 진동레벨의 크기순으로 10개를 산술평균한 진동레벨

(3) 진동레벨계 지시치가 불규칙하고 대폭적으로 변할 때에는 [부록] L_{10}진동레벨 계산방법에 의한 L_{10}값. 다만, L_{10}진동레벨을 측정할 수 있는 진동레벨계를 사용할 때는 5분간 측정하여 진동레벨계에 나타난 L_{10}값으로 한다.

5.2 배경진동 보정

측정진동레벨에 다음과 같이 배경진동을 보정하여 대상진동레벨로 한다.

(1) 측정진동레벨이 배경진동레벨보다 10 dB 이상 크면 배경진동의 영향이 극히 작기 때문에 배경진동의 보정없이 측정진동레벨을 대상진동레벨로 한다.

(2) 측정진동레벨이 배경진동레벨보다 3～9 dB 차이로 크면 배경진동의 영향이 있기 때문에 측정진동레벨에 [표 1]의 보정표에 의한 보정치를 보정하여 대상진동레벨을 구한다. 다만, 배경진동레벨 측정시 해당공장의 공정상 일부 배출시설의 가동중지가 어렵다고 인정되고, 해당 배출시설에서 발생한 진동이 배경진동에 영향을 미친다고 판단될 경우에는 배경진동레벨 측정 없이 측정진동레벨을 대상진동레벨로 할 수 있다.

표 1 배경진동의 영향에 대한 보정표 단위 : dB(V)

측정진동레벨과 배경진동레벨의 차	3	4	5	6	7	8	9
보 정 치	−3	−2		−1			

(3) 측정진동레벨이 배경진동레벨보다 2 dB 이하로 크면 배경진동이 대상진동보다 크므로 (1) 또는 (2)항이 만족되는 조건에서 재측정하여 대상진동레벨을 구하여야 한다.

6. 평가 및 측정자료의 기록

6.1 평 가

6.1.1 진동평가를 위한 보정

대상진동레벨에 소음 · 진동규제법시행규칙 별표 4의 보정표에 정한 보정치를 보정하여 평가진동레벨을 구하여야 한다.

6.1.2 소음·진동규제법시행규칙 별표 4 보정표에 대한 보정 원칙

(1) 관련시간대에 대한 측정진동레벨 발생시간의 백분율은 별표 4 제2호의 비고 1에 따른 낮, 밤의 각각의 정상가동시간(휴식, 기계수리 등의 시간을 제외한 실질적인 기계작동시간)을 구하고 시간구분에 따른 해당 관련시간대에 대한 백분율을 계산하여, 당해시간 구분에 따라 적용하여야 한다.

이때 시간의 구분은 보정표의 시간별 항목의 기준에 따라야 하며, 가동시간은 측정 당일 전 30일간의 정상가동시간을 산술평균하여 정하여야 한다. 다만, 신규 배출업소의 경우에는 30일간의 예상 가동시간으로 갈음한다.

(2) 측정진동레벨 및 배경진동레벨은 당해 시간별로 측정 보정함을 원칙으로 하나 배출시설이 변동없이 낮 및 밤 또는 24시간 가동할 경우에는 낮시간대의 대상진동레벨을 밤시간의 대상진동레벨로 적용하여 각각 평가하여야 한다.

6.2 측정자료 기록

측정자료는 서식 1에 의하여 기록한다.

제 3 장 규제기준의 측정방법

제 1 절 생활진동

1. 측정점

측정점은 피해가 예상되는 자의 부지경계선 중 진동레벨이 높을 것으로 예상되는 지점을 택하여야 한다.

2. 측정조건

2.1 일반사항

(1) 진동픽업(pick-up)의 설치장소는 옥외지표를 원칙으로 하고 복잡한 반사, 회절현상이 예상되는 지점은 피한다.

(2) 진동픽업의 설치장소는 완충물이 없고, 충분히 다져서 단단히 굳은 장소로 한다.

(3) 진동픽업의 설치장소는 경사 또는 요철이 없는 장소로 하고, 수평면을 충분히 확보할 수 있는 장소로 한다.

(4) 진동픽업은 수직방향 진동레벨을 측정할 수 있도록 설치한다.

(5) 진동픽업 및 진동레벨계는 온도, 자기, 전기 등의 외부 영향을 받지 않는 장소에 설치한다.

2.2 측정사항

(1) 측정진동레벨은 대상 진동발생원을 가능한 한 최대출력으로 가동시킨 정상상태에서 측정하여야 한다.

(2) 배경진동레벨은 대상진동원의 가동을 중지한 상태에서 측정하여야 한다.

3. 측정기기의 사용 및 조작

3.1 사용 진동레벨계

KSC-1507에 정한 진동레벨계 또는 동등이상의 성능을 가진 것이어야 한다.

3.2 일반사항

(1) 진동레벨계와 진동레벨기록기를 연결하여 측정 · 기록하는 것을 원칙으로 한다. 진동레벨기록기가 없는 경우에는 진동레벨계만으로 측정할 수 있다.

(2) 진동레벨계의 출력단자와 진동레벨기록기의 입력단자를 연결한 후 전원과 기기의 동작을 점검하고 매회 교정을 실시하여야 한다.

(3) 진동레벨계의 레벨렌지 변환기는 측정지점의 진동레벨을 예비조사한 후 적절하게 고정시켜야 한다.

(4) 진동레벨계와 진동레벨기록기를 연결하여 사용할 경우에는 진동레벨계기록기의 과부하출력이 진동기록치에 미치는 영향에 주의하여야 한다.

(5) 진동픽업의 연결선은 잡음 등을 방지하기 위하여 지표면에 일직선으로 설치한다.

3.3 감각보정회로

진동레벨계의 감각보정회로는 별도 규정이 없는 한 V특성(수직)에 고정하여 측정하여야 한다.

4. 측정시간 및 측정지점수

적절한 측정시각에 2지점 이상의 측정지점수를 선정 · 측정하여 그중 높은 진동레벨을 측정진동레벨로 한다.

5. 측정자료 분석 및 배경진동 보정

5.1 자료분석방법

측정자료는 다음 경우에 따라 분석 · 정리하며, 소수점 첫째자리에서 반올림한다. 다만, 측정진동레벨 측정시 대상진동의 발생시간이 5분 이내인 경우에는 그 발생시간동안 측정 · 기록한다.

5.1.1 디지털 진동자동분석계를 사용할 경우

샘플주기를 1초 이내에서 결정하고 5분 이상 측정하여 자동연산기록한 80% 범위의 상단치인 L_{10}값을 그 지점의 측정진동레벨 또는 배경진동레벨로 한다.

5.1.2 진동레벨기록기를 사용하여 측정할 경우

5분 이상 측정·기록하여 다음 방법으로 그 지점의 측정진동레벨 또는 배경진동레벨을 정한다.

(1) 기록지상의 지시치에 변동이 없을 때에는 그 지시치

(2) 기록지상의 지시치의 변동폭이 5 dB 이내일 때에는 구간내 최대치부터 진동레벨의 크기순으로 10개를 산술평균한 진동레벨

(3) 기록지상의 지시치가 불규칙하고 대폭적으로 변할 때에는 [부록] L_{10}진동레벨 계산방법에 의한 L_{10}값

5.1.3 진동레벨계만으로 측정할 경우

계기조정을 위하여 먼저 선정된 측정위치에서 대략적인 진동레벨의 변화양상을 파악한 후, 진동레벨계 지시치의 변화를 목측으로 5초 간격 50회 판독·기록하여 다음의 방법으로 그 지점의 측정진동레벨 또는 배경진동레벨을 결정한다.

(1) 진동레벨계의 지시치에 변동이 없을 때에는 그 지시치

(2) 진동레벨계의 지시치의 변화폭이 5 dB 이내일 때에는 구간내 최대치부터 진동레벨의 크기순으로 10개를 산술평균한 진동레벨

(3) 진동레벨계 지시치가 불규칙하고 대폭적으로 변할 때에는 [부록] L_{10}진동레벨 계산방법에 의한 L_{10}값. 다만, L_{10}진동레벨을 측정할 수 있는 진동레벨계를 사용할 때는 5분간 측정하여 진동레벨계에 나타난 L_{10}값으로 한다.

5.2 배경진동 보정

측정진동레벨에 다음과 같이 배경진동을 보정하여 대상진동레벨로 한다.

(1) 측정진동레벨이 배경진동레벨보다 10 dB 이상 크면 배경진동의 영향이 극히 작기 때문에 배경진동 보정없이 측정진동레벨을 대상진동레벨로 한다.

(2) 측정진동레벨이 배경진동레벨보다 3～9 dB 차이로 크면 배경진동의 영향이 있기 때문에 측정진동레벨에 [표 1]의 보정표에 의한 보정치를 보정하여 대상진동레벨을 구한다.

(3) 측정진동레벨이 배경진동레벨보다 2 dB 이하로 크면 배경진동이 대상진동레벨 보다 크므로 (1) 또는 (2)항이 만족되는 조건에서 재측정하여 대상진동레벨을 구하여야 한다.

6. 평가 및 측정자료의 기록

6.1 평　가

5.2항으로부터 구한 대상 진동레벨을 생활진동 규제기준과 비교하여 판정한다.

6.2 측정자료 기록

측정자료는 서식2에 의하여 기록한다.

제 2 절　발파진동 측정방법

1. 측정점

측정점은 피해가 예상되는 자의 부지경계선 중 진동레벨이 높을 것으로 예상되는 지점을 택하여야 한다.

2. 측정조건

2.1 일반사항

제3장 제1절 2.1항에 의한다.

2.2 측정사항

(1) 측정진동레벨은 발파진동이 지속되는 기간동안에 측정하여야 한다.

(2) 배경진동레벨은 대상진동(발파진동)이 없을 때 측정하여야 한다.

3. 측정기기의 사용 및 조작

3.1 사용 진동레벨계

제3장 제1절 3.1항에 의한다.

3.2 일반사항

(1) 진동레벨계와 진동레벨기록기를 연결하여 측정·기록하는 것을 원칙으로 한다. 진동레벨계만으로 측정할 경우에는 최고 진동레벨이 고정(hold)되는 것에 한한다.

(2) 진동레벨계의 출력단자와 진동레벨기록기의 입력단자를 연결한 후 전원과 기기의 동작을 점검하고 매회 교정을 실시하여야 한다.

(3) 진동레벨계의 레벨렌지 변환기는 측정지점의 진동레벨을 예비조사한 후 적절하게 고정시켜야 한다.

(4) 진동레벨계와 진동레벨기록기를 연결하여 사용할 경우에는 진동레벨계기록기의 과부하 출력이 진동기록치에 미치는 영향에 주의하여야 한다.
(5) 진동레벨기록기의 기록속도 등은 진동레벨계의 동특성에 부응하게 조작한다.
(6) 진동픽업의 연결선은 잡음 등을 방지하기 위하여 지표면에 일직선으로 설치한다.

3.3 감각보정회로

진동레벨계의 감각보정회로는 별도 규정이 없는 한 V특성(수직)에 고정하여 측정하여야 한다.

4. 측정시간 및 측정지점수

주간(06:00～22:00) 및 심야(22:00～06:00)의 각 시간대중에서 최대발파진동이 예상되는 시각에 1지점 이상의 측정지점수에서 측정하여 측정진동레벨로 한다.

5. 측정자료 분석 및 배경진동 보정

5.1 자료분석방법

측정진동레벨 및 배경진동레벨은 소수점 첫째자리에서 반올림한다

5.1.1 측정진동레벨

(1) 디지털 진동자동분석계를 사용할 때에는 샘플주기를 0.1초 이하로 놓고 발파진동의 발생기간(수초이내)동안 측정하여 자동 연산·기록한 최고치를 측정진동레벨로 한다.
(2) 진동레벨기록기를 사용하여 측정할 때에는 기록지상의 지시치의 최고치를 측정진동레벨로 한다.
(3) 최고진동 고정(hold)용 진동레벨계를 사용할 때에는 당해 지시치를 측정진동레벨로 한다.

5.1.2 배경진동레벨

(1) 디지털 진동자동분석계를 사용할 경우
샘플주기를 1초 이내에서 결정하고 5분이상 측정하여 자동 연산·기록한 80%범위의 상단치인 L_{10}값을 그 지점의 배경진동레벨로 한다.
(2) 진동레벨기록기를 사용하여 측정할 경우
5분이상 측정·기록하여 다음 방법으로 그 지점의 배경진동레벨을 정한다.
① 기록지상의 지시치에 변동이 없을 때에는 그 지시치
② 기록지상의 지시치의 변동폭이 5 dB 이내일 때에는 구간내 최대치부터 진동레벨의 크기순으로 10개를 산술평균한 진동레벨
③ 기록지상의 지시치가 불규칙하고 대폭적으로 변할 때에는 [부록] L_{10}진동레벨 계산방법

에 의한 L_{10}값

(3) 진동레벨계만으로 측정할 경우

계기조정을 위하여 먼저 선정된 측정위치에서 대략적인 진동레벨의 변화 양상을 파악한 후, 진동레벨계 지시치의 변화를 목측으로 5초 간격 50회 판독·기록하여 다음의 방법으로 그 지점의 배경진동레벨을 정한다.

① 진동레벨계의 지시치에 변동이 없을 때에는 그 지시치

② 진동레벨계의 지시치의 변화폭이 5 dB이내일 때에는 구간내 최대치부터 진동레벨의 크기순으로 10개를 산술평균한 진동레벨

③ 진동레벨계 지시치가 불규칙하고 대폭적으로 변할 때에는 [부록] L_{10}진동레벨 계산방법에 의한 L_{10}값.

한편, L_{10}진동레벨을 측정할 수 있는 진동레벨계를 사용할 때는 5분간 측정하여 진동레벨계에 나타난 L_{10}값으로 한다.

5.2 배경진동 보정

제3장 제1절 5.2항에 의한다.

6. 평가 및 측정자료의 기록

6.1 평가

5.2항으로부터 구한 대상 진동레벨에 시간대별 평균발파횟수(N)에 따른 보정량(+10 log N ; N＞1)을 보정한다. 이 경우, 지발발파는 발파횟수를 1회로 간주한다.

시간대별 발파횟수는 작업일지 또는 발파계획서 등을 참조하여 7일간의 평균값을 계산한 각 시간대별 평균 발파횟수로 갈음한다.

6.2 측정자료 기록

측정자료는 서식3에 의하여 기록한다.

제 4 장 진동한도의 측정방법

제 1 절 도로교통진동

1. 측정점

측정점은 피해가 예상되는 자의 부지경계선 중 진동레벨이 높을 것으로 예상되는 지점을 택하여야 한다.

2. 측정조건

2.1 일반사항

제3장 제1절 2.1항에 의한다.

2.2 측정사항

요일별로 진동 변동이 적은 평일(월요일부터 금요일사이)에 당해지역의 도로교통진동을 측정하여야 한다.

3. 측정기기의 사용 및 조작

3.1 사용 진동레벨계

제3장 제1절 3.1항에 의한다.

3.2 일반사항

제3장 제1절 3.2항에 의한다.

3.3 감각보정회로

제3장 제1절 3.3항에 의한다.

4. 측정시간 및 측정지점수

당해지역 도로교통진동을 대표할 수 있는 시각에 2지점 이상의 측정지점수를 정하여 각 측정지점에서 4시간이상 간격으로 2회이상 측정하여 산술평균한 값을 측정진동레벨로 한다.

5. 측정자료 분석

5.1 자료분석방법

측정자료는 다음 경우에 따라 분석 · 정리하며, 소수점 첫째자리에서 반올림한다.

5.1.1 디지털 진동자동분석계를 사용할 경우

샘플주기를 1초 이내에서 결정하고 5분이상 측정하여 자동 연산 · 기록한 80% 범위의 상단치인 L_{10}값을 그 지점의 측정진동레벨로 한다.

5.1.2 진동레벨기록기를 사용하여 측정할 경우

5분 이상 측정 · 기록하여 다음 방법으로 그 지점의 측정진동레벨을 정한다.

(1) 기록지상의 지시치에 변동이 없을 때에는 그 지시치

(2) 기록지상의 지시치의 변동폭이 5 dB 이내일 때에는 구간내 최대치부터 진동레벨의 크기순으로 10개를 산술평균한 진동레벨

(3) 기록지상의 지시치가 불규칙하고 대폭적으로 변할 때에는 [부록] L_{10}진동레벨 계산방법에 의한 L_{10}값

5.1.3 진동레벨계만으로 측정할 경우

계기조정을 위하여 먼저 선정된 측정위치에서 대략적인 진동레벨의 변화양상을 파악한 후, 진동레벨계 지시치의 변화를 목측으로 5초 간격 50회 판독 · 기록하여 다음의 방법으로 그 지점의 측정진동레벨을 정한다.

(1) 진동레벨계의 지시치에 변동이 없을 때에는 그 지시치

(2) 진동레벨계의 지시치의 변동폭이 5 dB 이내일 때에는 구간내 최대치부터 진동레벨의 크기순으로 10개를 산술평균한 진동레벨

(3) 진동레벨계 지시치가 불규칙하고 대폭적으로 변할 때에는 [부록] L_{10}진동레벨 계산방법에 의한 L_{10}값.

다만, L_{10}진동레벨을 측정할 수 있는 진동레벨계를 사용할 때는 5분간 측정하여 진동레벨계에 나타난 L_{10}값으로 한다.

6. 평가 및 측정자료의 기록

6.1 평 가

5항으로부터 구한 측정진동레벨을 도로교통진동의 한도와 비교하여 평가한다.

6.2 측정자료 기록

측정자료는 서식4에 의하여 기록한다.

제 2 절 철도진동

1. 측정점

옥외측정을 원칙으로 하며, 그 지역의 철도진동을 대표할 수 있는 지점이나 철도진동으로 인하여 문제를 일으킬 우려가 있는 지점을 택하여야 한다.

2. 측정조건

제3장 제1절 2.1항에 의한다.

3. 측정기기의 사용 및 조작

3.1 사용 진동레벨계

제3장 제1절 3.1항에 의한다.

3.2 일반사항

제3장 제1절 3.2항에 의한다.

3.3 감각보정회로

제3장 제1절 3.3항에 의한다.

4. 측정시간

기상조건, 열차의 운행횟수 및 속도 등을 고려하여 당해지역의 철도진동을 대표할 수 있는 시간대에 측정한다.

5. 측정자료 분석

열차통과시마다 최고진동레벨이 배경진동레벨보다 최소 5 dB 이상 큰 것에 한하여 연속 10개 열차(상하행 포함)이상을 대상으로 최고진동레벨을 측정 · 기록하고, 그중 중앙값 이상을 산술평균한 값을 철도진동레벨로 한다. 다만, 열차의 운행횟수가 밤 · 낮 시간대별로 1일 10회 미만인 경우에는 측정열차수를 줄여 그중 중앙값 이상을 산술평균한 값을 철도진동레벨로 할 수 있다. 측정자료는 소수점 첫째자리에서 반올림한다.

6. 평가 및 측정자료의 기록

6.1 평 가

5항에서 구한 측정진동레벨을 철도진동의 한도와 비교하여 평가한다.

6.2 측정자료의 기록

측정자료는 서식 5에 의하여 기록한다.

【부록】

L_{10} 진동레벨 계산방법

(1) 5초 간격으로 50회 판독한 판독치를(표 1) 진동레벨기록지의 "가"에 기록한다.

(2) 레벨별 도수 및 누적도수를 (표 1)의 "나"에 기입한다.

(3) (표 1) "나"의 누적도수를 이용하여 모눈종이 상에 누적도곡선을 작성한 후(횡축에 진동레벨, 좌측 종축에 누적도수를, 우측종축에 백분율을 표기) 90% 횡선이 누적도수곡선과 만나는 교점에서 수선을 그어 횡축과 만나는 점의 진동레벨을 L_{10} 값으로 한다.

(4) 진동레벨만으로 측정할 경우 진동레벨을 읽는 순간에 지시침이 지시판 범위 위를 벗어날 때(이때에 진동레벨계의 레벨범위는 전환하지 않음)에는 그 발생빈도를 기록하여 6회 이상이면 (3)항에서 구한 L_{10}값에 2 dB(V)를 더해준다.

(5) 별첨 L_{10}계산 예

【표 1】

진동레벨기록지

가. 진동레벨기록판

1	2	3	4	5	6	7	8	9	10

나. 도수 및 누적도수

끝	수	0	1	2	3	4	5	6	7	8	9
40 dB(V)	도 수										
	누적도수										
50 dB(V)	도 수										
	누적도수										
60 dB(V)	도 수										
	누적도수										
70 dB(V)	도 수										
	누적도수										
80 dB(V)	도 수										
	누적도수										
90 dB(V)	도 수										
	누적도수										
100 dB(V)	도 수										
	누적도수										

L_{10} 계 산 예

진동레벨기록지

가. 진동레벨기록판

1	2	3	4	5	6	7	8	9	10
70	72	68	82	73	81	72	69	87	77
75	71	70	74	75	76	77	77	78	74
73	72	87	68	67	66	69	67	70	70
71	80	79	76	75	73	72	72	74	75
84	80	85	78	77	76	75	73	68	82

나. 도수 및 누적도수

끝	수	0	1	2	3	4	5	6	7	8	9
40 dB(V)	도 수										
	누적도수										
50 dB(V)	도 수										
	누적도수										
60 dB(V)	도 수							1	2	3	2
	누적도수							1	3	6	8
70 dB(V)	도 수	4	2	5	4	3	6	3	4	2	1
	누적도수	12	14	19	23	26	32	35	39	41	42
80 dB(V)	도 수	2	1	2	0	1	1	0	1		
	누적도수	44	45	47	47	48	49	49	50		
90 dB(V)	도 수										
	누적도수										
100 dB(V)	도 수										
	누적도수										

누적도수 곡선에 의한 L_{10}값 산정예

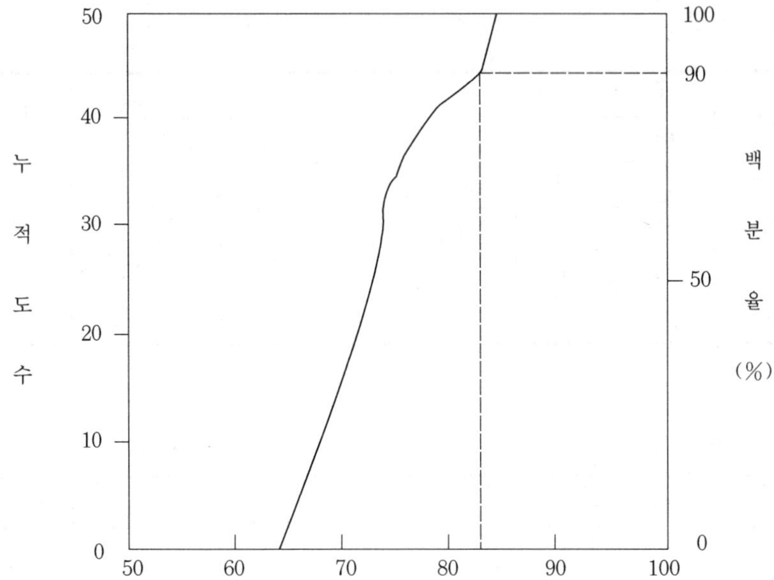

L_{10}값 : 81.5(82) dB(V)

【서식 1】

공장진동 측정자료 평가표

작성년월일 : 년 월 일

1. 측 정 년 월 일	년 월 일 요일 시 분부터 시 분까지
2. 측 정 지 역	소재지 : 명 칭 : 사업주 :
3. 측 정 자	소속 : 직명 : 성명 : (인) 소속 : 직명 : 성명 : (인)
4. 측 정 기 기	진동레벨계명 : 진동레벨기록기명 : 기타부속장치 :
5. 측 정 환 경	지면조건 : 반사 및 굴절진동의 영향 : 전자장등의 기타사항 :

6. 측정대행업소의 진동원과 측정지점

진 동 원(기계명)	규 격	대 수	측 정 지 점 약 도

7. 측정자료 분석결과(기록지 등 첨부)

가. 측정진동레벨 : dB(V)

나. 배경진동레벨 : dB(V)

다. 대상진동레벨 : dB(V)

8. 진동평가

항 목	내 용	보 정 치
관련시간대에 대한 측정진동레벨발생시간의 백분율(%) 시 간 별 지 역 별		
보 정 치 합 계		

9. 평가진동레벨 : 대상진동레벨에 보정치 합계를 보정

평가진동레벨 : dB(V)

【서식 2】

생활진동 측정자료 평가표

작성년월일 :　　　년　　　월　　　일

1. 측 정 년 월 일	년　　월　　일　　요일 시　　분부터 시　　분까지
2. 측 정 지 역	소재지 : 명　칭 :　　　　시공회사 :
3. 사 업 주 등	주　소 :　　　　성　명 :
4. 측 정 자	소속 :　　직명 :　　성명 :　　(인) 소속 :　　직명 :　　성명 :　　(인)
5. 측 정 기 기	진동레벨계명 : 진동레벨기록기명 : 기타부속장치 :
6. 측 정 환 경	지면조건 : 반사 및 굴절진동의 영향 : 전자장등의 기타사항 :

7. 측정대상의 진동원과 측정지점

진 동 원	규 격	수 량	측 정 지 점 약 도
			(지역구분 :　　　　)

8. 측정자료 분석결과(기록지 등 첨부)

가. 측정진동레벨 :　　　dB(V)

나. 배경진동레벨 :　　　dB(V)

다. 대상진동레벨 :　　　dB(V)

【서식 3】

발파진동 측정자료 평가표

작성년월일 : 년 월 일

1. 측 정 년 월 일	년 월 일 요일 시 분부터 시 분까지
2. 측 정 지 역	소재지 : 명 칭 :
3. 관 리 자	주 소 : 성 명 :
4. 측 정 자	소속 : 직명 : 성명 : (인) 소속 : 직명 : 성명 : (인)
5. 측 정 기 기	진동레벨계명 : 진동레벨기록기명 : 기타부속장치 :
6. 측 정 환 경	지면조건 : 반사 및 굴절진동의 영향 : 전자장등의 기타사항 :

7. 측정대상의 진동원과 측정지점

폭약의 종류	1회 사용량	발파횟수	측 정 지 점 약 도
	kg	낮 : 밤 :	(지역구분 :)

8. 측정자료 분석결과(기록지 등 첨부)

가. 측정진동레벨 : dB(V)

나. 배경진동레벨 : dB(V)

다. 대상진동레벨 : dB(V)

【서식 4】

도로교통진동 측정자료 평가표

작성년월일 :　　　　년　　　월　　　일

1. 측 정 년 월 일	년　　월　　일　　요일 시　　분부터 시　　분까지
2. 측 정 지 역	소재지 : 명 칭 :
3. 관 리 자	주 소 :　　　　　　성 명 :
4. 측 정 자	소속 :　　　직명 :　　　성명 :　　　(인) 소속 :　　　직명 :　　　성명 :　　　(인)
5. 측 정 기 기	진동레벨계명 : 진동레벨기록기명 : 기타부속장치 :
6. 측 정 환 경	지면조건 : 반사 및 굴절진동의 영향 : 전자장등의 기타사항 :

7. 측정대상의 진동원과 측정지점

도 로 구 조	교 통 특 성	측 정 지 점 약 도
차 선 수 : 도로유형 : 구 배 : 기 타 :	시간당 교통량 : (　　　대/hr) 대형차통행량 : (　　　대/hr) 평균차속 (　　　km/hr)	(지역구분 :　　　　　)

8. 측정자료 분석결과(기록지 등 첨부)

측정진동레벨 :　　　　　　　dB(V)

【서식 5】

철도진동 측정자료 평가표

작성년월일 : 년 월 일

1. 측 정 년 월 일	년 월 일 요일 시 분부터 시 분까지
2. 측 정 지 역	소재지 : 명 칭 :
3. 관 리 자	주 소 : 성 명 :
4. 측 정 자	소속 : 직명 : 성명 : (인) 소속 : 직명 : 성명 : (인)
5. 측 정 기 기	진동레벨계명 : 진동레벨기록기명 : 기타부속장치 :
6. 측 정 환 경	지면조건 : 반사 및 굴절진동의 영향 : 전자장등의 기타사항 :

7. 측정대상의 진동원과 측정지점

도 로 구 조	교 통 특 성	측 정 지 점 약 도
철도선구분 : 레일길이 : 기 타 :	열차통행량 : (대/hr) 평균 열차속도 : (km/hr)	(지역구분 :)

8. 측정자료 분석결과(기록지 등 첨부)

철도진동레벨 : dB(V)

연습문제

문제

1. 준공업지역에 위치한 어떤 공장의 부지경계선에서 측정한 소음도가 다음 표와 같을 때 등가소음도를 구하고, 이 공장이 낮시간에 2시간 가동될 때 대상소음도와 평가소음도를 구하시오(단, 암소음은 65dB(A)이고, 충격음은 없는 것으로 본다).

소음도구간	$\frac{1}{100}\times 10^{L_i/10}$	f_i(%)
60～65	0.178×10^5	25
65～70	0.562×10^5	40
70～75	0.178×10^6	35

2. 어떤 기계의 소음을 옥타아브 밴드 주파수 분석기로 분석한 대역음압도(Lin 또는 Flat 특성으로 측정)가 다음표와 같을 때 대역소음도와 총소음도(over-all)를 구하라.

중심주파수(Hz)	63	125	250	500	1000	2000	4000
음압도(dB)	85	92	94	89	87	83	80

3. 어떤 기계 소리를 측정한 결과 1,000 Hz 순음 80 dB의 음압도가 계측되었다. 이 소리의 소음도, 음의 크기 레벨(loudness level), 음의 크기(loudness)를 구하고, 이 기계 10대가 있을 때는 1대가 있을 때에 비해 얼마나 시끄러운가?
4. 어떤 공장의 진동을 진동계로 측정한 결과 다음표와 같은 가속도진폭이 얻어졌다. 이 공장의 진동레벨 dB(V)를 구하라.

중심주파수 Hz	1	2	4	8	16
가속도진폭 m/s^2	0.05	0.1	0.2	0.5	1

5. 그림은 어떤 공장의 부지경계선에서 5초간격으로 50회 측정한 진동레벨을 누적도수곡선으로 작성한 것이다. 이 공장의 측정진동레벨과 대상진동레벨을 구하라(단, 암진동레벨은 66 dB(V)이다).

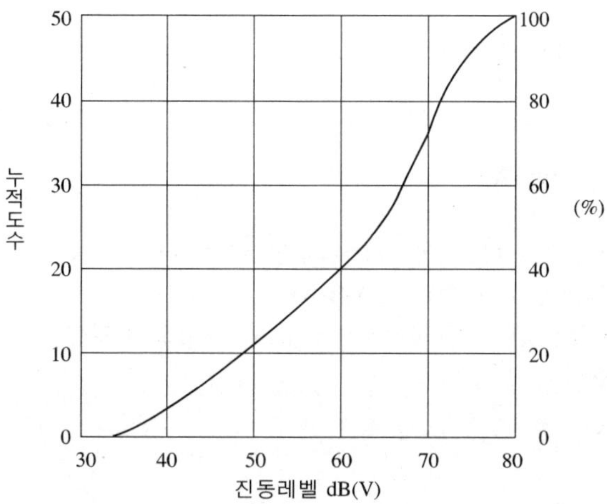

6. 소음환경기준, 생활소음규제기준 및 배출허용기준에 정한 각각의 소음도와 그 측정위치를 기술하라.

풀 이

1. ① 등가소음도

$$(L_{eq}) = 10\log\left(\sum_{i=1}^{n}\frac{1}{100}\cdot\ 10^{L_i/10}\times f_i\right)$$

$$= 10\log(0.178\times10^5\times25+0.526\times10^5\times40+0.178\times10^6\times35) \fallingdotseq 70\,\text{dB(A)}$$

② 측정소음도 70 dB(A) 암소음 65dB(A)의 차 5dB(A)에 해당하는 암소음도
= 70+(−2) =68 dB(A)

③ 평가소음도 = 대상소음도에 충격음, 관련시간대에 대한 측정소음발생 시간의 백분율, 시간별, 지역별의 보정치를 보정.

평가소음도 $= 68+0(\text{충격음})-5\left(\frac{2}{8}\times100=25\%\right)+0(\text{낮시간})-15(\text{준공업지역})$

$=48\text{dB(A)}$

2. ① 대역소음도 = 대역음압도 + A특성보정치

중심주파수(Hz)	63	125	250	500	1000	2000	4000
음압도(dB)	85	92	94	89	87	83	80
A특성보정치 dB	−26	−16	−9	−	0	+1	+1
대역소음도 dB(A)	59	76	85	86	87	84	81

② 총소음도 $= 10\log\left(\sum_{i=1}^{n} 10^{L_i/10}\right)$

$= 10\log(10^{5.9} + 10^{7.6} + 10^{8.5} + 10^{8.6} + 10^{8.7} + 10^{8.4} + 10^{8.1})$

$\fallingdotseq$ 92dB(A)

3. 1000Hz 음을 기준으로 Phon 곡선, 청감보정회로가 작성되었다.
   ① 소음도 = 80+0(청감보정치) = 80dB(A)
   ② 음의 크기 레벨(L_L) = 1000Hz에서는 L_L은 음압도와 같다.
      ∴ $L_L = 80$ Phon
   ③ 음의 크기$(S) = 2^{(L_L-40)/10} = 2^{(80-40)/10}$
      =16 Sone
   ④ 10대 있을 때 음압도$= 10\log(10 \times 10^{80/10}) = 90\text{dB} = 90\text{Phon}$
      ∴ 시끄러움$= \dfrac{2^{(90-40)/10}}{16} = 2$배

4. 진동가속도 레벨 $\text{VAL} = 20\log\dfrac{a_r}{a_o}$, dB로부터

$\text{VAL}_{(1\text{HZ})} = 20\log\dfrac{0.05/\sqrt{2}}{10^{-5}} \fallingdotseq 71\text{dB}$

$\text{VAL}_2 = 20\log\dfrac{0.1/\sqrt{2}}{10^{-5}} \fallingdotseq 77\text{dB}$

$\text{VAL}_4 = 20\log\dfrac{0.2/\sqrt{2}}{10^{-5}} \fallingdotseq 83\text{dB}$

$\text{VAL}_8 = 20\log\dfrac{0.5/\sqrt{2}}{10^{-5}} \fallingdotseq 91\text{dB}$

$\text{VAL}_{16} = 20\log\dfrac{1/\sqrt{2}}{10^{-5}} \fallingdotseq 97\text{dB}$

대역진동레벨 = 대역가속도레벨 + V 특성감각보정치

중심주파수Hz	1	2	4	8	16
대역 VAL, dB	71	77	83	91	97
V특성 보정치	−6	−3	0	0	−6
대역진동레벨, dB(V)	65	74	83	91	91

∴ 진동레벨 $= 10\log\left(\sum_{i=1}^{n} 10^{L_i/10}\right)$

$= 10\log(10^{6.5} + 10^{7.4} + 10^{8.3} + 10^{9.1} + 10^{9.1})$

$= 94.4$

$\fallingdotseq$ 94.4 dB(V)

5. ① 측정진동레벨은 L_{10} 값으로 주어짐으로 90%에서 수평선을 그어 누적도수곡선과 만나는 점에서 수직을 그어 진동레벨과 만나는 점의 값을 읽으면 약 73dB(V) 얻어진다

② 대상진동레벨 = 측정진동레벨 + (암진동보정치)

$$= 73+(-1)=72\text{dB(V)}$$

암진동보정치 −1은 측정진동레벨 73dB(V)와 암진동레벨 66dB(V)의 차인 7dB(V)에 해당하는 값이다.

6. ① 기준으로 정한 소음도
   - 소음환경기준 → 측정소음도
   - 생활소음규제기준 → 대상소음도
   - 배출허용기준 → 평가소음도

② 측정위치
   - 소음환경기준 : "일반지역"은 그 지역의 소음을 대표할 수 있는 곳, "도로변지역"은 소음으로 인한 문제를 일으킬 우려가 있는 곳
   - 생활소음규제기준 : 피해 지점의 부지경계선 중 가장 소음도가 높은 곳
   - 배출허용기준 : 소음원의 부지경계선 중 피해가 가장 우려되는 지점으로서 소음도가 높은 곳

Chapter 6

소음진동규제법

제정 1990. 08. 01. 법률 제4259호
일부개정 2008. 03. 21. 법률 제8976호

시행령	시행규칙
제정 1991. 01. 28. 대통령령 제13260호	제정 1991. 02. 02. 총리령 제378호
전부개정 2007. 09. 06. 대통령령 제20242호	일부개정 2008. 02. 26. 환경부령 제278호
일부개정 2009. 02. 13. 대통령령 제21323호	일부개정 2009. 01. 14. 환경부령 제321호

제1장 총 칙

제1조 (목적) 이 법은 공장 · 건설공사장 · 도로 · 철도 등으로부터 발생하는 소음 · 진동으로 인한 피해를 방지하고 소음 · 진동을 적정하게 관리 · 규제하여 모든 국민이 조용하고 평온한 환경에서 생활할 수 있게 함을 목적으로 한다.

> **영** **제1조** (목적) 이 영은 「소음 · 진동규제법」에서 위임된 사항과 그 시행에 필요한 사항을 규정함을 목적으로 한다.

> **규칙** **제1조** (목적) 이 규칙은 「소음 · 진동규제법」 및 같은 법 시행령에서 위임된 사항과 그 시행에 필요한 사항을 규정함을 목적으로 한다.

제2조 (정의) 이 법에서 사용하는 용어의 뜻은 다음과 같다.

1.“소음”이란 기계 · 기구 · 시설, 그 밖의 물체의 사용으로 인하여 발생하는 강한 소리를 말한다.

2.“진동”이란 기계 · 기구 · 시설, 그 밖의 물체의 사용으로 인하여 발생하는 강한 흔들림을 말한다.

3.“소음 · 진동배출시설”이란 소음 · 진동을 발생하는 공장의 기계 · 기구 · 시설, 그 밖의 물체로서 환경부령으로 정하는 것을 말한다.

규칙 **제2조** (소음 · 진동배출시설) 「소음 · 진동규제법」(이하 "법"이라 한다) 제2조제3호에 따른 소음 · 진동배출시설(이하 "배출시설"이라 한다)은 별표 1과 같다.

4."소음 · 진동방지시설"이란 소음 · 진동배출시설로부터 배출되는 소음 · 진동을 없애거나 줄이는 시설로서 환경부령으로 정하는 것을 말한다.

5."방음시설(방음시설)"이란 소음 · 진동배출시설이 아닌 물체로부터 발생하는 소음을 없애거나 줄이는 시설로서 환경부령으로 정하는 것을 말한다.

6."방진시설"이란 소음 · 진동배출시설이 아닌 물체로부터 발생하는 진동을 없애거나 줄이는 시설로서 환경부령으로 정하는 것을 말한다.

규칙 **제3조** (소음 · 진동방지시설 등) 법 제2조제4호부터 제6호까지의 규정에 따른 소음 · 진동방지시설(이하 "방지시설"이라 한다), 방음시설 및 방진시설은 별표 2와 같다.

7."공장"이란「산업집적활성화 및 공장설립에 관한 법률」제2조제1호의 공장을 말한다. 다만,「도시계획법」제12조제1항에 따라 결정된 공항시설 안의 항공기 정비공장은 제외한다.

8."교통기관"이란 기차 · 자동차 · 전차 · 도로 및 철도 등을 말한다. 다만, 항공기와 선박은 제외한다.

9."자동차"란「자동차관리법」제2조제1호에 따른 자동차와「건설기계관리법」제2조제1호에 따른 건설기계 중 환경부령으로 정하는 것을 말한다.

규칙 **제4조** (자동차의 종류) 법 제2조제9호에 따른 자동차의 종류는 별표 3과 같다.

10."소음발생건설기계'란 건설공사에 사용하는 기계 중 소음이 발생하는 기계로서 환경부령으로 정하는 것을 말한다.

규칙 **제5조** (소음발생건설기계의 종류) 법 제2조제10호에 따른 소음발생건설기계의 종류는 별표 4와 같다.

제3조 (상시 측정) ① 환경부장관은 전국적인 소음 · 진동의 실태를 파악하기 위하여 측정망을 설치하고 상시 측정하여야 한다.

② 특별시장 · 광역시장 또는 도지사(이하"시 · 도지사'라 한다)는 해당 관할 구역의 소음 · 진동 실태를 파악하기 위하여 측정망을 설치하고 상시 측정하여 측정한 자료를 환경부령으로 정하는 바에 따라 환경부장관에게 보고하여야 한다.

규칙 **제6조** (상시 측정자료의 제출) 특별시장 · 광역시장 또는 도지사(이하 "시 · 도지사"라 한다)는 법 제3조제2항에 따라 상시(常時) 측정한 소음 · 진동에 관한 자료를 매분기 다음 달 말일까지 환경부장관에게 제출하여야 한다.

③ 제1항과 제2항에 따른 측정망을 설치하려면 관계 기관의 장과 미리 협의하여야 한다.

제4조 (측정망 설치계획의 결정·고시) ① 환경부장관은 제3조제1항에 따른 측정망의 위치, 범위, 구역 등을 명시한 측정망 설치계획을 결정하여 환경부령으로 정하는 바에 따라 고시하고 그 도면을 누구든지 열람할 수 있게 하여야 한다. 이를 변경한 경우에도 또한 같다.

규칙 **제7조** (측정망설치계획의 고시) ① 법 제4조제1항에 따라 환경부장관, 시 · 도지사가 고시하는 측정망설치계획에는 다음 각 호의 사항이 포함되어야 한다.

1. 측정망의 설치시기
2. 측정망의 배치도
3. 측정소를 설치할 토지나 건축물의 위치 및 면적
② 측정망설치계획의 고시는 최초로 측정소를 설치하게 되는 날의 3개월 이전에 하여야 한다.
③ 시・도지사가 제1항에 따른 측정망설치계획을 결정・고시하려는 경우에는 그 설치위치 등에 관하여 미리 관할 유역환경청장이나 지방환경청장의 의견을 들어야 한다.

② 제3조제2항에 따라 시・도지사가 측정망을 설치하는 경우에는 제1항을 준용한다.
③ 국가는 제2항에 따라 시・도지사가 결정・고시한 측정망 설치계획이 목표 기간에 달성될 수 있도록 필요한 재정적・기술적 지원을 할 수 있다.

제5조 (다른 법률과의 관계) ① 환경부장관이나 시・도지사가 제4조에 따라 측정망 설치계획을 결정・고시하면 다음의 허가를 받은 것으로 본다. [개정 2008・3・21]
1.「하천법」 제30조에 따른 하천공사 시행의 허가 및 같은 법 제33조에 따른 하천점용의 허가
2.「도로법」 제38조에 따른 도로점용의 허가
3.「공유수면관리법」 제5조에 따른 공유수면의 점용・사용 허가
② 환경부장관이나 시・도지사는 제4조에 따른 측정망 설치계획에 제1항의 각 호에 해당하는 허가 사항이 포함되어 있으면 그 결정・고시 전에 해당 관계 기관의 장과 협의하여야 한다.

제6조 (소음·진동 공정시험 방법) 환경부장관은 소음・진동을 측정할 때 측정의 정확과 통일을 기하기 위하여 소음・진동 공정시험(공정시험) 방법을 정하여 고시하여야 한다. 다만, 다른 법률이 소음・진동의 측정대상과 그 시험 방법을 달리 정하고 있는 경우에는 그 시험 방법에 따른다. [유효기간 2007・10・4]

제2장 공장 소음·진동의 규제

제7조 (공장 소음·진동배출허용기준) ① 소음・진동 배출시설(이하 "배출시설"이라 한다)을 설치한 공장에서 나오는 소음・진동의 배출허용기준은 환경부령으로 정한다.
② 환경부장관은 제1항에 따른 환경부령을 정하려면 관계 중앙행정기관의 장과 협의하여야 한다.

규칙 **제8조** (공장소음・진동의 배출허용기준) 법 제7조에 따른 공장소음・진동의 배출허용기준은 별표 5와 같다.

제8조 (배출시설의 설치 신고 및 허가 등) ① 배출시설을 설치하려는 자는 대통령령으로 정하는 바에 따라 시장・군수・구청장(자치구의 구청장을 말한다. 이하 같다)에게 신고하여야 한다. 다만, 학교 또는 종합병원의 주변 등 대통령령으로 정하는 지역은 시장・군수・구청장의 허가를 받아야 한다.

영 **제2조** (배출시설의 설치허가 등) ①「소음・진동규제법」(이하 "법"이라 한다) 제8조제1항에

따른 배출시설의 설치신고를 하거나 설치허가를 받으려는 자는 배출시설 설치신고서 또는 배출시설 설치허가신청서에 다음 각 호의 서류를 첨부하여 시장·군수·구청장(자치구의 구청장을 말한다. 이하 같다)에게 제출하여야 한다.

1. 배출시설의 설치명세서 및 배치도(허가신청인 경우만 제출한다)
2. 방지시설의 설치명세서와 그 도면(신고의 경우 도면은 제외한다)
3. 법 제9조 각 호의 어느 하나에 해당하여 방지시설의 설치의무를 면제받으려는 경우에는 제2호의 서류를 갈음하여 이를 인정할 수 있는 서류

규칙 **제9조** (배출시설 설치신고서 등) 「소음·진동규제법 시행령」(이하 "영"이라 한다) 제2조제1항에 따른 배출시설 설치신고서와 배출시설 설치허가신청서는 각각 별지 제1호서식 및 별지 제2호서식에 따르고, 같은 조 제3항에 따른 배출시설 설치신고증명서와 배출시설 설치허가증은 각각 별지 제3호서식 및 별지 제4호서식에 따른다.

영 **제2조** ② 법 제8조제1항 단서에서 "대통령령으로 정하는 지역"이란 다음 각 호의 어느 하나에 해당하는 지역을 말한다.

1. 「의료법」 제3조제3항에 따른 종합병원의 부지 경계선으로부터 직선거리 50미터 이내의 지역
2. 「도서관법」 제2조제4호에 따른 공공도서관의 부지 경계선으로부터 직선거리 50미터 이내의 지역
3. 「초·중등교육법」 제2조 및 「고등교육법」 제2조에 따른 학교의 부지 경계선으로부터 직선거리 50미터 이내의 지역
4. 「주택법」 제2조제2호에 따른 공동주택의 부지 경계선으로부터 직선거리 50미터 이내의 지역
5. 「국토의 계획 및 이용에 관한 법률」 제36조제1항제1호가목에 따른 주거지역 또는 같은 법 제51조제3항에 따른 제2종지구단위계획구역(주거형만을 말한다)

③ 시장·군수·구청장은 배출시설의 설치신고를 수리하거나 설치허가를 하면 신고증명서나 허가증을 신고인이나 허가신청인에게 발급하여야 한다.

④ 법 제8조제3항에 따라 배출시설의 설치신고 또는 설치허가 대상에서 제외되는 지역은 다음 각 호와 같다

1. 「산업입지 및 개발에 관한 법률」 제2조제5호에 따른 산업단지
2. 「국토의 계획 및 이용에 관한 법률 시행령」 제30조에 따라 지정된 전용공업지역
3. 「자유무역지역의 지정 및 운영에 관한 법률」 제4조에 따라 지정된 자유무역지역
4. 제1호부터 제3호까지의 규정에 따라 지정된 지역과 유사한 지역으로 특별시장·광역시장 또는 도지사(이하 "시·도지사"라 한다)가 환경부장관의 승인을 받아 지정·고시한 지역

② 제1항에 따른 신고를 한 자나 허가를 받은 자가 그 신고한 사항이나 허가를 받은 사항 중 환경부령으로 정하는 중요한 사항을 변경하려면 시장·군수·구청장에게 변경신고를 하여야 한다.

규칙 **제10조** (배출시설의 변경신고 등) ① 법 제8조제2항에 따라 변경신고를 하여야 할 경우는 별표 6과 같다.

② 제1항에 따른 변경신고를 하려는 자는 해당 시설의 변경 전(사업장 명칭 변경은 이를 변경한 날부터 30일 이내)에 별지 제5호서식의 배출시설 변경신고서에 변경내용을 증명하는 서류와 배출시설 설치신고증명서 또는 배출시설 설치허가증을 첨부하여 시장·군수·구청장(자치구의 구청장을 말한다. 이하 같다)에게 제출하여야 한다.

③ 제1항에도 불구하고 산업단지나 그 밖에 대통령령으로 정하는 지역에 위치한 공장에 배출시설을 설치하려는 자의 경우에는 신고 또는 허가 대상에서 제외한다. 이 경우 신고 또는 허가 대상에서 제외된 자는 제14조부터 제16조까지, 제17조(허가취소의 경우는 제외한다), 제47조제1항제1호를 적용할 때에 사업자로 본다.

제9조 (방지시설의 설치) 배출시설의 설치 또는 변경에 대한 신고를 하거나 허가를 받은 자(이하 "사업자"라 한다)가 그 배출시설을 설치하거나 변경하려면 그 공장으로부터 나오는 소음·진동을 제7조의 배출허용기준 이하로 배출되게 하기 위하여 소음·진동방지시설(이하 "방지시설"이라 한다)을 설치하여야 한다. 다만, 다음 각 호의 어느 하나에 해당하면 그러하지 아니하다.

1. 시장·군수·구청장이 그 배출시설의 기능·공정(공정) 또는 공장의 부지여건상 소음·진동이 항상 배출허용기준 이하로 배출된다고 인정하는 경우
2. 소음·진동이 배출허용기준을 초과하여 배출되더라도 생활환경에 피해를 줄 우려가 없다고 환경부령으로 정하는 경우

규칙 **제11조** (방지시설의 설치면제) ① 법 제9조제2호에서 "환경부령으로 정하는 경우"란 해당 공장의 부지 경계선으로부터 직선거리 200미터 이내에 다음 각 호의 시설 등이 없는 경우를 말한다.

1. 주택(사람이 살지 아니하는 폐가는 제외한다)·상가·학교·병원·종교시설
2. 공장 또는 사업장
3. 「관광진흥법」 제52조에 따른 관광지 및 관광단지
4. 그 밖에 시장·군수·구청장이 정하여 고시하는 시설 또는 지역

② 제1항 각 호에 해당되더라도 다음 각 호의 어느 하나에 해당될 경우에는 방지시설을 설치하여 소음·진동이 배출 허용기준 이내로 배출되도록 하여야 한다.

1. 제1항 각 호의 시설이 새로 설치될 경우
2. 해당 공장에서 발생하는 소음·진동으로 인한 피해 분쟁이 발생할 경우
3. 그 밖에 시장·군수·구청장이 생활환경의 피해를 방지하기 위하여 필요하다고 인정할 경우

제10조 (권리와 의무의 승계 등) ① 사업자가 배출시설 및 방지시설을 양도하거나 사망한 경우 또는 법인의 합병이 있는 경우에는 그 양수인·상속인 또는 합병 후 존속하는 법인이나 합병으로 설립되는 법인은 신고·허가 또는 변경 신고에 따른 사업자의 권리·의무를 승계한다.

② 배출시설과 방지시설을 임대차하면 임차인은 제14조부터 제16조까지, 제17조(허가취소의 경우는 제외한다), 제19조 및 제47조제1항제1호를 적용할 때에 사업자로 본다.

제11조 (방지시설의 설계와 시공) 방지시설의 설치 또는 변경은 사업자 스스로가 설계·시공을 하거

나 「환경기술개발 및 지원에 관한 법률」 제15조에 따른 방지시설 사업자에게 설계 · 시공(「환경기술개발 및 지원에 관한 법률」 제15조제2항에 따른 방지시설 사업자의 경우에는 설계만 해당한다)을 하도록 하여야 한다. [개정 2008 · 3 · 21]

제12조 (공동 방지시설의 설치 등) ① 아파트형 공장의 사업자나 공장이 밀집된 지역의 사업자는 공장에서 배출되는 소음 · 진동을 공동(공동)으로 방지하기 위하여 공동 방지시설을 설치할 수 있다. 이 경우 각 사업자는 공장별로 그 공장의 소음 · 진동에 대한 방지시설을 설치한 것으로 본다.

② 공동 방지시설의 배출허용기준은 제7조에 따른 배출허용기준과 다른 기준을 정할 수 있으며, 그 배출허용기준과 공동 방지시설의 설치 · 운영에 필요한 사항은 환경부령으로 정한다.

규칙 **제12조** (공동방지시설의 배출허용기준) 법 제12조제2항에 따른 공동방지시설의 배출허용기준에 관하여는 제8조를 준용한다.

제13조 (가동개시 신고) 사업자는 배출시설 또는 방지시설의 설치 또는 변경(대통령령으로 정하는 규모 미만의 변경은 제외한다)을 끝내고 배출시설을 가동(가동)하려면 환경부령으로 정하는 바에 따라 미리 시장 · 군수 · 구청장에게 가동개시 신고를 하여야 한다.

영 **제3조** (가동개시의 신고 제외 대상) 법 제13조에서 "대통령령으로 정하는 규모 미만의 변경"이란 배출시설 규모의 100분의 50 미만을 변경(배출시설설치의 신고 또는 변경신고를 하거나 허가를 받은 후 변경하는 누계를 말한다)하는 경우를 말한다. [개정 2009 · 1 · 6]

규칙 **제13조** (배출시설의 가동개시신고) 사업자가 법 제13조제1항에 따라 가동개시 신고를 하려면 별지 제6호서식의 소음 · 진동배출시설 가동개시신고서(전자문서를 포함한다)에 배출시설 설치신고증명서 또는 배출시설 설치허가증을 첨부하여 시장 · 군수 · 구청장에게 제출하여야 하며, 가동개시일을 변경하려면 별지 제7호서식의 소음 · 진동배출시설 가동개시일 변경신고서(전자문서를 포함한다)를 시장 · 군수 · 구청장에게 제출하여야 한다.

규칙 **제14조** (배출시설의 설치확인 등) ① 제13조에 따른 신고를 한 사업자는 가동개시일부터 30일 이내에 배출허용기준에 맞도록 배출시설과 방지시설을 정상 운영하여야 한다. 다만, 시장 · 군수 · 구청장은 연간 조업일수가 90일 이내인 사업장으로서 가동개시일부터 30일 이내에 조업이 끝나 오염도검사가 불가능하다고 인정되는 사업장의 경우에는 정상 운영하여야 할 기간을 단축할 수 있다.

② 시장 · 군수 · 구청장은 제1항에 따른 기간이 지난 후 배출허용기준에 맞는지를 확인하기 위하여 필요한 경우 배출시설과 방지시설의 가동 상태를 점검할 수 있으며, 소음 · 진동검사를 하거나 다음 각 호의 어느 하나에 해당하는 검사기관으로 하여금 소음 · 진동검사를 하도록 지시하거나 검사를 의뢰할 수 있다.

1. 국립환경과학원
2. 특별시 · 광역시 · 도의 보건환경연구원
3. 유역환경청 또는 지방환경청
4. 「환경관리공단법」에 따른 환경관리공단

③ 제2항에 따라 시장 · 군수 · 구청장으로부터 사업장에 대한 소음 · 진동검사의 지시 또는 검사 의뢰를 받은 검사기관은 제1항의 기간이 지난 날부터 20일 이내에 소음 · 진동검사를 실시하고, 그 결과를 시장 · 군수 · 구청장에게 통보하여야 한다.

④ 제3항에 따라 검사 결과를 통보받은 시장 · 군수 · 구청장은 소음 · 진동검사 결과가 배출허용기준을 초과하는 경우에는 법 제15조에 따른 개선명령을 하여야 한다.

제14조 (배출허용기준의 준수 의무) 사업자는 제7조 또는 제12조제2항에 따른 소음 · 진동 배출허용기준(이하"배출허용기준"이라 한다)을 지켜야 한다.

제15조 (개선명령) 시장 · 군수 · 구청장은 조업 중인 공장에서 배출되는 소음 · 진동의 정도가 배출허용기준을 초과하면 환경부령으로 정하는 바에 따라 기간을 정하여 사업자에게 그 소음 · 진동의 정도가 배출허용기준 이하로 내려가는 데에 필요한 조치(이하"개선명령"이라 한다)를 명할 수 있다.

규칙 **제15조** (개선기간) ① 시장 · 군수 · 구청장은 법 제15조에 따라 개선명령을 하는 경우에는 개선에 필요한 조치, 기계 · 시설의 종류 등을 고려하여 1년의 범위에서 그 기간을 정하여야 한다.

② 시장 · 군수 · 구청장은 천재지변이나 그 밖의 부득이하다고 인정되는 사유로 제1항의 기간에 명령받은 조치를 끝내지 못한 자에 대하여는 신청에 의하여 6개월의 범위에서 그 기간을 연장할 수 있다

제16조 (조업정지명령 등) ① 시장 · 군수 · 구청장은 개선명령을 받은 자가 이를 이행하지 아니하면 그 배출시설의 전부 또는 일부에 조업정지를 명할 수 있다. 이 경우 환경부령으로 정하는 시간대별 배출허용기준을 초과하는 공장에는 시간대별로 구분하여 조업정지를 명할 수 있다.

② 시장 · 군수 · 구청장은 소음 · 진동으로 건강상에 위해(위해)와 생활환경의 피해가 급박하다고 인정하면 환경부령으로 정하는 바에 따라 즉시 해당 배출시설에 대하여 조업시간의 제한 · 조업정지, 그 밖에 필요한 조치를 명할 수 있다.

규칙 **제16조** (조업기간의 제한 등) 시장 · 군수 · 구청장은 법 제16조제2항에 따른 명령을 하려면 소음 · 진동의 배출로 인하여 예상되는 위해(危害)와 피해의 정도에 따라 조업시간의 제한이나 변경, 조업의 일부 또는 전부를 정지하는 방법으로 하되 가장 큰 위해와 피해를 끼치는 배출시설부터 조치하여야 한다.

제17조 (허가의 취소 등) 시장 · 군수 · 구청장은 사업자가 다음 각 호의 어느 하나에 해당하면 배출시설의 설치허가 취소(신고 대상 시설의 경우에는 배출시설의 폐쇄명령을 말한다)를 하거나 6개월 이내의 기간을 정하여 조업정지를 명할 수 있다.

1. 거짓이나 그 밖의 부정한 방법으로 허가를 받았거나 신고 또는 변경신고를 한 경우
2. 제7조 또는 제12조제2항에 따른 배출허용기준을 초과한 경우
3. 제8조제2항에 따른 변경신고를 하지 아니한 경우

4. 제9조에 따른 방지시설을 설치하지 아니하고 배출시설을 가동한 경우
5. 제13조에 따른 가동개시 신고를 하지 아니하고 배출시설을 가동한 경우
6. 제16조에 따른 조업정지명령 등을 위반한 경우
7. 제19조에 따른 환경기술인을 임명하지 아니한 경우

제18조 (위법시설에 대한 폐쇄조치 등) 시장 · 군수 · 구청장은 제8조에 따른 신고를 하지 아니하거나 허가를 받지 아니하고 배출시설을 설치하거나 운영하는 자에게 그 배출시설의 사용중지를 명하여야 한다. 다만, 그 배출시설을 개선하거나 방지시설을 설치 · 개선하더라도 그 공장에서 나오는 소음 · 진동의 정도가 배출허용기준 이하로 내려갈 가능성이 없거나 다른 법률에 따라 그 배출시설의 설치가 금지되는 장소이면 그 배출시설의 폐쇄를 명하여야 한다.

제19조 (환경기술인) ① 사업자는 배출시설과 방지시설의 정상적인 운영 · 관리를 위하여 환경기술인을 임명하고, 시장 · 군수 · 구청장에게 신고하여야 한다. 환경기술인을 바꾸어 임명한 경우에도 또한 같다.

> **규칙** **제17조** (환경기술인의 신고) ① 법 제19조제1항에 따른 사업자의 환경기술인의 임명 또는 개임(改任)의 신고는 별지 제8호서식에 따른다.
> ② 법 제19조제1항 본문에 따른 임명신고는 제13조에 따른 가동개시신고와 동시에, 같은 항 후단에 따른 개임신고는 개임한 날부터 30일 이내에 각각 하여야 한다.

② 환경기술인은 그 배출시설과 방지시설에 종사하는 자가 법이나 이 법에 따른 명령을 위반하지 아니하도록 지도 · 감독하여야 하며, 배출시설과 방지시설이 정상적으로 가동되어 소음 · 진동의 정도가 배출허용기준에 적합하도록 관리하여야 한다.
③ 사업자는 환경기술인이 그 관리 사항을 철저히 이행하도록 하는 등 환경기술인의 관리사항을 감독하여야 한다.
④ 사업자는 배출시설과 방지시설의 정상적인 운영 · 관리를 위한 환경기술인의 업무를 방해하여서는 아니 되며, 그로부터 업무수행상 필요한 요청을 받으면 정당한 사유가 없는 한 그 요청을 따라야 한다.
⑤ 제1항에 따른 환경기술인을 두어야 할 사업장의 범위, 환경기술인의 자격 기준과 임명(바꾸어 임명하는 것을 포함한다)의 시기는 환경부령으로 정한다.

제20조 (명령의 이행보고 및 확인) ① 제15조, 제16조, 제17조 또는 제18조 본문에 따른 조치명령 · 개선명령 · 조업정지명령 또는 사용중지명령 등을 받은 사업자가 그 명령을 이행하면 환경부령으로 정하는 바에 따라 지체 없이 시장 · 군수 · 구청장에게 보고하여야 한다.
② 시장 · 군수 · 구청장은 제1항에 따른 보고를 받으면 지체 없이 그 명령의 이행 상태나 개선 완료 상태를 확인하여야 한다.

제3장 생활소음·진동의 규제

제21조 (생활소음과 진동의 규제) ① 시장·군수·구청장은 주민의 정온한 생활환경을 유지하기 위하여 사업장 및 공사장 등에서 발생하는 소음·진동(산업단지나 그 밖에 환경부령으로 정하는 지역에서 발생하는 소음과 진동은 제외하며, 이하 "생활소음·진동"이라 한다)을 규제하여야 한다.

규칙 **제20조** (생활소음·진동의 규제) ① 법 제21조제1항에서 "환경부령으로 정하는 지역"이란 다음 각 호의 지역을 말한다.

1. 「산업입지 및 개발에 관한 법률」 제2조제5호에 따른 산업단지. 다만, 산업단지 중 「국토의 계획 및 이용에 관한 법률」 제36조에 따른 주거지역과 상업지역은 제외한다.
2. 「국토의 계획 및 이용에 관한 법률 시행령」 제30조에 따른 전용공업지역
3. 「자유무역지역의 지정 및 운영에 관한 법률」 제4조에 따라 지정된 자유무역지역
4. 생활소음·진동이 발생하는 공장·사업장 또는 공사장의 부지 경계선으로부터 직선거리 300미터 이내에 주택(사람이 살지 아니하는 폐가는 제외한다), 운동·휴양시설 등이 없는 지역

② 법 제21조제2항에 따른 생활소음·진동의 규제 대상은 다음 각 호와 같다.

1. 확성기에 의한 소음(「집회 및 시위에 관한 법률」에 따른 소음과 국가비상훈련 및 공공기관의 대국민 홍보를 목적으로 하는 확성기 사용에 따른 소음의 경우는 제외한다)
2. 배출시설이 설치되지 아니한 공장에서 발생하는 소음·진동
3. 제1항 각 호의 지역 외의 공사장에서 발생하는 소음·진동
4. 공장·공사장을 제외한 사업장에서 발생하는 소음·진동

③ 법 제21조제2항에 따른 생활소음·진동의 규제기준은 별표 8과 같다.

② 제1항에 따른 생활소음·진동의 규제대상 및 규제기준은 환경부령으로 정한다.

제22조 (특정공사의 사전신고 등) ① 생활소음·진동이 발생하는 공사로서 환경부령으로 정하는 특정공사를 시행하려는 자는 환경부령으로 정하는 바에 따라 관할 시장·군수·구청장에게 신고하여야 한다.

② 제1항에 따라 신고를 한 자가 그 신고한 사항 중 환경부령으로 정하는 중요한 사항을 변경하려면 시장·군수·구청장에게 변경신고를 하여야 한다.

③ 제1항에 따른 특정공사를 시행하려는 자는 환경부령으로 정하는 바에 따라 방음시설을 설치한 후 공사를 시작하여야 한다.

④ 제3항에도 불구하고 공사현장의 특성에 따라 방음시설의 설치가 곤란하면 별도의 방음 대책을 세워야 한다.

⑤ 제4항에 따른 방음시설의 설치가 곤란한 경우와 별도의 방음 대책에 관한 사항은 환경부령으로 정한다.

규칙 **제21조** (특정공사의 사전신고 등) ① 법 제22조제1항에서 "환경부령으로 정하는 특정공사"란 별표 9의 기계·장비를 5일 이상 사용하는 공사로서 다음 각 호의 어느 하나에 해당하는 공사를 말한다. 다만, 별표 9의 기계·장비로서 환경부장관이 저소음·저진동을 발생하는 기계·장비라고 인정하는 기계·장비를 사용하는 공사와 제20조제1항에 따른 지역에서 시행되는 공

사는 제외한다.

1. 연면적이 1천제곱미터 이상인 건축물의 건축공사 및 연면적이 3천 제곱미터 이상인 건축물의 해체공사
2. 구조물의 용적 합계가 1천세제곱미터 이상 또는 면적 합계가 1천 제곱미터 이상인 토목건설공사
3. 면적 합계가 1천제곱미터 이상인 토공사(土工事)·정지공사(整地工事)
4. 총연장이 200미터 이상 또는 굴착 토사량의 합계가 200세제곱미터 이상인 굴정공사
5. 영 제2조제2항에 따른 지역에서 시행되는 공사

② 법 제22조제1항에 따라 특정공사를 시행하려는 자(도급에 의하여 공사를 시행하는 경우에는 발주자로부터 최초로 공사를 도급받은 자를 말한다)는 해당 공사 시행 전(건설공사는 착공 전)까지 별지 제10호서식의 특정공사 사전신고서에 다음 각 호의 서류를 첨부하여 시장·군수·구청장에게 제출하여야 한다.

1. 특정공사의 개요(공사목적과 공사일정표 포함)
2. 공사장 위치도(공사장의 주변 주택 등 피해 대상 표시)
3. 방음·방진시설의 설치명세 및 도면
4. 그 밖의 소음·진동 저감대책

③ 시장·군수·구청장은 제2항에 따라 신고를 수리한 경우에는 별지 제11호서식의 특정공사 사전신고증명서을 신고인에게 발급하여야 한다.

④ 법 제22조제2항에서 "환경부령으로 정하는 중요한 사항"이란 다음 각 호와 같다. [신설 2009·1·14]

1. 특정공사 사전신고 대상 기계·장비의 30퍼센트 이상의 증가
2. 특정공사 기간의 연장
3. 방음·방진시설의 설치명세 변경
4. 소음·진동 저감대책의 변경
5. 공사 규모의 10퍼센트 이상 확대

⑤ 법 제22조제2항에 따라 변경신고를 하려는 자는 별지 제12호 서식의 특정공사 변경신고서에 다음 각 호의 서류를 첨부하여 시장·군수·구청장에게 제출하여야 한다. [개정 2009·1·14]

1. 변경 내용을 증명하는 서류
2. 특정공사 사전신고증명서
3. 그 밖의 변경에 따른 소음·진동 저감대책

⑥ 법 제22조제3항에 따른 공사장 방음시설의 설치기준은 별표 10과 같다. [개정 2009·1·14]

⑦ 법 제22조제5항에 따른 방음시설의 설치가 곤란한 경우는 다음 각 호의 어느 하나와 같다. [개정 2009·1·14]

1. 공사지역이 협소하여 방음벽시설을 사전에 설치하기 곤란한 경우
2. 도로공사 등 공사구역이 광범위한 선형공사에 해당하는 경우
3. 공사지역이 암반으로 되어 있어 방음벽시설의 사전 설치에 따른 소음 피해가 우려되는 경우

4. 건축물의 해체 등으로 방음벽시설을 사전에 설치하기 곤란한 경우
5. 천재지변 · 재해 또는 사고로 긴급히 처리할 필요가 있는 복구공사의 경우

⑧ 법 제22조제5항에 따른 방음시설의 설치가 곤란한 경우에 수립 · 시행하여야 할 별도의 방음대책은 다음 각 호와 같다. [개정 2009 · 1 · 14]

1. 소음이 적게 발생하는 공법과 건설기계의 사용
2. 이동식 방음벽시설이나 부분 방음시설의 사용
3. 소음발생 행위의 분산과 건설기계 사용의 최소화를 통한 소음 저감
4. 휴일 작업중지와 작업시간의 조정

제23조 (방음·방진시설의 설치 등) ① 시장 · 군수 · 구청장은 생활소음 · 진동이 제21조제2항에 따른 규제기준을 초과하면 소음 · 진동을 발생시키는 자에게 작업시간의 조정, 소음 · 진동 발생 행위의 중지, 방음 · 방진시설의 설치, 환경부령으로 정하는 소음이 적게 발생하는 건설기계의 사용 등 필요한 조치를 명할 수 있다.

규칙 **제22조** (저소음 건설기계의 범위 등) 법 제23조제1항에서 "환경부령으로 정하는 소음이 적게 발생하는 건설기계"란 다음 각 호의 어느 하나와 같다.

1. 「환경기술개발 및 지원에 관한 법률」 제20조제1항에 따라 환경표지의 인증을 받은 건설기계
2. 법(법률 제7293호에 의하여 개정되기 전의 것을 말한다) 제49조의2에 따른 소음도표지를 부착한 건설기계

② 시장 · 군수 · 구청장은 제1항에 따른 조치명령을 받은 자가 이를 이행하지 아니하면 해당 규제대상의 사용금지, 해당 공사의 중지 또는 폐쇄를 명할 수 있다.

제24조 (이동소음의 규제) ① 시장 · 군수 · 구청장은 이동소음의 원인을 일으키는 기계 · 기구[이하 "이동소음원(이동소음원)"이라 한다]로 인한 소음을 규제할 필요가 있는 지역을 이동소음 규제지역으로 지정하여 이동소음원의 사용을 금지하거나 사용 시간 등을 제한할 수 있다.

② 제1항에 따른 이동소음원의 종류, 규제방법 및 규제에 필요한 사항은 환경부령으로 정한다.

규칙 **제23조** (이동소음의 규제) ① 법 제24조제2항에 따른 이동소음원(移動騷音源)의 종류는 다음 각 호와 같다.

1. 이동하며 영업이나 홍보를 하기 위하여 사용하는 확성기
2. 행락객이 사용하는 음향기계 및 기구
3. 소음방지장치가 비정상이거나 음향장치를 부착하여 운행하는 이륜자동차
4. 그 밖에 환경부장관이 고요하고 편안한 생활환경을 조성하기 위하여 필요하다고 인정하여 지정 · 고시하는 기계 및 기구

② 시장 · 군수 · 구청장은 고요하고 편안한 상태가 필요한 주요 시설, 주거 형태, 지역 여건 등을 고려하여 이동소음원의 사용금지 지역 · 대상 · 시간 등을 정하여 규제할 수 있다.

③ 시장 · 군수 · 구청장은 제1항에 따른 이동소음 규제지역을 지정하면 그 지정 사실을 고시하여야 한다. 이를 변경할 때에도 또한 같다.

제25조 (폭약의 사용으로 인한 소음·진동의 방지) 시장 · 군수 · 구청장은 폭약의 사용으로 인한 소음 · 진동피해를 방지할 필요가 있다고 인정하면 지방경찰청장에게 「총포 · 도검 · 화약류 등 단속법」에 따라 폭약을 사용하는 자에게 그 사용의 규제에 필요한 조치를 하여 줄 것을 요청할 수 있다. 이 경우 지방경찰청장은 특별한 사유가 없으면 그 요청에 따라야 한다.

> **규칙** **제24조** (폭약 사용 규제 요청) 시장 · 군수 · 구청장은 법 제25조에 따라 필요한 조치를 지방경찰청장에게 요청하려면 제20조제3항에서 정한 규제기준에 맞는 방음 · 방진시설의 설치, 폭약 사용량, 사용 시간, 사용 횟수의 제한 또는 발파공법(發破工法) 등의 개선 등에 관한 사항을 포함하여야 한다.

제4장 교통소음 · 진동의 규제

제26조 (교통소음·진동 규제지역의 지정) ① 특별시장 · 광역시장 또는 시장 · 군수(광역시의 군수는 제외한다. 이하 이 조에서 같다)는 주민의 조용하고 평온한 생활환경을 유지하기 위하여 교통기관이 발생시키는 소음 · 진동을 규제할 필요가 있다고 인정되는 지역을 교통소음 · 진동 규제지역으로 지정할 수 있다.

> **규칙** **제25조** (관계 기관과의 협의) 법 제26조제1항에 따라 특별시장 · 광역시장 또는 시장 · 군수(광역시의 군수는 제외한다. 이하 같다)가 철도변 지역에 대하여 교통소음 · 진동 규제지역을 지정하려면 해당 철도 관리기관의 장과 미리 협의하여야 한다.

② 환경부장관은 교통소음 · 진동의 규제가 필요하다고 인정하는 지역을 교통소음 · 진동 규제지역으로 지정하여 줄 것을 특별시장 · 광역시장 또는 시장 · 군수에게 요청할 수 있다. 이 경우 특별시장 · 광역시장 또는 시장 · 군수는 특별한 사유가 없으면 그 요청에 따라야 한다.

③ 제1항에 따른 규제지역의 범위는 환경부령으로 정한다.

> **규칙** **제26조** (교통소음 · 진동 규제지역의 범위) ① 법 제26조제3항에 따른 교통소음 · 진동 규제지역의 범위는 별표 11과 같다.
>
> ② 특별시장 · 광역시장 또는 시장 · 군수는 제1항에 따른 교통소음 · 진동 규제지역을 지정할 때에는 고요하고 편안한 상태가 필요한 주요 시설, 주거 형태, 교통량, 도로 여건, 소음 · 진동 규제의 필요성 등을 고려하여 제27조에 따른 교통소음 · 진동의 한도를 초과하거나 초과할 우려가 있는 지역을 우선하여 규제지역으로 지정하여야 한다.

④ 특별시장 · 광역시장 또는 시장 · 군수는 제1항에 따른 규제지역을 지정한 경우에는 고시하여야 한다. 이를 변경한 경우에도 또한 같다.

제27조 (교통소음·진동의 한도) 제26조에 따른 규제지역 안의 교통기관에서 발생하는 소음 · 진동의 한도는 환경부령으로 정한다. 이 경우 환경부장관은 미리 관계 중앙 행정기관의 장과 그 한도 및 시행시기 등 필요한 사항을 협의하여야 한다.

> **규칙** **제27조** (교통소음 · 진동의 한도) 법 제27조에 따른 교통소음 · 진동의 한도는 별표 12와 같다.

제28조 (자동차 운행의 규제) 시장 · 군수 · 구청장은 제26조에 따라 규제지역 안을 통행하는 자동차를 운행하는 자(이하 "자동차운행자"라 한다)에게 「도로교통법」에 따른 속도의 제한 · 우회 등 필요한 조치를 하여 줄 것을 지방경찰청장에게 요청할 수 있다. 이 경우 지방경찰청장은 특별한 사유가 없으면 지체 없이 그 요청에 따라야 한다.

제29조 (방음·방진시설의 설치 등) ① 특별시장 · 광역시장 또는 시장 · 군수(광역시의 군수는 제외한다)는 제26조에 따른 규제지역에서 자동차 전용도로, 고속도로 및 철도로부터 발생하는 소음 · 진동이 제27조에 따른 한도를 초과하여 주민의 조용하고 평온한 생활환경이 침해된다고 인정하면 스스로 방음 · 방진시설을 설치하거나 해당 시설관리기관의 장에게 방음 · 방진시설의 설치 등 필요한 조치를 할 것을 요청할 수 있다. 이 경우 해당 시설관리기관의 장은 특별한 사유가 없으면 그 요청에 따라야 한다.
② 「도로법」 제2조제1항제1호에 따른 도로(자동차 전용도로와 고속도로는 제외한다) 중학교 · 공동주택, 그 밖에 환경부령으로 정하는 시설의 주변 도로로부터 발생하는 소음 · 진동에 대하여는 제1항을 준용한다.
[개정 2008 · 3 · 21]

규칙 **제28조** (방음 · 방진시설의 설치) 법 제29조제2항에서 “환경부령으로 하는 시설”이란 다음 각 호의 시설을 말한다.
1. 「의료법」 제3조제3항에 따른 종합병원
2. 「도서관법」 제2조제4호에 따른 공공도서관
3. 「초 · 중등교육법」 제2조 또는 「고등교육법」 제2조에 따른 학교
4. 「주택법」 제2조제2호에 따른 공동주택

제30조 (제작차 소음허용기준) 자동차를 제작(수입을 포함한다. 이하 같다)하려는 자(이하 "자동차제작자"라 한다)는 제작되는 자동차(이하 "제작차"라 한다)에서 나오는 소음이 대통령령으로 정하는 제작차 소음허용기준에 적합하도록 제작하여야 한다.

영 **제4조** (제작차 소음허용기준) 법 제30조에 따른 제작차 소음허용기준은 다음 각 호의 자동차의 소음 종류별로 소음배출 특성을 고려하여 정하되, 소음 종류별 허용기준치는 관계 중앙행정기관의 장의 의견을 들어 환경부령으로 정한다.
1. 가속주행소음
2. 배기소음
3. 경적소음

규칙 **제29조** (제작차 소음허용기준) 법 제30조와 영 제4조에 따른 소음의 종류별 제작차 소음허용기준은 별표 13과 같다.

제31조 (제작차에 대한 인증) ① 자동차제작자가 자동차를 제작하려면 미리 제작차의 소음이 제30조에 따른 제작차 소음허용기준에 적합하다는 환경부장관의 인증을 받아야 한다. 다만, 환경부장관은 군용 · 소방용 등 공용의 목적 또는 연구 · 전시목적 등으로 사용하려는 자동차 또는 외국에서 반입하는 자동차로서 대통령령으로 정하는 자동차는 인증을 면제하거나 생략할 수 있다.

영 **제5조** (인증의 면제 · 생략 자동차) ① 법 제31조제1항 단서에 따라 인증을 면제할 수 있는 자동차는 다음 각 호와 같다.

1. 군용 · 소방용 및 경호 업무용 등 국가의 특수한 공무용으로 사용하기 위한 자동차
2. 주한 외국공관, 외교관, 그 밖에 이에 준하는 대우를 받는 자가 공무용으로 사용하기 위하여 반입하는 자동차로서 외교통상부장관의 확인을 받은 자동차
3. 주한 외국군대의 구성원이 공무용으로 사용하기 위하여 반입하는 자동차
4. 수출용 자동차나 박람회, 그 밖에 이에 준하는 행사에 참가하는 자가 전시를 목적으로 사용하는 자동차
5. 여행자 등이 다시 반출할 것을 조건으로 일시 반입하는 자동차
6. 자동차제작자 · 연구기관 등이 자동차의 개발이나 전시 등을 목적으로 사용하는 자동차
7. 외국에서 1년 이상 거주한 자가 주거를 이전하기 위하여 이주물품으로 반입하는 1대의 자동차

② 법 제31조제1항 단서에 따라 인증을 생략할 수 있는 자동차는 다음 각 호와 같다. [개정 2008 · 2 · 29]

1. 국가대표 선수용이나 훈련용으로 사용하기 위하여 반입하는 자동차로서 문화체육관광부장관의 확인을 받은 자동차
2. 외국에서 국내의 공공기관이나 비영리단체에 무상으로 기증하여 반입하는 자동차
3. 외교관, 주한 외국군인 또는 그 가족이 사용하기 위하여 반입하는 자동차
4. 법 제31조제1항에 따라 인증을 받지 아니한 자가 인증을 받은 자동차와 동일한 차종의 원동기 및 차대(차대)를 구입하여 제작하는 자동차
5. 항공기 지상조업용(지상조업용)으로 반입하는 자동차
6. 국제협약 등에 따라 인증을 생략할 수 있는 자동차
7. 다음 각 목의 요건에 해당되는 자동차로서 환경부장관이 정하여 고시하는 자동차
   가. 제철소 · 조선소 등 한정된 장소에서 운행되는 자동차
   나. 제설용 · 방송용 등 특수한 용도로 사용되는 자동차
   다. 「관세법」 제326조에 따라 공매(공매)되는 자동차

규칙 **제30조** (인증의 신청) ① 법 제31조제1항에 따라 인증을 받으려는 자는 별지 제13호서식의 인증신청서에 다음 각 호의 서류를 첨부하여 환경부장관(외국에서 반입하는 자동차의 경우에는 국립환경과학원장을 말한다. 이하 제2항에서 같다)에게 제출하여야 한다. 다만, 외국의 제작자가 아닌 자로부터 자동차를 수입하는 자가 이미 인증을 받은 자동차와 같은 종류의 자동차를 수입하는 경우에는 다음 각 호의 서류를 첨부하지 아니할 수 있다.

1. 자동차의 제원명세(諸元明細)에 관한 서류
2. 자동차소음 저감에 관한 서류
3. 그 밖에 인증에 필요하여 환경부장관이 정하는 서류

② 법 제31조제1항 단서에 따라 인증생략을 받으려는 자는 별지 제13호서식의 인증생략신청서에 다음 각 호의 서류를 첨부하여 환경부장관에게 제출하여야 한다.

1. 자동차의 제원명세에 관한 서류(영 제5조제2항제1호부터 제3호까지의 자동차 외의 자동차

의 경우만 첨부한다)

2. 인증의 생략 대상 자동차임을 확인할 수 있는 관계 서류

③ 법 제31조제1항에 따라 인증을 받으려는 자가 구비하여야 할 서류의 작성방법과 그 밖에 필요한 사항은 환경부장관이 정하여 고시한다.

규칙 **제31조** (인증의 방법 등) ① 환경부장관이나 국립환경과학원장은 법 제31조제1항에 따른 인증을 할 때에 다음 각 호의 사항을 검토하여야 한다. 이 경우 구체적인 인증방법은 환경부장관이 정하여 고시한다.

1. 소음 관련 부품의 구성 · 성능 등에 관한 기술적 타당성
2. 제작차 소음허용기준 적합 여부에 관한 인증시험의 결과
3. 인증 대상 자동차의 소음이 환경에 미치는 영향

② 제1항제2호에 따른 인증시험은 다음 각 호의 시험으로 한다.

1. 자동차의 가속주행소음 시험
2. 자동차의 배기소음 및 경적소음 시험

③ 제2항에 따른 인증시험은 자동차제작자(수입의 경우 수입자와 외국의 제작자를 포함한다. 이하 같다)가 자체 인력과 장비를 갖추어 환경부장관이 고시하는 인증시험의 방법 및 절차에 따라 실시한다. 다만, 환경부장관이 고시하는 경우에는 국립환경과학원장이나 환경부장관이 지정하는 시험기관(이하 이 조 및 제32조에서 "시험기관"이라 한다)이 인증시험을 직접 실시하거나 시험기관의 참여하에 자동차제작자가 직접 실시한다.

④ 제3항에 따라 인증시험을 실시한 자동차제작자 등은 지체 없이 그 시험의 결과를 환경부장관(외국에서 반입하는 자동차의 경우에는 국립환경과학원장을 말한다)에게 보고하여야 한다.

규칙 **제32조** (인증시험 수수료) ① 시험기관에 인증시험을 신청하는 자는 인증시험의 수수료를 부담하여야 한다. 다만, 시험기관의 참여하에 자동차제작자가 직접 인증시험을 실시하는 경우에는 인증시험의 수수료 중에서 시험장비의 사용에 드는 비용은 부담하지 아니하되, 시험기관의 출장에 드는 경비를 부담하여야 한다. [개정 2009 · 1 · 5]

② 제31조제3항 단서에 따라 국립환경과학원장이 실시하는 인증시험의 수수료는 「국립환경과학원 시험의뢰 규칙」으로 정한다.

규칙 **제33조** (인증서의 교부) ① 환경부장관이나 국립환경과학원장은 법 제31조제1항에 따라 인증을 받은 자동차제작자에게는 별지 제14호서식의 자동차소음 인증서를 발급하여야 한다. 다만, 외국의 제작자가 아닌 자로부터 자동차를 수입하여 인증을 받은 자에게는 별지 제15호서식의 개별자동차소음 인증서를 발급하여야 한다.

② 환경부장관이나 국립환경과학원장은 법 제31조제1항 단서에 따라 인증생략을 받은 자에게는 별지 제16호서식의 자동차소음 인증생략서를 발급하여야 한다.

② 자동차제작자는 제1항에 따라 인증받은 자동차의 인증내용을 변경하려면 변경인증을 받아야 한다.

규칙 **제34조** (인증의 변경신청) ① 법 제31조제2항에 따라 인증받은 내용을 변경하려는 자는 별지 제17호서식의 변경인증신청서에 다음 각 호의 서류 중 관계 서류를 첨부하여 환경부장관(외국에서 반입하는 자동차의 경우에는 국립환경과학원장을 말한다)에게 제출하여야 한다.

1. 동일 차종임을 입증할 수 있는 서류
2. 자동차 제원명세서
3. 변경된 인증 내용에 대한 설명서
4. 인증 내용 변경 전후의 소음 변화에 대한 검토서

② 법 제31조제2항에 따른 변경인증을 받아야 하는 경우로서 환경부장관(외국에서 반입하는 자동차의 경우에는 국립환경연구원장을 말한다)이 변경인증시험이 필요하다고 고시하는 항목 외의 항목을 변경하는 경우에는 제1항에도 불구하고 해당 변경 내용을 환경부장관(외국에서 반입하는 자동차의 경우에는 국립환경과학원장을 말한다)에게 보고하여야 한다. 이 경우 법 제31조제2항에 따른 변경인증을 받은 것으로 본다.

③ 제1항 및 제2항에 따른 인증의 신청, 인증의 시험과 시험수수료, 인증의 방법 및 인증의 면제와 생략에 필요한 사항은 환경부령으로 정한다.

제32조 (인증의 양도·양수 등) ① 제31조제1항 또는 제2항에 따른 인증 또는 변경인증을 받은 자동차 제작자가 그 사업을 양도하거나 사망한 경우 또는 법인이 합병한 경우에는 제10조제1항을 준용한다.
② 제1항에 따른 권리 · 의무를 승계한 자는 환경부령으로 정하는 바에 따라 환경부장관에게 신고하여야 한다.

규칙 **제35조** (자동차제작자의 권리 · 의무승계신고) 법 제32조제2항에 따라 권리 · 의무의 승계신고를 하려는 자는 신고 사유가 발생한 날부터 30일 이내에 별지 제18호서식의 권리 · 의무 승계신고서에 인증서 원본과 그 승계 사실을 증명하는 서류를 첨부하여 환경부장관(외국에서 반입하는 자동차의 경우에는 국립환경과학원장을 말한다)에게 제출하여야 한다.

제33조 (제작차의 소음검사 등) ① 환경부장관은 제31조에 따른 인증을 받아 제작한 자동차의 소음이 제30조에 따른 제작차 소음허용기준에 적합한지를 확인하기 위하여 대통령령으로 정하는 바에 따라 검사를 실시하여야 한다.

영 **제6조** (제작차 소음허용기준 검사의 종류 등) ① 환경부장관은 법 제33조제1항에 따라 다음 각 호의 구분에 따른 검사를 실시하여야 한다.

1. 수시검사

제작 중에 있는 자동차의 제작차 소음허용기준 적합 여부를 수시로 확인하기 위하여 필요한 경우에 실시하는 검사

2. 정기검사

제작 중에 있는 자동차의 제작차 소음허용기준 적합 여부를 확인하기 위하여 자동차의 종류별로 제작 대수를 고려하여 일정 기간마다 실시하는 검사

② 제1항에 따른 검사 결과에 이의가 있는 자는 환경부령으로 정하는 바에 따라 재검사를 신청할 수 있다

규칙 **제37조** (재검사의 신청 등) 영 제6조제2항에 따라 재검사를 신청하려는 자는 별지 제19호서식의 재검사신청서에 다음 각 호의 서류를 첨부하여 환경부장관(외국에서 반입하는 자동차의 경우에는 국립환경과학원장을 말한다)에게 제출하여야 한다.

1. 재검사신청의 사유서
2. 제작차 소음허용기준 초과 원인의 기술적 조사 내용에 관한 서류
3. 개선계획 및 사후관리 대책에 관한 서류

② 환경부장관은 자동차제작자가 환경부령으로 정하는 인력 및 장비를 갖추어 환경부장관이 정하는 검사방법 및 절차에 따라 검사를 실시하면 대통령령으로 정하는 바에 따라 제1항에 따른 검사를 생략할 수 있다.

영 **제7조** (제작차 소음허용기준 검사의 생략) 환경부장관은 자동차제작자가 법 제33조제2항에 따른 검사를 실시한 경우에는 제6조제1항제2호에 따른 정기검사를 생략한다.

규칙 **제36조** (자동차제작자 검사의 인력 · 장비 등) ① 자동차제작자가 법 제33조제2항에 따른 검사 또는 제31조제2항에 따른 인증시험을 실시하는 경우에 갖추어야 할 인력 및 장비는 별표 14와 같다.

② 자동차제작자가 제1항에 따른 인력 및 장비를 갖추어 검사 또는 인증시험을 실시하는 경우에는 인력 및 장비보유 현황과 검사 결과 등을 환경부장관이 정하는 바에 따라 보고하여야 한다.

③ 환경부장관은 제1항에 따른 검사를 할 때에 특히 필요하면 환경부령으로 정하는 바에 따라 자동차제작자의 설비를 이용하거나 따로 지정하는 장소에서 검사할 수 있다.

규칙 **제38조** (자동차제작자의 설비 이용 등) ① 법 제33조제3항에 따라 자동차제작자의 설비를 이용하여 검사할 수 있는 경우는 다음 각 호와 같다.

1. 국가 검사장비가 설치되지 아니하여 검사를 할 수 없는 경우
2. 검사 업무를 능률적으로 수행하기 위하여 제작자의 설비를 이용할 필요가 있는 경우

② 법 제33조제3항에 따라 따로 지정하는 장소에서 검사할 수 있는 경우는 다음 각 호와 같다.

1. 제1항에 따라 자동차제작자의 설비를 이용하여 검사할 수 없는 경우
2. 검사 업무 수행상 부득이한 사유로 도로 등에서 주행시험을 할 필요가 있는 경우

④ 제1항에 따른 검사에 드는 비용은 자동차제작자의 부담으로 한다.

규칙 **제39조** (제작차 소음허용기준 검사의 비용) 법 제33조제4항에 따른 검사에 드는 비용은 영 제6조제1항에 따른 수시검사와 정기검사에 드는 다음 각 호의 비용으로 한다.

1. 검사용 자동차의 가속주행소음 시험 비용
2. 검사용 자동차의 배기소음 및 경적소음 시험 비용
3. 그 밖에 검사 업무와 관련하여 환경부장관이 필요하다고 인정하는 비용

제34조 (인증의 취소) ① 환경부장관은 다음 각 호의 어느 하나에 해당하면 인증을 취소하여야 한다.

1. 속임수나 그 밖의 부정한 방법으로 인증을 받은 경우
2. 제작차에 중대한 결함이 발생되어 개선을 하여도 제작차 소음허용기준을 유지할 수 없을 경우

② 환경부장관은 제33조제1항에 따른 검사 결과 제작차 소음허용기준에 부적합하면 그 제작 자동차의 개선 또는 판매중지를 명하여야 한다. 이 경우 판매중지 명령을 위반하면 그 제작자동차의 인증을 취소하여야 한다.

제35조 (운행차 소음허용기준) 자동차의 소유자는 그 자동차에서 배출되는 소음이 대통령령으로 정하

는 운행차 소음허용기준에 적합하게 운행하거나 운행하게 하여야 하며, 소음기(소음기)나 소음덮개를 떼어 버리거나 경음기(경음기)를 추가로 붙여서는 아니 된다.

영 **제8조** (운행차 소음허용기준) 법 제35조에 따른 운행차 소음허용기준은 다음 각 호의 자동차의 소음 종류별로 소음배출 특성을 고려하여 정하되, 소음 종류별 허용기준치는 관계 중앙행정기관의 장의 의견을 들어 환경부령으로 정한다.

1. 배기소음
2. 경적소음

규칙 **제40조** (운행차 소음허용기준) 법 제35조와 영 제8조에 따른 소음의 종류별 운행차 소음허용기준은 별표 13과 같다.

제36조 (운행차의 수시점검) ① 특별시장 · 광역시장 또는 시장 · 군수 · 구청장은 다음 각 호의 사항을 확인하기 위하여 도로 또는 주차장 등에서 운행차를 점검할 수 있다.

1. 운행차의 소음이 제35조에 따른 운행차 소음허용기준에 적합한지 여부
2. 소음기나 소음덮개를 떼어 버렸는지 여부
3. 경음기를 추가로 붙였는지 여부

규칙 **제41조** (운행차의 수시점검방법 등) ① 법 제36조제1항에 따라 특별시장 · 광역시장 또는 시장 · 군수 · 구청장(자치구의 구청장을 말한다. 이하 같다)은 점검 대상 자동차를 선정한 후 소음 및 그에 관련되는 부품 등을 점검하여야 한다.

② 제1항에 따른 점검의 기준 · 소음 측정방법과 그 밖에 필요한 사항은 환경부장관이 정하여 고시한다.

규칙 **제42조** (운행차 수시점검의 면제) 특별시장 · 광역시장 또는 시장 · 군수 · 구청장은 다음 각 호의 어느 하나에 해당할 경우에는 법 제36조제1항에 따른 운행차의 수시점검을 면제할 수 있다.

1. 환경부장관이 정하는 소음 저감장치 등을 그 유효기간 내에 교체하거나 설치한 후 법 제41조제1항에 따른 운행차의 개선 결과 확인 업무를 행하는 자로부터 별지 제20호서식의 정비 · 점검 확인서를 발급받아 제시한 경우
2. 자동차제작자가 소음방지를 위하여 설치한 엔진소음차단시설 등을 임의로 변경하거나 떼어내지 아니한 경우
3. 「도로교통법」 제2조제20호 및 같은 법 시행령 제2조에 따른 긴급자동차의 경우
4. 군용 및 경호업무용 등 국가의 특수한 공용목적으로 사용되는 자동차의 경우

② 자동차 운행자는 제1항에 따른 점검에 협조하여야 하며, 이에 따르지 아니하거나 지장을 주는 행위를 하여서는 아니 된다.

③ 제1항에 따른 점검방법 등에 필요한 사항은 환경부령으로 정한다.

제37조 (운행차의 정기검사) ① 자동차의 소유자는 「자동차관리법」 제43조제1항제2호와 「건설기계관리법」 제13조제1항제2호에 따른 정기검사를 받을 때에 다음 각 호의 사항 모두에 대하여 검사를 받아야

한다.

1. 해당 자동차에서 나오는 소음이 운행차 소음허용기준에 적합한지 여부
2. 소음기나 소음덮개를 떼어버렸는지 여부
3. 경음기를 추가로 붙였는지 여부

규칙 **제43조** (운행차의 정기검사 신청) 법 제37조제1항에 따른 정기검사를 받아야 하는 자는「자동차관리법 시행규칙」제77조와「건설기계관리법 시행규칙」제23조에 따라 국토해양부장관에게 신청하여야 한다. [개정 2008・3・3]

② 제1항에 따른 검사의 방법・대상항목 및 검사기관의 시설・장비 등에 필요한 사항은 환경부령으로 정한다.

규칙 **제44조** (운행차의 정기검사방법 등) ① 법 제37조제2항에 따른 정기검사의 방법・기준 및 대상 항목은 별표 15와 같다.

② 법 제37조제2항에 따른 검사기관은「자동차관리법」제44조제1항 및「건설기계관리법」제14조제1항에 따른 검사대행자 또는「자동차관리법」제45조제1항에 따른 지정정비사업자 중 별표 16에 따른 검사장비 및 기술능력을 갖춘 자(이하 "운행차정기검사대행자"라 한다)로 한다.

③ 환경부장관이 제2항에 따라 환경부령을 정하려면 국토해양부장관과 협의하여야 한다. [개정 2008・2・29]

④ 환경부장관은 제1항에 따른 검사의 결과에 관한 자료를 국토해양부장관에게 요청할 수 있다. [개정 2008・2・29]

규칙 **제45조** (자료의 요청 등) ① 법 제37조제4항에 따라 환경부장관은 다음 각 호의 자료를 국토해양부장관에게 요청할 수 있다. [개정 2008・3・3]

1. 운행차정기검사대행자별로 검사한 운행차의 제작자・차종・연식 및 용도별 소음도 측정치
2. 소음 관련 부품의 이상 유무 확인 결과
3. 그 밖에 환경부장관이 자동차의 소음 저감대책을 수립하기 위하여 필요하다고 인정하는 자료

② 환경부장관은 제1항 각 호의 자료를 검토한 결과 운행차정기검사대행자에 대한 검사가 필요하다고 인정되는 경우에는「자동차관리법」제72조 및「건설기계관리법」제35조에 따른 검사를 국토해양부장관에게 요청할 수 있다. [개정 2008・3・3]

제38조 (운행차의 개선명령) ① 특별시장・광역시장 또는 시장・군수・구청장은 운행차에 대하여 제36조에 따른 점검 결과 다음 각 호의 어느 하나에 해당하는 경우에는 환경부령으로 정하는 바에 따라 자동차 소유자에게 개선을 명할 수 있다.

1. 운행차의 소음이 운행차 소음허용기준을 초과한 경우
2. 소음기나 소음덮개를 떼어 버린 경우
3. 경음기를 추가로 붙인 경우

규칙 **제46조** (운행차의 개선명령) ① 법 제38조제1항에 따른 개선명령은 별지 제21호서식에 따른다.

② 법 제38조제3항에 따라 개선명령을 받은 자가 개선 결과를 보고하려면 확인검사대행자로

부터 개선 결과를 확인하는 별지 제20호서식의 정비·점검 확인서를 발급받아 제1항에 따른 개선명령서를 첨부하여 개선명령일부터 10일 이내에 특별시장·광역시장 또는 시장·군수·구청장에게 제출하여야 한다.

규칙 **제47조** (자동차의 사용정지명령) ① 특별시장·광역시장 또는 시장·군수·구청장은 법 제38조제1항에 따라 자동차의 사용정지를 명할 때에는 그 자동차 소유자에게 별지 제21호서식의 자동차 사용정지명령서를 발급하고, 자동차의 전면 유리창 오른 쪽 상단에 별표 17의 사용정지표지를 붙여야 한다.

② 제1항에 따라 부착된 사용정지표지는 법 제38조제1항에 따른 사용정지기간에는 부착 위치를 변경하거나 훼손하여서는 아니 된다.

규칙 **제48조** (운행차의 개선명령 기간) 법 제38조제1항에 따른 개선에 필요한 기간은 개선명령일부터 7일로 한다.

② 제1항에 따른 개선명령을 하려는 경우 10일 이내의 범위에서 개선에 필요한 기간에 그 자동차의 사용정지를 함께 명할 수 있다.

③ 제1항에 따른 개선명령을 받은 자는 제41조에 따라 시장·군수·구청장에게 등록한 자로부터 환경부령으로 정하는 바에 따라 개선 결과를 확인받은 후 특별시장·광역시장 또는 시장·군수·구청장등에게 보고하여야 한다.

제5장 항공기소음의 규제

제39조 (항공기 소음의 규제) ① 환경부장관은 항공기 소음이 대통령령으로 정하는 항공기 소음의 한도를 초과하여 공항 주변의 생활환경이 매우 손상된다고 인정하면 관계 기관의 장에게 방음시설의 설치나 그 밖에 항공기 소음의 방지에 필요한 조치를 요청할 수 있다.

영 **제9조** (항공기 소음의 한도 등) ① 법 제39조제1항에 따른 항공기 소음의 한도는 공항 인근 지역은 항공기소음영향도(WECPNL) 90으로 하고, 그 밖의 지역은 75로 한다.

② 제1항에 따른 공항 인근 지역과 그 밖의 지역의 구분은 환경부령으로 정한다.

규칙 **제49조** (공항주변의 지역 구분) 영 제9조제2항에 따른 공항 인근지역과 그 밖의 지역의 구분은 다음 각 호와 같다.

1. 공항 인근지역: 「항공법 시행규칙」 제271조에 따른 소음피해지역
2. 그 밖의 지역: 「항공법 시행규칙」 제271조에 따른 소음피해예상지역

영 **제9조** ③ 법 제39조제2항에 따른 공항은 「항공법 시행령」 제40조제1항에 따른 공항으로 한다.

② 제1항에 따라 필요한 조치를 요청할 수 있는 공항은 대통령령으로 정한다.

③ 제1항에 따른 조치는 항공기 소음 규제에 관한 다른 법률이 있으면 그 법률로 정하는 바에 따른다.

제6장 방음시설의 설치기준 등

제40조 (방음시설의 성능과 설치 기준 등) ① 소음을 방지하기 위하여 방음벽·방음림(방음림)·방음둑 등의 방음시설을 설치하는 자는 충분한 소리의 차단 효과를 얻을 수 있도록 설계·시공하여야 한다.
② 제1항에 따른 방음시설의 성능·설치기준 및 사후관리에 필요한 사항(이하 "설치기준등"이라 한다)은 환경부장관이 정하여 고시할 수 있다. 다만, 다른 법률이 방음시설의 설치기준등을 달리 정하고 있으면 그 설치기준등에 따른다.

제7장 확인검사대행자

제41조 (확인검사대행자의 등록) ① 제38조제3항에 따른 운행차의 개선 결과 확인업무를 행하려는 자는 환경부령으로 정하는 기술능력 및 장비 등을 갖추어 시장·군수·구청장에게 등록하여야 한다. 등록한 사항 중 환경부령으로 정하는 중요 사항을 변경하려는 때에도 또한 같다.

규칙 **제50조** (확인검사대행자의 등록기준) 법 제41조제1항에 따라 확인검사대행자의 등록을 하려는 자는 별표 16에 따른 기술능력과 장비를 갖추어야 한다.

규칙 **제51조** (확인검사대행자의 등록신청) ① 법 제41조제1항에 따라 확인검사대행자로 등록하려는 자는 시장·군수·구청장에게 별지 제22호서식의 확인검사대행자 등록신청서에 다음 각 호의 서류를 첨부하여 제출하여야 한다.
1. 기술능력과 장비가 기준에 맞다는 것을 입증하는 서류
2. 자동차검사소의 대지와 건물에 대한 소유권 또는 사용권이 있음을 입증하는 서류
② 제1항에 따른 신청서를 받은 담당 공무원은 「전자정부법」 제21조제1항에 따른 행정정보의 공동이용을 통하여 법인인 경우에는 법인등기부등본, 개인인 경우에는 사업자등록증을 확인하여야 한다. 다만, 신청인이 확인에 동의하지 아니하는 경우에는 그 서류를 첨부하도록 하여야 한다.

규칙 **제52조** (확인검사대행자의 등록 등) ① 시장·군수·구청장은 확인검사대행자를 등록한 자에게 별지 제23호서식의 확인검사대행자 등록증을 발급하여야 한다.
② 시장·군수·구청장은 확인검사대행자로 등록하거나 법 제43조에 따라 등록을 취소한 경우에는 등록번호·업소명·대표자·소재지 및 검사 항목을 해당 특별시·광역시 또는 도의 공보에 공고하여야 한다. 확인검사대행자의 신청에 의하여 그 등록을 취소한 경우에도 또한 같다.

규칙 **제53조** (확인검사대행자의 등록 사항의 변경) ① 법 제41조제1항 후단에서 "환경부령으로 정하는 중요 사항"이란 다음 각 호의 사항을 말한다.
1. 확인검사대행자의 양도·상속 또는 합병

2. 사업장 소재지

3. 상호 또는 대표자

② 법 제41조제1항 후단에 따라 변경등록을 하려는 자는 별지 제24호서식의 확인검사대행자 변경등록신청서에 다음 각 호의 서류를 첨부하여 시장 · 군수 · 구청장에게 제출하여야 한다.

1. 변경 내용을 증명하는 서류

2. 확인검사대행자 등록증

② 제1항에 따라 등록한 자(이하"확인검사대행자'라 한다)의 준수사항 · 검사수수료, 그 밖에 필요한 사항은 환경부령으로 정한다.

규칙 **제54조** (확인검사대행자의 준수 사항) 법 제41조제2항에 따른 확인검사대행자의 준수 사항은 별표 18과 같다.

제42조 (결격 사유) 다음 각 호의 어느 하나에 해당하는 자는 확인검사대행자의 등록을 할 수 없다.

1. 금치산자나 한정치산자

2. 파산선고를 받고 복권(복권)되지 아니한 자

3. 제43조에 따라 확인검사대행자의 등록이 취소된 후 2년이 지나지 아니한 자

4. 이 법이나 「대기환경보전법」, 「수질 및 수생태계 보전에 관한 법률」을 위반하여 징역의 실형을 선고받고 그 형의 집행이 종료되거나 집행을 받지 아니하기로 확정된 후 2년이 지나지 아니한 자

5. 임원 중 제1호부터 제4호까지의 규정 중 어느 하나에 해당하는 자가 있는 법인

제43조 (등록취소 등) 시장 · 군수 · 구청장은 확인검사대행자가 다음 각 호의 어느 하나에 해당하면 그 등록을 취소하거나 6개월 이내의 기간을 정하여 업무정지를 명할 수 있다. 다만, 제1호나 제2호에 해당하면 그 등록을 취소하여야 한다.

1. 제42조 각 호의 어느 하나에 해당하는 경우. 다만, 법인의 임원 중 제42조제5호에 해당하는 자가 있으나 6개월 이내에 그 임원을 개임(개임)하면 그러하지 아니하다.

2. 속임수나 그 밖에 부정한 방법으로 등록한 경우

3. 다른 사람에게 등록증을 빌려준 경우

4. 1년에 2회 이상 업무정지처분을 받은 경우

5. 고의 또는 중대한 과실로 확인검사 대행업무를 부실하게 한 경우

6. 등록 후 2년 이내에 업무를 시작하지 아니하거나 계속하여 2년 이상 업무실적이 없는 경우

7. 제41조제1항에 따른 등록기준에 미달하게 된 경우

8. 제41조제2항에 따른 사항을 지키지 아니한 경우

제8장 보　칙

제44조 (소음도 검사 등) ① 소음발생건설기계를 제작 또는 수입하려는 자(이하"소음발생건설기계제작자등"이라 한다)는 해당 소음발생건설기계를 판매 · 사용하기 전에 환경부장관이 실시하는 소음도(소음도) 검사를 받아야 한다.

규칙 **제56조** (소음도 검사의 신청) 법 제44조제1항에 따른 소음도 검사를 받으려는 자는 별지 제25호서식의 소음도 검사신청서에 다음 각 호의 서류를 첨부하여 법 제45조제1항에 따른 소음도 검사기관의 장에게 제출하여야 한다.

1. 제원명세에 관한 서류
2. 소음 저감에 관한 서류

규칙 **제57조** (소음도 검사성적서의 발급 등) ① 소음도 검사기관의 장은 법 제44조제1항에 따라 소음도 검사를 실시한 경우에는 별지 제26호서식의 소음도 검사성적서를 신청자에게 발급하여야 한다.

② 소음도 검사기관의 장은 법 제44조제1항에 따라 소음도 검사를 실시한 경우에는 별지 제27호서식의 소음도 검사기록부를 작성하여야 한다.

② 제1항에 따른 소음도 검사를 받은 소음발생건설기계제작자등은 해당 소음발생건설기계에서 발생하는 소음의 정도를 표시하는 표지(이하 "소음도표지"라 한다)를 알아보기 쉬운 곳에 붙여야 한다.

③ 제1항에 따른 소음도 검사를 받으려는 자는 검사수수료를 내야 한다.

④ 제1항부터 제3항까지의 규정에 따른 소음도 검사방법, 소음도표지 및 검사수수료에 필요한 사항은 환경부령으로 정한다.

규칙 **제58조** (소음도 검사방법) ① 법 제44조제4항에 따른 소음도 검사방법은 다음 각 호와 같다.

1. 소음도의 측정 환경: 측정 장소는 소음도 검사기관의 장이 지정하는 장소로 하고, 측정 대상 기계에 따라 측정 장소 지표면의 종류를 달리하여야 하는 등 정확한 소음측정이 보장되는 환경일 것
2. 소음도의 측정 조건: 소음측정이 풍속과 기후의 영향을 받지 아니하여야 하고, 측정 대상 기계가 가동 상태일 것
3. 소음도의 측정기기 등: 소음도의 측정기기는 「산업표준화법」 제10조에 따른 규격을 사용할 것
4. 측정자료의 분석 · 평가: 배경소음 · 환경 보정치(補正値)를 고려하는 등 측정 자료의 정확한 분석이 이루어지도록 하고, 2대 이상을 측정하는 경우에는 소음도가 가장 높은 기계를 기준으로 평가할 것
5. 기계별 가동조건: 기계의 엔진 자체 소음 및 작업으로 인하여 발생하는 모든 소음을 측정하여야 할 것

② 제1항에 따른 소음도 검사방법의 세부적인 사항은 환경부장관이 정하여 고시한다.

규칙 **제59조** (소음도표지) 법 제44조제4항에 따른 소음도표지에 관한 사항은 별표 19와 같다.

규칙 **제60조** (소음도 검사수수료) 법 제44조제4항에 따른 소음도 검사수수료는 환경부장관이 정

하여 고시하는 수수료 산정기준에 따라 소음도 검사기관의 장이 인건비와 장비의 사용비용·재료비 등 모든 비용을 고려하여 정한다.

제45조 (소음도 검사기관의 지정 및 취소 등) ① 환경부장관은 제44조제1항에 따른 소음도 검사에 필요한 시설 및 기술능력 등을 갖춘 기관을 소음도 검사기관으로 지정하여 소음도 검사를 대행(대행)하게 할 수 있다.

규칙 **제61조** (소음도 검사기관의 지정신청) 법 제45조제1항에 따라 소음도 검사기관으로 지정받으려는 자는 환경부장관에게 별지 제28호서식의 소음도 검사기관 지정신청서에 다음 각 호의 서류를 첨부하여 제출하여야 한다.

1. 법인등기부등본
2. 기술인력의 보유 현황 및 이를 증명하는 서류
3. 검사장, 시설·장비의 보유 현황 및 이를 증명하는 서류

규칙 **제62조** (소음도 검사기관의 지정서 발급) 환경부장관은 법 제45조제1항에 따른 소음도 검사기관으로 지정한 경우에는 별지 제29호서식의 소음도 검사기관 지정서를 발급하여야 한다.

② 소음도 검사기관의 시설 및 기술 능력 등 지정기준에 필요한 사항은 대통령령으로 정한다.

영 **제10조** (소음도 검사기관의 지정기준) 법 제45조제2항에 따른 소음도 검사기관의 지정기준은 다음 각 호와 같다. [개정 2009·1·6]

1. 별표 1에 따른 기술인력과 시설·장비를 갖출 것
2. 소음·진동과 관련된 분야에서 「국가표준기본법」 제23조와 같은 법 시행령 제16조제2항에 따른 시험·검사기관으로 인정을 받을 것

③ 소음도 검사기관은 소음도 검사를 하면 그 결과를 환경부장관에게 통보하여야 한다.

④ 소음도 검사기관은 검사방법 및 시설·시험장비의 관리 등 환경부령으로 정하는 사항을 지켜야 한다.

규칙 **제63조** (소음도 검사기관의 준수 사항) 법 제45조제4항에서 "환경부령으로 정하는 사항"이란 별표 20과 같다.

⑤ 환경부장관은 소음도 검사기관이 다음 각 호의 어느 하나에 해당하면 그 지정을 취소하거나 6개월 이내의 기간을 정하여 소음도 검사업무의 전부나 일부의 정지를 명할 수 있다. 다만, 제1호에 해당하면 그 지정을 취소하여야 한다.

1. 거짓이나 그 밖의 부정한 방법으로 지정을 받은 경우
2. 제2항에 따른 지정기준에 미달하게 된 경우
3. 제4항에 따른 사항을 지키지 아니한 경우
4. 고의 또는 중대한 과실로 소음도 검사 업무를 부실하게 한 경우

제46조 (환경기술인 등의 교육) ① 환경기술인을 고용한 자는 환경부령으로 정하는 바에 따라 해당하는 자에게 환경부장관 또는 시·도지사가 실시하는 교육을 받게 하여야 한다.

② 환경부장관 또는 시·도지사는 환경부령으로 정하는 바에 따라 제1항의 환경기술인 교육에 드는 경비를 교육 대상자를 고용한 자로부터 징수할 수 있다.

규칙 **제64조** (환경기술인의 교육) ① 법 제46조에 따라 환경기술인은 3년마다 한 차례 이상 다음 각 호의 어느 하나에 해당하는 교육기관(이하 "교육기관"이라 한다)에서 실시하는 교육을 받아야 한다.

1. 환경부장관이 교육을 실시할 능력이 있다고 인정하여 지정하는 기관
2. 「환경정책기본법」 제38조에 따른 환경보전협회

② 제1항에 따른 교육기간은 5일 이내로 한다. 다만, 정보통신매체를 이용하여 원격 교육을 실시하는 경우에는 환경부장관이 인정하는 기간으로 한다.

규칙 **제65조** (교육 계획) ① 교육기관의 장은 매년 11월 30일까지 다음 해의 교육계획을 환경부장관에게 제출하여 승인을 받아야 한다.

② 제1항에 따른 교육 계획에는 다음 각 호의 사항이 포함되어야 한다.

1. 교육의 기본방향
2. 교육 수요 조사의 결과 및 교육수요 장기추계(長期推計)
3. 교육의 목표·과목·기간 및 인원
4. 교육 대상자 선발기준 및 선발계획
5. 교재 편찬계획
6. 교육 성적의 평가방법
7. 그 밖에 교육을 위하여 필요한 사항

규칙 **제66조** (교육 대상자의 선발 및 등록) ① 환경부장관은 제65조제1항에 따른 교육계획을 매년 1월 31일까지 시장·군수·구청장에게 통보하여야 한다.

② 시장·군수·구청장은 그 관할구역에서 다음 각 호의 교육과정 대상자를 선발하여 그 명단을 해당 교육과정 개시 15일 전까지 교육기관의 장에게 통보하여야 한다.

1. 환경기술인 과정
2. 방지시설기술요원 과정
3. 측정기술요원 과정

③ 시장·군수·구청장은 제2항에 따라 교육 대상자를 선발한 경우에는 해당 교육 대상자를 고용한 자에게 지체 없이 그 뜻을 알려야 한다.

④ 교육 대상자로 선발된 환경기술인은 해당 교육기관에 교육 개시 전까지 등록을 하여야 한다.

규칙 **제67조** (교육 결과의 보고) 교육기관의 장은 법 제46조에 따라 교육을 실시한 경우에는 매년도의 교육 실적을 다음해 1월 31일까지 환경부장관에게 보고하여야 한다.

규칙 **제68조** (지도) 환경부장관은 필요한 경우 교육기관의 장에게 교육실시에 관한 보고를 하게 하거나 관련 자료를 제출하게 할 수 있으며, 소속 공무원으로 하여금 교육기관의 교육상황·시설과 그 밖에 교육에 관계되는 사항에 관한 지도를 하게 할 수 있다.

규칙 **제69조** (자료 제출 협조) 환경기술인을 고용하고 있는 자는 법 제46조에 따른 교육을 효과적으로 수행하기 위하여 시장·군수·구청장이 다음 각 호의 자료 제출을 요청한 경우에는 이에 협조하여야 한다.

1. 환경기술인의 명단

2. 교육 이수자의 실태
3. 그 밖에 교육에 필요한 자료

규칙 **제70조** (교육 경비) 교육기관은 교육을 실시하는 데에 드는 실비(實費)를 환경부장관이 정하여 고시하는 금액의 범위에서 해당 교육을 받는 환경관리인을 고용한 자로부터 징수할 수 있다.

제47조 (보고와 검사 등) ① 환경부장관 또는 시장·군수·구청장은 환경부령으로 정하는 경우에는 다음의 자에게 보고를 명하거나 자료를 제출하게 할 수 있으며, 관계 공무원이 해당 시설 또는 사업장 등에 출입해서 배출허용기준과 제21조제2항에 따른 규제기준의 준수를 확인하기 위하여 소음과 진동 검사를 하게 하거나 관계 서류·시설 또는 장비 등을 검사하게 할 수 있다.
1. 사업자
2. 생활소음·진동의 규제대상인 자
3. 제25조에 따라 폭약을 사용하는 자
4. 자동차제작자
5. 확인검사대행자
6. 소음발생건설기계제작자등
7. 제45조제1항에 따른 소음도 검사기관
8. 제54조제2항에 따라 환경부장관의 업무를 위탁받은 자

규칙 **제71조** (보고 및 검사 등) ① 법 제47조제1항 본문에서 "환경부령으로 정하는 경우"란 다음 각 호의 어느 하나에 해당하는 경우를 말한다.
1. 법 제15조·제16조·제17조·제18조·제23조 또는 제25조에 따른 조치명령 등의 이행 여부를 확인하려는 경우
2. 법 제31조에 따른 제작차의 인증이나 법 제33조에 따른 제작차의 소음검사를 위하여 필요한 경우
3. 법 제41조제2항에 따른 준수 사항의 준수 여부를 확인하려는 경우
4. 법 제44조제2항에 따른 소음도표지와 관련하여 확인이 필요한 경우
5. 법 제45조제4항에 따른 소음도 검사기관의 준수 사항과 관련하여 확인이 필요한 경우
6. 법 제54조제2항에 따라 환경부장관의 업무를 위탁받은 관계 전문기관의 해당 업무에 관한 계획 및 실적 등의 보고와 관련하여 필요한 경우
7. 소음·진동의 적정한 관리를 위한 시·도지사 등의 지도·점검 계획에 의하는 경우
8. 다른 기관의 정당한 요청이 있거나 민원이 제기된 경우

② 환경부장관, 시장·군수·구청장, 유역환경청장, 지방환경청장 또는 국립환경과학원장은 법 제47조제1항과 영 제12조에 따라 사업자 등에 대한 출입·검사를 할 때 출입·검사의 대상 시설이나 사업장 등이 다음 각 호에 따른 출입·검사의 대상 시설이나 사업장 등과 동일한 경우에는 이들을 통합하여 출입·검사를 실시하여야 한다. 다만, 민원, 환경오염 사고, 광역 감시 활동 또는 기술인력, 장비운영상 통합검사가 곤란하다고 인정되는 경우에는 그러하지 아니하다.

1. 「대기환경보전법」 제82조
2. 「수질 및 수생태계 보전에 관한 법률」 제68조
3. 「가축분뇨의 관리 및 이용에 관한 법」 제41조
4. 「폐기물관리법」 제39조제1항
5. 「유해화학물질 관리법」 제45조제1항

② 환경부장관이나 시장 · 군수 · 구청장은 제1항에 따른 소음 · 진동 검사를 환경부령으로 정하는 검사기관에 대행하게 할 수 있다.

규칙 **제72조** (소음 · 진동 검사기관) 법 제47조제2항에 따른 검사기관은 제14조제2항에 따른 검사기관으로 한다.

③ 제1항에 따라 출입 · 검사를 행하는 공무원은 그 권한을 표시하는 증표를 지니고 이를 관계인에게 내보여야 한다.

제48조 (관계 기관의 협조) 환경부장관은 이 법의 목적을 달성하기 위하여 필요하다고 인정하면 다음 각 호에 해당하는 조치를 관계 기관의 장에게 요청할 수 있다. 이 경우 관계 기관의 장은 특별한 사유가 없으면 그 요청에 따라야 한다.

1. 도시재개발사업의 변경
2. 주택단지 조성의 변경
3. 도로 · 철도 · 공항 주변의 공동주택 건축허가의 제한
4. 그 밖에 대통령령으로 정하는 사항

영 **제11조** (관계 기관의 협조) 법 제48조제4호에서 "그 밖에 대통령령으로 정하는 사항"이란 다음 각 호의 사항을 말한다.

1. 도로의 구조개선 및 정비
2. 교통신호체제의 개선 등 교통소음을 줄이기 위하여 필요한 사항
3. 「품질경영 및 공산품안전관리법」등 관련 법령에 따른 형식승인 및 품질인증과 관련된 소음 · 진동기준의 조정

제49조 (행정처분의 기준) 이 법이나 이 법에 따른 명령을 위반한 행위에 대한 행정처분의 기준은 환경부령으로 정한다.

규칙 **제73조** (행정처분기준) 법 제49조에 따른 행정처분기준은 별표 21과 같다.
[전문개정 2009 · 1 · 14]

제50조 (행정처분 효과의 승계) 제10조(제32조에 따라 준용되는 경우를 포함한다)에 따른 사업의 승계가 있으면 종전의 사업자에 대한 행정처분의 효과는 그 처분 기간이 끝나는 날까지 새로운 사업자에게 승계되며, 행정처분의 절차가 진행 중이면 새로운 사업자에게 그 절차를 속행할 수 있다. 다만, 새로운 사업자(상속에 의한 승계는 제외한다)가 그 사업을 승계 시에 그 처분 또는 위반 사실을 알지 못하였음을 증명하면 그러하지 아니하다.

제51조 (청문) 환경부장관 또는 시장 · 군수 · 구청장은 다음 각 호의 어느 하나에 해당하는 처분을 하려면 청문을 실시하여야 한다.

1. 제17조에 따른 배출시설의 허가취소 또는 폐쇄명령
2. 제23조제2항에 따른 해당 공사의 폐쇄명령
3. 제34조에 따른 인증의 취소
4. 제43조에 따른 등록취소
5. 제45조제5항에 따른 소음도 검사기관의 지정취소

제52조 (연차 보고서의 제출) ① 시 · 도지사는 매년 주요 소음 · 진동 관리시책의 추진 상황에 관한 보고서를 환경부장관에게 제출하여야 한다.

② 제1항에 따른 보고서의 작성 및 제출에 필요한 사항은 환경부령으로 정한다.

규칙 **제74조** (연차보고서의 제출) ① 법 제52조에 따른 연차보고서에 포함될 내용은 다음 각 호와 같다.

1. 소음 · 진동 발생원(發生源) 및 소음 · 진동 현황
2. 소음 · 진동 저감대책 추진실적 및 추진계획
3. 소요 재원의 확보계획

② 제1항에 따른 보고기한은 다음 연도 1월 31일까지로 하고, 보고 서식은 환경부장관이 정한다.

제53조 (수수료) 제8조제1항 또는 제2항에 따른 배출시설의 설치 신고를 하거나 허가를 받으려는 자는 해당 특별시 · 광역시 · 도의 조례로 정하는 바에 따라 수수료를 내야 한다.

제54조 (권한의 위임·위탁) ① 이 법에 따른 환경부장관의 권한은 대통령령으로 정하는 바에 따라 그 일부를 시 · 도지사, 국립환경과학원장 또는 지방환경관서의 장에게 위임할 수 있다.

영 **제12조** (권한의 위임) ① 법 제54조제1항에 따라 환경부장관은 수입되는 자동차에 대한 다음 각 호의 권한, 법 제31조제1항 및 제2항에 따른 권한 중 국내에서 제작되는 자동차에 대한 인증생략 및 변경인증에 관한 권한, 법 제44조제1항에 따른 소음도 검사에 관한 권한을 국립환경과학원장에게 위임한다. [개정 2009 · 1 · 6]

1. 법 제31조제1항 및 제2항에 따른 제작차에 대한 인증, 인증생략 및 변경인증
2. 법 제32조제2항에 따른 권리 · 의무 승계신고의 수리(수리)
3. 법 제33조제1항 및 제2항에 따른 제작차의 소음검사 및 소음검사 생략
4. 법 제34조제1항 및 제2항에 따른 인증의 취소, 개선 · 판매중지의 명령
5. 법 제47조제1항제4호에 따른 자동차제작자에 대한 보고명령 등 및 검사
6. 법 제51조제3호에 따른 청문
7. 법 제59조제9호 및 제10호에 따른 과태료의 부과 · 징수

② 법 제54조제1항에 따라 환경부장관은 다음의 권한을 유역환경청장이나 지방환경청장에게

위임한다. [개정 2009 · 1 · 6]

1. 삭제 [2009 · 2 · 13]

2. 법 제47조제1항에 따른 보고명령, 자료제출명령 및 검사. 다만, 법 제47조제1항제4호의 경우는 제외한다.

3. 제2조제4항제4호에 따른 배출시설의 설치신고 또는 설치허가 대상 제외지역의 승인

영 **제13조** (보고) ① 유역환경청장 · 지방환경청장 또는 국립환경과학원장은 제12조에 따라 위임받은 사무를 처리한 때에는 환경부령으로 정하는 바에 따라 그 내용을 환경부장관에게 보고하여야 한다.

② 시장 · 군수 · 구청장은 법 제16조 및 제17조에 따라 조업정지명령 또는 허가취소 등을 한 때에는 지체 없이 그 사실을 환경부장관, 관계 중앙행정기관의 장 및 시 · 도지사에게 보고하여야 한다.

② 환경부장관은 이 법에 따른 업무의 일부를 대통령령으로 정하는 바에 따라 관계 전문기관에 위탁할 수 있다.

영 **제14조** (업무의 위탁) ① 환경부장관은 법 제54조제2항에 따라 법 제3조제1항에 따른 소음 · 진동의 측정망 설치 및 상시(상시) 측정에 관한 업무를 「환경관리공단법」에 따른 환경관리공단에 위탁한다. [신설 2009.2.13]

② 법 제54조제2항에 따라 환경부장관은 법 제46조에 따른 환경관리인의 교육업무를 「환경정책기본법」 제38조에 따른 환경보전협회의 장에게 위탁한다. [개정 2009 · 2 · 13]

제55조 (벌칙 적용에서의 공무원 의제) 제45조제1항에 따른 소음도 검사기관의 소음도 검사업무에 종사하는 자는 「형법」 제129조부터 제132조까지의 규정을 적용할 때에는 공무원으로 본다.

제9장 벌 칙

제56조 (벌칙) 다음 각 호의 어느 하나에 해당하는 자는 3년 이하의 징역 또는 1천500만원 이하의 벌금에 처한다.

1. 제17조에 따른 폐쇄명령을 위반한 자
2. 제30조를 위반하여 제작차 소음허용기준에 맞지 아니하게 자동차를 제작한 자
3. 제31조제1항에 따라 인증 받지 아니하고 자동차를 제작한 자
4. 제44조제1항에 따른 소음도 검사를 받지 아니하거나 거짓으로 소음도 검사를 받은 자

제57조 (벌칙) 다음 각 호의 어느 하나에 해당하는 자는 1년 이하의 징역 또는 500만원 이하의 벌금에 처한다.

1. 제8조제1항에 따른 허가를 받지 아니하고 배출시설을 설치하거나 그 배출시설을 이용해 조업한 자

2. 제13조에 따른 신고를 하지 아니하고 조업한 자
3. 제16조 또는 제17조에 따른 조업정지명령 등을 위반한 자
4. 제23조제2항에 따른 사용금지, 공사중지 또는 폐쇄명령을 위반한 자
5. 제31조제2항에 따른 변경인증을 받지 아니하고 자동차를 제작한 자
6. 제44조제2항에 따른 소음도표지를 붙이지 아니하거나 거짓의 소음도표지를 붙인 자

제58조 (벌칙) 다음 각 호의 어느 하나에 해당하는 자는 6개월 이하의 징역 또는 200만원 이하의 벌금에 처한다.
1. 제8조제1항에 따른 신고를 하지 아니하고 배출시설을 설치하거나 그 배출시설을 이용해 조업한 자
2. 제19조제1항에 따른 환경기술인을 임명하지 아니한 자
3. 제19조제4항을 위반하여 환경기술인의 업무를 방해하거나 환경기술인의 요청을 정당한 사유 없이 거부한 자
4. 제23조제1항에 따른 작업시간 조정 등의 명령을 위반한 자
5. 제36조제2항을 위반하여 점검에 따르지 아니하거나 지장을 주는 행위를 한 자
6. 제38조제1항에 따른 개선명령 또는 사용정지명령을 위반한 자

제59조 (과태료) ① 다음 각 호의 어느 하나에 해당하는 자에게는 100만원 이하의 과태료를 부과한다.
1. 제8조제2항, 제19조제1항 및 제22조제1항 · 제2항에 따른 신고 또는 변경신고를 하지 아니한 자
2. 제14조에 따른 배출허용기준을 지키지 아니한 자
3. 제22조제3항을 위반하여 방음시설을 설치하지 아니하고 특정 공사를 시행한 자
4. 생활소음 · 진동 규제기준을 초과하여 소음 · 진동을 발생한 자
5. 제24조제1항에 따른 이동소음원의 사용금지 또는 제한조치를 위반한 자
6. 제35조를 위반한 자동차의 소유자
7. 제38조제3항에 따라 보고를 하지 아니한 자
8. 제46조를 위반하여 환경기술인 등의 교육을 받게 하지 아니한 자
9. 제47조제1항에 따라 보고를 하지 아니하거나 허위로 보고한 자 또는 자료를 제출하지 아니하거나 허위로 제출한 자
10. 제47조에 따른 관계 공무원의 출입 · 검사를 거부 · 방해 또는 기피한 자

② 제1항에 따른 과태료는 대통령령으로 정하는 바에 따라 환경부장관, 시 · 도지사 또는 시장 · 군수 · 구청장(이하"부과권자'라 한다)이 부과 · 징수한다.

> **영** **제15조** (과태료 부과기준) 법 제59조제1항에 따른 과태료의 부과기준은 별표 2와 같다.
> [전문개정 2009 · 1 · 6]

> **규칙** **제75조** (과태료의 징수절차) 영 제15조제4항에 따른 과태료 징수절차에 관하여는 국가사무의 경우에는 「국고금관리법 시행규칙」을, 지방사무의 경우에는 지방자치단체 재무회계규칙을 준용한다.

③ 제2항에 따른 과태료 처분에 불복하는 자는 그 처분을 고지받은 날부터 30일 이내에 부과권자에게 이

의를 제기할 수 있다.

④ 제2항에 따른 과태료 처분을 받은 자가 제3항에 따라 이의를 제기하면 부과권자는 지체 없이 관할 법원에 그 사실을 통보하여야 하며, 그 통보를 받은 관할 법원은 「비송사건 절차법」에 따라 과태료 재판을 한다.

⑤ 제3항에 따른 기간 이내에 이의를 제기하지 아니하고 과태료를 내지 아니하면 국세 또는 지방세 체납처분의 예에 따라 징수한다.

제60조 (양벌규정) ① 법인의 대표자, 대리인, 사용인, 그 밖의 종업원이 그 법인의 업무에 관하여 제56조부터 제58조까지의 규정에 따른 위반행위를 하면 그 행위자를 벌할 뿐만 아니라 그 법인에도 해당 조문의 벌금형을 과(과)한다.

② 개인의 대리인, 사용인, 그 밖의 종업원이 그 개인의 업무에 관하여 제56조부터 제58조까지의 규정에 따른 위반행위를 하면 그 행위자를 벌할 뿐만 아니라 그 개인에게도 해당 조문의 벌금형을 과한다.

소음진동규제법 시행령 별표

[별표1] <개정 2009.1.5>

소음도검사기관의 지정기준(제10조 관련)

기술인력	시설 및 장비
기술직 2명 기능직 3명	가. 검사장 : 면적 900㎡ 이상(30m×30m 이상) 나. 장비 1) 다기능표준음발생기(중심주파수대역 : 31.5Hz~16㎑) 1대 2) 표준음발생기 가) 200~500Hz 1대 나) 1,000Hz 1대 ※주 : 가)와 나)의 기능이 모두 있는 기기 1대로 대체할 수 있다. 3) 마이크로폰 6개 4) 녹음 및 기록장치 1대(6 채널용) 5) 주파수분석장비 : 50~8,000Hz 범위의 모든 음을 1/3옥타브대역으로 분석할 수 있는 기기 1대 ※주 : 4)와 5)의 기능이 모두 있는 기기 1대로 대체할 수 있다. 6) 삼각대 6대(높이 10m 이상) 등 마이크로폰을 공중에 고정할 수 있는 장비 7) 평가기준음원(reference sound source)

<비 고>

기술인력 중 기술직 및 기능직은 다음 각 호로 정하는 각 목의 어느 하나의 자격 요건을 가진 자를 말한다.

1. 기술직

가. 소음·진동 관련 분야의 박사 또는 기술사

나. 「고등교육법」 제2조제1호에 따른 대학(이하 "대학"이라 한다)에서 소음·진동 관련 분야를 전공하여 학사 이상의 학위를 취득한 자 또는 소음·진동 관련 분야의 기사로서 소음·진동 분야의 실무경력이 1년 이상인 자

다. 「고등교육법」 제2조제4호에 따른 전문대학(이하 "전문대학"이라 한다)에서 소음·진동 관련 분야를 전공한 자로서 전문학사 이상의 학위를 취득한 자 또는 소음·진동 관련 분야의 산업기사로서 소음·진동 분야의 실무경력이 3년 이상인 자

라. 대학 이상 졸업자로서 소음·진동 분야의 실무경력이 3년 이상인 자 또는 전문대학 이상 졸업자로서 소음·진동 분야의 실무경력이 5년 이상인 자

2. 기능직

가. 환경 및 기계 분야의 기능사로서 소음·진동 분야의 실무경력이 1년 이상인 자

나. 초·중등교육법」 제2조제4호에 따른 고등학교 이상 졸업자로서 소음·진동 분야의 실무경력이 3년 이상인 자

[별표 2] <신설 2009.1.5>

<u>과태료의 부과기준</u>(제15조 관련)

1. 일반기준

가. 위반행위의 횟수에 따른 부과기준은 해당 위반행위가 있은 날 이전 최근 1년간 같은 위반행위로 부과처분을 받은 경우에 적용한다.

나. 부과권자는 위반행위의 동기와 그 결과 등을 고려하여 과태료 금액의 2분의 1의 범위에서 이를 감경할 수 있다.

2. 개별기준(단위: 만원)

위반사항	해당 법조문	과태료 금액		
		1차 위반	2차 위반	3차이상 위반
1. 법 제8조제2항에 따른 변경신고를 하지 아니한 자	법 제59조제1항제1호	30	40	50
2. 법 제14조에 따른 배출허용기준을 지키지 아니한 자	법 제59조제1항제2호	50	70	100
3. 법 제21조에 따른 생활소음·진동 규제기준을 초과하여 소음·진동을 발생시킨 자	법 제59조제1항제4호			
가. 공장, 사업장, 확성기, 특정공사 사전신고대상 외의 공사장		10	30	50
나. 특정공사 사전신고대상 공사장		30	60	100
4. 법 제22조제1항에 따른 신고를 하지 아니한 자	법 제59조제1항제1호	50	70	100
5. 법 제22조제2항에 따른 변경신고를 하지 아니한 자	법 제59조제1항제1호	30	40	50
6. 법 제22조제3항을 위반하여 방음시설을 설치하지 아니하고 특정 공사를 시행한 자	법 제59조제1항제3호	50	70	100
7. 법 제24조제1항에 따른 이동소음원의 사용금지 또는 제한조치를 위반한 자	법 제59조제1항제5호	5	5	5
8. 법 제35조를 위반한 자동차의 소유자	법 제59조제1항제6호			
가. 배기소음허용기준을 2dB(A)미만 초과한 자		10	10	10
나. 배기소음허용기준을 2dB(A)이상 4dB(A)미만 초과한 자		30	30	30
다. 배기소음허용기준을 4dB(A)이상 초과하거나 경적소음허용기준을 초과한 자		50	50	50
라. 배기소음허용기준을 초과한 자로서 소음기(배기관을 포함한다) 또는 소음덮개를 훼손하거나 떼어버린 자		50	50	50
마. 소음기 또는 소음덮개를 떼어버리거나 경음기를 추가로 부착한 자		30	30	30
9. 법 제38조제3항에 따라 보고를 하지 아니한 자	법 제59조제1항제7호	5	5	5
10. 법 제46조를 위반하여 환경기술인 등의 교육을 받게 하지 아니한 자	법 제59조제1항제8호	30	40	50
11. 법 제47조제1항에 따라 보고를 하지 아니하거나 거짓으로 보고한 자 또는 자료를 제출하지 아니하거나 거짓으로 제출한 자	법 제59조제1항제9호	30	40	50
12. 법 제47조에 따른 관계공무원의 출입·검사를 거부·방해 또는 기피한 자	법제59조제1항제10호	30	40	50

소음진동규제법 시행규칙 별표

[별표 1]

<u>소음·진동배출시설</u>(제2조 관련)

1. 소음배출시설
 가. 마력기준시설 및 기계·기구
  1) 10마력 이상의 압축기(나사식 압축기는 20마력 이상으로 한다)
  2) 10마력 이상의 송풍기
  3) 10마력 이상의 단조기(기압식은 제외한다)
  4) 10마력 이상의 금속절단기
  5) 10마력 이상의 유압식 외의 프레스 및 30마력 이상의 유압식 프레스(유압식 절곡기는 제외한다)
  6) 10마력 이상의 탈사기
  7) 10마력 이상의 분쇄기(파쇄기와 마쇄기를 포함한다)
  8) 30마력 이상의 변속기
  9) 10마력 이상의 기계체
  10) 20마력 이상의 원심분리기
  11) 50마력 이상의 혼합기(콘크리트프랜트 및 아스팔트랜트의 혼합기는 20마력 이상으로 한다)
  12) 50마력 이상의 공작기계
  13) 30마력 이상의 제분기
  14) 20마력 이상의 제재기
  15) 20마력 이상의 목재가공기계
  16) 50마력 이상의 인쇄기계(활판인쇄기계는 20마력 이상으로 한다)
  17) 50마력 이상의 압연기
  18) 30마력 이상의 도정시설(「국토의 계획 및 이용에 관한 법률」에 따른 주거지역·상업지역 및 녹지지역에 있는 시설로 한정한다)
  19) 50마력 이상의 성형기(압출·사출을 포함한다)
  20) 30마력 이상의 주조기계(다이케스팅기를 포함한다)
  21) 20마력 이상의 콘크리트관 및 파일의 제조기계
  22) 20마력 이상의 펌프(「국토의 계획 및 이용에 관한 법률」에 따른 주거지역·상업지역 및 녹지지역에 있는 시설로 한정하며, 「소방법」 제42조에 따른 소화전은 제외한다)
  23) 30마력 이상의 금속가공용 인발기(습식신선기 및 합사·연사기를 포함한다)
  24) 30마력 이상의 초지기
  25) 10마력 이상의 연탄제조용 윤전기
  26) 위의 1)부터 25)까지의 규정에 해당되는 배출시설을 설치하지 아니한 사업장으로서 위 각 항

목의 동력 규모 미만인 것들의 동력 합계가 50마력 이상인 경우(「국토의 계획 및 이용에 관한 법률」에 따른 주거지역 · 상업지역 및 녹지지역의 사업장으로 한정한다)

참고: 위 26)에서 동력 합계 50마력 이상인 경우란 마력기준이 10마력인 시설 등은 1, 20마력인 시설 등은 0.9, 30마력인 시설 등은 0.8, 50마력인 시설 등은 0.7을 각각 곱하여 산정한 동력의 합계가 50마력 이상인 경우를 말한다.

나. 대수기준시설 및 기계 · 기구

1) 100대 이상의 공업용 재봉기
2) 4대 이상의 시멘트벽돌 및 블록의 제조기계
3) 자동제병기
4) 제관기계
5) 2대 이상의 자동포장기
6) 40대 이상의 직기(편기는 제외한다)
7) 방적기계(합연사공정만 있는 사업장의 경우에는 5대 이상으로 한다)

다. 그 밖의 시설 및 기계 · 기구

1) 낙하해머의 무게가 0.5톤 이상의 단조기
2) 120 kW 이상의 발전기(수력발전기는 제외한다)
3) 5마력 이상의 연삭기 2대 이상
4) 석재 절단기(동력을 사용하는 것은 10마력 이상으로 한정한다)

2. 진동배출시설(동력을 사용하는 시설 및 기계 · 기구로 한정한다)

가. 20마력 이상의 프레스(유압식은 제외한다)
나. 30마력 이상의 분쇄기(파쇄기와 마쇄기를 포함한다)
다. 30마력 이상의 단조기
라. 30마력 이상의 도정시설(「국토의 계획 및 이용에 관한 법률」에 따른 주거지역 · 상업지역 및 녹지지역에 있는 시설로 한정한다)
마. 30마력 이상의 목재가공기계
바. 50마력 이상의 성형기(압출 · 사출을 포함한다)
사. 50마력 이상의 연탄제조용 윤전기
아. 4대 이상 시멘트벽돌 및 블록의 제조기계

참고 1. KW를 마력으로 환산할 때에는 KW×(3분의 4)으로 하며, 소수점 이하는 버린다.
2. 소음배출시설 및 진동배출시설의 시설 및 기계 · 기구의 마력은 1개 또는 1대를 기준으로 하여 산정한다.

[별표 2]

소음·진동방지시설 등(제3조 관련)

1. 소음 · 진동방지시설
 가. 소음방지시설
  1) 소음기
  2) 방음덮개시설
  3) 방음창 및 방음실시설
  4) 방음외피시설
  5) 방음벽시설
  6) 방음터널시설
  7) 방음림 및 방음언덕
  8) 흡음장치 및 시설
  9) 1)부터 8)까지의 규정과 동등하거나 그 이상의 방지효율을 가진 시설
 나. 진동방지시설
  1) 탄성지지시설 및 제진시설
  2) 방진구시설
  3) 배관진동 절연장치 및 시설
  4) 1)부터 3)까지의 규정과 동등하거나 그 이상의 방지효율을 가진 시설

2. 방음시설
 가. 소음기
 나. 방음덮개시설
 다. 방음창 및 방음실시설
 라. 방음외피시설
 마. 방음벽시설
 바. 방음터널시설
 사. 방음림 및 방음언덕
 아. 흡음장치 및 시설
 자. 가.부터 아.까지의 규정과 동등하거나 그 이상의 방지효율을 가진 시설

3. 방진시설
 가. 탄성지지시설 및 제진시설
 나. 방진구시설
 다. 배관진동 절연장치 및 시설
 라. 가.부터 다.까지의 규정과 동등하거나 그 이상의 방지효율을 가진 시설

[별표 3]

자동차의 종류(제4조 관련)

1. 1999년 12월 31일까지 제작되는 자동차

종류	정의	규모
경자동차	주로 적은 수의 사람이나 화물을 운송하기에 적합하게 제작된 것	엔진배기량 800cc 미만
승용자동차	주로 사람을 운송하기에 적합하게 제작된 것	엔진배기량 800cc 이상 및 차량 총중량 3톤 미만
소형화물 자동차	주로 화물을 운송하기에 적합하게 제작된 것	엔진배기량 800cc 이상 및 차량 총중량 3톤 미만
중량자동차	주로 많은 사람 및 화물을 운송하기에 적합하게 제작된 것	총중량 3톤 이상
이륜자동차	주로 1명 또는 2명 정도의 사람을 운송하기에 적합하게 제작된 것	엔진배기량 50cc 이상 및 빈 차 중량 0.5톤 미만

참고: 1. 승용자동차에는 승용자동차에서 생겨난 왜건(WAGON) 등을 포함한다.
2. 소형화물자동차에는 지프(JEEP)·코우치(COACH) 및 밴(VAN) 등을 포함한다.
3. 중량자동차에 해당되는 건설기계의 종류는 환경부장관이 정하여 고시한다.
4. 이륜자동차에는 옆 차붙이 이륜자동차를 포함하며, 경자동차·승용자동차 및 소형화물자동차는 제외한다.
5. 전기를 주동력으로 사용하는 자동차에 대한 종류의 구분은 위 표 중 규모란의 차량 총중량에 따르되, 차량 총중량이 1.5톤 미만에 해당되는 경우에는 경자동차로 구분한다.

2. 2000년 1월 1일부터 제작되는 자동차

종류	정의	규모	
경자동차	주로 적은 수의 사람이나 화물을 운송하기에 적합하게 제작된 것	엔진배기량 800cc 미만	
승용자동차	주로 사람을 운송하기에 적합하게 제작된 것	승용1	엔진배기량 800cc 이상 및 9인승 이하
		승용2	엔진배기량 800cc 이상, 10인승 이상 및 차량 총중량 2톤 이하
		승용3	엔진배기량 800cc 이상, 10인승 이상 및 차량 총중량 2톤 초과 3.5톤 이하
		승용4	엔진배기량 800cc 이상, 10인승 이상 및 차량 총중량 3.5톤 초과
화물자동차	주로 화물을 운송하기에 적합하게 제작된 것	화물1	엔진배기량 800cc 이상 및 차량 총중량 2톤 이하
		화물2	엔진배기량 800cc 이상 및 차량 총중량 2톤 초과 3.5톤 이하

		화물3	엔진배기량 800cc 이상 및 차량 총중량 3.5톤 초과
이륜자동차	주로 1명 또는 2명 정도의 사람을 운송하기에 적합하게 제작된 것	엔진배기량 50cc 이상 및 빈 차 중량 0.5톤 미만	

참고: 1. 승용자동차에는 지프(JEEP) · 왜건(WAGON) 및 승합차를 포함한다.
2. 화물자동차에는 밴(VAN)을 포함한다.
3. 화물자동차에 해당되는 건설기계의 종류는 환경부장관이 정하여 고시한다.
4. 이륜자동차에는 옆차붙이 이륜자동차를 포함하며, 빈 차 중량이 0.5톤 이상인 이륜자동차는 경자동차로 분류한다.
5. 전기를 주동력으로 사용하는 자동차에 대한 종류의 구분은 위 표 중 규모란의 차량 총중량에 의하되, 차량 총중량이 1.5톤 미만에 해당되는 경우에는 경자동차로 구분한다.

3. 2006년 1월 1일부터 제작되는 자동차

종류	정의	규모	
경자동차	주로 적은 수의 사람 또는 화물을 운송하기에 적합하게 제작된 것	엔진배기량 800cc 미만	
승용 자동차	주로 사람을 운송하기에 적합하게 제작된 것	소형	엔진배기량 800cc 이상 및 9인승 이하
		중형	엔진배기량 800cc 이상, 10인승 이상 및 차량 총중량 2톤 이하
		중대형	엔진배기량 800cc 이상, 10인승 이상 및 차량 총중량 2톤 초과 3.5톤 이하
		대형	엔진배기량 800cc 이상, 10인승 이상 및 차량 총중량 3.5톤 초과
화물 자동차	주로 화물을 운송하기에 적합하게 제작된 것	소형	엔진배기량 800cc이상 및 차량 총중량 2톤 이하
		중형	엔진배기량 800cc 이상 및 차량 총중량 2톤 초과 3.5톤 이하
		대형	엔진배기량 800cc 이상 및 차량 총중량 3.5톤 초과
이륜 자동차	주로 1명 또는 2명 정도의 사람을 운송하기에 적합하게 제작된 것	엔진배기량 50cc 이상 및 빈 차 중량 0.5톤 미만	

참고: 1. 승용자동차에는 지프(JEEP) · 왜건(WAGON) 및 승합차를 포함한다.
2. 화물자동차에는 밴(VAN)을 포함한다.
3. 화물자동차에 해당되는 건설기계의 종류는 환경부장관이 정하여 고시한다.
4. 이륜자동차에는 옆 차붙이 이륜자동차 및 이륜차에서 파생된 3륜 이상의 최고속도 50㎞/h를 초과하는 이륜자동차를 포함하며, 빈 차 중량이 0.5톤 이상인 이륜자동차는 경자동차로 분류한다.
5. 전기를 주동력으로 사용하는 자동차에 대한 종류의 구분은 위 표 중 규모란의 차량총중량에 의하되, 차량총중량이 1.5톤 미만에 해당되는 경우에는 경자동차로 구분한다.

[별표 4]

소음발생건설기계의 종류(제5조 관련)

1. 굴삭기(정격출력 19㎾ 이상 500㎾ 미만의 것으로 한정한다)
2. 다짐기계
3. 로더(정격출력 19㎾ 이상 500㎾ 미만의 것으로 한정한다)
4. 발전기(정격출력 400㎾ 미만의 실외용으로 한정한다)
5. 브레이커(휴대용을 포함한다)
6. 공기압축기(공기토출량이 분당 2.83세제곱미터 이상의 이동식인 것으로 한정한다)
7. 콘크리트 절단기
8. 천공기
9. 항타 및 항발기

[별표 5] <개정 2009.1.14>

공장소음·진동 배출허용기준(제8조 관련)

1. 공장소음 배출허용기준

[단위 : dB(A)]

대 상 지 역	시간대별		
	낮 (06:00~18:00)	저녁 (18:00~24:00)	밤 (24:00~06:00)
가. 도시지역 중 전용주거지역·녹지지역, 관리지역 중 취락지구·주거개발진흥지구 및 관광·휴양개발진흥지구, 자연환경보전지역 중 수산자원보호구역 외의 지역	50 이하	45 이하	40 이하
나. 도시지역 중 일반주거지역 및 준주거지역	55 이하	50 이하	45 이하
다. 농림지역, 자연환경보전지역 중 수산자원보호구역, 관리지역 중 가목과 라목을 제외한 그 밖의 지역	60 이하	55 이하	50 이하
라. 도시지역 중 상업지역·준공업지역, 관리지역 중 산업개발진흥지구	65 이하	60 이하	55 이하
마. 도시지역 중 일반공업지역 및 전용공업지역	70 이하	65 이하	60 이하

비고
1. 소음의 측정 및 평가기준은 「환경분야 시험·검사 등에 관한 법률」 제6조제1항제2호에 해당하는 분야에 대한 환경오염공정시험기준에서 정하는 바에 따른다.

2. 대상 지역의 구분은 「국토의 계획 및 이용에 관한 법률」에 따른다.
3. 허용 기준치는 해당 공장이 입지한 대상 지역을 기준으로 하여 적용한다.
4. 충격음 성분이 있는 경우 허용 기준치에 -5dB을 보정한다.
5. 관련시간대(낮은 8시간, 저녁은 4시간, 밤은 2시간)에 대한 측정소음발생시간의 백분율이 12.5% 미만인 경우 +15dB, 12.5% 이상 25% 미만인 경우 +10dB, 25% 이상 50% 미만인 경우 +5dB을 허용 기준치에 보정한다.
6. 위 표의 지역별 기준에도 불구하고 다음 사항에 해당하는 경우에는 배출허용기준을 다음과 같이 적용한다.
가. 「산업입지 및 개발에 관한 법률」에 따른 산업단지에 대하여는 마목의 허용 기준치를 적용한다.
나. 「의료법」에 따른 종합병원, 「초·중등교육법」 및 「고등교육법」에 따른 학교, 「도서관법」에 따른 공공도서관의 부지경계선으로부터 50미터 이내의 지역에 대하여는 해당 종합병원, 학교, 공공도서관의 부지경계선에서 측정한 소음도를 기준으로 가목의 허용 기준치를 적용한다.

2. 공장진동 배출허용기준

[단위 : dB(V)]

대상 지역	시간대별	
	낮 (06:00~22:00)	밤 (22:00~06:00)
가. 도시지역 중 전용주거지역·녹지지역, 관리지역 중 취락지구·주거개발진흥지구 및 관광·휴양개발진흥지구, 자연환경보전지역 중 수산자원보호구역 외의 지역	60 이하	55 이하
나. 도시지역 중 일반주거지역·준주거지역, 농림지역, 자연환경보전지역 중 수산자원보호구역, 관리지역 중 가목과 다목을 제외한 그 밖의 지역	65 이하	60 이하
다. 도시지역 중 상업지역·준공업지역, 관리지역 중 산업개발진흥지구	70 이하	65 이하
라. 도시지역 중 일반공업지역 및 전용공업지역	75 이하	70 이하

비고
1. 진동의 측정 및 평가기준은 「환경분야 시험·검사 등에 관한 법률」 제6조제1항제2호에 해당하는 분야에 대한 환경오염공정시험기준에서 정하는 바에 따른다.
2. 대상 지역의 구분은 「국토의 계획 및 이용에 관한 법률」에 따른다.
3. 허용 기준치는 해당 공장이 입지한 대상 지역을 기준으로 하여 적용한다.
4. 관련시간대(낮은 8시간, 밤은 3시간)에 대한 측정진동발생시간의 백분율이 25% 미만인 경우 +10dB, 25% 이상 50% 미만인 경우 +5dB을 허용 기준치에 보정한다.
5. 위 표의 지역별 기준에도 불구하고 다음 사항에 해당하는 경우에는 배출허용기준을 다음과 같이 적용한다.
가. 「산업입지 및 개발에 관한 법률」에 따른 산업단지에 대하여는 라목의 허용 기준치를 적용한다.
나. 「의료법」에 따른 종합병원, 「초·중등교육법」 및 「고등교육법」에 따른 학교, 「도서관법」에 따른 공공도서관의 부지경계선으로부터 50미터 이내의 지역에 대하여는 해당 종합병원, 학교, 공공도서관의 부지경계선에서 측정한 진동레벨을 기준으로 가목의 허용 기준치를 적용한다.

[별표 6] <개정 2009.1.14>

변경신고 대상(제10조 관련)

1. 배출시설의 규모를 100분의 50 이상(신고 또는 변경신고를 하거나 허가를 받은 규모를 증설하는 누계를 말한다) 증설하는 경우
2. 사업장의 명칭이나 대표자를 변경하는 경우
3. 배출시설의 전부를 폐쇄하는 경우

참고
1. 배출시설의 규모는 마력기준시설 및 기계·기구는 총마력의 합계, 대수기준시설 및 기계·기구는 총대수의 합계, 기타 시설 및 기계·기구는 각각의 단위의 합계로 한다.
2. 하나의 사업장에 마력기준시설 및 기계·기구, 대수기준시설 및 기계·기구, 기타 시설 및 기계·기구가 섞여 있는 경우에는 각각의 증설비율에 따라 제1호를 적용한다.

[별표 7]

환경기술인을 두어야 할 사업장 및 그 자격기준(제18조제1항 관련)

대상 사업장 구분	환경기술인 자격기준
1. 총동력합계 5,000마력 미만인 사업장	○사업자가 해당 사업장의 배출시설 및 방지시설업무에 종사하는 피고용인 중에서 임명하는 자
2. 총동력합계 5,000마력 이상인 사업장	○소음 · 진동기사 2급 이상의 기술자격소지자 1명 이상 또는 해당 사업장의 관리책임자로 사업자가 임명하는 자

참고
1. 총동력 합계는 소음배출시설 중 기계 · 기구의 마력의 총합계를 말하며, 대수기준시설 및 기계 · 기구와 기타 시설 및 기계 · 기구는 제외한다.
2. 환경기술인 자격기준 중 소음 · 진동기사 2급은 기계분야기사 · 전기분야기사 각 2급 이상의 자격소지자로서 환경 분야에서 2년 이상 종사한 자로 대체할 수 있다.
3. 방지시설 면제사업장은 대상 사업장의 소재지역 및 동력규모에도 불구하고 위 표 중 1.의 대상 사업장의 환경관리인 자격기준에 해당하는 환경관리인을 둘 수 있다.
4. 환경기술인으로 임명된 자는 해당 사업장에 상시 근무하여야 한다.

[별표 8] <개정 2009.1.14>

생활소음 · 진동의 규제기준(제20조제3항 관련)

1. 생활소음 규제기준

[단위 : dB(A)]

<table>
<tr><th rowspan="1">대상 지역</th><th colspan="2">시간대별
소음원</th><th>아침, 저녁
(05:00～07:00,
18:00～22:00)</th><th>주간
(07:00～18:00)</th><th>야간
(22:00～05:00)</th></tr>
<tr><td rowspan="7">주거지역, 녹지지역, 관리지역 중 취락지구 및 관광·휴양개발진흥지구, 자연환경보전지역, 그 밖의 지역에 있는 학교·병원·공공도서관</td><td rowspan="2">확성기</td><td>옥외설치</td><td>70 이하</td><td>80 이하</td><td>60 이하</td></tr>
<tr><td>옥내에서 옥외로 소음이 나오는 경우</td><td>50 이하</td><td>55 이하</td><td>45 이하</td></tr>
<tr><td colspan="2">공 장</td><td>50 이하</td><td>55 이하</td><td>45 이하</td></tr>
<tr><td rowspan="2">사업장</td><td>동일 건물</td><td>45 이하</td><td>50 이하</td><td>40 이하</td></tr>
<tr><td>기 타</td><td>50 이하</td><td>55 이하</td><td>45 이하</td></tr>
<tr><td colspan="2">공사장</td><td>60 이하</td><td>65 이하</td><td>50 이하</td></tr>
<tr style="display:none"></tr>
<tr><td rowspan="6">그 밖의 지역</td><td rowspan="2">확성기</td><td>옥외설치</td><td>70 이하</td><td>80 이하</td><td>60 이하</td></tr>
<tr><td>옥내에서 옥외로 소음이 나오는 경우</td><td>60 이하</td><td>65 이하</td><td>55 이하</td></tr>
<tr><td colspan="2">공 장</td><td>60 이하</td><td>65 이하</td><td>55 이하</td></tr>
<tr><td rowspan="2">사업장</td><td>동일 건물</td><td>50 이하</td><td>55 이하</td><td>45 이하</td></tr>
<tr><td>기 타</td><td>60 이하</td><td>65 이하</td><td>55 이하</td></tr>
<tr><td colspan="2">공사장</td><td>65 이하</td><td>70 이하</td><td>50 이하</td></tr>
</table>

비고

1. 소음의 측정 및 평가기준은 「환경분야 시험·검사 등에 관한 법률」 제6조제1항제2호에 해당하는 분야에 대한 환경오염공정시험기준에서 정하는 바에 따른다.
2. 대상 지역의 구분은 「국토의 계획 및 이용에 관한 법률」에 따른다.
3. 규제 기준치는 생활소음의 영향이 미치는 대상 지역을 기준으로 하여 적용한다.
4. 옥외에 설치한 확성기의 사용은 1회 3분 이내로 하여야 하고, 15분 이상의 간격을 두어야 한다.
5. 공사장의 소음 규제기준은 주간의 경우 특정공사의 사전신고 대상 기계·장비를 사용하는 작업시간이 1일 3시간 이하일 때는 +10dB을, 3시간 초과 6시간 이하일 때는 +5dB을 규제기준치에 보정한다.
6. 발파소음의 경우 주간에만 규제기준치(광산의 경우 사업장 규제기준)에 +10dB을 보정한다.
7. 2010년 12월 31일까지는 발파작업 및 브레이커·항타기·항발기·천공기·굴삭기(브레이커 작업에 한한다)를 사용하는 공사작업이 있는 공사장에 대하여는 주간에만 규제기준치(발파소음의 경우 비고 제6호에 따라 보정된 규제기준치)에 +3dB을 보정한다.
8. 공사장의 규제기준 중 다음 지역은 공휴일에만 -5dB를 규제기준치에 보정한다.

가. 주거지역

나. 「의료법」에 따른 종합병원, 「초·중등교육법」 및 「고등교육법」에 따른 학교, 「도서관법」에 따른 공공도서관의 부지경계로부터 직선거리 50m 이내의 지역

9. "동일 건물"이란 「건축법」 제2조에 따른 건축물로서 지붕과 기둥 또는 벽이 일체로 되어 있는 건물을 말하며, 동일 건물에 대한 생활소음 규제기준은 다음 각 목에 해당하는 영업을 행하는 사업장에만 적용한다.

가. 「체육시설의 설치·이용에 관한 법률」 제10조에 따른 체력단련장업·체육도장업·무도학원업·무도장업
나. 「학원의 설립·운영 및 과외교습에 관한 법률」 제2조에 따른 음악교습을 위한 학원·교습소
다. 「식품위생법 시행령」 제7조에 따른 단란주점영업·유흥주점영업
라. 「음악산업진흥에 관한 법률」 제2조에 따른 노래연습장업

2. 생활진동 규제기준

[단위 : dB(V)]

시간대별 / 대상 지역	주간 (06:00~22:00)	심야 (22:00~06:00)
주거지역, 녹지지역, 관리지역 중 취락지구 및 관광·휴양개발진흥지구, 자연환경보전지역, 그 밖의 지역에 소재한 학교·병원·공공도서관	65 이하	60 이하
그 밖의 지역	70 이하	65 이하

비고
1. 진동의 측정 및 평가기준은 「환경분야 시험·검사 등에 관한 법률」 제6조제1항제2호에 해당하는 분야에 대한 환경오염공정시험기준에서 정하는 바에 따른다.
2. 대상 지역의 구분은 「국토의 계획 및 이용에 관한 법률」에 따른다.
3. 규제기준치는 생활진동의 영향이 미치는 대상 지역을 기준으로 하여 적용한다.
4. 공사장의 진동 규제기준은 주간의 경우 특정공사의 사전신고 대상 기계·장비를 사용하는 작업시간이 1일 2시간 이하일 때는 +10dB을, 2시간 초과 4시간 이하일 때는 +5dB을 규제기준치에 보정한다.
5. 발파진동의 경우 주간에만 규제기준치에 +10dB을 보정한다.

[별표 9]

특정공사의 사전신고 대상 기계·장비의 종류(제21조제1항 관련)

1. 항타기·항발기 또는 항타항발기(압입식 항타항발기는 제외한다)
2. 천공기
3. 공기압축기(공기토출량이 분당 2.83세제곱미터 이상의 이동식인 것으로 한정한다)
4. 브레이커(휴대용을 포함한다)
5. 굴삭기
6. 발전기
7. 로더
8. 압쇄기
9. 다짐기계
10. 콘크리트 절단기
11. 콘크리트 펌프

[별표 10] <개정 2009.1.14>

공사장 방음시설 설치기준(제21조제6항 관련)

1. 방음벽시설 전후의 소음도 차이(삽입손실)는 최소 7dB 이상 되어야 하며, 높이는 3m 이상 되어야 한다.
2. 공사장 인접지역에 고층건물 등이 위치하고 있어, 방음벽시설로 인한 음의 반사피해가 우려되는 경우에는 흡음형 방음벽시설을 설치하여야 한다.
3. 방음벽시설에는 방음판의 파손, 도장부의 손상 등이 없어야 한다.
4. 방음벽시설의 기초부와 방음판·지주 사이에 틈새가 없도록 하여 음의 누출을 방지하여야 한다.

참고
1. 삽입손실 측정을 위한 측정지점(음원 위치, 수음자 위치)은 음원으로부터 5m 이상 떨어진 노면 위 1.2m 지점으로 하고, 방음벽시설로부터 2m 이상 떨어져야 하며, 동일한 음량과 음원을 사용하는 경우에는 기준위치(reference position)의 측정은 생략할 수 있다.
2. 그 밖의 경우에 있어서의 삽입손실 측정은 "음향-옥외 방음벽의 삽입손실측정방법"(KS A ISO 10847) 중 간접법에 따른다.

[별표 11]

소음·진동규제지역의 범위(제26조 관련)

1. 「국토의 계획 및 이용에 관한 법률」에 따른 주거지역 · 상업지역 및 녹지지역
2. 「국토의 계획 및 이용에 관한 법률」에 따른 준공업지역
3. 「국토의 계획 및 이용에 관한 법률」에 따른 취락지구 및 관광 · 휴양개발진흥지구(관리지역으로 한정한다)
4. 「의료법」 제3조에 따른 종합병원 주변지역, 「도서관법」 제2조에 따른 공공도서관 주변지역 및 「초 · 중등교육법」 제2조 또는 「고등교육법」 제2조에 따른 학교의 주변지역
5. 그 밖에 환경부장관이 고요하고 편안한 생활환경 조성을 위하여 필요하다고 인정하여 지정 · 고시하는 지역

[별표 12]

교통소음·진동의 한도(제27조 관련)

1. 도로

대상지역	구분	한도	
		주간 (06:00～22:00)	야간 (22:00～06:00)
주거지역, 녹지지역, 관리지역 중 취락지구 및 관광·휴양개발진흥지구, 자연환경보전지역, 학교·병원·공공도서관의 부지 경계선으로부터 50미터 이내 지역	소음 (LeqdB(A))	68	58
	진동 (dB(V))	65	60
상업지역, 공업지역, 농림지역, 생산관리지역 및 관리지역 중 산업·유통개발진흥지구, 미고시지역	소음 (LeqdB(A))	73	63
	진동 (dB(V))	70	65

참고
1. 대상 지역의 구분은 「국토의 계획 및 이용에 관한 법률」에 따른다.
2. 대상 지역은 교통소음·진동의 영향을 받는 지역을 말한다.

2. 철도

대상지역	구분	한도			
		2000년 1월 1일～ 2009년 12월 31일		2010년 1월 1일부터	
		주간 (06:00~22:00)	야간 (22:00~06:00)	주간 (06:00~22:00)	야간 (22:00~06:00)
주거지역, 녹지지역, 관리지역 중 취락지구 및 관광·휴양개발진흥지구, 자연환경보전지역, 학교·병원·공공도서관의 부지 경계선으로부터 50미터 이내 지역	소음 (LeqdB(A)	70	65	70	60
	진동 (dB(V))	65	60	65	60
상업지역, 공업지역, 농림지역, 생산관리지역 및 관리지역 중 산업·유통개발진흥지구, 미고시지역	소음 (LeqdB(A))	75	70	75	65
	진동 (dB(V))	70	65	70	65

참고
1. 대상 지역의 구분은 「국토의 계획 및 이용에 관한 법률」에 따른다.
2. 정거장은 적용하지 아니하며, 철교는 2010년 1월 1일부터 적용한다.
3. 총리령 제474호 소음·진동규제법시행규칙중개정령의 시행일(1994년 11월 21일) 이후 준공되는 철도에 대하여는 2010년 1월 1일부터의 한도를 적용한다.
4. 대상 지역은 교통소음·진동의 영향을 받는 지역을 말한다.

[별표 13]

자동차의 소음허용기준(제29조 및 제40조 관련)

1. 제작자동차

가. 1999년 12월 31일까지 제작되는 자동차

<table>
<tr><th colspan="2">소음 항목
자동차 종류</th><th>가속주행소음
(dB(A))</th><th>배기소음
(dB(A))</th><th>경적소음
(dB(C))</th></tr>
<tr><td rowspan="2">경자동차</td><td>가</td><td>75 이하</td><td>100 이하</td><td rowspan="9">115 이하</td></tr>
<tr><td>나</td><td>76 이하</td><td>100 이하</td></tr>
<tr><td colspan="2">승용자동차</td><td>75 이하</td><td>100 이하</td></tr>
<tr><td colspan="2">소형화물자동차</td><td>77 이하</td><td>100 이하</td></tr>
<tr><td rowspan="2">중량
자동차</td><td>원동기출력 200마력 초과</td><td>82 이하</td><td>105 이하</td></tr>
<tr><td>원동기출력 200마력 이하</td><td>81 이하</td><td>103 이하</td></tr>
<tr><td rowspan="3">이륜
자동차</td><td>총배기량 500cc 초과</td><td>77 이하</td><td rowspan="2">105 이하</td></tr>
<tr><td>총배기량 500cc 이하 125cc 초과</td><td>74 이하</td></tr>
<tr><td>총배기량 125cc 이하</td><td>71 이하</td><td>102 이하</td></tr>
</table>

참고:

1. 경자동차 중 "가"는 주로 사람을 운송하기에 적합하게 제작된 자동차에 적용한다.
2. 경자동차 중 "나"는 참고 1. 외의 자동차에 적용한다.
3. 1995년 12월 31일 이전에 법 제33조제1항 또는 제2항에 따른 인증을 받은 승용자동차에 대하여는 국제표준화기구의 자동차 가속주행소음 측정방법에 관한 국제표준이 개정되어 이에 따라 환경부장관이 제작 자동차의 소음 측정방법을 개정하기 전까지는 가속주행소음 허용기준을 적용할 때에 그 허용기준을 77dB(A) 이하로 한다.

나. 2000년 1월 1일부터 2001년 12월 31일까지 제작되는 자동차

<table>
<tr><th colspan="3">소음 항목
자동차 종류</th><th>가속주행소음
(dB(A))</th><th>배기소음
(dB(A))</th><th colspan="2">경적소음
(dB(C))</th></tr>
<tr><td rowspan="2">경자동차</td><td colspan="2">가</td><td>74 이하</td><td rowspan="2">100 이하</td><td rowspan="2" colspan="2">110 이하</td></tr>
<tr><td colspan="2">나</td><td>76 이하</td></tr>
<tr><td rowspan="5">승용
자동차</td><td colspan="2">승용1</td><td>74 이하</td><td rowspan="2">100 이하</td><td rowspan="2">110 이하</td></tr>
<tr><td colspan="2">승용2</td><td>76 이하</td></tr>
<tr><td colspan="2">승용3</td><td>77 이하</td><td>100 이하</td><td rowspan="3">112 이하</td></tr>
<tr><td rowspan="2">승용4</td><td>원동기출력 195마력 이하</td><td>80 이하</td><td>103 이하</td></tr>
<tr><td>원동기출력 195마력 초과</td><td>80 이하</td><td>105 이하</td></tr>
<tr><td rowspan="5">화물
자동차</td><td colspan="2">화물1</td><td>76 이하</td><td rowspan="2">100 이하</td><td rowspan="2">110 이하</td></tr>
<tr><td colspan="2">화물2</td><td>77 이하</td></tr>
<tr><td rowspan="3">화물3</td><td>원동기출력 97.5마력 이하</td><td>79 이하</td><td>103 이하</td><td rowspan="3">112 이하</td></tr>
<tr><td>원동기출력 97.5마력 초과 195마력 이하</td><td>79 이하</td><td>103 이하</td></tr>
<tr><td>원동기출력 195마력 초과</td><td>80 이하</td><td>105 이하</td></tr>
</table>

이륜 자동차	총배기량 500cc 초과	77 이하	105 이하	110 이하
	총배기량 500cc 이하 · 125cc 초과	74 이하		
	총배기량 125cc 이하	71 이하	102 이하	

참고

1. 경자동차 중 "가"는 주로 사람을 운송하기에 적합하게 제작된 자동차에 적용한다.
2. 경자동차 중 "나"는 참고 1. 외의 자동차에 적용한다.
3. 승용1에 해당되는 자동차 중 9인승의 자동차는 승용2의 가속주행소음기준을 적용한다.
4. 승용1에 해당되는 자동차 중 직접분사식 디젤원동기를 장착한 자동차의 가속주행소음기준은 1dB(A)를 가산하여 적용한다.
5. 승용자동차 중 환경부장관이 고시하는 오프로드(off-road)형 자동차의 가속주행소음기준은 2dB(A)를 가산하여 적용한다.
6. 화물2에 해당되는 자동차 중 차량 총중량 3톤 이상 3.5톤 이하의 자동차의 가속주행소음기준은 1dB(A)를 가산하고, 직접분사식 원동기를 장착한 자동차의 가속주행소음기준은 2dB(A)를 가산하여 적용한다.
7. 1995년 12월 31일 이전에 법 제33조제1항 또는 제2항에 따른 인증을 받은 승용1 및 승용2의 자동차에 대하여는 국제표준화기구의 자동차 가속주행소음측정방법에 관한 국제표준이 개정되어 이에 따라 환경부장관이 제작자동차의 소음측정방법을 개정하기 전까지는 가속주행소음 허용기준을 적용할 때에 그 허용기준을 77dB(A) 이하로 한다.
8. 가속주행소음기준은 국제표준화기구의 자동차 가속주행소음 시험도로에 관한 국제표준에 맞는 시험도로에서의 측정 결과에 의한 기준을 말하며, 국제표준화기구의 자동차 가속주행소음 측정방법에 따라 측정하는 경우에는 2dB(A)를 가산하여 적용하되, 이 경우 이륜자동차의 가속주행소음기준은 다목의 기준을 적용한다.
9. 1999년 12월 31일 이전에 법 제33조제1항 또는 제2항에 따른 인증을 받은 자동차에 대하여는 2000년 9월 30일까지 가목의 기준을 적용한다.

다. 2002년 1월 1일 이후에 제작되는 자동차

자동차 종류 \ 소음 항목			가속주행소음(dB(A)) 가	가속주행소음(dB(A)) 나	배기소음 (dB(A))	경적소음 (dB(C))
경자동차	가		74 이하	75 이하	100 이하	110 이하
	나		76 이하	77 이하		
승용 자동차	승용1		74 이하	75 이하	100 이하	110 이하
	승용2		76 이하	77 이하		
	승용3		77 이하	78 이하	100 이하	112 이하
	승용4	원동기출력 195마력 이하	78 이하	78 이하	103 이하	
		원동기출력 195마력 초과	80 이하	80 이하	105 이하	
화물 자동차	화물1		76 이하	77 이하	100 이하	110 이하
	화물2		77 이하	78 이하		
	화물3	원동기출력 97.5마력이하	77 이하	77 이하	103 이하	112 이하
		원동기출력 97.5마력 초과 195마력 이하	78 이하	78 이하	103 이하	
		원동기출력 195마력 초과	80 이하	80 이하	105 이하	
이륜	총배기량 175cc 초과		80 이하	80 이하	105 이하	110 이하

자동차	총배기량 175cc 이하 · 80cc 초과	77 이하	77 이하		
	총배기량 80cc 이하	75 이하	75 이하	102 이하	

참고
1. 경자동차 중 "가"는 주로 사람을 운송하기에 적합하게 제작된 자동차에 적용한다.
2. 경자동차 중 "나"는 참고 1. 외의 자동차에 적용한다.
3. 가속주행소음 중 "나"는 직접분사식(DI) 디젤원동기를 장착한 자동차에 적용한다.
4. 가속주행소음 중 "가"는 참고 3. 외의 자동차에 적용한다.
5. 승용자동차 중 차량 총중량 2톤 이상의 환경부장관이 고시하는 오프로드(off-road)형 자동차로서 원동기출력 195마력 미만인 자동차의 가속주행소음기준은 1dB(A)를 가산하여 적용하며, 원동기출력 195마력 이상인 자동차의 가속주행소음 기준은 2dB(A)를 가산하여 적용한다.
6. 가속주행소음기준은 국제표준화기구의 자동차 가속주행소음 측정방법에 따른 기준을 말한다.
7. 이륜자동차에 대하여는 국제표준화기구의 이륜자동차 가속주행소음 측정방법에 관한 국제표준이 개정되는 것에 따라 환경부장관이 이륜자동차의 소음측정방법을 개정하기 전까지 나목의 기준을 적용한다.

라. 2006년 1월 1일 이후에 제작되는 자동차

자동차 종류 \ 소음 항목			가속주행소음(dB(A)) 가	가속주행소음(dB(A)) 나	배기소음 (dB(A))	경적소음 (dB(C))
경자동차	가		74 이하	75 이하	100 이하	110 이하
	나		76 이하	77 이하		
승용자동차	소형		74 이하	75 이하	100 이하	110 이하
	중형		76 이하	77 이하		
	중대형		77 이하	78 이하	100 이하	112 이하
	대형	원동기출력 195마력 이하	78 이하	78 이하	103 이하	
		원동기출력 195마력 초과	80 이하	80 이하	105 이하	
화물자동차	소형		76 이하	77 이하	100 이하	110 이하
	중형		77 이하	78 이하		
	대형	원동기출력 97.5마력 이하	77 이하	77 이하	103 이하	112 이하
		원동기출력 97.5마력 초과 195마력 이하	78 이하	78 이하	103 이하	
		원동기출력 195마력 초과	80 이하	80 이하	105 이하	
이륜자동차	총배기량 175cc 초과		80 이하	80 이하	105 이하	110 이하
	총배기량 175cc 이하 · 80cc 초과		77 이하	77 이하		
	총배기량 80cc 이하		75 이하	75 이하	102 이하	

참고:
1. 위 표 중 경자동차의 "가"의 규정은 주로 사람을 운송하기에 적합하게 제작된 자동차에 대하여 적용하고, 위 표 중 경자동차의 "나"의 규정은 그 밖의 자동차에 대하여 적용한다.
2. 위 표 중 가속주행소음의 "나"의 규정은 직접분사식(DI) 디젤원동기를 장착한 자동차에 대하여 적용하고, 위 표 중 가속주행소음의 "가"의 규정은 그 밖의 자동차에 대하여 적용한다.
3. 차량 총중량 2톤 이상의 환경부장관이 고시하는 오프로드(off- road)형 승용자동차 중, 원동기 출력 195마력

미만인 자동차에 대하여는 위 표의 가속주행소음기준에 1dB(A)를 가산하여 적용하며, 원동기출력 195마력 이상인 자동차에 대하여는 위 표의 가속주행소음기준에 2dB(A)를 가산하여 적용한다.
4. 가속주행소음 기준은 국제표준화기구의 자동차 가속주행소음 측정방법에 따른 기준을 말한다.

2. 운행자동차

가. 1999년 12월 31일 이전에 제작되는 자동차

소음 항목 / 대상자동차 / 자동차 종류	배기소음(dB(A)) 1995년 12월 31일 이전에 제작된 자동차	배기소음(dB(A)) 1996년 1월 1일 이후에 제작되는 자동차	경적소음(dB(C)) 모든 자동차
경자동차	103 이하	100 이하	115 이하
승용자동차	103 이하	100 이하	
소형화물자동차	103 이하	100 이하	
중량자동차	107 이하	105 이하	
이륜자동차	110 이하	105 이하	

나. 2000년 1월 1일 이후에 제작되는 자동차

자동차 종류 \ 소음 항목		배기소음(dB(A))	경적소음(dB(C))
경자동차		100 이하	110 이하
승용 자동차	승용1	100 이하	110 이하
	승용2	100 이하	110 이하
	승용3	100 이하	112 이하
	승용4	105 이하	112 이하
화물 자동차	화물1	100 이하	110 이하
	화물2	100 이하	110 이하
	화물3	105 이하	112 이하
이륜자동차		105 이하	110 이하

다. 2006년 1월 1일 이후에 제작되는 자동차

자동차 종류 \ 소음 항목		배기소음(dB(A))	경적소음(dB(C))
경자동차		100 이하	110 이하
승용 자동차	소형	100 이하	110 이하
	중형	100 이하	110 이하
	중대형	100 이하	112 이하
	대형	105 이하	112 이하
화물 자동차	소형	100 이하	110 이하
	중형	100 이하	110 이하
	대형	105 이하	112 이하
이륜자동차		105 이하	110 이하

[별표 14]

자동차제작자의 검사·인증시험 인력 및 장비(제36조제1항 관련)

인력	장비
장비를 관리 · 운영할 수 있는 소음 · 기계 또는 자동차 검사 분야 의 「국가기술자격법」에 따른 산업기사 이상 1명	1. KSC1502에서 정한 보통소음계 또는 그와 동등하거나 그 이상의 성능을 지닌 소음계 및 그 부속기기 1조. 다만, 국제표준화기구의 자동차 가속주행소음 측정방법에 따라 측정하는 경우에는 IEC 60651에서 정한 Type I을 만족하는 소음계 및 그 부속기기 1조 2. 차속측정장치 및 그 부속기기 1조 3. 회전속도계 1대 4. 국제표준화기구의 자동차 가속주행소음 시험도로에 관한 국제표준에 맞는 시험도로 또는 1km 이상의 아스팔트 또는 콘크리트 주행시험로

참고
1. 장비사용에 관한 계약에 의하여 다른 사람의 장비를 이용하는 자는 검사 · 인증시험장비를 갖춘 것으로 본다.
2. 외국에서 반입하는 자동차의 외국제작자의 인력 및 장비의 기준은 환경부장관이 정하여 고시한다.

[별표 15]

운행차 정기검사의 방법·기준 및 대상 항목(제44조제1항 관련)

검사대상항목	검사기준	검사방법
1. 소음도 검사전 확인	소음 저감시설이 다음의 조건에 적합한지를 확인할 것	
가. 소음덮개	- 출고 당시에 부착된 소음덮개가 떼어지거나 훼손되어 있지 아니할 것	-소음덮개 등이 떼어지거나 훼손 되었는지를 눈으로 확인
나. 배기관 및 소음기	- 배기관 및 소음기를 확인하여 배출가스가 최종 배출구 전에서 유출되지 아니할 것	-자동차를 들어올려 배기관 및 소음기의 이음상태를 확인하여 배출가스가 최종 배출구 전에서 유출되는지를 확인
다. 경음기	-경음기가 추가로 부착되어 있지 아니할 것	-경음기를 눈으로 확인하거나 3초 이상 작동시켜 경음기를 추가로 부착하였는지를 귀로 확인
2. 소음도 측정	별표 13에 따른 운행 자동차의 소음허용기준에 맞을 것 -배기소음측정	-자동차의 변속장치를 중립 위치로 하고 정지가동상태에서 원동기의 최고 출력 시의 75% 회전속도로 4초 동안 운전하여 최대소음도를 측정. 다만, 원동기 회전속도계를 사용하지 아니하고

		배기소음을 측정할 때에는 정지가동상태에서 원동기 최고회전속도로 배기소음을 측정 ○이 경우 중량자동차는 5dB, 중량자동차 외의 자동차는 7dB을 측정치에서 뺀 값을 최종 측정치로 하며, 승용자동차 중 원동기가 차체 중간 또는 뒤쪽에 장착된 자동차는 8dB을 측정치에서 뺀 값을 최종 측정치로 함
	-경적소음측정	-자동차의 원동기를 가동시키지 아니한 정차상태에서 자동차의 경음기를 5초 동안 작동시켜 최대소음도를 측정. 이 경우 2개 이상의 경음기가 장치된 자동차는 경음기를 동시에 작동시킨 상태에서 측정
	-측정치의 산출	-측정 항목별로 소음측정기 지시치(자동기록장치를 사용한 경우에는 자동기록장치의 기록치)의 최대치를 측정치로 하며, 암소음은 지시치의 평균치로 함 -소음측정은 자동기록장치를 사용하는 것을 원칙으로 하고 배기소음의 경우 2회 이상 실시하여 측정치의 차이가 2dB을 초과하는 경우에는 측정치를 무효로 하고 다시 측정함 -암소음 측정은 각 측정 항목별로 측정 직전 또는 직후에 연속하여 10초 동안 실시하며, 순간적인 충격음 등은 암소음으로 취급하지 아니함 -자동차소음과 암소음의 측정치의 차이가 3dB 이상 10dB 미만인 경우에는 자동차로 인한 소음의 측정치로부터 아래의 보정치를 뺀 값을 최종 측정치로 하고, 차이가 3dB 미만일 때에는 측정치를 무효로 함

단위: dB(A), dB(C)

자동차소음과 암소음의 측정치 차이	3	4~5	6~9
보정치	3	2	1

- 자동차소음의 2회 이상 측정치(보정한 것을 포함한다) 중 가장 큰 값을 최종 측정치로 함

참고

1. 위 표에서 정한 사항 외에 대하여는 제41조제2항에 따라 운행차소음 측정방법에 관한 환경부장관의 고시를 준용한다.
2. 운행차정기검사대행자는 1999년 12월 31일까지는 검사대행자동차의 소음기·소음덮개·경음기 등의 임의변경 여부와 자동차의 노후상태 등을 관능 및 서류로 확인하여 기준초과 우려가 있는 차량에 대하여는 소음측정을 실시할 수 있다.

[별표 16]

운행차정기검사대행자 및 확인검사대행자의 장비·기술능력

(제44조제2항 및 제50조 관련)

구분	장비	기술능력
1. 운행차 정기검사대행자	가. KSC1502에서 정한 보통소음계 또는 그와 동등하거나 그 이상의 성능을 지닌 소음계 및 그 부속기기 1조 이상 나. 그 밖에 검사 업무 수행에 필요한 시설 및 장비	가. 자동차정비산업기사 이상, 자동차검사산업기사 이상, 건설기계정비산업기사 이상, 대기환경산업기사 이상 또는 소음·진동산업기사 이상 중 1명 나. 자동차정비기능사 이상 또는 건설기계기관정비기능사 또는 자동차검사기능사 이상 중 1명
2.확인검사 대행자		가. 자동차정비산업기사 이상, 자동차검사산업기사 이상, 건설기계정비산업기사 이상, 대기환경산업기사 이상 또는 소음·진동산업기사 이상 중 1명 나. 자동차정비기능사 이상, 건설기계기관정비기능사 이상, 자동차검사기능사 이상 또는 소음·진동기능사 이상 중 1명

참고

1. 기술능력 및 장비는 「대기환경보전법 시행규칙」 별표 27에 따른 운행차정기검사대행자 또는 확인검사대행자의 기술능력 및 장비와 중복되는 경우에는 그 기술능력 및 장비로 갈음할 수 있다.
2. 산업기사 이상 기술자격 소지자는 해당 기술 분야 기능사 기술자격의 취득 후 해당 기술 분야에서 5년 이상 근무한 경력이 있는 자로 대체할 수 있으며, 기능사 이상의 기술자격 소지자는 해당 기술 분야에서 5년 이상 근무한 경력이 있는 자로 대체할 수 있다.
3. 운행차정기검사대행자와 확인검사대행자로 동시에 지정을 받으려는 자는 장비 및 기술능력을 중복하여 갖추지 아니할 수 있다.
4. 운행차정기검사대행자의 기술능력란 중 2.의 기술능력은 「자동차관리법」 제44조제1항 및 「건설기계관리법」 제14조제1항에 따른 검사대행자 또는 「자동차관리법」 제45조제1항에 따른 지정정비사업자로 지정을 받은 자에 대하여 이를 갖춘 것으로 본다.

[별표 17]

사용정지표지(제47조 관련)

(앞면)

<table>
<tr><td>
사용정지

자동차등록번호: 점검당시 누적주행거리: km
사용정지기간: 년 월 일부터 년 월 일까지
사용정지기간 중 주차 장소:

위의 자동차는 「소음 · 진동규제법」 제38조제2항에 따라 사용정지를 명함
[인]
</td></tr>
</table>

134㎜×190㎜[인쇄용지(특급) 120g/㎡]

(뒷면)

<table>
<tr><td>
이 표지는 “사용정지기간” 내에는 제거하지 못함

참고
1. 바탕색은 노란색으로, 문자는 검은색으로 한다.
2. 이 표는 자동차의 전면유리창 오른 쪽 상단에 붙인다.
유의 사항
1. 이 표는 사용정지기간 내에는 부착위치를 변경하거나 훼손하여서는 아니 됩니다.
2. 이 표의 제거는 사용정지기간이 지난 후에 담당 공무원이 제거하거나 담당공무원의 확인을 받아 제거하여야 합니다.
3. 이 자동차를 사용정지기간 중에 사용하는 경우에는 「소음 · 진동규제법」 제58조제6호에 따라 6개월 이하의 징역 또는 200만원 이하의 벌금에 처하게 됩니다.
</td></tr>
</table>

[별표 18]

확인검사대행자의 준수 사항(제54조 관련)

1. 확인검사대행자는 제44조제1항에 따른 정기검사방법과 기준을 지켜야 한다.
2. 검사 업무는 반드시 기술요원이 실시하여야 하며, 거짓으로 검사하여서는 아니 된다.
3. 「환경분야 시험 · 검사 등에 관한 법률」 제9조 및 제11조에 따른 형식승인 및 정도검사를 받은 시험장비를 사용하여야 한다.

[별표 19]

<u>소음도표지</u>(제59조 관련)

○ 크기 : 80㎜×80㎜(기계의 크기와 부착 위치에 따라 조정합니다)

○ 색상 : 회색판에 검은색 문자를 씁니다.

○ 재질 : 쉽게 훼손되지 아니하는 금속성이나 이와 유사한 강도의 재질이어야 합니다.

○ 부착방법: 기계별로 눈에 잘 띄고 작업으로 인한 훼손이 되지 아니하는 위치에 떨어지지 아니하도록 부착하여야 합니다.

[별표 20]

<u>소음도 검사기관의 준수 사항</u>(제63조 관련)

1. 소음도 검사는 직접검사를 원칙으로 하며, 기술직 1명 이상을 참여시켜 검사를 실시하여야 한다. 소음도 검사신청자가 현장검사를 요구하는 경우에는 검사장 및 시설 · 장비 등이 적합한지를 확인하여 현장검사를 할 수 있다.
2. 소음도 검사기계 · 장비는 「환경분야 시험 · 검사 등에 관한 법률」 제9조 및 제11조에 따른 형식승인 및 정도검사를 받은 기계 · 장비를 사용하여야 한다.
3. 제58조에 따른 소음도 검사방법에 따라 소음도 검사를 실시하여야 한다.
4. 소음도 검사기관의 장은 다음 각 목의 서류를 작성하여 5년간 보존하여야 한다.
   가. 소음도 검사 신청 서류
   나. 소음도 검사기록부
   다. 소음도 검사 관련 서류

[**별표 21**] <개정 2009.1.14>

행정처분기준(제73조 관련)

1. 일반기준

가. 위반행위가 둘 이상일 때에는 각 위반 사항에 따라 각각 처분한다.

나. 위반행위의 횟수에 따른 행정처분기준은 해당 위반행위가 있었던 날 이전 최근 1년(제2호가목의 경우에는 최근 2년)간 같은 위반행위로 행정처분을 받은 경우에 적용한다.

다. 이 기준에 명시되지 아니한 사항으로서 처분의 대상이 되는 사항이 있을 때에는 이 기준 중 가장 유사한 사항에 따라 처분한다.

라. 처분권자는 위반행위의 동기·내용·횟수 및 위반의 정도 등 다음 사항에 해당하는 사유를 고려하여 그 처분(허가취소, 등록취소, 지정취소 또는 폐쇄명령인 경우는 제외한다)을 감경할 수 있다. 이 경우 그 처분이 조업정지, 업무정지 또는 영업정지인 경우에는 그 처분기준의 2분의 1의 범위에서 감경할 수 있다.

1) 위반행위가 고의나 중대한 과실이 아닌 사소한 부주의나 오류로 인한 것으로 인정되는 경우

2) 위반의 내용·정도가 경미하여 주변에 미치는 피해가 적거나 신속하게 사후조치를 하였다고 인정되는 경우

3) 위반 행위자가 처음 해당 위반행위를 한 경우로서 5년 이상 모범적으로 영업하여 온 사실이 인정되는 경우

4) 그 밖에 공익을 위하여 행정처분 기간을 줄일 필요가 있는 경우

2. 개별기준

가. 배출시설 및 방지시설 등과 관련된 행정처분기준

위반 사항	근거 법령	행정처분기준			
		1차	2차	3차	4차
1) 법 제7조 및 제12조제2항에 따른 배출허용기준을 초과한 경우	법 제15조, 법 제16조	개선명령	개선명령	개선명령	조업정지
2) 법 제9조에 따른 방지시설을 설치하지 아니하고 배출시설을 가동한 경우	법 제17조	조업정지	허가취소		
3) 법 제7조에 따른 배출허용기준을 초과한 공장에 대하여 개선명령을 하여도 당해 공장의 위치에서는 이를 이행할 수 없는 경우	법 제18조	폐쇄			
4) 법 제8조제1항에 따른 배출시설설치의 신고를 하지 아니하거나 허가를 받지 아니하고 배출시설을 설치한 경우					
가) 해당 지역이 배출시설의 설치가 가능한 지역일 경우	법 제18조	사용중지 명령			

나) 해당 지역이 배출시설의 설치가 불가능한 지역일 경우	법 제18조	폐쇄			
5) 다음의 명령을 이행하지 아니한 경우					
가) 법 제15조에 따른 개선명령을 받은 자가 이를 이행하지 아니한 경우	법 제17조	조업정지	폐쇄, 허가취소		
나) 법 제16조 및 법 제17조에 따른 조업정지 명령을 받은 자가 조업정지일 이후에 조업을 계속한 경우	법 제17조	조업정지(조업정지기간 중 조업한 기간)	폐쇄, 허가취소		
6) 법 제13조제1항에 따른 가동개시신고(이행완료 보고를 포함한다)를 하지 아니하고 조업을 한 경우	법 제17조	경고	폐쇄, 허가취소		
7) 법 제8조제2항에 따른 배출시설변경신고를 이행하지 아니한 경우	법 제17조	경고	경고	조업정지 5일	조업정지 10일
8) 법 제19조에 따른 환경기술인을 임명하지 아니한 경우	법 제17조	환경기술인 선임명령	경고	조업정지 5일	조업정지 10일

참고

1. 개선명령 및 조업정지명령기간은 해당 처분의 이행에 따른 시설의 규모, 기술능력, 기계·기술의 종류 등을 감안하여 정하되, 제15조 따른 기간을 초과하여서는 아니 된다.
2. 5)의 나)의 경우 1차 경고한 날부터 5일 이내에 사용중지명령 또는 조업정지명령의 이행상태를 확인하고, 그 결과에 따라 다음 단계의 조치를 하여야 한다.
3. 조업정지(사용중지를 포함한다. 이하 이 호에서 같다)기간은 조업정지처분서에 명시된 조업정지일부터 1) 및 5)의 가)는 해당 시설의 개선완료일까지, 2)는 방지시설설치완료일까지, 4)의 가)는 가동개시일까지로 하되, 해당 위반 사항을 확인한 날부터 5일 이내에 조업정지를 개시하도록 하여야 한다.
4. 행정처분기준을 적용함에 있어서 소음규제기준에 대한 위반행위와 진동 규제기준에 대한 위반행위는 합산하지 아니하고, 각각 산정하여 적용한다.

나. 생활소음·진동의 규제와 관련한 행정처분기준

위반 사항	근거법령	소음원	행정처분기준			
			1차	2차	3차	4차
1) 법 제21조제2항에 따른 생활소음·진동의 규제기준을 초과한 경우	법 제23조 제1항	공사장, 공장·사업장으로 한정함	작업시간의 조정, 방음·방진시설의 설치, 저소음건설기계의 사용 등의 명령	작업시간의 조정, 방음·방진시설의 설치, 저소음건설기계의 사용 등의 명령	작업시간의 조정, 방음·방진시설의 설치, 저소음건설기계의 사용 등의 명령	소음·진동발생 행위의 중지명령
		확성기로 한정함	소리의 크기조절 등의 명령	소음·진동발생행위의 중지명령		

2) 법 제23조제1항에 따른 작업시간조정 등의 명령을 이행하지 아니한 경우	법 제23조 제2항		규제 대상 소음원의 사용금지 명령	공사중지명령		
3) 법 제24조에 따른 이동소음 규제지역에서 이동소음원을 사용한 경우	법 제24조 제1항		이동소음원의 사용금지, 소리의 크기조절, 사용시간의 제한 등의 명령			

참고:

1. 1)의 "저소음건설기계의 사용명령"은 공사장의 경우에만 적용한다.
2. 1)의 행정처분기간 중에는 규제기준 이하로 유지하도록 조치하여야 하고, 1)의 행정처분기준 중 "소음·진동발생행위의 중지명령"이란 공사장의 경우에는 특정공사 사전신고 대상 기계·장비의 사용을 금지하는 것을 말하며, 공장·사업장의 경우에는 규제기준 이하로 유지하도록 조치하는 것을 말하며, 확성기의 경우에는 확성기 사용의 중지를 말한다.
3. 2)의 "규제대상 소음원의 사용금지명령"이란 소음을 발생하는 기계나 장비의 사용을 금지하는 것을 말하며, 공사중지명령의 대상은 제21조에 따른 특정 공사에 한정한다.
4. 2)의 위반 사항을 확인한 날부터 5일 이내에 규제 대상 소음원의 사용금지 또는 공사중지를 명하여야 한다.
5. 행정처분기준을 적용함에 있어서 소음규제기준에 대한 위반행위와 진동 규제기준에 대한 위반행위는 합산하지 아니하고, 각각 산정하여 적용한다.

다. 교통소음·진동의 규제와 관련한 행정처분기준

위반 사항	근거 법령	행정처분기준			
		1차	2차	3차	4차
1) 법 제34조제1호에 따른 속임수 그 밖의 부정한 방법으로 인증을 받은 경우	법 제34조 제1호	인증취소			
2) 법 제34조제2호에 따른 제작차에 중대한 결함이 발생되어 개선을 하여도 제작차 소음허용기준을 유지할 수 없는 경우	법 제34조 제2호	인증취소			
3) 법 제36조제1항에 따른 운행차에 대한 점검 결과 운행차 소음허용기준을 초과한 경우	법 제36조 제1항	개선명령			
4) 법 제36조제1항에 따른 운행차 수시점검의 결과					
가) 소음기나 소음덮개를 떼어버리거나 경음기를 추가로 부착한 경우	법 제38조	개선명령			
나) 3) 및 (가)에 동시에 해당하는 경우	법 제38조	개선명령 및 사용정지 2일			

라. 확인검사대행자와 관련한 행정처분기준

위반 사항	근거 법령	행정처분기준			
		1차	2차	3차	4차
1) 법 제41조제1항에 따른 확인검사대행자가 보유하여야 할 기술능력이 부족한 경우	법 제43조	경고	경고	등록취소	
2) 법 제41조제1항에 따른 확인검사대행자가 보유하여야 할 기술능력이 전혀 없는 경우	법 제43조	등록취소			
3) 법 제41조제1항에 따른 확인검사대행자가 구비하여야 할 시험장비가 부족한 경우	법 제43조	경고	경고	등록취소	
4) 법 제41조제1항에 따른 확인검사대행자가 구비하여야 할 시험장비가 전혀 없는 경우	법 제43조	등록취소			
5) 법 제41조제2항에 따른 확인검사대행자 준수사항을 위반한 경우	법 제43조	경고	경고	경고	등록취소

마. 소음도 검사기관과 관련한 행정처분기준

위반 사항	근거 법령	행정처분기준		
		1차	2차	3차
1) 법 제45조제1항에 따른 소음도 검사기관이 거짓이나 그 밖의 부정한 방법으로 지정을 받은 경우	법 제45조 제5항제1호	지정취소		
2) 법 제45조제1항에 따른 소음도 검사기관이 보유하여야 할 기술인력이 부족한 경우	법 제45조 제5항제2호	경고	경고	지정취소
3) 법 제45조제1항에 따른 소음도 검사기관이 보유하여야 할 기술인력이 전혀 없는 경우	법 제45조 제5항제2호	지정취소		
4) 법 제45조제1항에 따른 소음도 검사기관이 구비하여야 할 검사장 및 시설·장비가 부족한 경우	법 제45조 제5항제2호	경고	경고	지정취소
5) 법 제45조제1항에 따른 소음도 검사기관이 구비하여야 할 검사장 및 시설·장비가 전혀 없는 경우	법 제45조 제5항제2호	지정취소		
6) 법 제45조제4항에 따른 소음도 검사기관 준수 사항을 위반한 경우	법 제45조 제5항제3호	경고	경고	지정취소
7) 법 제45조제1항에 따른 소음도 검사기관이 고의 또는 중대한 과실로 소음도 검사를 부실하게 한 경우	법 제45조 제5항제4호	영업정지 1개월	영업정지 3개월	지정취소

부록

Ⅰ. 자재별 음향특성

1. 일반 건축자재별 투과손실

단위 : dB

구 분 / 자재명	두께 (mm)	면밀도 (kg/m^2)	옥타브밴드 중심주파수(Hz)					
			125	250	500	1,000	2,000	4,000
벽돌	100	-	30	36	37	37	37	43
灰로 만든(cinder)블럭(속이 빔)	200	-	33	33	33	39	45	51
중간 이공경석 블럭	100	75.7	8	5	9	14	19	17
콘크리트 블럭	100	160	19	24	28	32	36	40
콘크리트 블럭(경량, 페인트칠)	150	-	38	36	40	45	50	56
경량블럭의 단면에 plaster 바름	100	99.5	31	27	35	36	40	47
경량블럭 양면에 plaster 바름	100	1235	32	34	36	39	42	52
콘크리트블럭의 양면에 plaster 바름	100	160	33	37	42	49	56	57
콘크리트블럭의 양면에 mortar 바름	100	180	31	35	45	52	56	56
석면슬레이트 小波板	6.5	-	15	19	24	26	31	44
플렉시블 시-트	4	7.1	18	22	23	28	33	36
석면슬레이트에 石綿小波板接着	4+6.5	-	18	18	23	33	33	44
플렉시블 시-트	6	11	19	25	25	31	34	28
석면슬레이트판	20	-	24	26	32	28	37	50
무기물을 혼입한 섬유질 타일	16	-	30	32	39	43	53	60
다공이 있는 섬유 차음판넬	100	-	28	34	40	48	56	62
슬레이트에 木毛板積層材	3+9+3	25.6	29	29	31	35	38	37
슬레이트에 木毛板접착	3+17	18.4	34	28	28	34	39	33
플렉시블 보드+유리솜+플렉시블 보드	4+22+4	17.6	26	32	32	39	38	37
유리블럭 140×140(mm)	95	-	41	35	29	31	30	37
유리블럭 210×100(mm)	33	-	33	28	27	33	42	50
유리블럭 145×145(mm)	95	67	30	32	38	46	53	39
유리블럭 193×193(mm)	95	97	28	27	36	42	31	37
판유리	3	7.2	10	18	23	29	32	26
판유리	5	13	12	22	26	31	26	32
판유리	6	15	11	23	27	31	24	37
판유리	8	-	18	25	29	31	51	40
철판	-	5.9	-	25	21	29	35	-
강철판	-	10	15	19	31	32	35	38
강철판	-	12.5	21	30	34	37	40	47
연판	-	19.0	-	32	33	32	32	-
알루미늄판	-	1.71	-	18	13	18	23	-
철골 plaster 2중벽	21	85.9	21	25	32	43	39	58
철골 plaster 2중벽 내에 岩綿 충진	26	–	26	24	37	47	50	69
철골 plaster 이중벽	30	95.7	30	28	35	40	43	53

자 재 명 \ 구 분	두께 (mm)	면밀도 (kg/m²)	옥타브밴드 중심주파수(Hz)					
			125	250	500	1,000	2,000	4,000
납비닐 커튼	-	7.5	22	23	25	31	35	42
딱딱한 나무로 만든 문	670	-	26	33	40	43	48	51
합 판	6.35	3.5	17	15	20	24	28	27
합 판	19	10	24	22	27	28	25	27

2. 일반 건축자재의 흡음율

자 재 명 \ 구 분	옥타브밴드 중심주파수(Hz)					
	125	250	500	1,000	2,000	4,000
벽돌(결이 거칠지 않음)	0.03	0.03	0.03	0.04	0.05	0.07
벽돌(결이 거칠지 않음, 페인트 칠)	0.01	0.01	0.02	0.02	0.02	0.03
스폰지 고무 위에 카페트	0.08	0.24	0.57	0.69	0.71	0.73
콘크리트 위에 카페트	0.02	0.06	0.14	0.37	0.60	0.65
콘크리트 블럭(결이 거침)	0.36	0.44	0.31	0.29	0.39	0.25
콘크리트 블럭(페인트 칠)	0.10	0.05	0.06	0.07	0.09	0.08
바닥(콘크리트 또는 콘크리트 인조석)	0.01	0.01	0.015	0.02	0.02	0.02
바닥(콘크리트 바닥 위에 탄력적인 마루)	0.02	0.03	0.03	0.03	0.03	0.02
바닥(딱딱한 나무)	0.15	0.11	0.10	0.07	0.06	0.07
유리(중판)	0.18	0.06	0.04	0.03	0.02	0.02
유리(표준유리창)	0.35	0.25	0.18	0.12	0.07	0.04
석고 보드(13mm)	0.29	0.10	0.05	0.04	0.07	0.09
판넬(glassfiber, 두께 38mm)	0.86	0.91	0.80	0.89	0.62	0.47
판넬(다공질 재료 두께 100mm)	0.70	0.99	0.99	0.99	0.94	0.83
판넬(glassfiber로 절연한 다공질재료 두께 50mm)	0.21	0.87	1.52	1.52	1.34	1.22
판넬(광섬유로 절연한 다공질재료, 100mm)	0.89	1.20	1.16	1.09	1.01	1.03
합판(두께 10mm)	0.28	0.22	0.17	0.09	0.10	0.11
plaster, 석고 또는 석회(거친연마)	0.02	0.03	0.04	0.05	0.04	0.03
plaster, 석고 또는 석회(잘 연마)	0.02	0.02	0.03	0.04	0.04	0.03
폴리우레탄 폼(두께 25.4mm)	0.16	0.25	0.45	0.84	0.97	0.87
타일(천정, 광섬유질)	0.18	0.45	0.81	0.97	0.93	0.82
타일(대리석 또는 인조대리석)	0.01	0.01	0.01	0.01	0.02	0.02
나무(고형, 두께 50mm)	0.01	0.05	0.05	0.04	0.04	0.04
피 륙(輕)	0.04	-	0.11	-	0.30	-
피 륙(重)	0.10	-	0.50	-	0.82	-
모 전	0.13	-	0.56	-	0.65	-

3. 시공방법에 따른 흡음율(공기층 효과)

시공방법 \ 구 분	옥타브밴드 중심주파수(Hz)					
	125	250	500	1,000	2,000	4,000
glass wool(밀도 25kg/m^3, 두께 25mm)벽에 밀착 시공	0.06	0.20	0.65	0.90	0.95	0.98
glass wool 보드(100kg/m^3, 25mm)벽에 밀착시공	0.03	0.17	0.63	0.87	0.96	0.96
glass wool 보드(100kg/m^3, 25mm) 25mm 공기층	0.04	0.26	0.78	0.99	0.99	0.98
glass wool 보드(100kg/m^3, 25mm) 50mm 공기층	0.17	0.40	0.94	0.99	0.97	0.99
glass wool 보드(0.6×1.2m, 두께 16mm)를 공기층 40cm 두고 7군데 마운팅	0.40	0.46	0.60	0.99	0.87	0.58

II. 소음·진동관련 한국산업규격

한국산업규격 자료는 아래 사이트에서 열람 가능합니다.

http://www.standard.go.kr/code02/user/0B/03/SerKs_Search.asp?OlapCode=STAU020201

1. 보통소음계 KS C1502

2. 진동레벨계 KS C1507

3. 잔향식 내의 흡음률 측정방법 KS F 2805

4. 건물 부재의 공기 전달음 차단성능 실험실 측정방법 KS F 2808

5. 공기 전달음 차단 성능 현장측정방법 KS F 2809

6. 바닥 충격음 차단 성능 현장 측정방법-
   제1부 : 표준 경량 충격원에 의한 방법 KS F 2810-1

7. 바닥 충격음 차단 성능 현장 측정방법-
   제2부 : 표준 중량 충격원에 의한 방법 KS F 2810-2

8. 건물 및 건물 부재의 바닥 충격음 차단 성능 평가방법
   제1부 : 표준 경량 충격원에 대한 차단 성능 KS F 2863-1

9. 건물 및 건물 부재의 바닥 충격음 차단 성능 평가방법
   제2부 : 표준 중량 충격원에 대한 차단 성능 KS F 2863-2

10. 콘크리트 슬래브 위 마감 구조의 경량 충격음 저감량 실험실 측정방법
    KS F 2865

Ⅲ. 여러 외국의 작업환경 소음규제의 예

1. 난청자의 음의 청취

음을 감지하는 능력을 청력이라 하며, 이 청력의 저하 정도를 알기 위해서는 audiometer를 사용한 순음청력검사를 행해야 한다. 순음청력 검사의 결과를 청력도에 표시하고 각 주파수별 순음의 청각역치를 프로팅하여 그린다. 청력손실은 어떤 주파수에 대해 정상 귀의 최소가청치와 피검자와의 최소가청치와의 비를 dB로 나타낸 것으로, 이 청력손실이 500~2,000Hz 범위에서 25dB 이상이 되면 난청이 됨을 의미한다.

$$\text{평균 청력손실} = \frac{a+2b+c}{4} \text{(dB)}$$

여기서, a : 옥타브밴드 중심주파수 500Hz의 청력손실 dB

b : 옥타브밴드 중심주파수 1,000Hz의 청력손실 dB

c : 옥타브밴드 중심주파수 2,000Hz의 청력손실 dB

청력손실과 음성청취와의 관계를 보인 것은 [표 1]과 같다.

표 1 청력손실 음성청취

청력손실	청 취
20dB 이하	정상적으로 들음
20~30dB	적은 대화 및 목소리는 듣기 어려움 보통 회화는 부자유하지 않음
30~40dB	1대 1의 회화는 곤란하지 않지만 틀리게 들을 때가 많다. 3~5m 이상 떨어진 경우나 회의를 할 경우 보통 목소리는 청취가 곤란
40~60dB	1m 거리에서 큰 소리는 듣지만 틀리게 들을 때가 많다. 집단회화시 청취곤란, 발성에도 영향이 나타난다.

한편, 일본에서 조사된 소음에 의한 영향은 [그림 1]과 같다.

2. 기타 외국의 작업소음 규제의 예

2.1 일본(산업위생학회의 권고)

2.1.1 소음허용기준

상습적인 폭로에 대한 소음 허용기준은 청력보호의 입장에서 다음과 같이 정하고 있다.

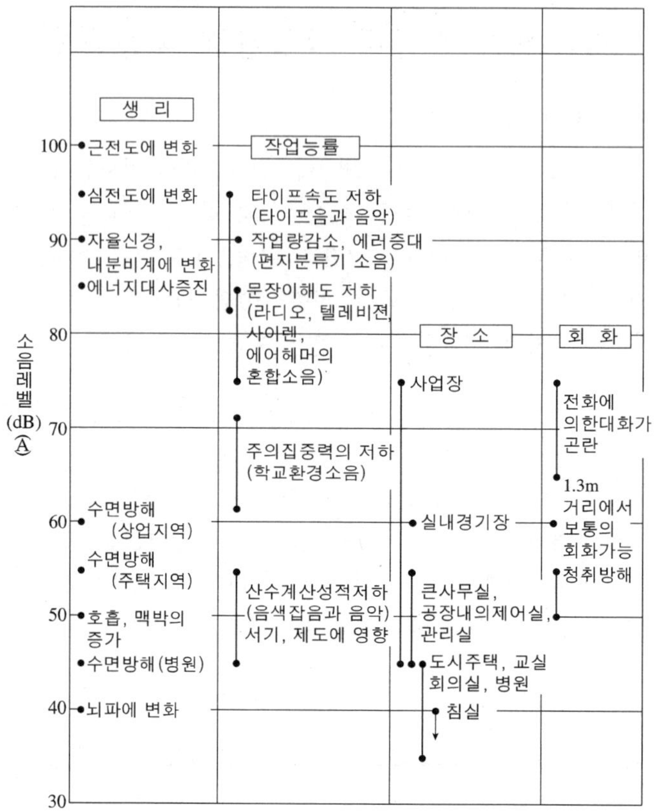

그림 1 소음의 영향

(1) 허용기준

[그림 2] 및 [표 2]에 나타낸 값을 허용기준이라 한다. 이 기준이하로 되면 1일 8시간 이내의 폭로가 상습적으로 10년 이상 지속되는 경우에도 영구적 청력손실(PTS)은 1kHz 이하의 주파수에서 10dB 이하, 2kHz에서 15dB 이하, 3kHz 이상의 주파수에서 20dB 이하로 유지된다.

(2) 적용하는 소음

광대역소음 및 협대역소음(대역폭이 1/3옥타브 이하인 소음)에 적용한다. 여기서 순음은 협대역 소음으로 보고 잠정적으로 이 기준을 적용한다. 또 충격소음은 제외한다.

(3) 적용방법

a. 1일의 폭로가 연속적으로 행하여지는 경우에 각 폭로시간에 대해 주어지 것은 [그림 2] 또는 [표 2]의 수치를 사용한다.

b. 1일의 폭로가 계속적으로 행하여지는 경우에는 소음의 실효휴지 간을 제외한 폭로시간

의 합계를 연속폭로의 경우와 등가한 폭로시간으로 보고 [그림 2] 또는 [표 2]의 수치를 사용한다. 여기서 실효휴지시간 소음레벨이란 8시간 폭로에 대해 허용기준 이하로 유지되는 시간을 의미한다.

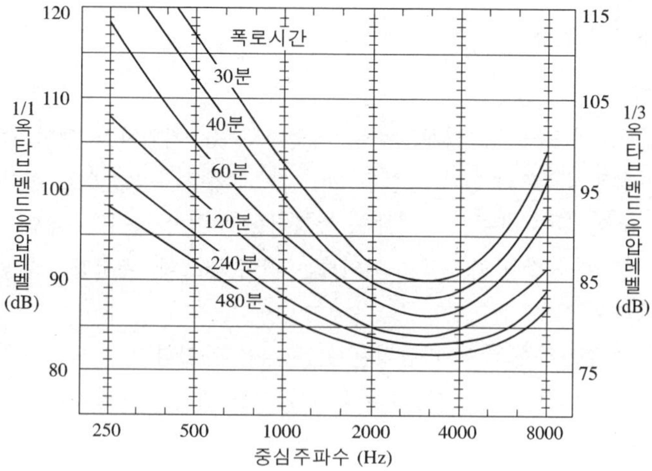

그림 2 소음의 허용기준(일본산업위생학회)

표 2 소음의 허용기준(일본산업위생학회)

중심주파수(Hz)	각 폭로시간에 대한 허용 옥타브밴드 레벨(dB)					
	480분	240분	120분	60분	40분	30분
250	98	102	108	118	120	120
500	92	95	99	105	112	117
1,000	86	88	91	95	99	103
2,000	83	84	85	88	90	92
3,000	82	83	84	86	88	90
4,000	82	83	85	87	89	91
8,000	87	89	92	97	101	105

c. 대상소음을 1/1옥타브밴드 필터를 사용하여 분석하는 경우에는 [그림 2]의 좌측 종선 또는 [표 2]를 사용하고, 1/3옥타브밴드나 협대역폭을 갖는 필터로 분석한 경우에는 [그림 2]의 우측 종선 또는 [표 2]의 수치로부터 5를 뺀 수치를 사용한다.

(4) 소음레벨에 따른 허용기준

소음계의 A특성으로 측정한 90dB(A)가 8시간 폭로에 대한 허용기준에 상당하지만 원칙적으로 소음의 주파수 분석을 행할 필요가 있다.

(5) 측정방법

"JIS Z 8731" 준용

a. 측정법

단위작업장소의 소음원, 기계, 설비, 작업자 등을 기입하여 평면도를 작성하고 거기에서 5m 이내의 등간격으로 종선과 횡선을 그어 그 교점을 측정점으로 한다. 작업위치 및 통로가 입체적으로 되어 있는 경우는 그곳에도 측정점을 두어야 한다. 기계의 배치, 측정자의 위험방지 등으로 측정이 곤란한 측정점은 제외하는 것이 좋으며, 측정점은 단위작업장소에 대해 3점 이상이 필요하다.

측정점으로 추가하는 것이 바람직한 곳은 다음과 같다.

① 작업자의 귀 부근 위치 (특히 소음원이 되는 기계가 작업자와 같이 이동하는 경우에 필요하다).
② 특별히 문제되는 기계로부터 1m 위치
③ 상시 사용하는 크레인 등의 중장비 운전석

b. 측정기

소음계는 일본공업규격 JIS C 1502 "보통소음계"의 규격에 적합한 것 또는 이와 동등 이상의 성능을 갖는 것으로 한다. 이것은 계량법에 정한 보통소음계와 정밀소음계가 해당되며, 일반적으로 보통소음계가 사용된다. 측정을 정확하고 신속하게 행하기 위해 기록계를 사용하여 소음도를 기록하는 방법이 바람직하다. 이 경우 사용하는 소음계와 동등의 지시특성을 갖는 기록계를 쓰지 않으면 안된다.

c. 측정조건

① 소음계의 주파수 보정회로는 A특성을 사용한다.
② 소음계 및 기록계의 동특성은 빠름(fast)을 사용한다.
③ 마이크로폰의 위치는 1.2(~1.5)m로 한다.

d. 측정치

측정치는 다음과 같은 방법으로 결정한다.

① 소음계의 지시치가 변동하지 않는 경우에는 당해 지시치로 한다.
② 소음계의 지시치가 대략 규칙적으로 변동하는 경우에는 당해 지시치의 최대치로 한다.
③ 소음계의 지시치가 불규칙하게 변동하는 경우에는 대략 5초 간격으로 최대치를 10회 이상 판독하여 산술평균 값으로 한다.

2.1.2 충격소음의 허용기준

작업장에서의 충격소음 허용기준은 잠정적으로 다음과 같이 정한다.

(1) 허용기준

1일 근로시간 중 충격소음의 총 폭로회수가 100회 이하인 경우는 [그림 3]에 표시한 충격소음 지속시간에 대응하는 피이크 음압레벨을 허용기준으로 한다.

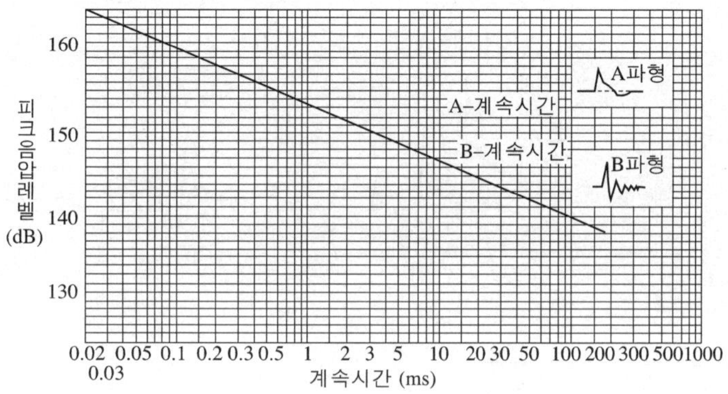

그림 3 충격소음의 허용기준(폭로회수 100회 이하의 경우)

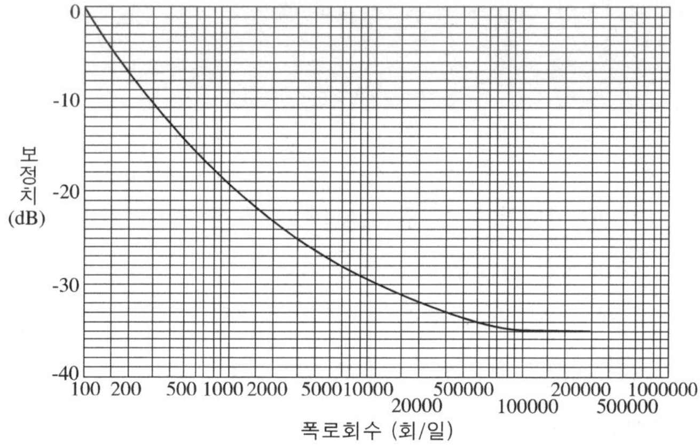

그림 4 충격소음의 폭로회수에 대한 보정치

1일 근로시간 중 충격소음의 총 폭로회수가 100회를 초과하는 경우에는 [그림 4]에 나타낸 충격소음 폭로회수의 상위에 대한 보정치를 [그림 3]으로부터 구한 피이크레벨에 가산한 것을 허용기준으로 한다.

이 기준 이하로 되면 폭로가 10년 이상 상습적으로 지속되는 경우에도 영구적 청력손실(PTS)이 1kHz 이하의 주파수에서 20dB 이하, 2kHz에서 15dB 이하, 3kHz 이상의 주파수에서 20dB 이하로 유지됨을 기대할 수 있다.

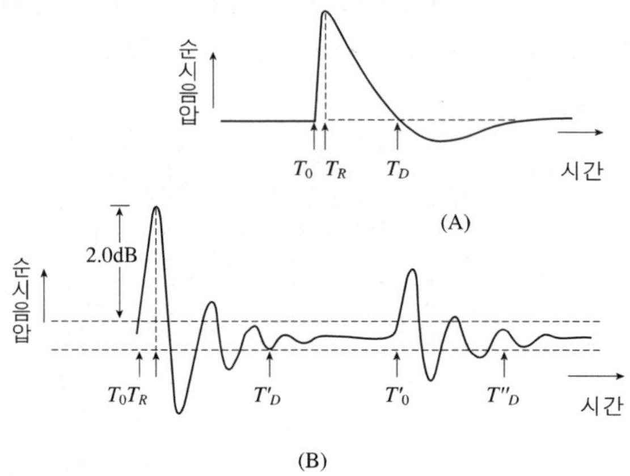

그림 5 충격소음의 측정

(2) 적용하는 소음

충격소음에 대해서만 적용하며 충격소음과 정상소음이 복합하는 경우에는 원칙적으로 제외한다.

(3) 측정방법

충격소음측정은 오실로스코프를 사용하고 그 파형에 따라 [그림 5(A),(B)]에 나타낸 것과 같이 이것을 2종류로 대별한다. [그림 5(A)]의 경우는 지속시간을 T_0부터 T_D까지의 시간으로 하며, 이를 A지속시간(A-duration)이라 한다.

[그림 5(B)]의 경우 반사음이 없을 때는 T_0부터 T_D'까지의 시간을, 반사음이 있을 때는 T_0부터 T_D'까지의 시간과 T_0'부터 T_D''까지의 시간의 합을 지속시간이라 하며, 이를 B지속시간(B-duration)이라 한다. (B)의 경우에 음압의 변화를 나타내는 파형의 포락선(envelope)이 피이크 음압보다도 20dB 낮은 값을 나타내는 선과의 교점에서 T_D' 혹은 T_D''를 구한다. 반사음이 2개 이상인 경우에도 동일하게 취급한다.

2.2 ISO 권장규격(R 1999)

ISO 권장규격 R 1999는 청력보호에 관한 직업성 소음폭로의 평가방법을 나타낸 것이다. 이 ISO 권장규격은 직업성 소음폭로와 청력장해의 추정발생율(위험율)과의 관계를 정한 것이다. 즉, 소음레벨과 지속시간으로 나타내는 소음폭로와 직업성 소음폭로에 따라 청력장해가 발생될 것으로 추정되는 사람의 율과의 관계를 구한다. 또 이 규격은 회화를 이해하기 위한 청력유지를 고려하고 있으며 회화의 명료도에 관계하는 주파수별 청력레벨의 허용한계를 정하고 있다.

500, 1,000 및 2,000Hz의 3개의 주파수에서 영구적 역치 이동의 산술평균이 25dB 및 이것 이상의 경우에는 청력장해가 일어난다고 보고 있다.

2.2.1 적용범위

이 규격은 정상음, 간헐음 또는 변동음에 적용한다. 1초보다 짧은 지속시간의 소음이나 폭발음과 같이 짧은 지속시간의 단일 높은 레벨 충격음에 대해서는 적용하지 않는다. 그러나 반복적으로 되풀이되는 해머나 리벳트음과 같이 대략 동일 진폭이 연속하는 충격음에 대해서는 보정하여 근사적으로 적용한다.

2.2.2 정 의

이 규격에 사용되는 주된 용어는 다음과 같이 정의한다.

(1) 레벨별 소음폭로지수(partial noise exposure index)

1주간의 작업시간(40시간)을 5dB 간격으로 구분하고, 소음레벨과 그 지속시간에 따라 정한 지수

(2) 합성소음폭로지수(composite noise exposure index)

1주간의 작업시간(40시간) 내의 레벨별 소음폭로지수의 총 합계

(3) 등가소음레벨

1주간을 40시간으로 정하고 1주간 계속 측정한 여러 소음레벨로부터 이루어진 소음의 합성소음 폭로지수에 상당하는 연속소음레벨 dB(A)를 말한다. 등가소음레벨을 정확히 말하면 등가연속소음레벨로 L_{eq}의 기호가 사용된다. 이것은 레벨이 변동하는 소음을 나타내는 방법의 하나로 어떤 시간대를 고려할 경우에 변동하는 소음의 전 에너지를 그것과 등가한 에너지를 갖는 레벨이 일정한 어떤 소음으로 치환한 경우의 소음레벨이다. 다시 말해서 어떤 시간 내의 파워평균소음레벨이다.

(4) 회화역 청력손실

피검자의 청력을 500, 1,000 및 2,000Hz에 대해서 영구적 역치 이동의 산술평균이 ISO R 389의 평균치와 비교해서 25dB 또는 그 이상 변화되면 청력손상이 있는 것으로 본다. ISO R 389는 순음 오디오미터의 교정에 사용되는 기준치를 정해 놓은 것이다.

(5) 청력 위험율(risk)

소음에 폭로된 집단과 폭로되지 않은 집단을 고려하여 양 집단의 청력장해자 출현율(%)의 차로 나타낸 것이다.

(6) 회화역 청력위험율

(4)의 회화역 청력장해가 일어나는 회화역의 청력위험율이다.

2.2.3 소음측정

이 규격에 의한 측정과 평가의 순서는 [그림 6]과 같다.

(1) 측정장소

대상으로 하는 작업자의 귀의 위치(작업자가 없는 상태가 좋다)

(2) 측정기

소음도의 보통급 이상으로 하며 자동기록장치를 사용하는 것이 좋다. 소음레벨은 A특성으로 측정하고 레벨을 5dB 폭을 갖는 군으로 나누어 각 군별의 1주간 총 지속시간을 기록한다.

후술하는 준충격음의 보정이 필요하지 않는 경우에는 80dB(A) 이하의 소음레벨을 무시하는 것이 좋으며, 만약 이 보정이 필요한 경우는 보정 후의 소음레벨이 80dB(A)이하일 때는 무시하는 것이 좋다. 소음계의 동특성 일반적으로 느림(slow)을 사용한다.

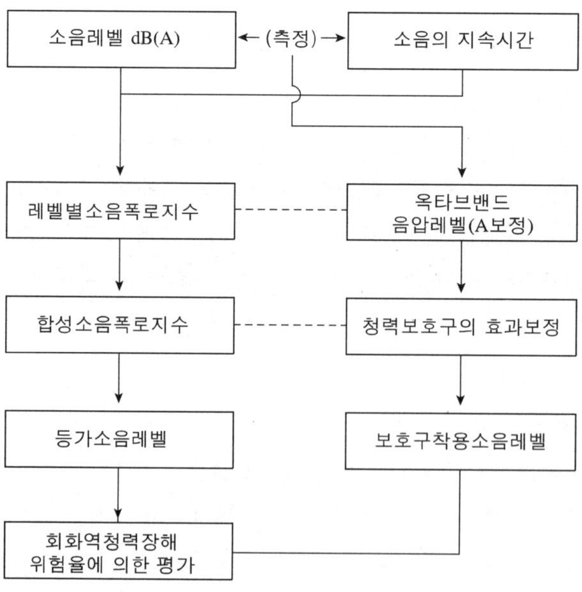

그림 6 ISO R 1999의 평가순서

표 3 레벨별 소음폭로지수(ISO R 1999)

1주간의 지속시간		레벨별 소음폭로지수								
		소음레벨〔dB(A)〕(레인지의 중점)								
(h)	(min)	80	85	90	95	100	105	110	115	120
	10					5	15	40	130	415
	12					5	15	50	160	500
	14					5	20	60	185	585
	19					5	20	65	210	665
	18					10	25	75	235	750
	20					10	25	85	265	835
	25				5	10	35	105	330	1,040
	30				5	15	40	125	395	1,250
	40				5	15	55	165	525	1,670
	50				5	20	70	210	660	2,080
	60			5	10	25	80	250	790	2,500
	70			5	10	30	90	290	1,020	2,920
	80			5	10	35	105	330	1,050	3,330
	90			5	10	40	120	375	1,190	3,750
	100			5	15	40	130	415	1,320	4,170
2				5	15	50	160	500	1,580	5,000
2.5				5	20	65	200	625	1,980	6,250
3				10	25	75	235	750	2,370	7,500
3.5			5	10	30	90	275	875	2,770	8,750
4			5	10	30	100	315	1,000	3,160	10,000
5			5	15	40	125	395	1,250	3,950	12,500
6			5	15	45	150	475	1,500	4,740	15,000
7			5	20	55	175	555	1,750	5,530	17,500
8			5	20	65	200	630	2,000	6,320	20,000
9			5	25	70	225	710	2,250	7,110	22,500
10		5	10	25	80	250	790	2,500	7,910	25,000
12		5	10	30	95	300	950	3,000	9,490	30,000
14		5	10	35	110	350	1,110	3,500	11,100	
16		5	15	40	125	400	1,260	4,000	12,600	
18		5	15	45	140	450	1,420	4,500	14,200	
20		5	15	50	160	500	1,580	5,000	15,800	
25		5	20	65	200	625	1,980	6,250	19,800	
30		10	25	75	235	750	2,870	7,800	23,700	
35		10	30	90	275	875	2,770	8,750	27,700	
40		10	30	100	315	1,000	3,160	10,000	31,600	

이 값은 다음 식으로 계산한다.

$$E_i = \frac{\Delta t_i}{40} 10^{0.1(L_i - 70)}$$

E_i : 레벨별 소음폭로지수

L_i : 레인지 i에 상당하는 소음레벨

Δt_i : 레인지 i에 해당하는 소음레벨의 총 지속시간(h/week)

표 4 등가소음레벨의 환산(ISO R 1999)

합성소음폭로지수	등가소음레벨 〔dB(A)〕	합성소음폭로지수	등가소음레벨 〔dB(A)〕
10	80	1,250	101
15	82	1,600	102
20	83	2,000	103
25	84	2,500	104
30	85	3,150	105
40	86	4,000	106
50	87	5,000	107
60	88	6,300	108
80	89	8,000	109
100	90	10,000	110
125	91	12,500	111
160	92	16,000	112
200	93	20,000	113
250	94	25,000	114
315	95	31,5000	115
400	96	이 값은 다음 식으로 계산한다.	
500	97	$L_{eq} = 70 + 10\log_{10} \Sigma E_i$	
630	98		
800	99	L_{eq} : 등가소음레벨[dB(A)]	
1,000	100	E_i : 레벨별 소음폭로지수(표 Ⅳ-3)	

2.2.4 간헐음 또는 변동음의 등가소음도 계산

(1) [표 3]으로부터 레벨별 소음폭로지수를 구한다.

[표 3]은 5dB 간격으로 구분된 각 소음레벨의 1주간의 총지속시간과 레벨별 소음폭로지수를 나타낸 것으로, 레벨별 소음폭로지수는 해당하는 소음레벨치와 측정된 총 지속시간과의 교점을 판독하여 구한다. 여기서 총 지속시간이 10분 미만이면 10분의 최소치를 사용한다.

(2) 각각에서 구한 레벨별 소음폭로지수를 합하여 합성소음폭로지수를 구한다.

(3) [표 4]로부터 합성소음폭로지수를 등가소음레벨로 환산한다.

2.2.5 준충격음의 등가소음도 계산

이 규격은 폭발음과 같은 충격음의 평가에는 적용하지 않지만 대략 동일 진폭이 연속하는 음, 예를 들면 반복하는 횟수가 되풀이 되는 해머음이나 리베트음에 대해서는 교정을 하여 근사적으로 정한다. 준충격음의 경우는 측정된 소음레벨에 10dB을 더하고 그 레벨에 대한 레벨별 폭로지수를 구한다.

2.2.6 청력위험율의 평가

[표 5]는 등가소음레벨과 회화역 청력위험율과의 관계를 보인 것이다.

표 중(a)열은 등가소음레벨과 폭로년수를 관계시켜 회화역 청력위험율을 나타낸 것이다. 이 경우의 폭로년수는 주 40시간으로 연 50주간 폭로된 것으로 가정한 것이다.

표 중(b)열은 소음폭로집단에서 청력이 손상된 사람의 율을 나타낸 것이다. 소음에 폭로되지 않은 집단에서 청력이 손상된 사람의 율은 $L_{eq} \leqq 80$dB(A)의 (b)열의 값으로, 즉 80dB(A) 이하의 등가소음레벨의 음에 폭로된 집단의 율과 동일하다.

표 5 회화역의 청력장해 위험률(ISO R 1999)

등가소음 레벨 [dB(A)]	위험률(%) 청력장해통계(%)		비율(%) 폭로년수									
			0	5	10	15	20	25	30	35	40	45
≦80	(a)	위험률(%)	0	0	0	0	0	0	0	0	0	0
	(b)	청력장해 총계(%)	1	2	3	5	7	10	14	21	33	50
85	(a)	위험률(%)	0	1	3	5	6	7	8	9	10	7
	(b)	청력장해 총계(%)	1	3	6	10	13	17	22	30	43	57
90	(a)	위험률(%)	0	4	10	14	16	16	18	20	21	15
	(a)	청력장해 총계(%)	1	6	13	19	23	26	32	41	54	65
95	(a)	위험률(%)	0	7	17	24	28	29	31	32	29	23
	(b)	청력장해 총계(%)	1	9	20	29	35	39	45	53	62	73
100	(a)	위험률(%)	0	12	29	37	42	43	44	44	41	33
	(b)	청력장해 총계(%)	1	14	32	42	49	53	58	65	74	83
105	(a)	위험률(%)	0	18	42	53	58	60	62	61	54	41
	(b)	청력장해 총계(%)	1	20	45	58	65	70	76	82	87	91
110	(a)	위험률(%)	0	26	55	71	78	78	77	72	62	45
	(b)	청력장해 총계(%)	1	28	58	76	85	88	91	93	95	96
115	(a)	위험률(%)	0	36	71	83	87	84	81	75	64	47
	(b)	청력장해 총계(%)	1	38	74	88	94	94	95	96	97	97

2.2.7 소음보호구를 사용하는 경우의 등가소음도 계산

소음보호구를 사용하는 경우의 평가는 다음 절차에 따른다.

(1) 측 정

소음계와 1/1 또는 1/3옥타브밴드의 주파수 분석기를 사용하며 A특성 보정의 밴드소음레벨을 구한다. 측정은 소음계의 A특성에 놓고 행하며 C특성이나 평탄특성으로 측정한 경우는 [표 6]의 보정치를 밴드레벨에 가하여 A특성 보정밴드레벨을 구하는 것이 좋다.

표 6 A특성보정식

옥타브밴드 중심주파수(Hz)	63	125	250	500	1,000	2,000	4,000	8,000
보정식(dB)	-26	-16	-9	-3	0	+1	+1	-1

(2) 각 밴드 등가소음레벨 계산

2.2.4항에 기술한 등가소음레벨의 계산방법에 따르며, 5dB 간격의 각 밴드레벨을 계산한다. 여기서 소음의 스페트럼이 작업시간 중에 크게 변화하지 않는 경우에는 본항의 순서를 생략하는 것이 좋다.

(3) 보호구의 감음량 보정

각 밴드의 등가소음레벨로부터 주파수별로 표시된 보호구의 감음량을 뺀다. 이 값을 L_{63}, L_{125}…… L_{8000}이라 한다.

(4) 등가소음레벨 계산

전항에서 구한 각 밴드레벨 L_{63}, L_{125}…… L_{8000}을 다음 식이나 또는 dB가산표를 이용하여 계산한다.

$$L_{eq} = 10\log(10^{L_{63}/10} + 10^{L_{125}/10} + \cdots\cdots + 10^{L_{800}/10})$$

(5) 청력위험율을 구한다

전항에서 계산된 등가소음레벨로부터 개인용 소음보호구를 착용하는 경우의 청력위험율을 [표 5]로부터 구한다.

2.3 미국의 노동안정위생법(OSHA)

미국에서는 1970년에 제정한 노동안전위생법(OSHA : Occupational Safety and Health Act)에 근거를 두어 1972년에 연방규칙으로 규제하고 있다. 이 법률의 적용을 받는 사람은 민간노동자의 3/4으로 약 500만 사업장에서 근무하는 약 6,000만의 노동자에 적용되고 있으며 270만의 공무원(군인은 제외)에게도 적용하는 특별규정이다.

농업 · 자유업 · 서비스업 · 소매업에 근무하는 사람도 적용되며 적용 제외의 주된 것은 자영업자로 가사사용인 및 자영농업에 근무하는 가족구성원은 보호를 받지 못한다.

2.3.1 직업성 소음폭로

(1) 소음계로 측정한 소음레벨이 [표 7]에 나타낸 소음레벨을 초과할 때는 소음폭로에 따른 영향에 대해 보호조치를 강구하지 않으면 안 된다.

소음계의 동특성은 느림(slow), 주파수보정회로는 A특성을 사용한다. 소음레벨을 옥타브밴드 분석결과에 따라 결정할 때는 다음 방법에 따른다. 즉, 각 옥타브밴드 음압레벨(dB)을 [그림 7]에 점으로 기입한다. 다음에 이들 점을 연결한 곡선이 가장 가깝게 접근하는 그림 중의 곡선(제일 큰 값이 되는 곡선)에 대응하는 등가소음레벨 dB(A)를 판독하여 구한다.

이 등가소음레벨 dB(A)는 소음계로 직접 측정한 소음레벨 dB(A)와 꼭 일치하지는 않지만 이 값을 [표 7]에 넣어 폭로시간을 구한다(단, 여기서 말하는 등가소음레벨은 ISO R 1999에 기술한 등가소음 레벨과는 다름에 주의해야 한다)

표 7 소음폭로한계 (OSHA)

1일당폭로시간(h/day)	소음레벨〔dB(A)〕
8	90
6	92
4	95
3	97
2	100
$1\frac{1}{2}$	102
1	105
1/2	110
1/4 이하	115

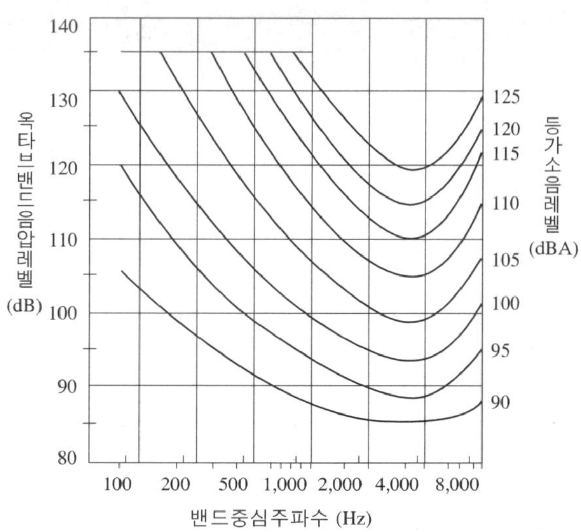

그림 7 공기입자와 정현음파

(2) a. 노동자가 [표 7]에 나타낸 소음레벨을 초과하는 소음에 폭로될 때는 관리적 또는 기술적 대책을 강구하지 않으면 안된다. 이러한 대책을 강구하여도 [표 7]의 소음레벨 이내로 소음레벨이 저하되지 않는 경우에는 동표의 소음레벨 이내로 소음레벨을 저하하기 위해 개인용 보호구를 착용해야 한다.

b. 소음레벨의 변동에 있어서 1초 이내의 간격에서 2개 이상의 피이크가 있을 때는 소음레벨의 변동을 연속적인 것으로 본다.

c. 소음레벨이 [표 7]에 나타낸 값을 초과하는 경우에는 유효한 청력보호계획을 계속적으로 실시해야 한다. 1일 중에 레벨의 변동이 클 때는 [표 7]에서 그 각각을 구해 가중합을 구하는 방법이 사용된다. 구체적으로 말하면 다음 식의 합이 1을 초과할 때는 그 폭로는 [표 7]의 한도를 초과하는 것으로 본다.

$$\frac{C_1}{T_1}+\frac{C_2}{T_2}+\cdots\cdots+\frac{C_n}{T_n}=D$$

여기서, C_n 은 [표 7]의 오른쪽 난에 표시한 각 소음레벨의 폭로시간의 합, T_n 은 그 소음레벨에 대한 [표 7]의 1일당의 허용시간이다.

d. 충격소음 또는 타격소음의 단 한번의 폭로는 140dB(피이크 음압레벨)을 초과해서는 안된다.

표 8 각국의 직업성소음 폭로한계

국 명	정상소음레벨 dB(A)	소음폭로시간	반감비 dB(A)	최대허용 소음레벨 dB(A)	충격음피이크음압레벨 dB(A)
덴마크	90	40hr/주	-	-	-
프랑스	90	40	-	-	-
벨기에	90	40	5	110	140
스웨덴	85	40	3	115	-
아일랜드	90	-	-	-	-
이탈리아	90	8hr/일	5	115	140
독일	90	8	-	-	-
영국	90	8	3	135	150
미국	90	8	5	115	140
캐나다	90	8	5	115	140
오스트렐리아	90	8	3	115	-

2.4 기타 국가의 작업환경소음규제치

대략 폭로시간이 1/2로 되면 허용레벨은 3dB 및 5dB 증가하는 경향

Ⅳ. 방음벽의 감음효과 계산

1. 종 류

방음벽은 그 음원측 면의 음향적 기능에 따라 흡음형과 반사형(차음)으로 대별되며 그 사용 구분은 다음과 같다.

1.1 흡음형

도로 한쪽에 방음벽을 설치할 경우 그 반대측에 대한 반사음의 영향이 문제될 때 시공되며, 이러한 경우로 도로 양측에 주택 등 보호대상 시설이 있는 도시지역에 설치된다.

그 벽체의 구조를 보면 음원측으로부터 다공판(알루미늄판)+흡음재(유리솜 등을 PVF 필름 등으로 덮어씌워 방수처리)+공기층+차음판(아연도금 철판)순으로 구성되며 그 두께는 대략 100mm 내외이다.

1.2 반사형

도로 한쪽에 방음벽을 설치하는 경우 그 반대측에 대해 반사음 영향이 문제되지 않을 때 시공되며, 도로가 촌락 등을 지날 때 도로 한쪽에만 보호대상시설(학교, 병원, 마을 등)이 있고, 그 반대측은 농경지, 산림 등으로 이루어진 곳에 설치되며 이때는 철판, 벽돌, 콘크리트, 목재 등의 차음재를 벽으로 시공한다.

2. 감음효과(삽입손실치)계산

소음원(도로)과 수음점 사이에 방음벽을 시설하면 이 구조물에 의해 수음점에서의 소음도가 저감되는데 이 저감량을 삽입손실치라 하며 이 값은 회절감쇠치, 투과손실치 및 직접음감쇠치의 대수 합(對數 合)과 흡음감쇠의 산술합(흡음형 방음벽에만 한정)으로 이루어진다.

한편, 총 감쇠치는 이 값에 소음원과 수음점 사이의 거리에 따른 거리 감쇠치를 산술합산하면 얻어진다.

2.1 회절감쇠치(ΔL_d) 산정

[그림 1]과 같이 도로교통 소음원 S와 수음점 O사이에 무한방음벽 B_h가 시설될 경우 Kurze와 Anderson이 Fresnel수 N에 따라 실험작성한 감쇠곡선으로부터 구할 수 있다.

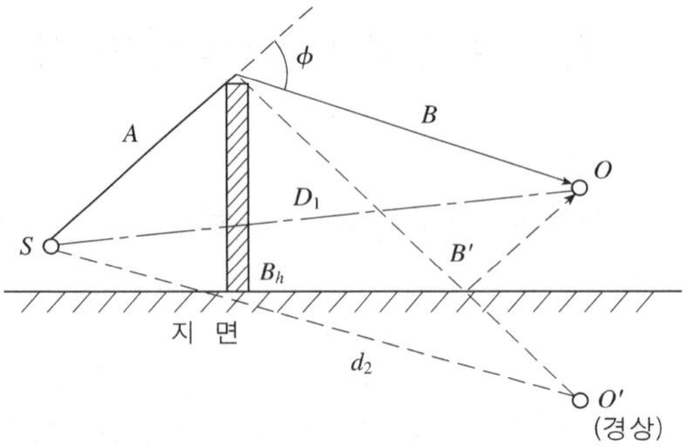

그림 1

이 곡선을 ±0.5 dB 이내의 편차를 갖도록 하여 5개의 구간으로 분할하여 수식화된다.

도로면을 기준으로 할 때

• 직접음에 대한 Fresnel수 N_1은

$$N_1 = (A+B-d_1)\times 2F/340 \tag{1}$$

$$= F\times[\sqrt{(H_b-H_s)^2+L_{sd}^2}+\sqrt{(H_b-H_o)^2+L_{bo}^2}$$

$$-\sqrt{(H_s-H_o)^2+(L_{sb}+L_{bo})^2}]/170$$

• 반사음에 대한 Fresnel 수 N_2는

$$N_2 = (A+B'-d_2)\times 2F/340 \tag{2}$$

$$= F\times[\sqrt{(H_b-H_s)^2+L_{sd}^2}+\sqrt{(H_b-H_o)^2+L_{bo}^2}$$

$$-\sqrt{(H_s-H_o)^2+(L_{sb}+L_{bo})^2}]/170$$

여기서, F : 대상회절 주파수 (Hz)

H_b : 방음벽의 높이 (m)

H_o : 수음점의 높이 (m)

H_s : 음원의 높이 (m)

L_{sb} 및 L_{bo}는 각각 음원과 방음벽, 방음벽과 수음점 사이의 수평거리(m)이다. 도로교통 소음의 경우 음원의 높이는 0.3m 정도로 본다.

이 N_1 및 N_2를 다음 수식 중 N값에 대입하여 풀면 직접음 회적감쇠치 L_{d1} 및 반사음 회절감쇠치 L_{d2}가 얻어진다.

$$L_d = 7.5 + 0.61 \log N(\text{dB}), \quad 0 < \text{N} \leq 0.1$$
$$L_d = 10 + 3 \log N(\text{dB}), \quad 0.1 < \text{N} \leq 0.8$$
$$L_d = 11 + 7 \log N(\text{dB}), \quad 0.8 < \text{N} \leq 30$$
$$L_d = 12 + 6 \log N(\text{dB}) \quad 30 < \text{N} \leq 60$$
$$L_d = 22(\text{dB}) \quad 60 < \text{N} \tag{3}$$

따라서 방음벽에 의한 회절감쇠기 ΔL_d는

$$\Delta L_d = -10 \log(10^{-L_{d1}/10} + 10^{-L_{d2}/10}) \tag{4}$$

로 산정할 수 있다.

2.2 투과손실치(ΔL_t) 산정

방음벽에 사용된 자재를 완성품으로 하여 잔향실에서 측정한 투과손실(TL)을 사용하는 것이 원칙이나 동일자재로만 구성된 차음벽(반사형)에서 질량법칙이 만족되는 영역에서는 다음 식으로 구할 수 있다.

$$\Delta L_t = 20 \log M \cdot F - 47(\text{dB}) \tag{5}$$

여기서 M : 방음벽의 면밀도(kg/ m^2)이다.

2.3 직접음 감쇠치(ΔL_{in}) 산정

[그림 2]에서 도로교통 소음의 단위길이당 음의 세기를 k라 하고, 소리의 전파가 random 하지 않고 수평으로 확산된다고 하면 방음벽이 없을 때 수음점 O에 입사되는 총음의 세기 I_{in}은

$$I_{in} = k/r \int_{\theta = -\pi/2}^{\pi/2} \cos\theta \, d\theta = 2k/r \tag{6}$$

한편 유한 방음벽 B_h의 시설에 따라 O점에 입사되는 직접음 세기의 감소치 I_{in}'는

$$I_{in}' = k/r \int_{\theta = -\theta_2}^{\theta_1} \cos\theta \, d\theta = k/r \sin\theta \int_{-\theta_2}^{\theta_1} \tag{7}$$

따라서 유한 방음벽 시공에 따른 직접음 감쇠치 ΔL_{in}은

$$\Delta L_{in} = 10 \log[I_{in}/(I_{in} - I_{in}')] \tag{8}$$
$$= 10 \log[2/\{2 - (\sin\theta_1 + \sin\theta_2)\}]\text{dB}$$

가 된다.

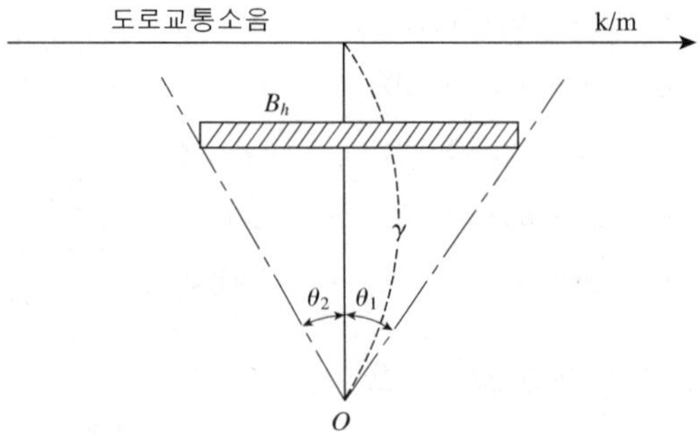

그림 2

2.4 흡음감쇠치(ΔL_a) 산정

흡음형 방음벽은 흡음에 의해 초과 감쇠가 얻어지는데 이를 흡음감쇠치라 하며 [그림 1]의 회절각 φ와 흡음율 a에 따라 다음 식으로 산정된다.

$$\Delta L_a = a^3 \cdot (\varphi/30)\ \text{dB}, \qquad \varphi \leqq 120° \tag{9}$$

$$\Delta L_a = 1.1a^3 \cdot (\varphi/15)\ \text{dB}, \quad \varphi > 120°$$

따라서 유한 방음벽 설치에 따른 삽입손실치 ΔL_i 는 대상 주파수에서

$$\Delta L_i = -10\log\left(10^{-\Delta L_d/10} + 10^{-\Delta L_t/10} + 10^{\Delta L_{im}/10}\right) + \Delta L_a\ \text{dB} \tag{10}$$

이 되며 식 (10)중 첫 번째 항은 반사형 방음벽 시공시의 값이다.

Ⅴ. 외국의 진동허용 기준의 예

독일(DIN 4, 150)

1. 적용 범위

1~80Hz까지의 진동수 범위를 가지며, 건물 내부의 바닥을 통해서 사람에게 전달되는 진동으로써 정현파의 경우를 포함하는 임의의 주기를 가지는 운동과 비 주기성 운동의 경우

2. 객관적인 운동의 특성과 사람이 느끼는 고통

진동을 통해 사람이 느끼게 되는 고통은 특히 다음에 열거되는 진동식별 크기에 의존한다.

- 운동의 진폭, 속도 또는 가속도의 크기
- 진동수
- 영향의 지속
- 진동의 출현 빈도, 지속시간과 이상성 또는 충격효과 그와 더불어 다음과 같은 의미에서의 상황도 포함된다.
- 신체적 건강상태
- 진동 영향이 존속하여 미치는 영향
- 진동 발생에 대한 익숙한 정도와 정신적 태도

사람에 대해서 진동이 야기하는 영향은 단지 운동의 세기에 의한 것뿐만 아니라 수반되는 소음, 시각적인 피로, 물건들의 흔들림과 창 또는 문의 덜컹거리는 현상과 그와 같은 종류의 상황에도 크게 의존하게 된다.

이러한 진동을 느끼게 되는 요인들을 정량적으로 평가하기 위해서 도입되는 KB값을 고려해 보자.

KB는 건물의 내부에서 진동의 세기와 진동수로부터 그 값이 주어지게 되며 이 KB는 객관적으로 분류된 상황에 대응하여 주어지는 KB 허용치와의 비교가 이루어질 수 있다. 이 KB허용치라고 하는 것은 건물의 주위 환경을 고려하여 평가되는 위치적 영향, 영향의 지속 시간과 출현빈도 및 출현시간에 따라서 세분화되어 결정되어 지며 하나의 KB 값이 그 상황에 대응하여 주어질 수 있는 KB허용치를 넘지 않을 때에는 일반적으로 현저한 불쾌감 내지는 고통을 느끼지 않게 된다.

그러나 이 KB 값은 진동으로 인한 생리적 영향에 대해서 구체적인 영향을 기술하지는 못한다.

3. 건축물과 관련된 KB

주어진 환경 하에서 건물 내에 사람이 체제하기 위한 조건을 평가하기 위해서 진동의 크기와 진동수의 함수로 정의되는 KB곡선이 주어진다.

이 KB곡선은 1~2Hz의 진동수 범위에서는 가속도에 비례하며 8Hz 이상의 주파수 범

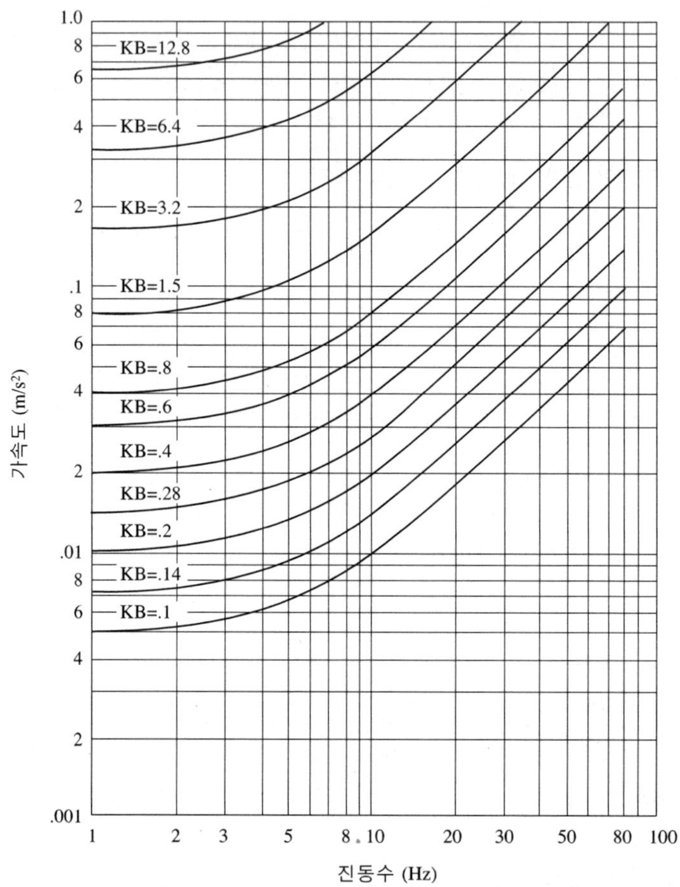

그림 1 KB 값에 따른 가속도 곡선

위에서는 속도에 비례한다. 양단 2Hz와 8Hz 사이에는 직선으로 결합되며 이 때 생기는 다각형 형태는 곡선에 대한 근사적 평가를 위해 그은 것이며 최대 오차는 1dB 이내이다.

이러한 평가곡선들이 KB를 Parameter로 하여 [그림 1]과 [그림 2]에 각각 가속도 및 속도 항으로 주어져 있다.

이러한 곡선들의 계산은 다음과 같이 정의되는 공식을 사용하여 이루어진다.

$$\mathrm{KB}=a\frac{\alpha}{\sqrt{1+(f/f_0)^2}}\ ;\ a\text{는 가속도}(\mathrm{m/s^2})$$

$$\mathrm{KB}=v\frac{\beta f}{\sqrt{1+(f/f_0)^2}}\ ;\ v\text{는 속도}(\mathrm{m/s})$$

$$\mathrm{KB}=x\frac{\gamma\cdot f^2}{\sqrt{1+(f/f_0)^2}}\ ;\ x\text{는 변위}(\mathrm{mm})$$

여기서 f는 주어진 운동의 진동수이며 f_0는 기준 진동수로서 5.6Hz이다.

일단 운동의 최대치가 측정될 경우 상수들 α, β, γ는 다음으로 주어진다.

$$\alpha=20.2\frac{1}{\mathrm{m/s^2}}\ ;\ \beta=0.13\frac{1}{\mathrm{mm/s^2}}\ ;\ \gamma=0.80\frac{1}{\mathrm{mm/s^2}}$$

정현파 형태의 운동에 대해서 실효치를 측정했을 경우는 단지 α, β및 γ에 $\sqrt{2}$ 를 곱하여 사용하면 된다.

임의의 주기 또는 비주기성 운동의 경우에는 건축물 지반에서의 운동의 경과를 파악하는데에 꼭 필요로 하는 적분 시간의 지정이 불가능하므로 이때에는 실효치가 아니라 최대치에 근거해서 평가한다.

4. 평가 기준의 설정

앞서의 논의에 따라 결정된 KB값은 건축물이나 주택내의 비교대상인 각각의 방에 대해 [표 1]에 명시된 값들을 넘어서는 안 된다.

장소에 따른 특별한 법적 규정이 없는 한 낮 시간은 6:00에서 22:00까지이며 밤 시간은 22:00에서 6:00까지임을 법에 명시하고 있다.

정상적으로 존재하는 진동과 중간에 짧은 시간에 해당하는 중단의 유무에 관계없이, 반복되어서 2시간 이상 계속되는 진동은 [표 1]에서 지속적 진동으로 분류된다.

대단히 드물게 일어나는 진동은 하루 3번까지의 발파 진동처럼 짧은 시간 동안에 영향을 미치는 경우를 나타내며 [표 1]에서 4란의 충격진동으로 분류된다.

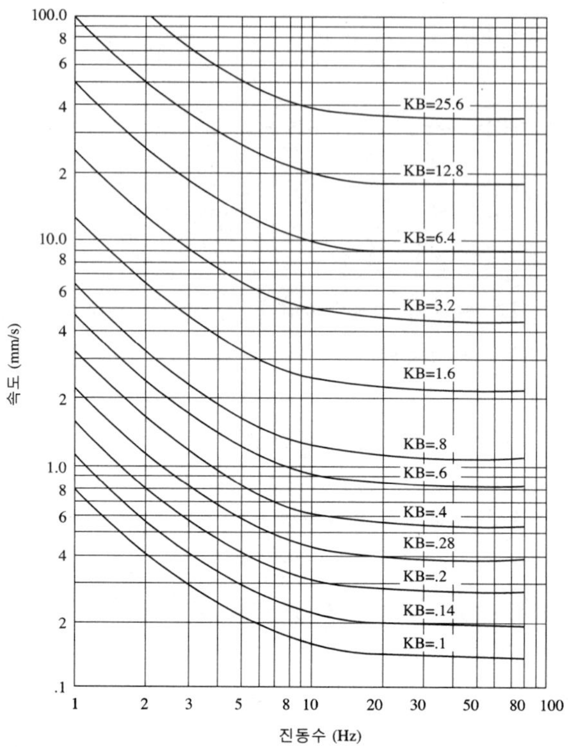

그림 2 KB 값에 따른 속도 곡선

표 1 건축 지역 분류에 따른 건물내 실내에서의 KB허용치

구분	1	2	3	4
항목	건축 지역 분류	시 간	KB허용치	
			지속적인 진동	충격적인 진동
1	깨끗한 주택가 보통주택가 주말 별장지 교외	낮	0.2(0.15)*	4
		밤	0.15(0.1)*	0.15
2	대단위 마을 혼합지역 중심지역	낮	0.3(0.2)*	8
		밤	0.2	0.02
3	상업지역(사무실 지역포함)	낮	0.4	12
		밤	0.3	0.3
4	공업지역	낮	0.6	12
		밤	0.4	0.4
5	용도종류 및 거주 관심에 따른 특별지역	낮	0.1～0.6	4～12
		밤	0.1～0.4	0.15～0.4

*이 괄호내의 값은 약 5 Hz 이하의 진동수 내에서 건물의 수평 진동에 대해 지켜야 할 값이다.

일본의 진동 허용 기준

1. 물적 피해에 관한 진동 기준

일본의 경우 물적 피해에 관한 진동 허용치로서 환경청에서 제안한 70dB(진동레벨)을 사용하고 있으나 이에 대한 근거 자료는 희박한 실정이며, 진동규제법에서는 명시되어 있지 않다.

환경청에서 제안한 70dB은 진동에 대한 주민들의 반응을 조사한 결과에 의하며 그 내용은 [표 2]와 같다. 조사 결과에서 건물내의 진동이 70dB을 넘으면 부착물이 이그러지는 등 가벼운 피해가 발생된 사례가 있어 이 레벨을 진동의 피해 한계로 해석하고 있다.

발파와 같은 충격성 진동에 대한 자료로는 지진에 관한 자료를 많이 참고하고 있으나 진동수 특성 등을 고려해야 하기 때문에 그대로의 적용은 불가능하다. 지진에 의한 물적 피해는 많이 조사가 되어 있으며, 각 건물의 양식에 따라 [표 3]과 같이 정리되어 있다.

[표 3]에 의하면 지진에 의해 건물에 피해가 생기는 한계는 25～50cm/sec^{2}이며 인체의 감각으로는 놀라운 정도에 해당된다. 그러나 이것은 지진의 주파수 범위에서 발생되는 것이며, 충격성 진동에서도 일치한다는 것은 아니다. 충격성 진동에 관해서는 진동속도를 주로 사용하고 있다.

표 2 진동에 의한 영향 및 진동레벨과의 관계(일본환경청)

dB	구분	(생리적 영향)	(수면영향)	(주민반응)
80–90dB	약진	· 인체에 생리적 영향을 미침		
70–80dB	경진	· 직장에서 8시간 작업시 능률 감퇴	· 수면심도 2의 경우 전부 느낌	· 잘 느낀다는 율 -50% · 경도의 물적 피해감
60–70dB	미진		· 수면심도 2일 때 느끼는 경우가 많음 · 수면심도 1의 경우 전부 느낌 · 수면심도 1의 경우 과반수가 느낌	· 잘 느낀다는 율 -40% · 잘 느낀다는 율 -30%
50–60dB	무감	· 진동을 느끼기 시작	· 수면영향이 거의 없음	· 약간 느낀다는 율 -50% · 주택내부진동의 감각한계

표 3 MKS 진도계와 건물의 피해

진도 (MKS)	지반최대가속도	건물의 피해		
		A형구조물	B형구조물	C형구조물
V	12.5∼25gal (79∼85dB)	건물의 약 5% : 피해발생가능		
Ⅵ	25∼50gal (85∼91dB)	건물의 약 50% : 1등급 피해 건물의 약 5% : 2등급 피해	건물의 약 50% : 1등급 피해	
Ⅶ	50∼100gal (91∼97dB)	건물의 약 70% : 3등급 피해 건물의 약 5% : 4등급 피해	건물의 약 50% : 1등급 피해	건물의 약 50% : 1등급 피해
Ⅷ	100∼120gal (97∼103dB)	건물의 약 70% : 4등급 피해 건물의 약 5% : 5등급 피해	건물의 약 70% : 3등급 피해	건물의 약 70% : 2등급 피해 건물의 약 5% : 3등급 피해
Ⅸ	200∼400gal (103∼109dB)	건물의 약 50% : 5등급 피해	건물의 약 50% : 4등급 피해 5등급 피해가 나타나기도 함.	건물의 약 50% : 3등급 피해 4등급 피해가 나타나기도 함.
X	400∼800gal (109∼115dB)	건물의 약 70% : 완전붕괴	건물의 약 50% : 5등급 피해	건물의 약 50% : 4등급 피해 건물의 약 5% : 5등급 피해

구조물의 형식
A형 구조물 : 자연석적 건물, 점토가옥, 농촌가옥, adobe
B형 구조물 : 연와조, CB, 반목조, 석조
C형 구조물 : RC조, 상층의 목조

피해등급
1등급 : 벽의 안료에 균열발생, 모서리 부분 손상
2등급 : 벽에 균열발생, 기와의 흐트러짐, 굴뚝의 일부 붕괴
3등급 : 벽에 치명적인 균열발생, 굴뚝붕괴
4등급 : 건물의 부분적 붕괴, 내벽 붕괴
5등급 : 건물의 붕괴

(주) decibel 환산은 주파수범위 4∼8 Hz로 가정한 것임.

2. 공해진동에 관한 진동규제

공해진동은 공장진동, 건설작업진동, 도로교통진동, 철도진동으로 구분되며, 진동발생 빈도 및 지속 시간을 고려하여 진동허용치를 설정하였다. 진동허용치 설정의 기본 개념은 주간에 있어서 진동에 의한 일상생활의 지장을 피하고, 야간에 있어서는 수면 방해 등의 영향을 고려한 것으로 인간을 대상으로 하고 있다. 일본의 공해진동연구자료 및 진동에 대한 주민반응조

사결과 등의 자료를 검토하고 각종 진동에 관한 실태조사결과 및 일본 내의 방진기술현황 및 전망 등에 관한 자료를 참고로 하여 제정된 것이다.

[표 4, 5]는 "진동규제법 시행규칙"에서 제정한 도로교통진동과 특정 건설 작업에 관련된 진동규제기준이며 여기서 1종 구역은 주거전용지역을 말하며 2종 구역은 상업지역, 준공업지역 등을 뜻한다. 그리고 [표 5]의 1호 구역은 주거지역, 근린상업지역, 공업지역 내의 학교나 병원 등으로 구분되며 그 이외의 구역을 2호 구역으로 한다.

표 4 도로 교통 진동의 규제치

구 분	주 간	야 간
제 1 종 구역	65dB	60dB
제 2 종 구역	70dB	65dB

표 5 특정 건설 작업의 규제기준(1976. 11. 10)

진동의 크기	작업금지시간		1일의 작업시간		작업일수	작업금지
	제1호구역	제2호구역	제1호구역	제2호구역		
75dB를 초과할 수 없음	오후7시 ~ 오전7시	오후10시 ~ 오전6시	10시간	14시간	연속 6일을 초과할 수 없음	일요일

일본의 현행 진동규제법 중에 철도진동은 포함되어 있지 않으나 1976년 3월 "환경보전상 긴급을 요하는 신간선 철도진동 대책에 대하여"의 권고가 사례로써 나타나 있다. 이 권고서는 구조물의 진동 피해를 대상으로 하고 있으며 70dB 이상일 경우 구조물의 진동절감대책 수립을 강구하는 것을 그 내용으로 하고 있다.

Ⅵ. 소음·진동 기술사 기출문제

기술사 제 75 회

제 1 교시

※ 다음 문제중 10문제를 선택하여 설명하십시오. (각10점)

1. 다음 그림과 같이 시간적으로 변하는 소음의 1시간 등가소음레벨은 얼마인가? 소숫점 아래 한자리까지 구하시오.

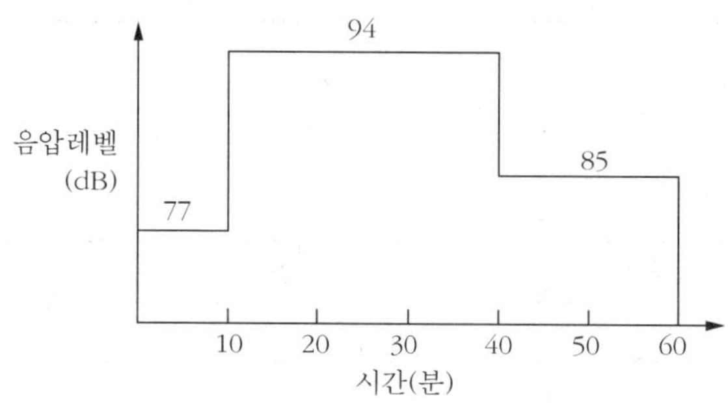

2. SIL(Speech Interference Level)과 PSIL(Preferred Speech Interference Level)에 대해서 비교 설명하시오.

3. 100 Hz의 중심주파수를 갖는 1/3 옥타브 밴드 폭의 하한 주파수와 상한 주파수는 각각 얼마인가? 소숫점 아래 한자리까지 구하시오.

4. 다음과 같은 방이 있다.
   가로 8 m, 세로 6 m, 높이: 4 m
   바닥 : 카펫트 [α(흡음률)=0.20]
   벽 : 콘크리트 벽 [α(흡음률)=0.07]
   천장 : 목재 [α(흡음률)=0.08]
   이 방의 실내흡음(sound absorption)과 잔향시간은 각각 얼마인가?

5. 질량 50 kg인 전기모터가 바닥 위에 스프링으로 지지되어 있다. 이 모터가 1200 rpm으로 회전할 때 모터 진동의 10 %만이 바닥으로 전달되도록 하고자 한다. 이 때 스프링의 스프링 상수(spring

stiffness)는 얼마가 되어야 하나? [감쇠효과는 무시]

6. 다음과 같은 소음 측정 결과를 얻었다. 이 소음의 L_{90}은 얼마인가?

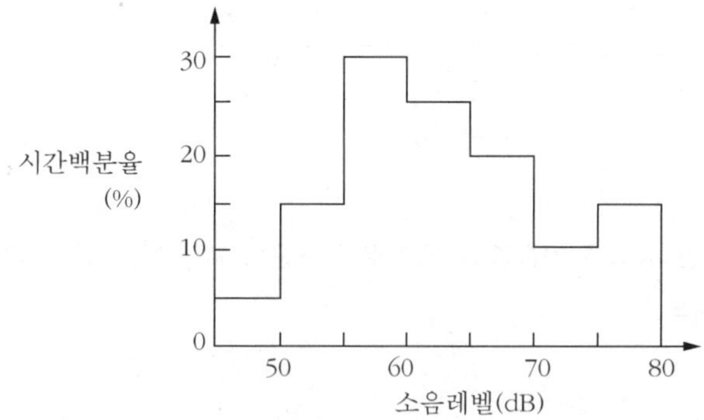

7. NRN(Noise Rating Number)을 산출할 때 고려하는 보정치를 5가지 이상 열거하시오.

8. 다음의 측정량을 dB로 나타낼 때 국제표준화기구(ISO)에서 권고하고 있는 기준값과 그 단위는 각각 무엇인가?
   (1) 음압레벨(sound pressure level)
   (2) 음향세기레벨(sound intensity level)
   (3) 진동속도레벨(vibratory velocity level)
   (4) 진동가속도레벨(vibratory acceleration level)

9. Fresnel Number에 대해 설명하시오.

10. 다음 용어의 뜻을 간단하게 설명하시오.
   (1) 진동원
   (2) 진동레벨
   (3) 대상진동
   (4) 암진동
   (5) 평가진동레벨

11. 최대 진폭(peak amplitude) 0.2 mm, 주파수 6 Hz로 진동하는 바닥이 있다. 이에 관한 다음의 질문에 답하시오.
   (1) 실효(rms) 진동 속도는 얼마인가?
   (2) 실효(rms) 진동 가속도는 얼마인가?

12. 다음 그림과 같이 길이 l 인 막대의 중앙에 스프링을 연결하고 막대 끝에 질량 m을 놓았을 때, 이 계의 운동방정식을 기술하시오. 또한 이 계의 공진주파수는 얼마인가? [단 막대의 질량은 무시]

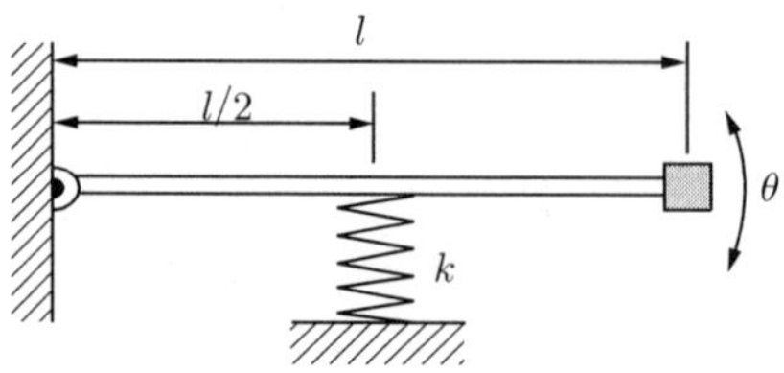

13. 초저주파 소음에 대한 간단한 정의를 기술하고, 초저주파 소음의 자연적인 발생원과 인위적인 발생원을 각각 4개씩 열거하시오.

제 2 교시

※ 다음 문제중 4문제를 선택하여 설명하십시오. (각25점)

1. 지시소음계를 교정한 결과 다음과 같은 교정결과를 얻었다.

교 정 결 과

CALIBRATION RESULTS

교정번호(Cer. No.): 03-XXXXX-XXX

주파수 (Hz)	지시값(dB)	A특성 기준응답(dB)	
	A 특성	기준응답	기준값
125	69.1	−16.1	68.9
250	76.1	−8.6	76.4
500	81.9	−3.2	81.8
1000	85.0	0	85.0
2000	86.6	+1.2	86.2
4000	85.8	+1.0	86.0
8000	82.9	−1.1	83.9

* 상기 지시값은 마이크로폰이 음원에 정면으로 향하도록 하여 측정한 것입니다.
* A 특성 기준응답은 한국산업규격 KSC 1502(보통소음계), KSC 1505(정밀소음계)를 근거로 작성된 것입니다.

이 지시소음계를 사용하여 A특성 소음을 측정하였더니 다음과 같았다. 측정한 소음의 정확한 전체

(over all) A특성 소음레벨은 얼마인가?

주파수(Hz)	125	250	500	1000	2000	4000	8000
소음 레벨(dBA)	76.3	82.1	79.6	70.4	77.7	79.5	80.9

2. 실간 차음이나 외부 소음의 차단을 위해 그림과 같은 이중벽을 흔히 사용한다. 이중벽의 장·단점을 기술하고, 단점을 보완할 수 있는 방법을 열거하시오.

3. 소음기(Silencer) 및 흡음 덕트의 감음성능을 나타내기 위해 다음과 같은 지표가 사용된다. 각 지표에 대한 측정방법과 장·단점을 기술하시오.
   (1) 삽입손실(IL : Insertion Lose)
   (2) 소음 저감량(NR ; Noise Reduction)
   (3) 투과손실(TR ; Transmission Loss)
   (4) 감쇠량(Attenuation)

4. 프레스 공장에서 프레스 작동시, 진동이 심하게 발생되어 주변기기 및 사무실에 진동이 심하게 전달되고 있다. 이때 방진고무를 삽입하여 전달되는 진동을 절연하고자 한다. 프레스 질량은 m, 방진고무의 스프링상수는 k, 감쇠비는 ξ는 0보다 크고 1보다 작다. 이때 다음 질문에 답하시오.

   감쇠비 : $\xi = \dfrac{c}{c_o}$ 　임계감쇠계수 : $c_c = 2m\sqrt{\dfrac{k}{m}} = 2m\omega_o$

   1) 프레스 운전시 가진력의 크기는 F_o이고, 가진력은 $F = F_o e^{j\omega t}$로 표현된다. 여기서 가진 주파수 $\omega = 2\pi f$이며, f는 프레스의 회전수와 관계가 있다. 이때 프레스의 변위 X를 스프링상수 k, 가진주파수 ω, 고유진동수 ω_o, 감쇠비 ξ, F_o의 항으로 표현하시오.

   2) 전달률$\left(\dfrac{F_t}{F_o}\right)$을 가진주파수 ω, 고유진동수 ω_o, 감쇠비 ζ의 항으로 표현하시오.

5. 다음의 소음 파워 측정방법에 대하여 각 방법의 측정 원리와 측정환경 및 측정시 유의사항 등을 설명하시오.

(1) 음향 인텐시티법

(2) 무향실법

(3) 잔향실법(치환법)

(4) 덕트내 측정법

6. 송풍기 소음에 대하여 설계단계부터 가동 후까지의 소음대책을 설명하시오.

제 3 교시

※ 다음 문제중 4문제를 선택하여 설명하십시오. (각25점)

1. 진동방지에 많이 사용되는 강철 스프링과 고무 패드의 장점과 단점을 기술하시오.

2. 다음 표는 ISO에서 규정하고 있는 작업능률 유지를 위한 연직방향 진동허용기준이다.

진동레벨(dB)	허용시간(시간/일)
83	24
87	16
90	8
95	4
100	1.5

진동레벨이 95 dB인 작업환경에서 2시간, 90 dB에서 3시간, 87 dB에서 3시간을 작업하는 경우, 83 dB에서 작업을 몇 시간 행하고 있을 때에 상당하는지 등가폭로를 계산하시오.

3. 방음대책을 강구하기 위해서는 대상체의 음향 특성을 정확하게 파악하여야 한다. 대상체의 음향특성은 측정을 통해서도 알 수 있으나 최근에는 구조해석 기법이 발달하여 시뮬레이션을 통해 예측할 수도 있다. 이러한 구조해석 기법에 흔히 사용되는 도구로는 다음과 같은 것이 있다.

(1) 유한요소법(FEM; Finite Element Method)

(2) 경계요소법(BEM; Boundary Element Method)

(3) 통계적 에너지 해석법(SEA; Statistical Energy Analysis)

각 방법의 원리와 장·단점에 대해 기술하시오.

4. 대기의 온도는 고도에 따라 점점 높아지거나 낮아질 수 있다. 이때 온도구배와 소리의 전파경로와의 관계를 기술하시오.

5. 무향실과 잔향실의 기본적인 조건을 설명하고 각각의 용도를 설명하시오.

6. 다음 그림과 같은 2자유도계의 운동방정식을 구하라. 그리고 고유진동수와 진동모드 벡터를 구하고, 각각의 진동모드를 그림으로 표시하시오. (단 $m_1 = m_2 = 1\text{kg}$, $k_1 = k_2 = k_3 = 1\text{N/m}$)

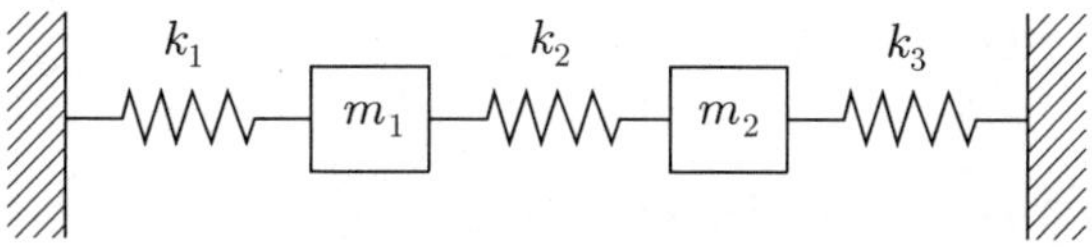

제 4 교시

※ 다음 문제중 4문제를 선택하여 설명하십시오. (각25점)

1. 기존 도로를 확장하기 위한 사업에 앞서 본 사업과 관련한 소음·진동 환경영향평가는 다음과 같은 단계로 이루어진다.

   현황조사 – 사업시행으로 인한 영향평가 – 저감방안

   각 단계별로 중요하게 다루어져야 할 내용을 간단하게 기술하시오.

2. 신축 잔향실의 음향성능을 평가하기 위한 중요한 조사 항목과 각 항목의 측정방법을 기술하시오.

3. 소음 및 진동관련 법규에는 환경정책기본법, 소음진동규제법, 주택건설촉진법, 항공법, 산업안전보건법이 있다. 이들 관련 법규의 의의와 적용범위를 소음.진동에 초점을 맞추어 기술하시오.

4. 실내에서 정재파 발생시, 그 추출방법과 저감방법에 대하여 설명하시오.

5. 공장소음의 방지방법에 대해서 설명하시오.

6. 도로소음을 차단하기 위한 방음벽을 100 m 길이에 5 m 높이로 설치하였다. 방음벽 투과율은 0.001인 단일 재질로 되어 있다. 그런데 시공이 정밀하지 못하여 전체 길이에 가로방향으로 평균 1 cm의 틈새가 발생하였다. 제대로 시공되어 틈새가 없을 경우와 대비하여 투과 손실 차이를 계산하고 시사점을 기술하시오.

기술사 제 76 회

제 1 교시

※ 다음 문제중10문제를 선택하여 설명하십시오. (각10점)

1. 가역법칙(Reciprocity Theorem)에 대해 설명하시오.

2. 도로교통 소음에 영향을 주는 요인 5가지를 열거하시오.

3. 트래드 패턴소음(Tread Pattern Noise)의 발생원인과 특징에 대해 설명하시오.

4. 시미(Shimmy)현상의 발생원인과 특징 및 대책 방안에 대해 설명하시오.

5. 에코 룸(Echo Room)의 용도와 특징 및 설치기준에 대해 설명하시오.

6. 선행효과(Hass Effect)의 허용한도와 특징에 대해 설명하시오.

7. 공기전달 프랭킹소음(Airborne Flanking Noixe)에 대해 아는바를 설명하시오.

8. 음향 피드백 현상(Acoustic Feedback)에 대해 설명하시오.

9. 월 댐퍼 시스템(Wall Damper System)에 대해 설명하고, 사용 재료에 대해 아는 바를 쓰시오.

10. 조화 평면파의 음압과 파장정수에 대해 설명하시오.

11. 상사법칙(Similarity Theorem)에 대해 설명하시오.

12. 음향 인텐시티(Acoustic Intensity)에 대해 설명하시오.

13. 비트(beat)에 대해 설명하시오.

제 2 교시

※ 다음 문제중 4문제를 선택하여 설명하십시오. (각25점)

1. 실험실에 있어서의 음향 투과손실 측정방법에 있어서 잔향실의 조건, 음원장치, 측정조건 및 측정방법에 대하여 설명하시오.

2. 건축물 현장에서 실시하는 음압레벨차의 측정방법중 측정조건, 측정방법 및 결과의 표기 방법에 대해 설명하시오.

3. 덕트의 성능을 시험하고자 한다. 개구단에서의 반사 보정치에 대한 정의와 이를 구하는 방법 및 보정하지 않고 측정하는 방법에 대해 설명하시오.

4. 소음을 평가하는 평가량으로서 만족하기 위한 조건에 대해 5가지를 나열하고 설명하시오.

5. 자동차에서 발생하는 진동중에서 셰이크(Shake)에 대해 설명하고, 방지대책에 대해 언급하시오.

6. 확성장치(방송장치)에 이용하는 Microphone에서 컨덴서형, 다이나믹형, 리본형의 지향성과 장·단점 및 용도에 대해 설명하시오.

제 3 교시

※ 다음 문제중 4문제를 선택하여 설명하십시오. (각25점)

1. 감쇠의 종류를 말하고, 각각에 대해 설명하시오.

2. 배관에서 나타나는 수격작용(Water Hammering)에 대하여 설명하고, 이러한 현상이 나타나는 한계유속과 대책방안에 대해 기술하시오.

3. 바닥 충격음을 저감시키는 방법으로 뜬 바닥 구조를 많이 채택하고 있다. 뜬바닥 구조를 갖는 방법으로 충격음을 줄이고자 할 때 특히 주의할 것은 음교(Sound Bridge)를 방지해야 한다. 이러한 음교에 대해 설명하고, 대책에 대해서도 기술하시오.

4. 무게가 22 (lb)인 블록이 스프링 상수가 25 (lb/in)인 스프링에 수직으로 매달려 있다. 이 블록을 평

형위치로부터 2.0 (in)만큼 당기고, 위쪽으로 2 (in/s) 만큼의 초기 속도로 놓을 때 다음 조건에 대해 구하시오.

(a) 원 진동수 ω (b) 주기 τ (c) 최대속도 (d) 최대가속도

(e) 위상각

5. 어떤 자동차의 무게 10 (lb) 계기판이 스프링상수 40 (lb/in)인 스프링에 의해 지지되어 있다. 이 자동차는 엔진의 회전으로 인해 외부에서 계기판으로 전달되는 주파수 120 Hz, 진폭 0.5 (in)인 정상상태의 진동이 전달되었을 때 이 계기판의 제1차 진폭을 구하시오.

6. 진동센서(pick-up)을 설치하는 방법 5가지에 대해 설명하고, 각각의 공진 주파수에 대해 설명하시오

제 4 교시

※ 다음 문제중 4문제를 선택하여 설명하십시오. (각25점)

1. 질량관성 모멘트가 각각 $I_1 = I_m = I_2$이고 $I_3 = 2I_m$인 원형강체 디스크가 양단이 고정된 균일단면의 원형축에 그림과 같이 장착되어 있으며, 이 축의 극관성 모멘트는 $J_1 = J_2 = J_3 = J$이고 $J_4 = 2J$이다. 축의 전단탄성 계수는 G로 모두 같고 축의 길이 $L_1 = L_2 = L_3 = L_4 = L$이라고 할 때 이 시스템의 고유진동수(natural frequencies) $\omega_1,\ \omega_2,\ \omega_3$를 구하시오.

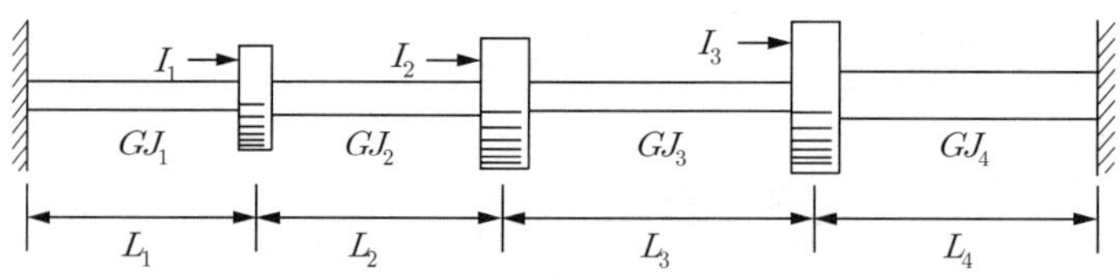

2. 그림과 같은 길이 L인 탄성체가 강체 경계면에 접촉되어 있다. 초기에 이 탄성체(elastic material)는 교란이 없이 t=0에서의 좌측 경계조건이 천이 경계조건(transient boundary condition), $u(o,t) = P(t)$를 적용받고 있다. 이 탄성체의 파장에 대한 결과 변위장(resultant displacement field), $u(x,t)$가 다음식과 같이 됨을 증명하시오.

$$u(x,t) = \frac{1}{2\pi}\int_{\alpha}^{-\alpha}\left[-P^F(\omega)\frac{\sin k(x-L)}{\sin kL}e^{i\omega t}\right]d\omega$$

여기서, $P^F(\omega)$는 $u(o,t)=P(t)$의 Fourier 변환함수이고 $k=\omega/\alpha$로서 파장수(wave number)이며 ω는 파의 진동수(wave frequency), α는 파의 전파속도(propagation velocity) 이다. 단, 천이 경계 조건을 갖는 변위장은 정상파(steady state wave) 변위장의 Fourier 중첩법을 이용하여 구한다.

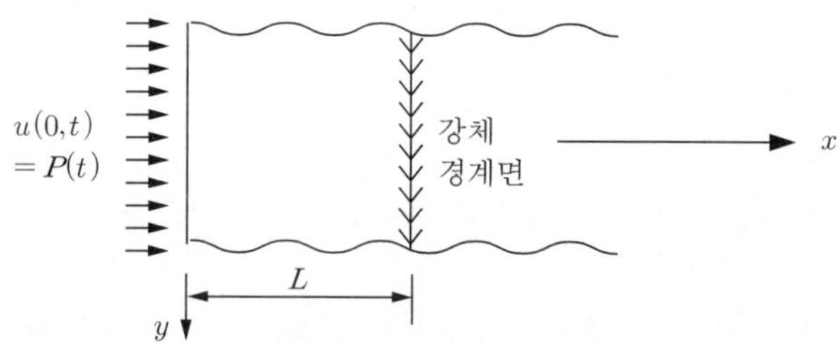

3. 그림과 같이 스프링상수 k인 스프링과 감쇄계수 c인 댐퍼에 의해 지지되는 질량 $(M-m)$인 구조물내에서 질량이 $\frac{m}{2}$인 2개의 편심질량이 각속도 ω이고 반지름이 L인 상태로 서로 반대 방향으로 회전하고 있을 때 이계(system)의 운동방정식을 유도하시오.

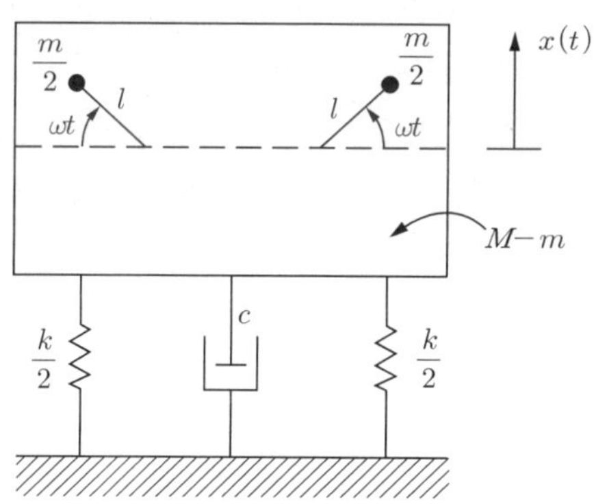

4. 그림 (가)와 같이 진폭이 $\pm a$이고 주기가 T인 구형파를 갖는 램덤 진동함수 $x(t)$가 다음식으로 표현됨을 증명하시오.

$$x(t)=\frac{4a}{\pi}\sum_{n=1,3,5,,,}\frac{1}{n}\sin\frac{2\pi n}{T}(\Phi-t)$$

단, 이진동 함수 $x(t)$는 $t>0$에서 첫 번째 가진이 $t=0$에서 $+a$에서부터 $-a$로 작동되며, Φ는 랜덤하게 그림(나)와 같은 균일 확률분포를 갖는다고 한다.

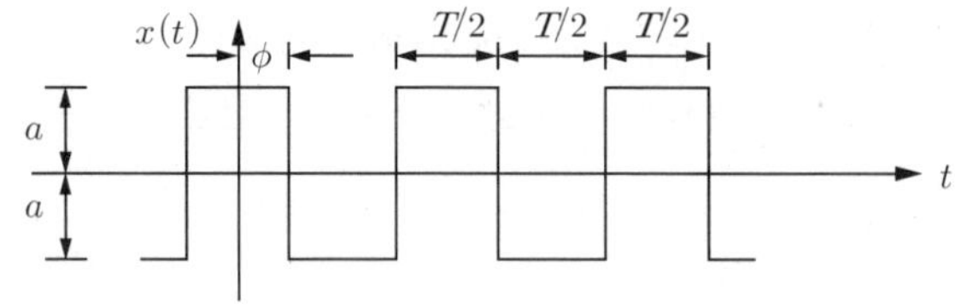

(가)

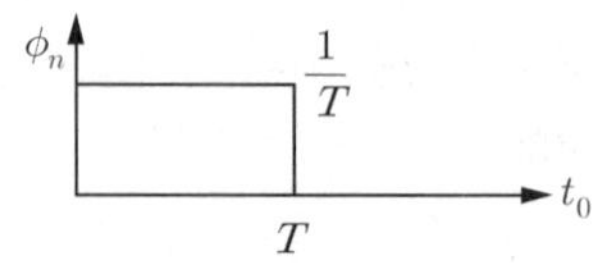

(나)

5. 진동 pick-up의 종류와 특징에 대하여 설명하시오.

6. 항공기 소음 측정지점의 선정원칙은 소음.진동규제법 제7조의 규정에 의한 소음.진동공정시험법을 원칙적으로 적용하여야 하는데, 이 항공기 소음측정 지점으로 선정되어지는 중요한 3개의 지점을 들고, 선정기준에 대하여 설명하시오.

기술사 제 77 회

제 1 교시

※ 다음 문제 중 10문제를 선택하여 설명하시오. (각 문제당 10점)

1. 공장에서 근무하는 근로자의 검사 주파수별 청력손실이 아래의 표와 같고 4분법 청력손실이 31 dB 이었다. 1 kHz에서의 청력손실치를 구하시오.

검사주파수(Hz)	63	125	250	500	1k	2k	4k	8k
청력손실(dB)	4	8	11	19		41	48	59

2. 다음은 소음진동 측정, 실험에 관련된 국제 기구 또는 규정의 약자이다. 이들의 완전한 영문명을 쓰시오.
   1) ARI
   2) ANSI
   3) ASTM
   4) ASHRAE
   5) ISO

3. 소음진동공정시험방법에 의한 소음측정 방법 중 소음원을 7가지로 구분하고, 각 소음원을 평가하는데 사용되는 소음도를 쓰시오.

4. 증폭기(Amplifier)를 설명하고 그 종류와 일반적인 요구조건을 쓰시오.

5. 주기함수의 푸리에(Fourier) 급수전개가 진동해석에서 중요한 의미를 갖는 이유를 쓰시오.

6. 질량을 무시할만한 외팔보의 자유단에 집중질량 m이 매달려 있을 때 이 진동계의 고유진동수를 구하시오. 단, 보의 길이는 l 이고 굽힘강성(bending stiffness)는 EI 이다.

7. 진동해석에서 점성감쇠(viscous damping) 모형이 가장 널리 사용되는 이유와, 이 모형이 갖는 결점을 쓰시오.

8. 대규모의 보병부대가 초당 2보의 속도로 발을 맞춰 행군하여 기본 고유진동수가 20 Hz인 다리를 건너고 있다. 장차 무슨 일이 일어날 수 있을지를 설명하고 그 이유를 진동계의 강제진동응답과 관련하여 설명하시오.

9. 소음노출도 측정기(Noise Dose Meter)를 설명하시오.

10. 파서발의 원리(Parseval's Theorem)를 설명하시오.

11. 근접음향 홀로그래피(Near field acoustic holography)를 설명하시오.

12. 방사 임피던스(Radiation Impedance)를 설명하시오.

13. 소음측정 결과가 다음과 같을 때, 등기소음도와 L_{50}을 구하시오.

측정값	60dB(A)	65dB(A)	62dB(A)
시간(분)	30	20	10

제 2 교시

※ 다음 문제 중 4문제를 선택하여 설명하시오. (각 문제당 25점)

1. 어떤 소음을 소음계의 청감보정회로의 A 및 C에 놓고 측정한 소음레벨이 dB(A) 및 dB(C) 일 때, dB(A) ≪ dB(C) 이면 그 소음은 저주파 성분이 많고, dB(A) ≒ dB(C) 이면 그 소음은 고주파가 주성분이 됨을 1/1 Octave Band 31.5 Hz ~ 8 kHz 대역에서 음압레벨을 가정하여 증명하시오. (보정치는 정수로 할 것.)

2. 항공기 소음 예측을 위해 모델을 사용하는데 INM 모델링 절차도에 대해 단계별로 자세히 설명하시오.

3. 질량이 m이고 강성이 k인 어떤 진동계가 쿨롱(Coulomb) 감쇠력이 작용하는 수평면 위에서 진동하고 있다. 초기조건 $x(0) = X > 0,\ \dot{x}(0) = 0$에서 운동을 시작한 이 진동계의 응답특성을 구하시오. 단, 동마찰계수와 정마찰계수는 각각 μ_k와 μ_s이다.

4. 가속도계(accelerometer)를 사용해서 어떤 구조물의 가속도를 측정했더니 진폭이 $5g$ (여기서 $g=$

9.81 m/sec²) 이고 주기가 0.1 sec인 조화운동임을 알게 되었다. 이 구조물의 변위진폭과 속도진폭을 구하시오.

5. 세탁기의 탈수시 회전수와 세탁기 고유진동수와의 관계를 이용하여 탈수시 진동현상을 설명하시오. 단, 1자유도계 부족감쇠 강제진동일 경우의 진폭비 M.F. (Magnification Factor)를 유도하고, 진동수비 $\eta = f/f_n$ 대 진폭비 곡선을 감쇠비 ξ에 따라 도시하고 설명할 것.

6. 다음식을 증명하시오.

$$Z(f) = \begin{cases} 2X(f)\,;\, f > 0 \\ X(f)\,;\, f = 0 \\ 0 \quad ;\, f < 0 \end{cases}$$

여기서 $z(t) = x(t) + j\tilde{x}(t)$, $x(f)$)와 $z(f)$는 $x(t)$와 $z(t)$의 푸리에변환(Fourier transform)이며, $\tilde{x}(t)$는 $x(t)$의 힐버트변환(Hilbert transform)이다.

제 3 교시

※ 다음 문제 중 4문제를 선택하여 설명하시오. (각 문제당 25점)

1. 공장에 설치된 소형기계를 밀폐(enclose)하고자 한다. 지면에서 기계까지의 높이를 h, 기계의 폭(길이)를 L이라 할 때 최적의 밀폐상자(enclosure box)의 높이(H)와 폭(길이)(L)을 구하는 방법을 수식으로 나타내시오.

2. 도로교통 소음원에 대한 전파경로 대책으로 방음벽을 주로 사용한다. 고층 공동주택에 근접하여 도로가 확장 될 경우 방음벽의 한계, 현실적인 법 적용의 문제점, 그에 대한 대책에 대해 논하시오.

3. 강철구와 알루미늄구가 각각 강성이 k인 스프링에 매달려 있으면서 밀도가 ρ인 액체에 잠겨있다. 이 구들의 반경은 r로써 같으며 강철과 알루미늄의 밀도는 각각 ρ_s와 ρ_a이다. 이 두 진동계의 감쇠비가 각각 ξ_s와 ξ_a라면 이 들의 비 즉 ξ_s/ξ_a를 구하시오. 단, 이 액체는 두 진동계에서 동일한 감쇠계수(damping coefficient) c를 갖는 점성감쇠기(viscous damper)의 역할을 한다고 보시오.

4. 아래의 그림에서와 같이 질량이 $m = 80$ kg인 세탁기의 드럼이 300 rpm의 속도로 회전하고 있다. 질량이 m_o= 5 kg인 빨랫감이 드럼의 벽에 딱 붙은 채로 드럼과 함께 회전하고 있다. 이 세탁기는 스프링 강성 $k = 10{,}000$ N/m 인 스프링에 지지되어 있다. 드럼의 중심에서 빨랫감까지의 거리 $r =$ 0.3 m이다. 점성감쇠계수가 매우 작다고 가정하여 정상상태의 진폭 X를 구하시오. 단, 빨랫감의

크기는 무시하시오.

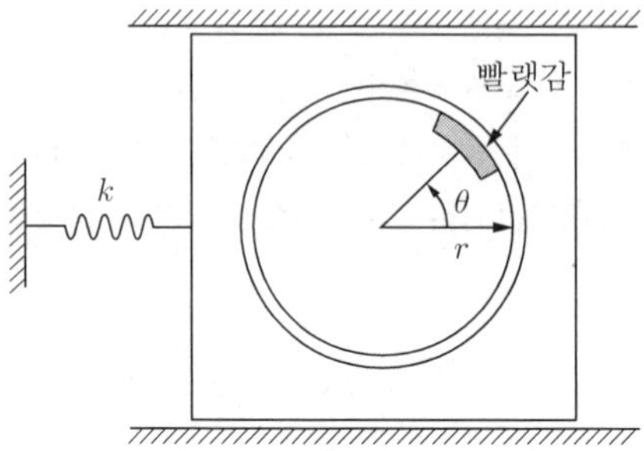

5. 항공기 소음원을 추진계소음과 동체소음으로 나누어서 설명하시오.

6. 아래 그림과 같은 단순기계계(simple mechanical system)의 입력 $x(t)=F(t)/k$와 출력변위 $y(t)$ 사이의 주파수 응답함수(frequency response function) $H(f)$가 아래 식과 같다.

$$H(f)=\frac{1}{1-(f/f_n)^2+j(2\xi f/f_n)}$$

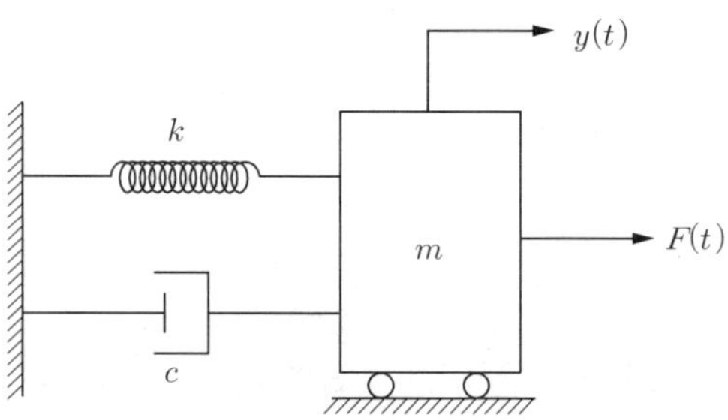

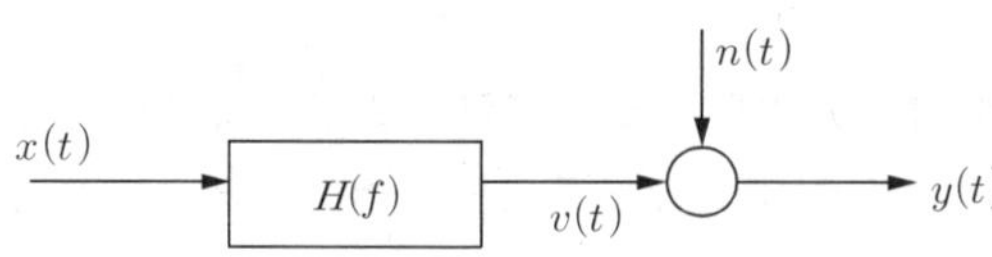

$$x=u$$
$$y=v+n$$

고유진동수 f_n =10 Hz, 감쇠비 $\xi=0.01$, $G_{xx}(f)=0.2$, $G_{xn}(f)=G_{vn}(f)=0$ 이라고 가정하고, 출력 $y(t)$를 측정할 때 스펙트럼 밀도함수 $G_{nn}(f)=0.2$인 외부잡음 $n(t)$가 존재한다고 가정하여, 다음의 두가지 경우에 $x(t)$와 $y(t)$의 기여도함수(coherence function) $\gamma_{xy}^2(f)$를 구하시오.

(1) f =10 Hz

(2) f =100 Hz

제 4 교시

※ 다음 문제 중 4문제를 선택하여 설명하시오. (각 문제당 25점)

1. 대형 송풍기의 근처에서 지표의 수직방향 진동가속도를 측정하여 표와 같은 1/3 Octave Band의 분석결과를 얻었다. 이 표를 보고 다음 물음에 답하시오.

1/3Octave Band 중심주파수(Hz)	1	1.25	1.6	2	2.5	3.15	4	5	6.3	8	10	12.5	16	20	25	31.5	40	50	63	80
Band 가속도레벨(dB)	22	26	30	38	40	42	49	55	54	56	72	57	52	61	48	47	62	58	49	50

1) 진동레벨을 구하시오(소수 첫째자리)

2) 중심주파수 4 Hz 와 31.5 Hz의 1/3 Octave Band 진동레벨의 차를 구하시오.

3) 20 Hz를 중심주파수로 하는 1/1 Octave Band 진동레벨을 구하시오.

2. 아래의 그림과 같이 스프링에 작용하는 힘 F_s와 그 변형 x가 $F_s = kx + ax^3$의 관계를 갖는 비선형 스프링과 질량 m으로 구성된 진동계에 대해서 생각해보자. (여기서 α는 실수이므로, $\alpha = 0$인 경우는 선형스프링을 의미한다) 수평으로 놓인 이 스프링에 질량이 m인 물체가 연결되어 있다고 하자. (가) 자유진동의 경우와 (나) 조화 가진력을 갖는 강제진동의 경우에, 이 진동계의 응답특성을 설명하시오. (반드시 수식을 풀어서 구하란 뜻이 아니라 개념적으로 설명해도 충분함) 단, 감쇠는 무시하시오.

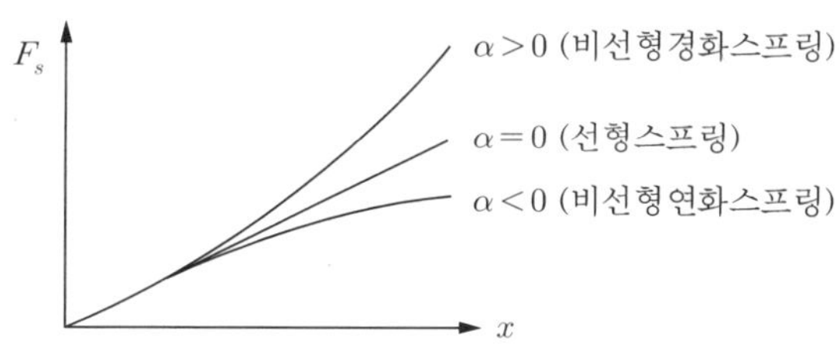

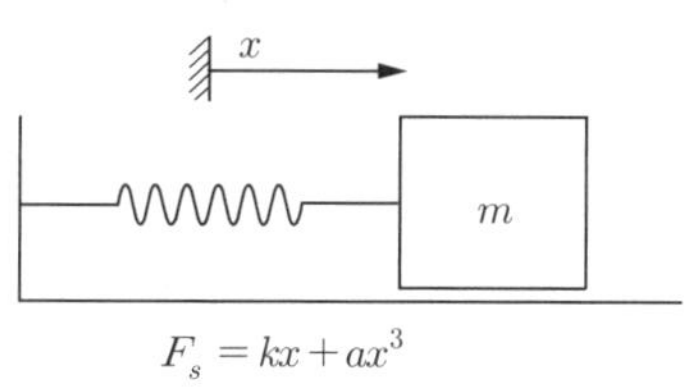

3. 회전기계에서 발생하는 이상진동현상과 특징을 저주파수, 중간주파수, 고주파수 영역으로 나누어 설명하시오.

4. 운동방정식 $m\ddot{x}+c\dot{x}+kx=0$으로 정의되는 일자유도 진동계의 감쇠비 ξ는 c/c_c (여기서 c_c는 임계 감쇠계수로서 $2\sqrt{km}$ 임)로써 정의된다. $\xi < 1$인 경우, 이 감쇠계의 진동수 ω_d가 $\sqrt{1-\xi^2}\,\omega_n$ (여기서 $\omega_n=\sqrt{k/m}$) 임을 증명하라.

5. 어떤 소음을 옥타브분석한 결과 다음 표와 같다.

중심주파수[Hz]	500	1k	2k
1/1옥타브밴드음압레벨[dB]	50	55	55

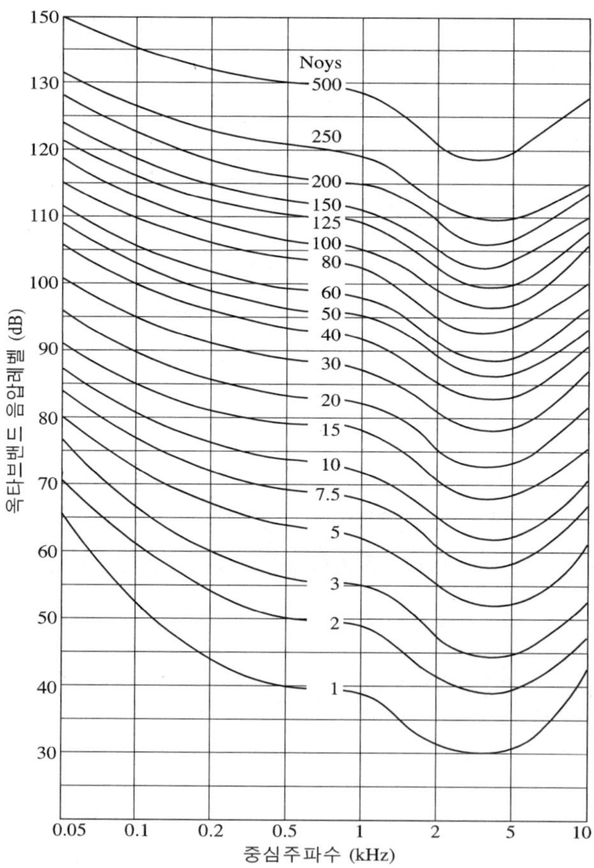

(1) 음압레벨 (SPL)은 얼마인가?

(2) 소음레벨 (SL)은 얼마인가?

(3) 감각소음레벨 (PNL)은 얼마인가?

기술사 제 78 회

제 1 교시

※ 다음 문제중 10문제를 선택하여 설명하시오. (각10점)

1. 소음도를 10dB 감소시켰을 때 그 효과는 실제 소음을 몇 % 차단한 것과 같은가?

2. 음장의 종류를 근음장(near field)과 원음장(far field)으로 나누어 설명하라.

3. 음향임피던스를 설명하시오.

4. 소음지도 제작의 이점을 설명하시오.

5. 그림과 같은 비틀림계의 유효비틀림강성은 얼마인가?

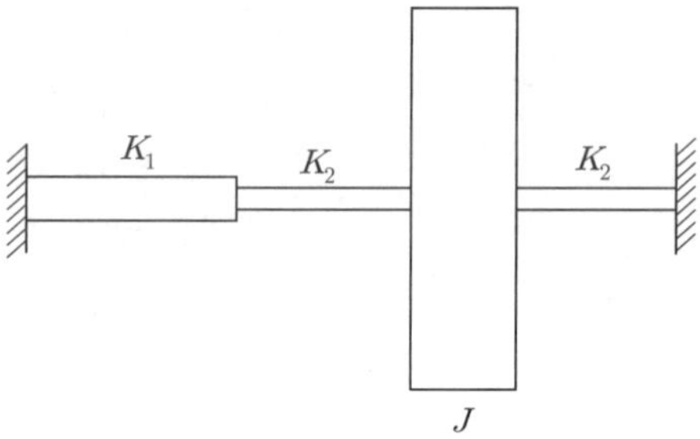

6. 어떤 진동측정센서의 감도(sensitivity)가 10~2000 Hz에서 40 mV/cm/s 이다. 만일 이 주파수 범위에서 1 g의 가속도를 유지하고자 한다면, 10 Hz와 2000 Hz에서의 출력전압은 각각 얼마인가?

7. 철도 통과시 최대소음도(L_{max})와 등가소음도(L_{eq})가 현저히 차이가 나고 있다. 최대 소음도와 등가소음도의 장 · 단점을 간단히 설명하시오.

8. 항공기 소음의 발생원 대책으로 많이 사용하는 Thrust cut-back을 설명하시오.

9. 다음과 같은 1자유도계의 고유진동수를 측정하니 $f_n = 10\,\text{Hz}$였다. 이 계의 정적처짐(static deflection)은 얼마인가?

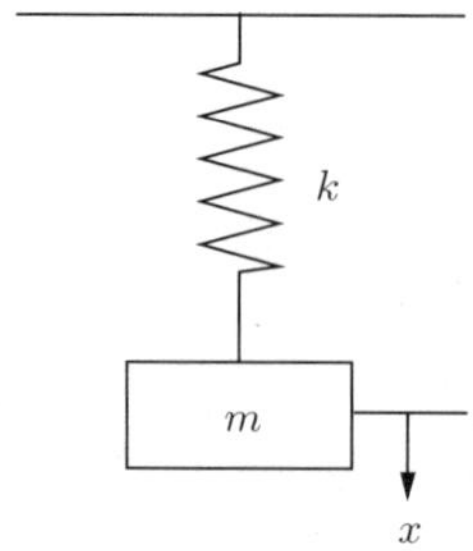

10. 감쇠계수와 상관없이 전달률(transmissibility)이 항상 1이 되는 주파수비 $\dfrac{\omega}{\omega_n}$는 얼마인가?

11. 질량 m인 기계가 강성계수 k인 스프링에 의해 바닥에 지지되어 있다. 바닥이 $y = 6\sin\sqrt{\dfrac{4k}{m}}\,t$ (단위 mm)로 진동하고 있다면 기계의 진폭은 얼마인가?

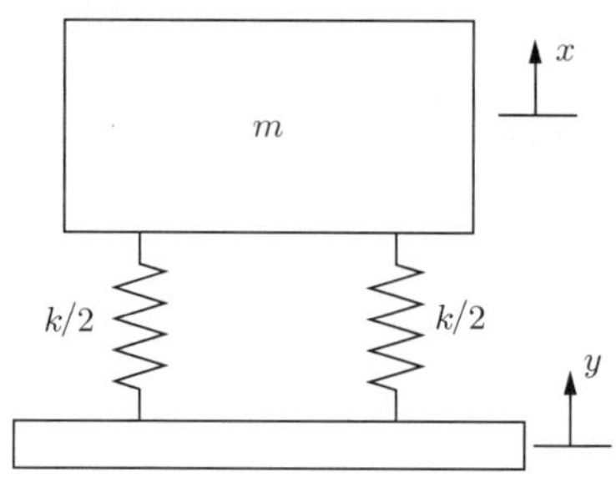

12. 항공기소음을 평가할 경우 현재 각국마다 자국의 실정에 맞는 다양한 평가지수를 사용하고 있는데 다음 나라(미국,프랑스,한국)에서 사용하고 있는 평가지수와 그 평가지수의 기본이 되는 평가척도를 기술하시오.

13. 현재 OECD에서 2005년에서 2010년 까지 신설도로 및 기존도로에 적용하려고 하는 도로교통소음의 옥외 및 옥내, 주간과 야간소음 허용수준(Permissable Levels)는 얼마인가? (다음 표의 공란을 채우시오.)

허용수준(Permissable Levels)					
주간 등가소음도,dB(A)			야간 등가소음도,dB(A)		
구분	신설도로	기존도로	구분	신설도로	기존도로
옥외			옥외		
옥내			옥내		

제 2 교시

※ 다음 문제중 4문제를 선택하여 설명하시오. (각25점)

1. 소리의 차폐를 정의하고 전진차폐와 후진차폐의 차이 및 순음과 잡음의 차폐 특성에 대해 설명하시오.

2. 진동시스템의 감쇠 모델은 크게 세 가지(점성감쇠, 쿨롱감쇠, 구조감쇠)로 구분된다. 이 세 가지 모델의 특성에 대해 설명하고, 각각의 경우에 감쇠계수를 측정하는 방법을 설명하시오.

3. 작업환경 소음 관리에서 효과적인 소음관리 단계를 설명하고 측정방법, 측정회수, 측정지점, 소음수준의 평가에 대하여 설명하시오.

4. 생활소음 공해의 특수성과 관리상의 문제점 들을 각각 3가지 이상 열거하고 각각에 대해 설명하시오.

5. 자동차 소음을 주요 발생원인별로 분류하여 설명하고 그 대책에 대해 기술하시오.

6. 철도진동의 영향요소와 방진요건을 철도차량과 궤도를 나누어 설명하시오.

제 3 교시

※ 다음 문제중 4문제를 선택하여 설명하시오. (각25점)

1. 선진 외국(유럽 연합 및 일본)등의 생활소음 현황 및 정책방향에 대해 설명하시오.

2. 국내 도로교통소음의 현황과 문제점 그리고 방지대책 등에 대해 설명하시오.

3. 항공기 소음의 발생원 대책으로 현재 통용되고 있는 “저소음 운항절차”를 열거하고 이들 각각에 대해 국내 적용가능 여부를 검토한 후 불가능할 경우 그 사유를 제도적인 측면과 기술적 측면으로 구분하여 논하시오.

4. 공장 소음에 대하여 소음원별로 나열하고 설명하시오.

5. $F_0 \sin\omega t$의 가진력을 받고 있는 질량 m, 스프링 상수 k인 진동시스템의 진동을 줄이기 위해 진동흡진기를 다음 그림과 같이 설치했다. 진동흡수 효과가 최대가 되는 조정조건(tuning condition)을 구하라. 만약 감쇠가 부가되면 진동흡진기의 성능에 어떤 영향을 미치는가?

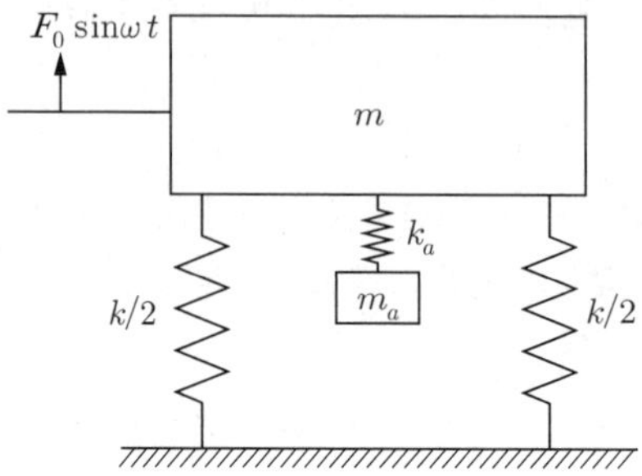

6. 지반진동의 전파특성과 방진공법의 종류, 시공방법 및 효과에 대해 설명하시오.

제 4 교시

※ 다음 문제중 4문제를 선택하여 설명하시오. (각25점)

1. 무향실의 목적에 대해 설명하고 무향실 계획 시 검토사항을 열거하시오.

2. 진동시스템에서 임펄스응답함수, 주파수응답함수, 전달함수를 각각 정의하고 이 세 함수 사이의 관계를 설명하라. 이 세 함수가 공통적으로 나타내는 것은 무엇인가?

3. 철도소음의 측정에서 1) 측정점, 2) 측정조건, 3) 측정기기의 사용 및 조작, 4) 측정시각 및 측정지점수, 5) 측정자료 분석방법 에 대하여 설명하시오.

4. 발파진동시 폭원의 전파특성 및 피해대상인 인체와 건축물의 적용 허용기준과 진동주파수 특성에 대해 설명하시오.

5. 국내 사업장소음 중 건설공사장 소음에 대한 현황과 문제점 그리고 방지대책 등에 대해 설명 하시오.

6. 대중이용 사업장 소음의 종류 및 현황과 문제점을 기술하고 그 방지대책 등에 대해 설명 하시오.

기술사 제 80 회

제 1 교시

※ 다음 문제중 10문제를 선택하여 설명하십시오. (각10점)

1. 질량이 50 kg인 물체가 탄성계수가 30 kN/m인 스프링에 매달려 있다.(1 자유도 진동계) 이 물체를 20 mm 아래로 잡아당긴 다음 놓았을 때 이 진동계의 최대속도를 구하라.

2. 밴드폭(bandwidth) 및 Q(quality factor)를 설명하시오.

3. 단위 길이당 질량이 2 kg/m이고 길이가 3 m인 현이 양단에서 고정되어 200 N의 장력을 받고 있을 때 현을 따라서 진행하는 파의 전파속도(wave speed)와 기본 고유진동수(Hz)를 구하시오.

4. 어떤 공장내부에 총 7대의 기계가 서로 근접한 위치에서 작동하고 있다. 그 중 4대는 음향파워레벨(Sound Power Level) 91 dB이고 나머지 3대의 음향파워레벨은 95 dB이다. 7대의 기계가 모두 동작할 때 총 음향파워레벨은 얼마인가?

5. 그림과 같이 회전체를 일정한 속도로 회전시키고 있다. 이것의 진동을 측정하기 위하여 끝단 베어링에 가속도 센서를 부착하고 진동을 오실로스코우프(Oscilloscope)로 분석하였더니 주기가 0.002초인 정현파(sine wave)로 측정되었을 때 이것의 주파수 스펙트럼기(Frequency Spectrum Analyzer)에 나타날 형상을 스케치하시오. (단, 진폭은 임의로 함)

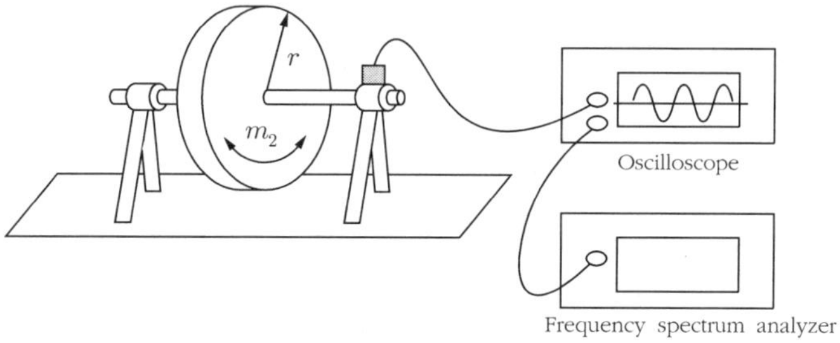

6. Karman Vortex에 의한 도출 진동수를 설명하시오.

7. 덕트소음 중 팬과 기계에서 발생하는 소음을 제외하고 고려해야 할 소음 발생 부위를 세가지만 적으시오.

8. 초기반사음을 설명하시오.

9. 실 외부에 다음 그림과 같이 스피커를 배열시 이격거리(m) A, B를 각각 적으시오.

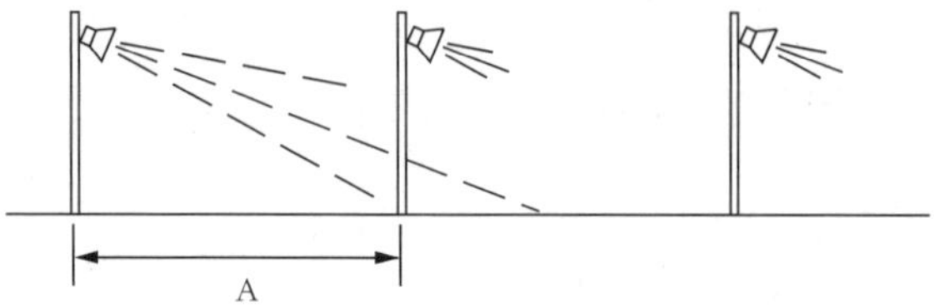

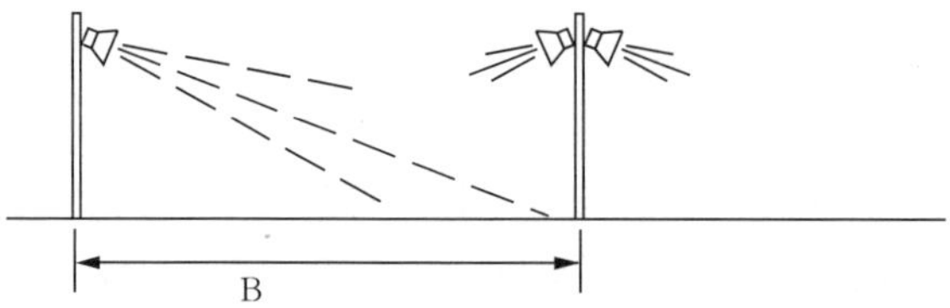

10. 길이 4.2m, 폭 3.6m, 높이 2.6m인 실에 대하여 Room Mode를 3차까지 구하시오.
    (소수점 둘째자리에서 반올림)

11. 타이어에서 발생하는 스킬소음(squeal noise)에 대하여 설명하시오.

12. 자동차의 주행중 발생하는 저크(jerk)에 대하여 설명하시오.

13. 진동계의 실험적 모달분석(Experimental Modal Analysis)을 통하여 알 수 있는 사항을 세가지 열거하시오.

제 2 교시

※ 다음 문제중 4문제를 선택하여 설명하십시오. (각25점)

1. 항공기소음 평가방법에 있어서 국제민간항공기구(ICAO)의 평가방법과 우리나라 및 일본에서 사용하는 평가방법의 차이점을 설명하시오.

2. 증속기어나 감속기어를 사용치 않는 모터 직결식의 회전기기를 측정하였더니 그림과 같은 많은 조화성분(Harmonics)를 포함하는 가속도 진동스펙트럼을 계측하였다. (1) 회전기기에서 많이 발생하

는 조화성분의 발생이유를 기술하시오

(2) 이 회전기기의 문제점과 개선방향을 기술하시오.

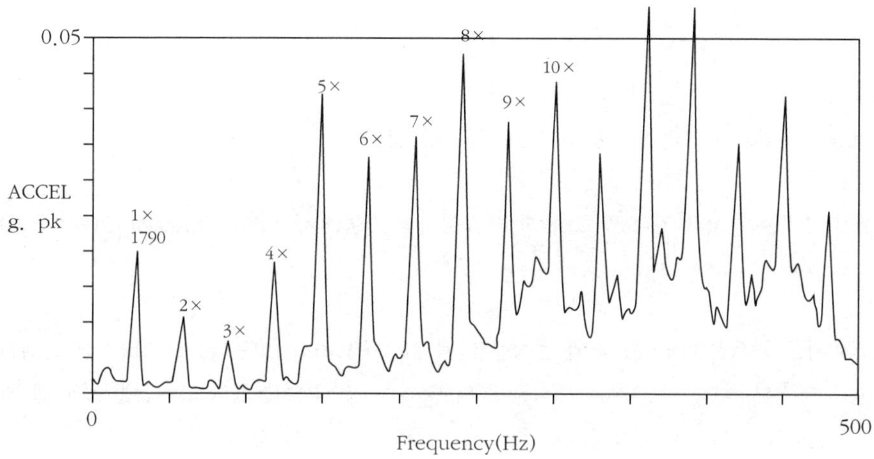

3. 공동 주택에서 발생하는 상하층간 바닥충격음을 설명하고 국내 공동주택 바닥구조의 차음성능 수준에 대하여 기술하시오.

4. 실내음향에서 사용되는 Echo Time Pattern의 특성과 활용에 대하여 설명하시오.

5. 그림과 같은 spring-mass-damper 시스템에 진폭이 F_{eq}인 조화가진력 $F(t)$가 작용할 때 다음 물음에 답하시오.

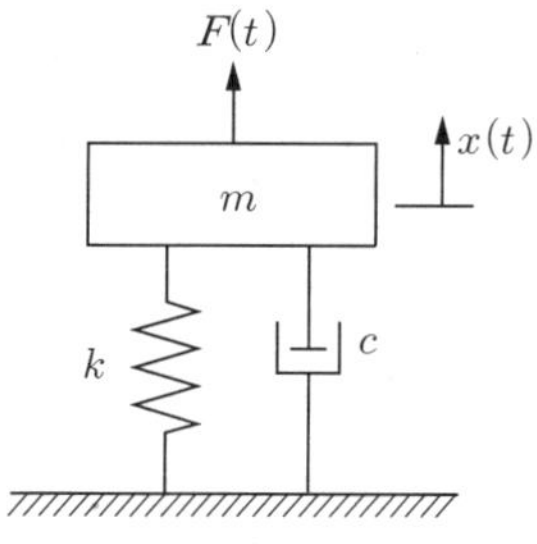

(1) 전달계수(transmissibility) TR을 진동수비 r과 댐핑비(damping ratio) ζ 의 함수로 유도하고 TR과 r의 관계 그래프를 그리고 설명하시오.

(2) 전달계수 TR=1이 되는 진동수비 r의 값은 얼마인가?

(3) 바닥면의 탄성지지용 재료로서 사용되고 있는 공기스프링의 특성을 설명하시오.

6. 각종 산업분야에 널리 사용되고 있는 회전기계에서 발생하는 진동의 종류, 특징, 방진법을 설명하고 방진설계의 사례를 들어 설명하시오.

제 3 교시

※ 다음 문제중 4문제를 선택하여 설명하십시오. (각25점)

1. 사람은 두개의 귀를 가지고 있다. 이로 인하여 발생되는 기능(양이효과 : Binaural Effect)을 설명하시오.

2. 조화가진에 의한 강제진동에서는 계의 정상상태 응답이 중요하다. 그림과 같이 비감쇠 강제진동에 대하여 $F(t)=F\sin\omega t$로 가진 되고 있다. 가진 진동수 ω 가 이 진동계의 고유진동수 ω_n과 일치할 때($\omega=\omega_n$) 진동계의 특성을 분석하고자 한다. 다음 물음에 답하시오.

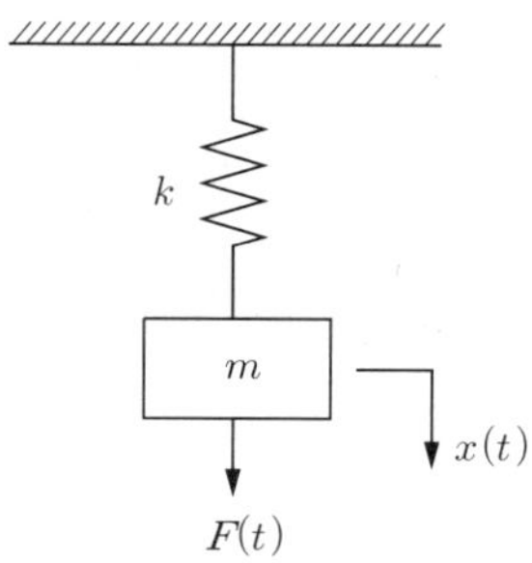

(1) 공진점($\omega=\omega_n$)에서의 정상상태(steady state) 해를 구하시오.

(2) $x(t)$를 이용하여 계의 공진점 근처에서의 진동특성을 설명하고 공진점을 통과하는 방법을 설명하시오.

3. 3000rpm 이하의 운전속도에서는 축의 지지요소로서 볼 베어링이 주로 쓰이나 그 이상의 고속 rpm에서는 오일 유막에 의해 지지되는 저널베어링(Fluid Film Bearing)이 많이 사용된다. 저널베어링과 볼 베어링의 진동특성을 기술하고 볼베어링과 저널베어링 사용시 과대진동을 방지하기 위한 주의사항을 기술하시오.

4. 서로 다른 주파수로 소리를 내고 있는 두 개의 음원이 있다. 임의의 측정에서 각각의 소음도(SPL)를 측정한 결과 85 dB와 90 dB이였다. 두 음원 모두 가동시 합성소음도는 얼마인가? 또한 주파수가 같고 위상차가 없을 때의 합성소음도는 얼마인가?(소수점 첫째자리까지 구하시오)

5. 방음둑 및 방음림을 설명하고, 설계시 고려하여야 할 사항에 대하여 기술하시오.

6. 송풍기 모터 회전수는 n rpm 이고 날개수(No. of blade)는 A개이다. 이 경우 발생하는 주된 소음 주파수를 계산하고 이 소음을 줄일수 있는 헬름홀츠 공명기(Helmholtz resonator)를 설계하시오.

제 4 교시

※ 다음 문제중 4문제를 선택하여 설명하십시오. (각25점)

1. 소음저감 대책 시 타당성(Feasibility) 검토사항을 설명하시오.

2. 가로 30 cm, 세로 40 cm 크기에 압력손실이 70 Pa인 디퓨져(Diffuser)를 0.2 m^3/sec의 풍량이 통과할 때 발생되는 음향파워레벨을 산출하고 이때 피크주파수를 구하시오.

3. 소음진동 규제법에서 생활소음·진동을 발생시킬 수 있는 공사를 실시할 경우 신고절차와 만일 공사중 생활소음·진동이 규제기준을 초과할 경우의 조치사항을 기술하시오.

4. 다음 그림과 같은 2자유도 진동시스템에 대하여 물음에 답하시오.

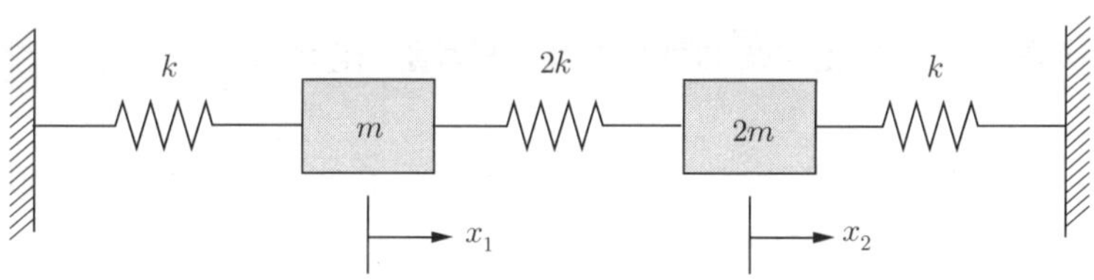

(1) 계의 진동방정식을 $[M]\{\ddot{x}\} + [K]\{x\} = 0$ 로 표시할 때 질량 행렬 [M]과 강성 행렬 [K]를 구하시오.

(2) 계의 고유진동수를 구하고 mode shape을 각 고유진동수별로 스케치하시오.

5. 특정 건물이 지진파에 의한 영향을 받을 때 그 높이 별로 진동응답이 달라지게 된다. 만일 건물 기초부분의 지진파 성분을 안다고 가정할 때 높이 별 진동응답을 구할 수 있는 방법을 기술하시오.

6. 건설진동의 저감방법을 진동원 대책, 전파경로 대책, 수진 대책으로 나누어 설명하시오.

기술사 제 81 회

제 1 교시

※ 다음 문제중 10문제를 선택하여 설명하시오. (각10점)

1. 자동차의 인증에 필요한 소음시험에 대하여 서술하시오.

2. 인위적으로 발생되는 진동의 3종류에 대하여 서술하시오.

3. 진동차단에 사용되는 스프링의 장·단점에 대하여 서술하시오.

4. 실내에서 발생하는 정재파를 설명하고 그것을 확인하는 방법과 대책을 서술하시오.

5. 진동의 크기를 정량화할 때 실효값과 평균값을 비교, 설명하시오.

6. 음의 물리적 성질에서 반사율과 투과율을 매질의 고유 음향 임피던스(specific acoustic impedance)로 나타내시오.

7. 진동센서의 가속도계와 변위센서에 대하여 장점과 단점을 기술하시오.

8. 소음진동공정 시험방법에서 규정하고 있는 소음환경기준, 생활 소음규제기준 및 배출 허용기준에 대하여 적용 소음도와 측정 위치를 비교, 설명하시오.

9. 점음원과 선음원이 각각 존재할 때 소음원의 출력을 3/4배, 거리를 4/3배로 하고, 동일한 소음원이 3개 더 추가되면 점음원 일 때와 선음원 일 때의 음압레벨(SPL)의 차이에 대해 설명하시오.

10. 트리거(Trigger)와 시간평균(Time Averaging)에 대해 설명하시오.

11. 소음진동규제법상 마력기준 10HP, 20HP, 30HP, 50HP시설을 개별적으로 설치시 소음 배출시설에 해당되지 않지만, 여러 대가 동시에 가동될 경우 소음 배출시설에 해당되는 동력합계 산정방법과 그에 해당되는 지역에 대해 설명하시오.

12. 고체, 액체, 기체 상태에서 음속 C(speed of sound)를 구하는 식과 음속이 빠른 순으로 나열하

시오.

13. 인접한 다른 2개의 주파수 f_1과 f_2에 의해 발생하는 잡음 주파수를 f_b(단, $f_1 > f_2$)라 할 때 음속(C)과 주파수(f)를 고려하여 이 잡음의 파장을 수식으로 표현하시오.

제 2 교시

※ 다음 문제중 4문제를 선택하여 설명하시오. (각25점)

1. 자동차 도로소음(road noise)의 발생원인 및 전달경로, 주파수 영역 등에 대하여 서술하시오.

2. 방진패드의 장·단점과 수명을 판단할 수 있는 영구 압축줄음율(KS M 6518)에 대하여 서술하시오.

3. 항공기 소음의 피해(예상) 지역을 파악하기 위하여 항공기 소음을 ㅇㅇ개소에 선정하여 측정하고자 할 때, 경험상 측정지점 선정 기준에 대하여 기술하고 민항기와 군용기의 소음 특성을 비교, 설명하시오.

4. 기계 진동에서 공진(resonance)을 제어할 수 있는 방법 3가지를 제시하시오.

5. 24m(W) × 24m(L) × 3m(H)인 Room에 파워레벨(PWL)이 123 dB인 등방향성 음원이 있다. 이 음원에서 거리(r)가 12m 떨어진 지점의 음에너지 밀도(δ)가 4.78×10^{-5}(J/m^3)이다. 공기중 온도가 21℃일 때 이 Room의 평균 흡음률을 구하시오. (소수 셋째자리까지)

6. 공사시 소음 발생저감을 위해 가설방음판넬(panel)을 사용하였을 때 접합상태에 따른 투과손실(TL) 5가지를 설명하고, 재질별(3가지 이상) 장단점, 투과손실과 경제성에 대해 논하시오.

제 3 교시

※ 다음 문제중 4문제를 선택하여 설명하시오. (각25점)

1. 밀폐형 방음상자와 개방형 방음상자의 제작방식과 장·단점에 대하여 서술하시오.

2. 질량이 450kg인 공기압축기가 1,750 rpm의 일정한 속도로 운전되고 있다. 회전 부품들은 동적평

형이 잘 잡혀 있다고 가정한다. 왕복운동 부분은 질량이 10kg이고, 크랭크의 반경은 100mm이다. 만약 지지대 감쇠기의 감쇠비를 ζ =0.15로 택하였다고 할 때에
(가) 불평형 가진력의 20%만이 기초에 전달되도록 지지대의 스프링을 설계하시오.
(나) 전달력의 진폭을 구하시오.

3. 도로변의 공동주택이 고층화되면서 방음벽의 상단에 소음저감장치를 설치하는데 감쇠구조(원리)가 다른 3가지 이상의 소음저감장치들에 대하여 비교, 설명하시오.

4. 소음진동규제법에서 규정하고 있는 공장, 건설관련 신고 사항을 설명하고, 건설 소음으로 인한 민원 발생시 소음방지계획의 추진방법과 추진 항목별 주요 내용을 기술하시오.

5. 소음에 폭로된 산업체 근로자들이 아래표와 같이 작업을 할 때 OSHA(Occupational Safety and Health Act)기준 일일 소음폭로와 85 dB(A)로 기준 적용시 일일 소음폭로 초과유무를 각각 판단하고, 이 기준에 사용되는 소음계의 동특성, 피크(peak)와 충격소음 존재시 판독기준을 설명하시오.

소음폭로레벨 dB(A)	일일소음폭로시간(hr)
85	2
90	1
92	1
95	1
97	0.5
100	0.5

6. 확산음장으로 생각되는 공장(평균흡음률 0.2)내에 동일한 종류의 기계가 다수 설치되어 있다. 공장 벽면의 외측(0.5m)에서 음압레벨(SPL)이 78 dB일 때 이 지점에서 음압레벨(SPL)을 68 dB로 줄이기 위한 소음대책을 음원과 전파경로 대책으로 구분하여 수치적으로 설명하시오.

제 4 교시

※ 다음 문제중 4문제를 선택하여 설명하시오. (각25점)

1. 공장에 설치된 소형기계를 밀폐(enclose)하고자 한다. 지면에서 기계까지의 높이를 h, 기계의 폭(길이)을 L이라 할 때, 최적의 밀폐상자(enclosure box)의 높이(H)와 폭(길이) (L)을 구하는 방법

을 수식으로 나타내시오. (단, 공기 중 온도는 14℃이다)

2. 공조상태에서 흡음 챔버(plenum chamber)의 특성이 다음과 같다.
   - chamber내 전체표면적 : 84 m^2
   - 출구의 단면적 : 2.5 m^2
   - θ : 45°
   - 입·출구사이 경사길이(d) : 5 m
   - 주파수별 감쇠치(ΔL)

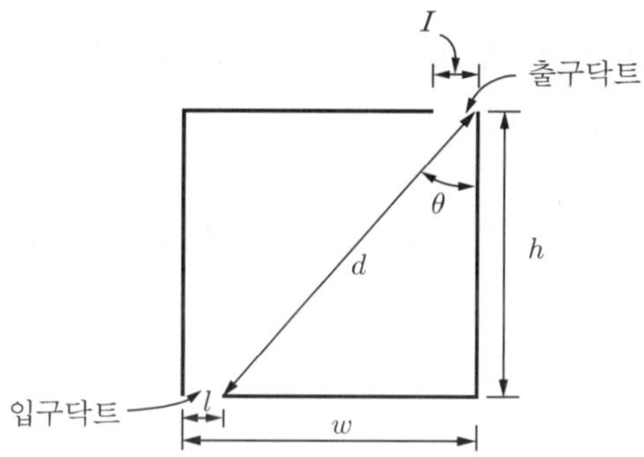

f(Hz)	125	250	500	1k	2k	4k
ΔL(dB)	6	9	12	16	18	19

이때 chamber내 주파수별 흡음재의 평균흡음률을 구하시오. (소수 둘째자리까지)

3. 공조 설비의 소음은 주로 닥트를 통하여 실내로 전달되는데 닥트 소음기를 선정하기 위한 닥트 전달음 계산과정을 기술하시오.

4. 현재 국내에서 운영되고 있는 항공기 소음 자동 측정망을 활용하여 선진 외국에서와 같이 고소음 기준을 적용 시행하고자 할 때, 기준 설정에 필요한 항목별 대안을 비교하여 서술하시오.

5. 배관의 방진을 3가지로 대별하여 설명하고 방진 이음새의 역할에 대하여 서술하시오.

6. 경관을 고려한 방음벽 설치시 고려사항과 방음벽 식재 방안에 대하여 서술하시오.

기술사 제 83 회

제 1 교시

※ 다음 문제중 10문제를 선택하여 설명하시오. (각10점)

1. 캠벨선도(Campbell Diagram)에 대하여 설명하시오.

2. 폭발시의 돌풍에 의한 경우와 같이 비주기력(nonperiodic force)이 작용할 때의 응답을 구하기 위해 사용될 수 있는 방법들을 열거하시오.

3. 복합진자와 충격중심의 개념은 여러 분야에 응용될 수 있다. 그 사례에 대하여 설명하시오.

4. 초저주파음과 일반소음 및 진동과의 차이점을 설명하고, 초저주파음의 음원은 어떤 것이 있는지를 설명하시오.

5. 음에너지 밀도(Acoustic Energy Density)에 대하여 설명하시오.

6. 소음기 설계 시 중점을 두어야 할 중요사항 3가지를 간단히 설명하시오.

7. 방음터널 설계 시 검토사항을 10가지만 쓰시오.

8. 소음진동과 관련된 법 4가지를 적고 관련사항을 간단히 설명하시오.

9. 지름 20mm의 전선에 20m/sec의 바람으로 인하여 소음발생이 되고 있다. 이 소음의 Peak 성분 주파수를 계산하시오.

10. 골도 청력에 대하여 설명하시오.

11. 단발소음 폭로레벨 L_{AE}(Sound Exposure Level)을 설명하시오.

12. 소음계의 교정법 두 가지에 대하여 설명하시오.

13. 음향 임피던스(Acoustic Impedance)와 비음향 임피던스(Specific Acoustic Impedance)에 대하

여 설명하시오.

제 2 교시

※ 다음 문제중 4문제를 선택하여 설명하시오. (각25점)

1. 소음기(Silencer)의 종류에 대해 4가지를 쓰고, 그 원리를 설명하시오.

2. 도로변에 있는 주거지역의 소음을 규제하는 기준은 3가지가 있다. 이것에 대하여 자세히 설명하고, 실제로 적용하고 있는 소음기준에 대해 쓰시오.

3. 발파과정에서 발생하는 발파풍압은 0.1~200 Hz 범위에서 발생하지만, 사람은 20Hz 이하의 주파수에 대해서는 들을 수 없다. 그러나 20 Hz 이하의 주파수대역은 먼 곳까지 에너지 손실이 없이 전달되어 구조물이나 가옥에 영향을 주게 되는데, 이러한 발파 풍압의 생성원인 4가지를 열거하고 설명하시오.

4. 발파진동 측정에서 1) 측정점, 2) 측정조건, 3) 측정시간 및 측정지점 수에 대해서 설명하시오.

5. 선박 소음원 및 전파경로, 소음제어 대책에 대하여 설명하시오.

6. 대상체의 음향특성은 측정을 통해서도 알 수 있으나 최근에는 구조해석 기법이 발달하여 시뮬레이션을 통해 예측할 수도 있다. 이러한 구조해석 기법에 사용되는 도구 중 통계적 에너지 해석법(SEA, Statistical Energy Analysis)의 원리와 장단점에 대하여 설명하시오.

제 3 교시

※ 다음 문제중 4문제를 선택하여 설명하시오. (각25점)

1. 항공기 소음을 측정하고 평가하는 업무 수행 단계를 측정 전, 측정 중, 측정 후 분석 단계로 나누어 주요 검토 사항을 쓰시오.
2. 실내 음장상태의 검토를 위한 스케일모델 실험의 개념과 장단점 및 고려사항에 대하여 설명하시오.

3. 다음 제시된 도로교통소음 예측방법에 대하여 특징을 쓰시오.

1) 국립환경과학원식, 2) 도로공사예측식(HWNOISE), 3) ISO 9613-2

4. 교량구조물의 진동 유형 및 방진대책에 대하여 설명하시오.

5. 구름요소 베어링에서는 베어링 형상과 운전속도에 따라 결정되는 특이한 베어링 주파수가 발생되는데, 베어링이 손상되었을 때 발생하는 결함주파수를 언급하고, 베어링 결함의 진행단계에 대하여 설명하시오.

6. 소리의 회절현상 중 틈새 및 장애물에서 나타나는 평면파 회절에 대하여 설명하시오.

제 4 교시

※ 다음 문제중 4문제를 선택하여 설명하시오. (각25점)

1. 최근 환경피해로 인한 분쟁이 증가하고 있는 추세이다. 1991년 환경분쟁조정위원회가 설치되어 운영 중에 있는데 환경오염 피해분쟁제도의 특성 및 분쟁조정의 종류에 대하여 설명하시오.

2. 자동차 주행 중 차내에서 느끼는 타이어의 불평형으로 인하여 생기는 소음(또는 진동)현상 2가지와 타이어의 불균일성으로 인하여 생기는 소음(또는 진동)현상 3가지를 쓰시오

3. 어느 공장에 동일한 소음레벨을 발생하는 기계 10대가 설치되어 있다. 이 기계를 100대로 증가시켜도 공장부지 경계선상의 소음레벨을 현재와 동일한 수준으로 유지하고 싶어 기계의 소음레벨을 3 dB 감소시키면서 실정수 R을 증가시켰다.(현재의 공장내 평균 흡음율은 0.12 이다.) 이 조건을 충족시키기 위한 실정수는 현재보다 몇 배 증가 되어야 하는가?
(단, 모든 경우 음장은 공장 내에 충분히 확산된 것으로 본다.)

4. 진동 픽업(Pick-up)을 변환원리에 의해 구분하고, 각각에 대하여 설명하시오.

5. 항공기소음에 의한 주거지역의 피해를 줄이기 위해 운항절차의 개선방안을 도입하기로 하였다. 운항절차의 개선방법에 대한 종류를 열거하고, 각각에 대해 소음저감 효과에 대해 설명하시오.

6. 진동이 발생하는 작업도구의 사용을 장기간 하는 경우 백랍병에 걸릴 수 있다. 백랍병에 대하여 설명하시오.

기술사 제 84 회

제 1 교시

※ 다음 문제 중 10문제를 선택하여 설명하시오. (각 10점)

1. 백색잡음(White noise)과 소멸간섭에 대하여 설명하시오.

2. 회화방해레벨(SIL)과 우선회화방해레벨(PSIL)을 비교 설명하시오.

3. 소음 · 진동환경오염공정시험기준의 '철도보호지구외의 지역'의 범위를 말하고, 그 의미를 간략히 설명하시오.

4. 주파수 분석시 엘리어싱(Alishing)의 정의 및 실례를 들어 설명하시오.

5. 임펠러가 작동중에 일어나는 소음의 대표적인 종류 3가지를 들고 소음 발생 원인을 설명하시오.

6. 구름베어링을 사용한 회전축의 위험속도를 제어하는 방법을 4가지 이상 설명하시오.

7. 공조설비의 덕트 투과음(Duct break noise, PWL_B)은 다음 식으로도 구할 수 있는데, 이 식에 대하여 설명하시오.

$$PWL_B = PWL_D - R + 10\log\frac{Sw}{A}$$

8. 진동 pick-up 설치시 측정치에 영향을 주는 환경요인을 설명하시오.

9. 자유 공간에서 무지향성 점음원의 음향파워가 3 Watt일 때, 10 m 떨어진 지점에서 음의 세기레벨을 구하시오.

10. 핸들이 부착된 기계에서 핸들의 진동가속도 레벨이 기계표면의 진동가속도 레벨보다 10 dB 크게 발생할 때, 핸들의 진동가속도(m/s^2)를 구하시오. (기계표면의 진동가속도는 5 m/s^2임)

11. 파워레벨이 100 dB인 점음원을 천장의 3면이 만나는 모퉁이에 설치한 경우와 천장의 중앙에 설치한 경우, 20 m 되는 지점에서의 음압레벨 차이는 얼마인가?

12. 반자유공간에 점음원과 선음원이 있다. 각각 음원으로부터 12 m 떨어진 지점에서 음압레벨은 같다. 이 경우에 음원에서 각각 3 m 떨어진 위치에서 음압레벨의 차이를 구하시오.

13. 항공기 소음이 콘크리트벽(면적 40 m^2, 투과손실 40 dB)과 창문(면적 10 m^2, 투과손실 20 dB)을 통해 전파되고 있다. 다음에 답하시오.
① 창문이 닫혀 있을 때의 투과손실
② 창문을 개방하였을 때의 투과손실

제 2 교시

※ 다음 문제 중 4문제를 선택하여 설명하시오. (각 25점)

1. 데시벨의 합산에서 순음의 각 주파수(ω)의 크기가 다를 경우 그 합성음은 음압레벨이 한 개 있을 때보다 3 dB이 증가하고, 크기가 같을 경우는 6 dB이 증가한다고 한다. 이를 설명하시오.

2. 최근 개정된 소음 · 진동환경공정시험기준에는 '동일건물내 소음다량발생사업장 생활소음 규제기준"이 신설되었다. 이 시험기준의 적용대상, 생활소음규제기준, 측정점, 측정지점수 및 횟수를 설명하시오.

3. 발파진동평가기준의 현황을 설명하고, 진동레벨에만 의존하여 평가함으로써 발생되는 문제점 5가지를 적고 설명하시오.

4. 국내 공항에서 운영되고 있는 소음자동측정망의 문제점과 개선방안을 쓰고, 고소음 기준 적용시 규제에 필요한 사항을 기술하시오.

5. Coulomb damping과 Viscous damping에 대하여 다음의 항목을 각각 비교 설명하시오.
① 발생 원인별
② 감쇠력 F
③ 운동방정식의 표현
④ 진폭의 시간에 따른 감소 현상

6. 다음 그림은 변위 측정기로서 케이스의 피봇점 O에 대해 스프링 상수 k_1으로 지지된 중량 W에 따라 그림과 같이 지침 A가 움직이게 되며, 지침 OA는 스프링 상수 k_2인 스프링이 수평으로 연결되어 있을 때 이 시스템의 진동주기 τ를 구하시오. 단 2개의 스프링의 질량은 무시하며, 계는 단순조

화운동을 하는 것으로 가정한다.

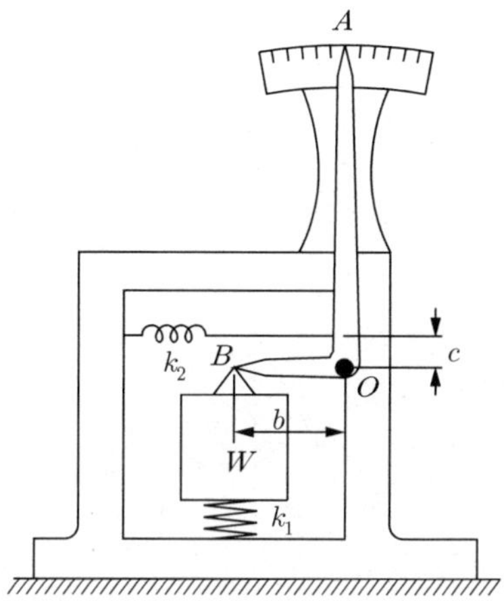

제 3 교시

※ 다음 문제 중 4문제를 선택하여 설명하시오. (각 25점)

1. 덕트 소음기의 감쇠치(Insertion Loss)에 대하여 설명하고, 스플리트(splitter) 두께에 따른 주파수별 흡음특성과 공기층(airway)의 두께에 따른 주파수별 감음특성에 대하여 설명하시오.

2. 도로 공사시 '소음진동규제법' 에서 규정하고 있는 신고사항을 쓰고, 발파공사시 환경민원을 최소화하기 위하여 사전 점검하여야 할 사항에 대하여 설명하시오.

3. 소음 측정에 있어서 마이크로폰은 음원의 입사각에 따라 선정된다. 음장에서의 응답에 따른 마이크로폰은 크게 3종으로 분류되는데 각 마이크로폰의 사용특성에 대하여 설명하시오.

4. 도심지 재개발공사에서 암반을 제거하고자 발파작업을 실시하고 있는 현장이 있다. 작업은 낮시간대에만 이루어지며 1회 발파시 10공 지발로 터뜨리고 있다. 작업일지에 의하면 최근 2월에 실시된 발파작업은 1일 300공, 2일 400공, 4일 300공, 5일 300공, 9일 400공, 11일 300공, 12일 300공, 13일 300공, 14일 400공, 15일 400공, 16일 300공을 실시하였다. 발파소음 측정일을 오늘(2월 17일)로 할 경우 다음에 답하시오. 단, 생활소음규제기준은 주거지역 주간인 경우 70 dB(A)이다. 배경소음도는 전층에서 측정한 결과 55 dB(A)이었고, 측정소음도는 지면 60 dB(A), 5층 63 dB(A)이었다. (모든 계산은 정수로 답하시오)

   ① 대상소음도　　② 평가소음도　　③ 규제기준과의 관계

5. 배관계의 진동은 일반적으로 진동원인이 복합적으로 발생하는데 유체 진동의 원인별 특성을 설명하시오.

6. 그림과 같이 반지름 a인 원통형 벽면에 미끄럼 없이 반지름이 r이고 중량이 W인 원통실린더가 단순조화 운동을 하면서 벽면을 구르고 있을 때 이 원통 실린더의 주파수(angular frequency) p를 구하시오.

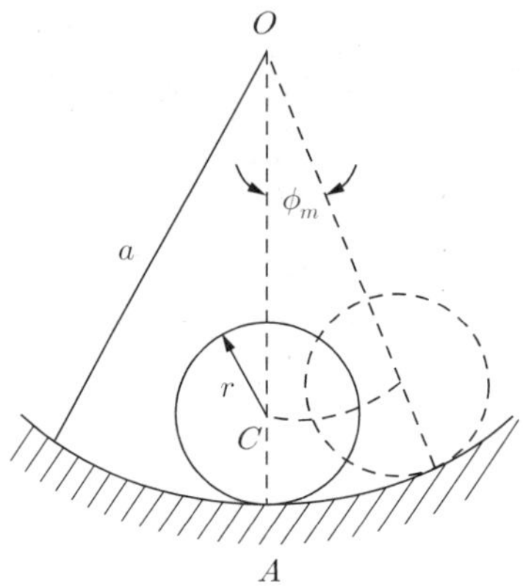

제 4 교시

※ 다음 문제 중 4문제를 선택하여 설명하시오. (각 25점)

1. 인접한 기계실에서 발생하는 진동이 사무실로 전달되는 경우 기계진동의 방사음(Reflected Sound Pressure Level)에 대하여 설명하고 관련한 방사음 제어기법을 간략히 설명하시오.

2. '주택 건설기준 등에 관한 규정' 에 따른 공동주택의 소음측정 기준 개정사유와 개정법 규정의 특징을 설명하시오.

3. 소음측정계획을 수립하는 경우 일반적으로 계층계획법(Hierarchic Plan Method)에 대하여 기본계획을 수립하는 데 그 기본계획에 대하여 7가지 항목을 들고 설명하시오.

4. 항공기 소음의 등소음도를 작성하기 위하여 공항 주변에 소음 측정을 하고자 할 때, 측정 지점의 선정기준을 쓰고, 활주로를 중심으로 측정 지점의 분포형태에 대하여 설명하시오.

5. 기계진동의 탄성지지에 필요한 설계인자에 대하여 설명하시오.

6. 그림과 같은 질량 m의 물체가 스프링 상수 k인 스프링에 부착되어 주기 τ_i의 간격으로 임펄스 $\hat{F}$를 받고 있을 때 이 시스템의 정상반응(steady-state Response)을 구하시오.

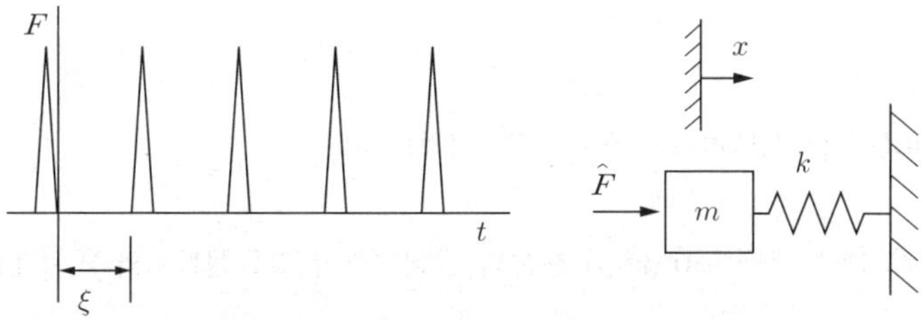

기술사 제 86 회

제 1 교시

※ 다음 문제 중 10문제를 선택하여 설명하시오. (각10점)

1. 금속 스프링에 발생하는 서징(Surging) 현상의 발생원리와 고유진동수와의 관계를 설명하시오.

2. 환경정책기본법과 소음진동규제법의 관계에 대하여 설명하시오.

3. 헬름홀쯔공명기(Helmholtz resonator)의 구조와 공명주파수를 설명하시오.

4. 그림과 같은 진동계의 고유진동수(Hz)를 레일리(Rayleigh)의 원리를 이용하여 구하시오. (단, m=5 kg, k=2.5 kN/m)

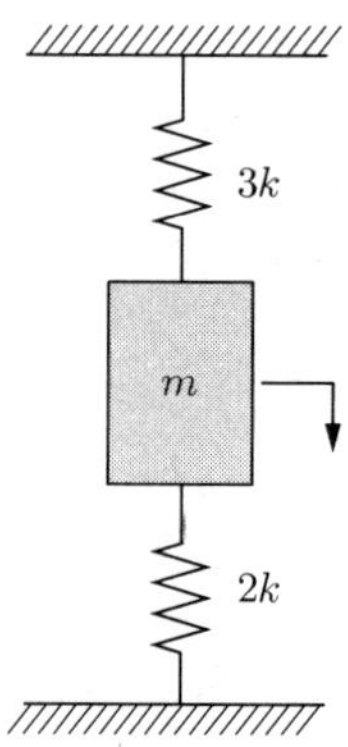

5. 교통소음지수 TNI(Traffic Noise Index)를 설명하시오.

6. 방음벽 설계에서 상단이 굴절된 방음벽과 직선 방음벽의 효과의 차이를 설명하시오.

7. ISO에서 규정한 가청주파수 범위내의 1/1 옥타브 밴드 중심주파수를 쓰고 그 중 인간의 청력손실에 가장 큰 영향을 주는 주파수를 쓰시오.

8. 소음원이 존재하는 어떤 사무실내에서 실의 흡음 특성과 음압 레벨(SPL)과의 관계를 설명하시오.

9. 그림과 같은 진동 시스템에서 등가 스프링 상수 k_{eq}를 구하시오. (단, 보의 강성도는 EI이며 질량 m은 보의 중간에 매달려 있다. 보의 중간에서의 처짐량 $\delta = mgL^3/48EI$이다.)

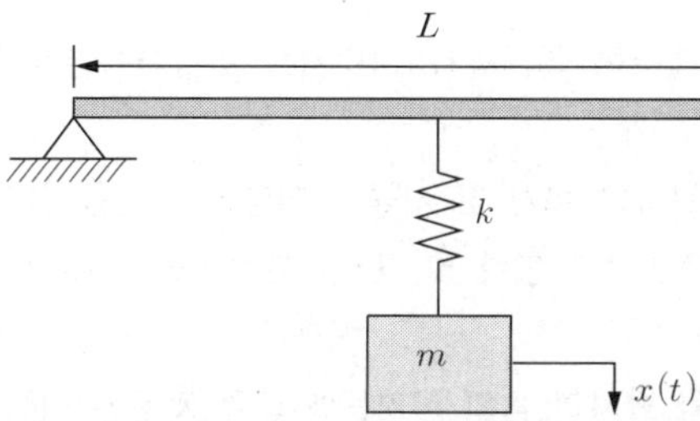

10. 어떤 프레스 공장에서 조업 중에 배출되는 소음·진동 레벨이 배출허용 기준치를 초과할 경우 소음진동규제법상의 개선조치를 명할 수 있는 자와 취할 수 있는 조치에 대하여 설명하시오.

11. 소음의 주파수분석의 목적에 대하여 설명하시오.

12. L_{10}의 의미와 적용분야를 설명하시오.

13. 지면상에서 바람의 영향에 의한 소리의 굴절 현상을 설명하시오.

제 2 교시

※ 다음 문제 중 4문제를 선택하여 설명하시오. (각25점)

1. 최근 계절에 따른 전력수요증대에 따라 대용량, 대규모화된 전력설비와 고압, 대형의 송배전선로가 설치되고 있다. 고압, 대형의 송배전선로에서 발생하는 소음의 종류 3가지를 들고 종류별 발생특성과 대책기술을 각각 설명하시오.

2. 다음 시스템의 진동 방정식이 $[M][\ddot{x}]+[C][\dot{x}]+[K][x]=0$로 표현될 때 행렬 [M], [C] 및 [K]를 각각 구하시오. (단, $[x]=[x_1,\ x_2,\ x_3]$ T이다.)

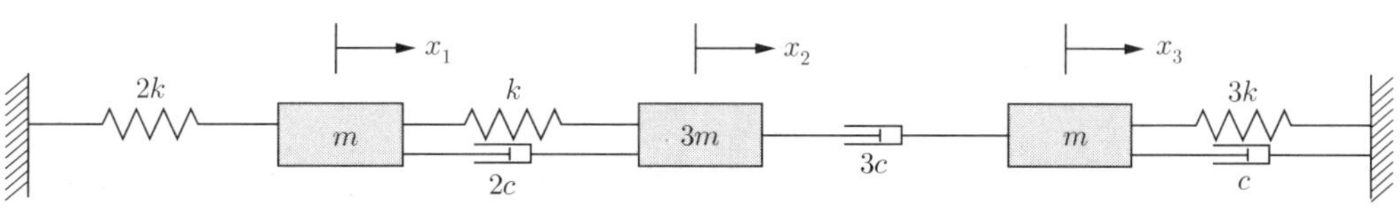

3. 진동계 방진에서 진동의 주위전파를 절연할 목적으로 탄성지지를 위한 설계인자와 방진 측면에서 1 자유도계 탄성지지를 위한 계산절차에 대하여 설명하시오.

4. 발파소음의 측정 및 평가방법에 대하여 설명하시오.(디지털 소음자동분석계 사용시)

5. 방음벽의 적정 시공여부 검토를 위하여 설계 및 시공시 제출하는 방음벽의 성능평가서를 작성하고자 한다. 이 때 평가할 항목, 검토해야할 항목 및 세부검토항목에 대하여 설명하시오.

6. 각종 건물내의 2실 사이 및 복도와 방사이 등의 공기음에 대한 차음성능을 표시하기 위한 음압레벨차의 측정방법에 대하여 설명하시오.
(단, 실내 각 측정점에서의 측정값의 최대와 최소의 차가 10dB 이상인 경우)

제 3 교시

※ 다음 문제 중 4문제를 선택하여 설명하시오. (각25점)

1. 공동 주택에서 급배수 장치에 의한 소음의 종류를 들고 이의 방음대책에 대하여 설명하시오.

2. 질량이 400 kg인 공기압축기가 2000 rpm의 일정한 속도로 회전하고 있고 회전운동의 불평형 질량이 10 kg, 불평형 반경 e=0.1m, 감쇠비 ξ=0.12, 스프링상수 k=2,000 kN/m일 때, 가진력의 크기를 구하고 바닥면으로 전달되는 전달력의 크기를 구하시오.

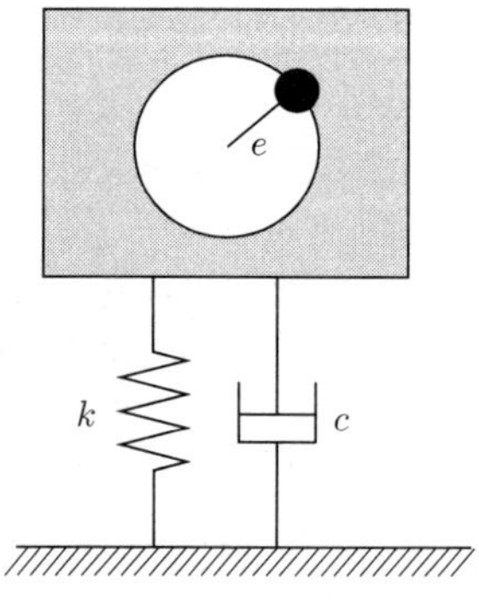

3. 주파수 대역별 소음의 필요 감음량을 구하는 절차와 방법을 설명하시오.

4. 어떤 진동계의 응답 특성을 측정한 진동 기록계의 출력이 그림과 같다. 진동 기록계를 보고 이 진동계의 댐핑비 ξ(damping ratio)를 구하시오. (단, 첫 번째 피크치는 0.09 mm이고 세 번째 피크치

는 0.05 mm이다.)

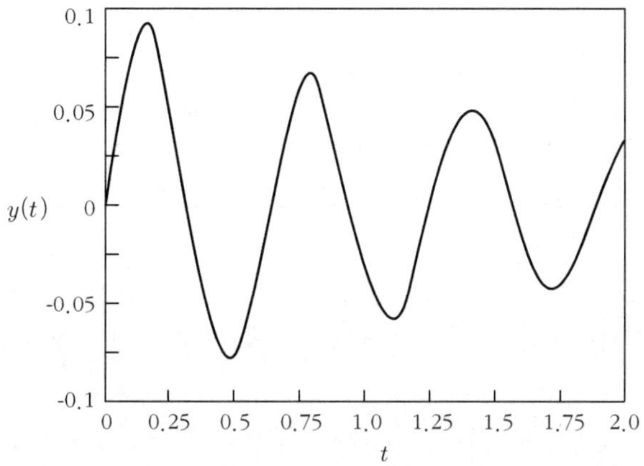

5. 음의 반사, 흡수, 그리고 투과 현상을 설명하고 이들에 영향을 주는 요소와 상호관계에 대하여 설명하시오.

6. 방음벽의 설계시 기본적인 고려사항을 들고 이를 설명하시오.

제 4 교시

※ 다음 문제 중 4문제를 선택하여 설명하시오. (각25점)

1. 공동 주택에서 바닥충격음(층간소음)을 저감시킬 수 있는 방법을 나열하고 이를 설명하시오.

2. 시간 영역에서 주기함수로 표현되는 진동신호에 대하여 주파수 분석을 하고자 한다. 다음을 설명하시오.
   1) 주기신호의 주파수 특성 표현식을 쓰시오.
   2) 주기신호의 주파수 스펙트럼(Frequency spectrum)의 특성에 대하여 설명하시오.

3. 어떤 벽체에서 단일벽과 2중벽의 투과손실(Transmission loss)에 대하여 설명하고 2중벽으로 했을 경우 공진주파수 부근에서의 투과손실의 특성을 그래프로 그려 설명하시오.

4. 다음 그림과 같이 길이가 L=3m인 현이 양단에서 고정되어 장력 T=200N을 받고 있을 때 다음 물음에 답하시오. (단, 단위 길이당 질량은 2 kg/m이다.)

1) 현을 따라 진행하는 파의 전파속도(Wave speed)를 구하시오.
2) 기본 고유진동수(Fundamental natural frequency)는 몇 Hz 인지 구하시오.
3) 모우드 형상(Mode shape)을 3차 mode 까지 스케치하시오.

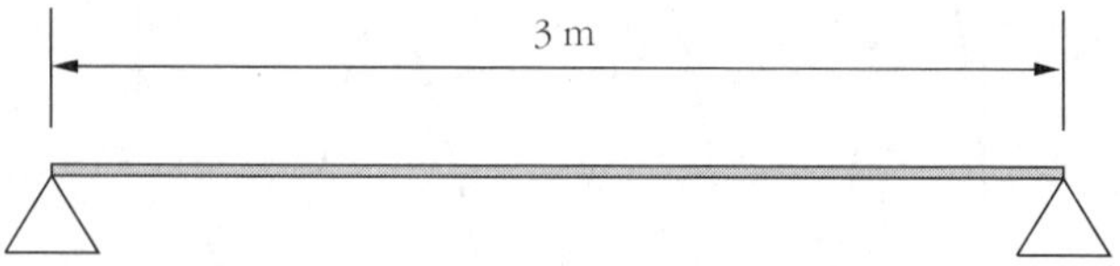

5. 실내 공조설비에서 사용되는 흡음형 소음기의 설계시 고려사항에 대하여 설명하시오.

6. 건설 공사장에서 발생하는 소음의 종류, 특성, 저감 방안에 대하여 설명하시오.

기술사 제 87 회

제 1 교시

※ 다음 문제 중 10문제를 선택하여 설명하시오. (각10점)

1. 대수 감쇠율

2. 진동측정 변수인 변위, 속도, 가속도

3. 소음진동환경오염공정시험기준에 의한 방음벽 성능기준 중 투과손실과 흡음율

4. 이산주파수 소음

5. 가역법칙(Reciprocity Theorem)과 상사법칙(Similarity Theorem)

6. 충격소음의 특징

7. 방음보호구의 종류와 특징

8. 주파수 250 Hz, 음압이 1기압(1 kgf/cm^2)인 경우의 소음레벨

9. 음의 간섭현상

10. 단극자와 쌍극자

11. 가진력의 종류 및 사례

12. 진동계와 진동레벨계

13. 공기전달음(air-borne sound)과 고체전달음(structure-borne sound)

제 2 교시

※ 다음 문제 중 4문제를 선택하여 설명하시오. (각25점)

1. 중량이 150 kg인 모터가 120 kN/m의 상수를 갖는 4개의 스프링으로 지지되어 있다. 회전자의 불평형은 회전 축에서 150 mm 되는 곳에 30g의 중량이 있는 것과 등가한 것으로 본다. 모터가 수직으로 움직이게 구속되어 있다고 할 때,
   (a) 공진이 일어나는 속력(rpm)
   (b) 속력이 1,200rpm일 때의 모터진동의 진폭

2. 소음방지를 위해 방음실(Encloser)을 설치하였을 때 다음과 같은 조건이라면, 방음실 내부에 필요한 환기량(m^3/min)을 구하시오.(단, 발열체의 시간당 발열량은 3,000 kcal/hr, 공기밀도 1.4 kg/m^3, 공기의 정압비열 1.0 kcal/kg℃, 방음실의 외부온도 30℃, 방음실의 내부온도 50℃라고 한다.)

3. 아래 그림과 같이 스프링이 병렬로 연결되면 각 스프링은 같은 크기의 변형을 하게 되고, 등가 스프링에 작용한 힘은 각 스프링에 작용한 힘의 합과 같다. 그림과 같이 원판 J가 두 축에 연결되어 있을 때,
   (a) 축들이 병렬로 연결된 스프링과 등가임을 증명하시오.
   (b) 축의 비틀림진동 고유진동수를 구하시오.

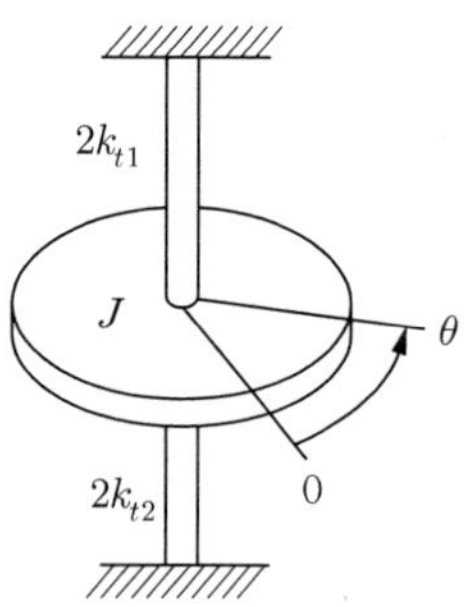

(a) 진동계

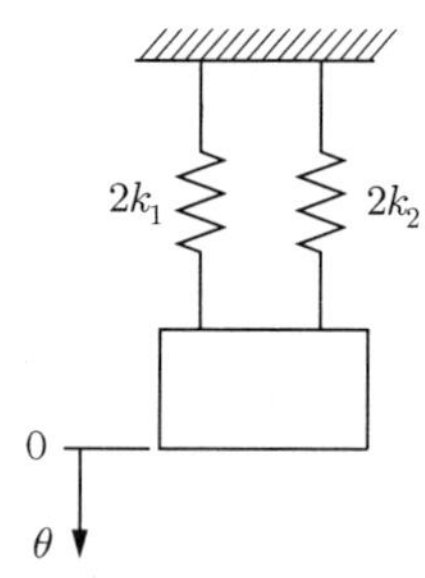

(b) 등가계

4. 중량 1,500 kg, 회전속도 1,200 rpm의 공기압축기가 있다. 방진고무의 지지점을 6개소로 하고, f/f_n=2.9라 할 때, 지점당 하중, 고유진동수, 스프링정수, 고무의 축소, 진동전달율을 산출하시오.

5. 그림과 같은 함수의 Fourier 급수를 구하시오.

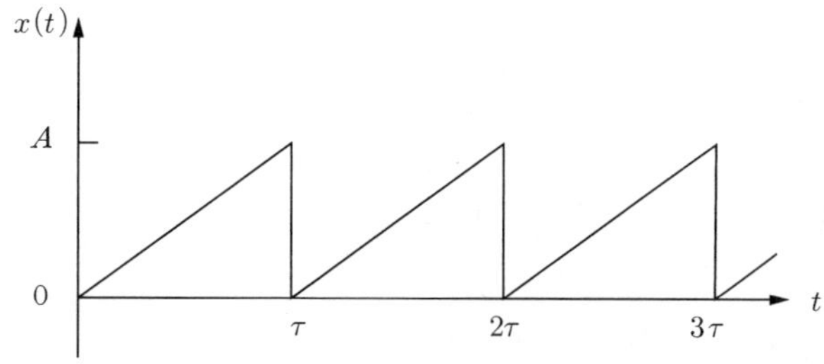

6. 다음 그림은 거친 도로 위를 달리는 자동차의 단순한 모형이다.
   여기서 1) 자동차는 단지 수직방향으로 진동하고, 2) 타이어의 스프링상수는 무한대여서 거칠음이 직접 자동차의 현가장치에 전달되고, 3) 타이어는 도로표면과 이탈되지 않는다고 가정한다.
   자동차에 짐을 최대로 실었을 때는 1,000 kg이고, 공차일 때는 200 kg이다. 총현가장치의 스프링 상수는 400 kN/m이고, 자동차가 짐을 최대로 실었을 때 감쇠계수(ξ)는 0.5이다. 자동차 속력이 80 km/hr일 때, 최대로 짐을 실었을 때와 공차 때의 변위 크기를 구하시오. 여기서 도로 표면은 Y=0.05m의 크기와 주기길이 5m를 가지는 sine곡선이다.

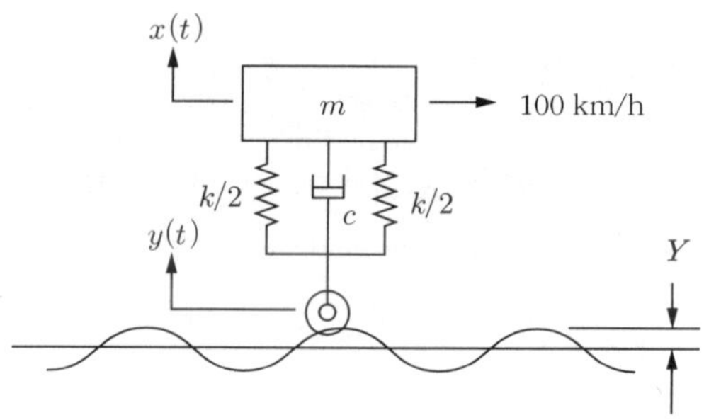

제 3 교시

※ 다음 문제 중 4문제를 선택하여 설명하시오. (각25점)

1. 외부에서 소음이 전달될 때 영향을 주는 인자 4가지에 대해 그림을 포함하여 자세히 설명하시오.

2. 소음에 의한 영향중에서 불쾌감에 미치는 각종 요인에 대해 설명하시오.

3. 소음진동환경오염공정시험기준에 의한 도로교통소음과 철도소음의 측정점(측정위치), 측정시간대, 측정시간 간격, 측정지점수 및 측정횟수에 대하여 설명하시오.

4. 청력손실이 나타나는 부위별로 분류한 청력손실의 종류와 측정방법 및 판별법에 대해 설명하고, 자연적 청력손실, 사회적 청력손실 및 청력손실의 결과에 대하여 설명하시오.

5. 철도소음의 발생원 및 방지대책에 대해 설명하시오.

6. 주거지역의 도심지 발파공사장에서 1일 계측한 결과 아래와 같았다. 배경진동은 50 dB(V)이었고, 주간에만 발파를 실시하였다. 이 경우 평가 진동레벨을 구하고, 생활진동 기준과의 관계에 대해 설명하시오.(평균발파횟수는 10회이다.)

측정 횟수	1	2	3	4	5	6	7	8	9	10
측정치(dB(V))	61	62	59	65	66	60	63	62	65	60

제 4 교시

※ 다음 문제 중 4문제를 선택하여 설명하시오. (각25점)

1. 도로교통소음에서 중요한 것은 타이어 소음이라 할 수 있다. 이러한 타이어 소음을 공기전달음(air-borne sound)과 고체전달음(structure-borne sound)으로 분류하고, 각각에 대해 설명하시오.

2. 흡음재를 설치하여 소음을 줄이고자 할 때 주의사항 5가지에 대해 설명하시오.

3. 고체는 체적변화에 저항하는 성질과 형상의 변화에 저항하는 전단특성을 갖기 때문에 고체의 일부에 힘을 가하면 3가지 파동이 발생한다. 이들 파동에 대해 설명하시오.

4. 공사장 소음진동 방지계획 수립시, 계획설계 단계에서 중요하게 검토할 사항 4가지에 대하여 설명하시오.

5. 음의 전파과정에서 거리감쇠와 초과감쇠에 대하여 설명하시오.

6. 방음벽에 의한 소음저감 대책을 3가지 관점에서 분류하고, 각 관점에서의 저감방법과 구체적인 예를 들어 설명하시오.

찾 아 보 기

최신 소음·진동 -이론과 실무- 정가 20,000원

인 쇄 2001년 8월 10일 초판 1쇄
발 행 2021년 9월 10일 5 판 5쇄
저 자 정일록·김재용·윤세철·이태호
발행인 전귀연
발행처 **신 광 문 화 사**
경기도 파주시 광인사길 201(문발동, 파주출판도시)
Tel (031)955-4211~6 donghwapub@nate.com
Fax (031)955-4217 www.donghwapub.co.kr
(등록) 1991년 6월 26일/6-130호

ISBN 978-89-7432-298-4

공급처 도서출판 **동화기술**